国家精品课程系列教材
教育部大学计算机课程改革项目成果
新型工业化·人工智能高质量人才培养系列

人工智能基础与应用
（含典型案例视频分析）

董卫军　主　编

郭　竞　王安文　张　靖
　　　　　　　　　　　　　副主编
崔　莉　姬　翔　郭　凌

耿国华　主　审

电子工业出版社
Publishing House of Electronics Industry
北京·BEIJING

内 容 简 介

本书是一本集理论性、实践性和前瞻性于一体，面向大学一年级学生的通识性教材。本书通过丰富的案例分析和讨论，旨在帮助学习者在有限时间内掌握人工智能的基础知识、核心技术和应用方法，鼓励学习者思考人工智能技术的未来发展趋势和潜在挑战，培养其创新思维能力和应用实践能力，并为未来的学习和研究奠定坚实的基础。

本书是国家精品课程"计算机基础"的主教材，也是教育部大学计算机课程改革项目成果之一。全书共6章，系统地介绍了人工智能的基本概念、核心技术及其在主要领域的广泛应用，内容包括数字化概述、认识计算机、计算机网络与云计算、大数据管理、机器学习与深度学习、人工智能应用等。

本书既可作为高等学校"大学计算机""人工智能通识"及相关课程的教材，也可作为计算机、人工智能爱好者的自学教材。

未经许可，不得以任何方式复制或抄袭本书之部分或全部内容。
版权所有，侵权必究。

图书在版编目（CIP）数据

人工智能基础与应用：含典型案例视频分析 / 董卫军主编. -- 北京：电子工业出版社，2025.5. -- ISBN 978-7-121-50255-2

Ⅰ．TP18

中国国家版本馆 CIP 数据核字第 2025KM8855 号

责任编辑：戴晨辰　　特约编辑：张燕虹
印　　刷：北京市大天乐投资管理有限公司
装　　订：北京市大天乐投资管理有限公司
出版发行：电子工业出版社
　　　　　北京市海淀区万寿路 173 信箱　邮编：100036
开　　本：787×1 092　1/16　印张：19.25　字数：493 千字
版　　次：2025 年 5 月第 1 版
印　　次：2025 年 9 月第 5 次印刷
定　　价：69.90 元

凡所购买电子工业出版社图书有缺损问题，请向购买书店调换。若书店售缺，请与本社发行部联系，联系及邮购电话：（010）88254888，88258888。
质量投诉请发邮件至 zlts@phei.com.cn，盗版侵权举报请发邮件至 dbqq@phei.com.cn。
本书咨询联系方式：dcc@phei.com.cn。

前　言

在这个日新月异的时代，科技的每一次飞跃都深刻地改变着我们的生活、学习、工作乃至思维方式。其中，人工智能（Artificial Intelligence，AI）作为引领未来科技潮流的核心力量，正以前所未有的速度渗透到社会的每一个角落，从智能家居、自动驾驶到医疗诊断、智能制造，无一不彰显着其巨大的潜力和深远的影响。

在设计"大学计算机"课程内容时，不仅要考虑传授、训练和拓展大学生在计算机方面的基础知识和应用能力，还要考虑让学生了解和掌握计算机新技术，更要展现数据思维方式。因此，如何明确、恰当地将数据思维融入知识体系，培养当代大学生利用人工智能等计算机新技术解决和处理问题的思维与能力，从而提升大学生的综合素质，强化创新实践能力培养是当前的迫切需求。

本书是整个教学团队在这样的时代背景下积极探索的成果。本书是一本面向大学一年级学生的通识性教材，旨在帮助学习者在有限时间内掌握人工智能的基础知识、核心技术和应用方法，鼓励学习者思考人工智能技术的未来发展趋势和潜在挑战，培养其创新思维能力和应用实践能力，并为未来的学习和研究奠定坚实的基础。

本书是国家精品课程"计算机基础"的主教材，也是教育部大学计算机课程改革项目成果之一。本书采用"理论+提升+实践"的模式，以理解人工智能理论为基础，以知识扩展为提升，以 AIGC 应用为实践，做到理论和实践相协调，既适应总体知识需求，又满足个体深层要求。

本书共 6 章，内容介绍由浅入深，循序渐进，旨在构建一个全面而不失深度的知识体系，让每一位学习者都能从中受益。

第 1 章 数字化概述：介绍数据的重要性，以及数字化转型如何重塑社会结构与经济模式。通过生动的案例和深入浅出的讲解，让读者对人工智能赖以生存的基础——数据，有一个清晰而直观的认识。

第 2 章 认识计算机：计算机是人工智能技术的基石。本章详细介绍计算机的基本构成、工作原理以及操作系统等基础知识，为后续章节的学习奠定坚实的硬件与软件基础。

第 3 章 计算机网络与云计算：在人工智能时代，数据的传输、存储与处理离不开强大的网络支撑和云计算平台。本章介绍计算机网络的基本原理、网络协议，以及云计算的基本概念和服务模式，让读者了解如何利用云计算平台高效地进行数据处理和分析。

第 4 章 大数据管理：本章深入探讨大数据的特性、存储、处理与分析技术，以及大数据在人工智能领域的应用案例，帮助读者理解大数据如何为人工智能提供源源不断的动力。

第 5 章 机器学习与深度学习：机器学习与深度学习是人工智能领域最热门的分支，也是推动人工智能技术不断突破的关键力量。本章详细介绍机器学习的基本原理、算法模型以及深度学习的网络结构、优化方法等。

第 6 章 人工智能应用：理论最终要服务于实践。本章聚焦于人工智能在各个领域的应用实例，如 AIGC（Artificial Intelligence Generated Content，人工智能生成内容）、自动驾驶、人形机器人等，通过丰富的案例分析和讨论，让读者深刻体会到人工智能技术如何改变我们的生活和工作方式。

附录 A 介绍了人工智能编程语言，帮助读者拓展学习相关内容。编程是通往人工智能世界的钥匙,附录 A 将介绍几种主流的编程语言及其在人工智能领域的应用,如 Python、R 等,并通过简单的编程实例,引导读者体验编程的乐趣,掌握编程的基本技能,为后续深入学习机器学习、深度学习等核心知识做好准备。

本书包含丰富的配套教学资源,读者可登录华信教育资源网,注册后免费下载。读者也可扫描以下二维码获取完整配套教学资源,以及观看本书配套视频。

本书由多年从事计算机教学的一线教师编写,可作为高等学校"大学计算机""人工智能通识"及相关课程的教材。全书由董卫军主编,由国家级教学名师耿国华教授主审。参与本书编写的老师有董卫军、郭竞、王安文、崔莉、张靖、姬翔、郭凌。在成书之际,感谢教学团队成员的帮助,由于水平有限,书中难免有不妥之处,恳请指正。

本书不仅是一本教材,更是一把开启未来之门的钥匙。我们期待通过这本书,激发每一位读者对人工智能的兴趣和热情,培养创新思维和实践能力,为在未来的科技浪潮中乘风破浪、勇立潮头打下坚实的基础。

董卫军

目 录

第1章 数字化概述 ……………………………… 1
1.1 数字化的产生与发展 ……………………… 1
　1.1.1 数字化的内涵 ……………………… 1
　1.1.2 数字化的社会影响 ………………… 2
1.2 数字转换 ………………………………… 4
　1.2.1 信号的概念 ………………………… 4
　1.2.2 模拟信号数字化转换 ……………… 6
1.3 信息化 …………………………………… 8
　1.3.1 信息化概述 ………………………… 8
　1.3.2 常见的信息化平台 ………………… 9
1.4 数字化 …………………………………… 10
　1.4.1 数字化的基本概念 ………………… 10
　1.4.2 信息化和数字化的区别 …………… 11
1.5 数字化转型 ……………………………… 13
　1.5.1 数字化转型的概念与目标 ………… 13
　1.5.2 数字化转型的核心技术 …………… 13
　1.5.3 数字化转型的阻碍因素 …………… 20
1.6 数字化时代的计算机伦理 ……………… 21
　1.6.1 计算机应用的负面问题 …………… 21
　1.6.2 计算机伦理的概念和原则 ………… 27
　1.6.3 计算机犯罪 ………………………… 29
1.7 知识扩展 ………………………………… 31
　1.7.1 理解知识共享许可协议 …………… 31
　1.7.2 网络诽谤 …………………………… 32
　1.7.3 网络环境下的信息甄别 …………… 32
习题1 …………………………………………… 37

第2章 认识计算机 ……………………………… 41
2.1 通用机的体系结构 ……………………… 41
　2.1.1 现代计算机的产生 ………………… 41
　2.1.2 冯·诺依曼体系结构 ……………… 43
2.2 微型计算机的组成 ……………………… 47
　2.2.1 硬件组成 …………………………… 48
　2.2.2 软件组成 …………………………… 53
2.3 数值的存储 ……………………………… 61
　2.3.1 数制 ………………………………… 61
　2.3.2 不同数制间的转换 ………………… 63
　2.3.3 计算机中数值的表示 ……………… 65

　2.3.4 计算机中的基本运算 ……………… 66
2.4 文字的存储 ……………………………… 69
　2.4.1 文字的编码表示 …………………… 69
　2.4.2 文字的输入 ………………………… 71
　2.4.3 文字的存储 ………………………… 72
　2.4.4 文字的输出 ………………………… 73
2.5 多媒体的存储 …………………………… 74
　2.5.1 图形图像 …………………………… 74
　2.5.2 声音 ………………………………… 78
　2.5.3 视频 ………………………………… 80
2.6 AI时代计算机 …………………………… 81
　2.6.1 AI时代计算机的特点和趋势 …… 81
　2.6.2 智能芯片的分类 …………………… 82
　2.6.3 云端AI芯片 ……………………… 82
　2.6.4 边缘AI芯片 ……………………… 85
　2.6.5 AI算力 …………………………… 86
　2.6.6 云计算时代的算力租赁 …………… 87
2.7 知识扩展 ………………………………… 91
　2.7.1 认识芯片 …………………………… 91
　2.7.2 智能手机的系统构成 ……………… 93
　2.7.3 国产CPU ………………………… 95
习题2 …………………………………………… 97

第3章 计算机网络与云计算 …………………… 101
3.1 计算机网络 ……………………………… 101
　3.1.1 计算机网络的基本概念 …………… 101
　3.1.2 计算机网络的基本组成 …………… 102
　3.1.3 计算机网络的分类 ………………… 108
3.2 局域网技术 ……………………………… 111
　3.2.1 交换式以太网 ……………………… 111
　3.2.2 无线局域网 ………………………… 111
3.3 Internet技术 …………………………… 113
　3.3.1 基本概念 …………………………… 113
　3.3.2 Internet基本服务 ………………… 121
3.4 网络安全 ………………………………… 125
　3.4.1 网络安全的概念与特征 …………… 125
　3.4.2 基本网络安全技术 ………………… 126
3.5 云计算 …………………………………… 131

3.5.1 云计算与云 …… 132
3.5.2 云计算的特点与不足 …… 133
3.6 云计算的基本类型 …… 135
3.6.1 基础设施即服务（IaaS） …… 135
3.6.2 平台即服务（PaaS） …… 137
3.6.3 软件即服务（SaaS） …… 137
3.6.4 三种云计算类型的关系 …… 138
3.7 主流云计算技术介绍 …… 139
3.7.1 常见的云解决方案 …… 139
3.7.2 基本云计算的技术对比 …… 141
3.8 知识扩展 …… 142
3.8.1 华为的星闪技术 …… 142
3.8.2 Google的云计算技术构架分析 …… 143
3.8.3 我国云服务的发展 …… 148
习题3 …… 150

第4章 大数据管理 …… 154
4.1 大数据概述 …… 154
4.1.1 大数据的概念和特征 …… 154
4.1.2 大数据的价值 …… 155
4.1.3 大数据技术 …… 156
4.2 大数据采集 …… 157
4.2.1 大数据采集的概念 …… 157
4.2.2 八爪鱼简介 …… 157
4.2.3 Content Grabber …… 158
4.2.4 RapidMiner …… 159
4.3 大数据存储与分析 …… 161
4.3.1 大数据存储与分析综述 …… 162
4.3.2 Hadoop …… 163
4.3.3 Spark …… 168
4.3.4 HBase …… 170
4.4 知识扩展 …… 173
4.4.1 大数据可视化的重要性 …… 173
4.4.2 Tableau …… 174
4.4.3 FineBI …… 175
4.4.4 FineReport …… 177
4.4.5 Apache Kylin …… 178
4.4.6 Echarts …… 180
习题4 …… 183

第5章 机器学习与深度学习 …… 186
5.1 人工智能的产生及其流派 …… 186

5.1.1 人工智能的产生和发展 …… 186
5.1.2 人工智能的主要流派 …… 189
5.1.3 人工智能的研究领域 …… 190
5.2 机器学习基础 …… 198
5.2.1 机器学习的概念和特征 …… 198
5.2.2 机器学习的数学基础 …… 199
5.2.3 机器学习的常用算法 …… 200
5.2.4 使用机器学习解决问题的基本流程 …… 204
5.3 人工神经网络简介 …… 206
5.3.1 人工神经网络的发展 …… 206
5.3.2 神经元模型 …… 208
5.3.3 单层神经网络 …… 210
5.3.4 双层神经网络 …… 211
5.4 深度学习基础 …… 213
5.4.1 深度学习的概念和特征 …… 213
5.4.2 普通多层神经网络 …… 214
5.4.3 卷积神经网络 …… 217
5.5 知识扩展 …… 224
习题5 …… 233

第6章 人工智能应用 …… 237
6.1 AIGC简介 …… 237
6.1.1 AIGC的产生与发展 …… 237
6.1.2 AIGC的应用场景 …… 240
6.1.3 AIGC的商业模式与面临的挑战 …… 243
6.1.4 AIGC领域的国外常见工具 …… 245
6.1.5 国产AIGC大模型简介 …… 259
6.2 自动驾驶 …… 280
6.2.1 自动驾驶技术的发展与级别 …… 280
6.2.2 自动驾驶的关键技术 …… 282
6.2.3 中国的自动驾驶技术 …… 287
6.2.4 自动驾驶中的伦理问题 …… 289
6.3 人形机器人 …… 290
6.3.1 人形机器人的核心组件 …… 290
6.3.2 人形机器人的软件算法 …… 292
6.3.3 我国的人形机器人研究 …… 294
6.3.4 人形机器人使用中的伦理问题 …… 299
习题6 …… 300

附录A 人工智能编程语言 …… 302

第1章 数字化概述

在数字化时代,信息技术与数字技术在社会经济和日常生活中扮演着越来越重要的角色。云计算、大数据、人工智能、物联网、区块链等新技术对企业的业务模式、运营流程、产品和服务、组织结构、企业文化,以及个人生活、学习和工作都产生了深刻的影响。在数字化时代,掌握这些基本知识,理解数字化技术的应用和影响,对于个人和组织来说,都是非常重要的。

1.1 数字化的产生与发展

信息技术革命始于20世纪70年代,随后得到了长足的发展。20世纪90年代出现的互联网,以及近年来以大数据、云计算、物联网、人工智能为代表的新信息技术,深刻地改变着人们的生活方式和社会组织方式。新信息技术革命带来人类社会组织方式和行为模式的改变,其影响可能远超工业革命及伴随的市场化和城市化。与此同时,数字化的内涵也发生着深刻的变化,越来越多地被用来概括经济社会发展的新动力和新趋势。

1.1.1 数字化的内涵

社会和经济生活的智能化转型在数字技术的推动下已逐步进行。数字化是信息技术发展的高级阶段,是数字经济的主要驱动力。各行各业利用数字技术创造了越来越多的价值,加快推动了各行业的数字化变革。

1. 数字化的概念

根据其应用场景和语境的不同,数字化的概念也有所不同。数字化的概念可分为狭义数字化和广义数字化。对具体业务的数字化,多为狭义数字化。对企业、组织整体的数字化变革,多为广义数字化。广义数字化概念包含了狭义数字化。

(1) 狭义数字化

狭义数字化是指利用信息系统、各类传感器、机器视觉等信息通信技术,将物理世界中复杂多变的数据、信息、知识转变为一系列二进制代码,引入计算机内部,形成可识别、可存储、可计算的数字、数据,再以这些数字、数据建立起相关的数据模型,进行统一处理、分析、应用。也就是说,狭义数字化主要是指利用数字技术对具体业务、场景进行数字化改造,它更关注数字技术本身对业务的降本增效作用。

(2) 广义数字化

广义数字化是指利用互联网、大数据、区块链、人工智能等新一代信息技术,对企业、政府等各类主体的战略、架构、运营、管理、生产、营销等各个层面进行系统性、全面的变革。也就是说,广义数字化是利用数字技术,对企业、政府等各类组织的业务模式、运营方式进行系统化、整体性的变革。广义数字化强调数字技术对整个组织的重塑,数字技术不再只是单纯地解决降本增效问题。

2. 数字化的发展

数字化的概念随着计算机技术的发展和计算机应用的不断深入发生着变化,其变迁可分为四个阶段:数字转换(digitization)、信息化(informationization)、数字化(digitalization)、数字化转型（digital transformation）。

(1) 数字转换

数字转换是指利用数字技术将信息由模拟格式转换为数字格式的过程。数字转换的概念在计算机出现后不久出现，也有人将数字转换称为计算机化。

(2) 信息化

信息化是指将数字技术应用到业务流程中，并帮助企业或组织实现管理优化的过程，其主要聚焦于数字技术对业务流程的集成优化和提升。

(3) 数字化

数字化是指基于大数据、云计算、人工智能等新一代信息技术，重塑生产要素、生产力和生产关系的动态化过程。比如，数据成为新的生产要素，云边端一体化算力和人工智能算法创造了新的生产力，电子商务、直播带货、共享经济等新的生产关系不断涌现。

(4) 数字化转型

数字化转型是指某些垂直行业、细分领域、运营主体等运用"数字化"思想实现创新突破或动能转换的过程。例如：

① 制造业的数字化转型：应用数字技术推进工业制造，提质降本增效及模式创新。

② 社区管理的数字化转型：应用物联网、大数据、人工智能等技术提升社区治理的智能化与精细化程度。

1.1.2 数字化的社会影响

数字技术成本的不断降低使得数字技术从理论走向实践，逐步形成了完整的数字化价值链，推动了不同行业的数字化，为各行业不断创造新的价值，最终孕育出一种新的经济形态——数字经济。同时，数字基础设施的日益完善推进了工业互联网、人工智能、物联网、车联网、大数据、云计算、区块链等技术的集成创新和融合应用，让数字化应用更加广泛深入社会经济运行的各个层面，成为推动数字经济发展的核心动力。可以说，在数字化的冲击下，机遇与挑战并存，其影响包含宏观、中观和微观三个层面。

1. 宏观层面

(1) 深刻影响消费者市场

数字化冲击已经对消费者行为产生深刻影响。数字技术帮助消费者具备了普遍的信息获取能力和社交能力。例如，使用移动设备进行社交活动或从社交媒体中获取信息，其中包括与企业的互动，这使消费者开始成为企业活动的参与者。这种现象进一步引起了消费者心理的变化：消费者不再将自己看成企业产品的被动接受者，而是具有产品选择权的需求信息提供者，对企业提供的产品和服务的期望也开始逐渐提高。

(2) 改变社会生活方式

数字化为改变人们的生活方式提供了巨大的推动力，特别是在医疗领域得到了很好的体现。在医疗保健领域，各种基于数字技术的新功能和新产品层出不穷，电子健康记录、健康大数据分析，以及各种实体产品都为行业快速发展做出了贡献。数字化对贫困和资源匮乏地区也有重要影响，例如，数字化远程医疗技术不仅可以提高农村的医疗水平，还免去了诊所所需的物理空间，显著降低了运营成本和病人的就诊成本。

2. 中观层面

(1) 冲击产业格局

数字技术与传统产业的结合催生了新的商业模式、交易方式、合作模式及竞争手段。同时，以数字技术为媒介进行产品与技术之间的重新组合，也催生了新的产品和服务。例如，平台的出现使商品和服务的交易得以数字化，重新定义了零售业和部分服务业，电商平台、打车平台等使每个人都有机会进入该行业工作。

数字化还促进了产业分工，原因在于搜寻成本和合约成本的下降。搜寻成本下降提高了同质竞争程度，加剧了价格竞争，外购中间品的成本比自制更低，也提升了中间品的外购比例。同时，数字化减少了信息的不对称，为合约签订提供了更多依据，降低了机会主义行为或合作商履约能力不足现象发生的概率。

例如，在金融领域，区块链作为一种通用且可扩展的技术，能够创建去中心化的数字基础设施。这些设施可以应用在金融领域，进而完成对传统金融中介机构的补充甚至替代，如交易双方可以进行点对点的资金交换，而不是通过银行这样的金融中介机构。

（2）加速产业优化升级

数字化增强了各个产业整体的灵活性，改进了产品质量，提高了生产效率，降低了生产成本，从而促进了产业优化。例如，利用生产计划优化软件可以提高产业的灵活性，利用仿真模拟工具能够低成本地进行设计研发，监测和控制系统可以降低次品率和设备空置率。

3．微观层面

（1）数据成为可用生产要素

数字化促进了数据的生成和使用，最典型的是通过移动设备生成数字痕迹，以及嵌入式设备生成的实体运行数据。数据通过与劳动、资本、技术、知识和管理这五大要素相结合而成为具有现实生产力的要素。企业既可以通过提升自己开发利用数据的能力创造价值，也可以将数据卖给第三方获取利润。

同时，数据已成为企业的一项重要竞争资源，这种资源可以提高企业的动态能力和学习能力。企业通过对大数据进行处理和分析，进行有效的探索式学习，从而为用户提供更好的服务，以满足其不断增长的需求。

（2）开拓创造价值的新途径

数字化本身对一个企业来说并不是一种新的创造价值途径，只有在特定环境下使用它们才能帮助企业开拓创造价值的新途径。新的创造价值途径分为创造新的价值主张、重构价值网络、建立数字通道及强化企业柔性。

① 创造新的价值主张。

数字化能够帮助企业创造出新的价值主张，并且新的价值主张更加偏向于服务的提供，而不是实体产品。同时，在提供解决方案时还可以收集用户使用产品的数据，并将其用于不断改进价值主张，从而形成一种良性循环。

② 重构价值网络。

数字技术可以使企业绕过中介，与价值网络参与者（如合作商）直接交流，达到去中介化的效果，从而加强价值网络参与者之间的联系，使参与者之间密切协作成为可能。数字技术还赋予用户在价值网络中的价值共创者的角色，如在线社区、社交媒体和网络社群，几乎完全依赖于那些没有义务参与的用户的积极贡献。

③ 建立数字通道。

企业利用社交媒体建立与用户进行直接对话的数字通道，将数字世界与现实世界联系起来，建立一种多渠道营销战略。另外，数字技术还进一步打通了企业内部的沟通渠道，数字算法决策实现了由软件来协调企业内部活动的功能。

④ 强化企业的柔性。

对于企业来说，柔性能力是比运营管理能力和数字化服务能力更重要的核心能力。数字技术可以增强企业发现并抓住新机会的能力，提高企业识别未开发市场机会的洞察力和与用户的亲近度。例如，企业在产品中嵌入了某种传感器，通过传感器提供的产品状态数据可以为用户提供及时主动的维护服务。

1.2 数字转换

1.2.1 信号的概念

信号在自然界广泛存在。所谓信号是指表示消息的物理量，是运载消息的工具，是消息的载体。在电子电路中，传感器将获取的外界信息转换为电信号，再通过电路传输、控制和存储。在电子电路中，一般将信号分为模拟信号和数字信号。

1．模拟信号

（1）模拟信号的概念

模拟信号是指用连续变化的物理量表示的信息，其幅度、频率或相位随时间连续变化，或在一段连续的时间间隔内，代表信息的特征量可以在任意瞬间呈现为任意数值的信号。人体手腕脉搏波形图如图 1.1 所示。

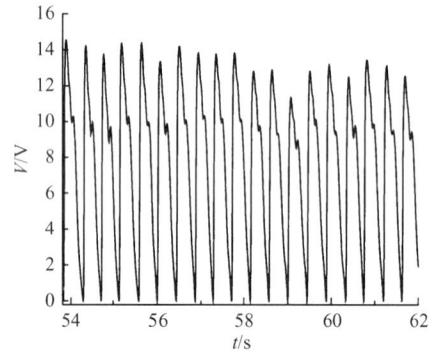

图 1.1　人体手腕脉搏波形图

在很长一段时间里，无论是有线电话还是无线发送的广播、电视，传递的都是模拟信号。模拟信号在时间和数量上均具有连续性，自然界的大多数信号都是模拟信号，如温度、湿度、压力、长度、电流、电压等。在电子电路中，自然信号会被转换成几乎"一模一样"的波动电信号（因此叫"模拟"），再通过有线或无线的方式传输出去，波动电信号被接收后，通过接收设备还原成自然信号。模拟信号可以通过模拟电路进行放大、相加、相乘等运算。

（2）模拟信号的优点

① 具有精确的分辨率。

在理想情况下，模拟信号具有无穷大的分辨率。与数字信号相比，模拟信号的信息密度更高。由于不存在量化误差，它可以对自然界物理量的真实值进行尽可能逼近的描述。

② 同效果下处理更简单。

模拟信号的另一个优点是，当达到相同的效果时，模拟信号处理比数字信号处理更简单。模拟信号处理可以直接通过模拟电路组件（例如运算放大器等）实现，而数字信号处理往往涉及复杂的算法，甚至需要专门的数字信号处理器。

（3）模拟信号的缺点

① 保密性差。

模拟信号尤其是微波通信和无线通信，很容易被窃听。只要收到模拟信号，就能很容易地得到通信内容。

② 抗干扰能力弱。

模拟信号的另一个缺点是易受到杂波（信号中不希望得到的随机变化值）的影响。信号被多次复制，或进行长距离传输之后，这些随机噪声的影响可能会变得十分显著。如果噪声频率与所需信号的频率差距较大，则可以通过电子滤波器过滤掉特定频率的噪声。但是，这一方案只能尽可能地降低噪声的影响。所以，在噪声作用下，虽然模拟信号理论上具有无穷分辨率，但并不一定比数字信号更加精确。

2. 数字信号

（1）数字信号的概念

数字信号是指自变量是离散的、因变量也是离散的信号，这种信号的自变量用整数表示，因变量用有限数字中的一个数字来表示。

在计算机中，数字信号的大小常用有限位的二进制数表示。数字信号使用正电压表示数字 1，用负电压表示数字 0。光纤用有光表示数字 1、无光表示数字 0。

图 1.2 描述了几种基本的二进制编码。

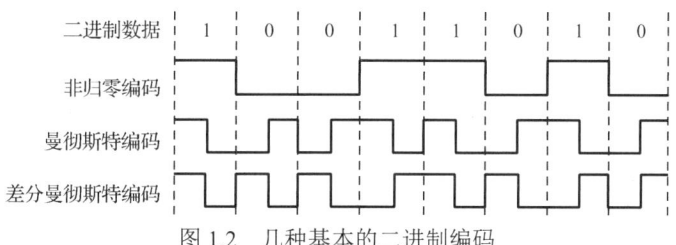

图 1.2　几种基本的二进制编码

用数字信号完成对数字量进行算术运算和逻辑运算的电路称为数字电路。

（2）数字信号的优点

① 抗干扰能力强。

数字电路不像模拟电路那样易受噪声的干扰。只要采用一定的编码技术，就能很容易地将出错的信号检测出来并加以纠正。

② 保密性高。

信息传输的安全性和保密性越来越重要，数字通信的加密处理比模拟通信容易得多，以话音信号为例，经过数字变换后的信号可用简单的数字逻辑运算进行加密、解密处理。

③ 传输差错可以控制，从而改善了传输质量。

④ 便于使用现代数字信号处理技术来对数字信息进行处理。

⑤ 可构建综合数字通信网，综合传递各种消息，使通信系统功能增强。

（3）数字信号的缺点

① 增加了系统的复杂性。

在使用数字信号时，通常需要进行模数转换（A/D 转换）和数模转换（D/A 转换）。这些转换过程可能会引入一定的延迟、失真和成本。

② 占用频带较宽。

数字信号的传输和处理需要一定的带宽资源。对于高速或大容量的数据传输，可能需要更高的带宽来支持。

③ 进行模数转换时会带来量化误差。

数字信号是以离散的形式表示的，因此在一些应用中可能无法准确地模拟连续信号的特性，这会在某些情况下导致信息的损失或失真。

④ 系统的功率消耗比较大。

数字信号处理系统中集成了几十万个甚至更多的晶体管，而模拟信号处理系统中大量使用的是电阻、电容、电感等无源器件，随着系统的复杂性增加，系统的功率消耗会比较大。

1.2.2 模拟信号数字化转换

在计算机内部，数据和指令以二进制方式存储。所以，如果要通过计算机处理现实世界的模拟信号，则首先需要进行模拟信号的数字化转换。

模拟信号的数字化转换是指将模拟信号转化为数字信号，简称模数转换。常用的模数转换方法为 PCM（Pulse Code Modulation，脉冲编码调制），其主要过程是将语音、图像等模拟信号每隔一定时间进行取样，使其离散化，然后将抽样值按分层单位四舍五入地取整量化，最后用一组二进制码来表示抽样脉冲的幅值。

PCM 为数字通信奠定了基础，随着集成电路技术的飞速发展及超大规模集成电路的 PCM 编码器、解码器出现，使它在光纤通信、数字微波通信、卫星通信、信号处理、军事及民用电子技术领域发挥着越来越重要的作用。目前，PCM 技术已广泛应用于通信、计算机、数字仪表、遥控遥测等领域。

1．PCM 的基本标准

PCM 有两个基本标准：E1 标准和 T1 标准。我国采用 E1 标准。

E1 标准和 T1 标准在传统的固定电话网络、移动通信网络、数据通信网络、广播电视网络等领域有着广泛的应用。然而，随着宽带互联网、光纤通信、IP 通信、移动通信等新技术的发展，E1 标准和 T1 标准的应用正在逐渐减少，被更高速、更灵活、更智能的通信技术所取代。但是，在一些需要高可靠、高稳定、低延迟的通信场合，如军事、航空、医疗、金融、电力等领域，E1 标准和 T1 标准仍然有着不可替代的作用。

（1）E1 标准

E1 标准，通常指的是在电信领域中的一种 PCM 的数字信号标准，也被称为欧洲系列或 E 系列。E1 标准主要在欧洲、亚洲和大部分其他国家使用，而在北美和日本则主要使用 T1 标准。

E1 标准支持 2.048Mbps 通信链路，它将通信链路划分为 32 个时隙，每个时隙的传输率为 64kbps。

（2）T1 标准

T1 标准，也被称为 T-carrier 或 T 系列，是在北美和日本使用的一种 PCM 的数字信号标准。它是由美国贝尔系统在 20 世纪 60 年代开发的，主要用于电话通信和数据传输。

T1 标准支持 1.544Mbps 通信链路，它将通信链路划分为 24 个时隙，每个时隙的传输率为 64kbps，另有 8kbps 信道用于同步操作和维护过程。

2．PCM 的基本原理

PCM 理论上简单，应用上成熟，广泛应用于通信、计算机、数字仪表、遥控遥测等领域。随着通信技术、电子技术和计算机技术的不断发展，PCM 的实现方法也在不断发展，经过了模拟电路实现、数字电路实现、集成电路实现、软硬件结合实现、单片机实现的演变。

PCM 方法分为 3 个阶段：采样、量化和编码。

（1）采样

采样是指把时间连续的模拟信号转换成时间上离散、幅度连续的抽样信号。如图 1.3 所示，将一个模拟信号纵向分成若干份。

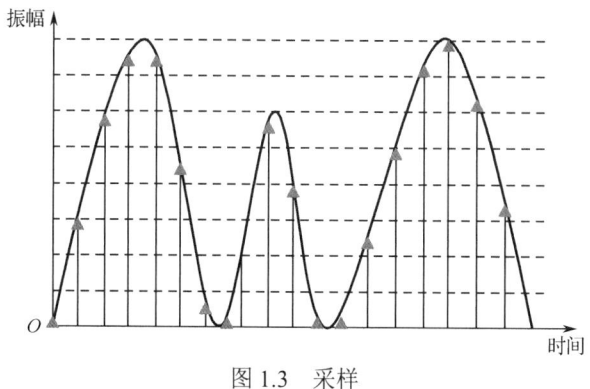

图 1.3　采样

在采样过程中，采样频率是一个重要的指标。采样频率也称为采样速度或者采样率，是指在单位时间内从连续信号中提取并组成离散信号的采样个数，单位是赫兹（Hz）。通俗地讲，采样频率是指在计算机单位时间内能够采集多少个信号样本。奈奎斯特定理证明，在进行模数转换过程中，当采样频率大于信号中最高频率 2 倍时，采样之后的数字信号完整地保留了原始信号中的信息。

例如，在视频中有时会看到这样的镜头：车向前开，而车轮却往后转。之所以出现这样的情况，其实就是因为车轮的转速很快，而在拍摄时，在一个车轮的旋转周期内没有采样两个以上的样本，所以视觉上会出现车轮后转的现象。

因此，在一个周期内的抽样必须有 2 个及以上的样本，才能无失真还原。例如，话音信号带宽被限制在 0.3～3.4kHz 内，用 8kHz 的抽样频率就可获得能取代原来连续话音信号的抽样信号。

数字音频领域常用的采样频率如表 1.1 所示。

表 1.1　音频领域常用的采样频率

采样频率	领域
8000Hz	电话所用采样频率，对于人的说话已足够用
11025Hz	AM 广播所用采样频率
22050Hz、24000Hz	FM 广播所用采样频率
32000Hz	miniDV 数码视频 Camcorder、DAT（LP mode）所用采样频率
44100Hz	音频 CD、MPEG-1 音频（VCD、SVCD、MP3）所用采样频率
47250Hz	商用 PCM 录音机所用采样频率
48000Hz	miniDV、数字电视、DVD、DAT、电影和专业音频的数字声音所用采样频率
50000Hz	商用数字录音机所用采样频率
96000Hz、192000Hz	DVD-Audio、一些 LPCM DVD 音轨、BD-ROM（蓝光盘）音轨、HD-DVD（高清晰度 DVD）音轨所用采样频率

（2）量化

量化是指把时间离散、幅度连续的抽样信号转换成时间离散、幅度离散的数字信号，如图 1.4 所示。在量化时，用一组规定的电平把瞬时抽样值以最接近的电平表示，在图 1.4 中将每个纵向分割的信号对应到最接近的值。

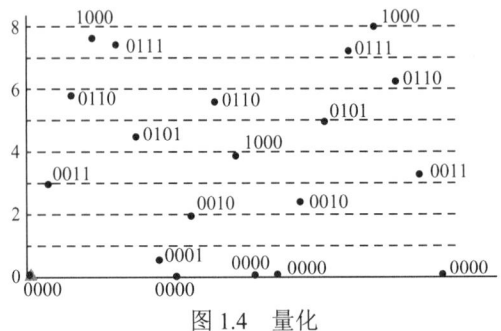

图 1.4　量化

量化后的采样信号与量化前的采样信号相比较，会有所失真，且不再是模拟信号。这种量化失真在接收端还原模拟信号时表现为噪声，称为量化噪声。量化噪声的大小取决于把采样值分级取整的方式，分的级数越多，即量化级差或间隔越小，量化噪声也越小。

（3）编码

编码（如图 1.5 所示）是指采用特定方式将量化后的信号编码形成多位二进制码组，完成从模拟信号到数字信号的转换过程。编码后的二进制码组通过数字信道传输，在接收端经过译码和数模转换，还原为模拟信号。

0000**0011**1011**1000**0111**0101**0001**1000**0010**0110**1000
0000**0000**0010**0101**0111**1000**0110**0011**0000

图 1.5　编码

1.3　信息化

1.3.1　信息化概述

信息化的概念在 20 世纪 70 年代后期得到普遍认可，其大致经历了办公自动化、财务电算化、MRP（Material Requirement Planning，物资需求计划）/ERP（Enterprise Resource Planning，企业资源计划）、互联网与电子商务等几个标志性的发展阶段。信息化的核心可以概括为"信息资源的开发和利用"，其主要目的是通过信息和信息技术的应用，提高社会经济活动的效率和效果，优化资源配置，促进知识创新和知识传播，提高决策的科学性和民主性，推动社会的全面发展。但是，信息化并未从本质上改变原有的物理世界的生产和经济模式。

1．信息化的概念

于 1997 年召开的首届全国信息化工作会议，认为信息化是指培育、发展以智能化工具为代表的新的生产力并使之造福于社会的历史过程。国家信息化是指在国家统一规划和组织下，在农业、工业、科学技术、国防及社会生活各个方面应用现代信息技术，深入开发、广泛利用信息资源，加速实现国家现代化进程。

2．信息化的三个层面

与工业化、现代化一样，信息化也是一个动态变化的过程。在这个过程中包含三个层面和六大要素。三个层面、六大要素的相互作用过程就构成了信息化的全部内容。

信息化的三个层面是指信息技术的开发和应用过程、信息资源的开发和利用过程、信息产品制造业不断发展的过程。这三个层面是相互促进，共同发展的过程，也是工业社会向信息社会、工业经济向信息经济演化的动态过程。在这个过程中，三个层面是一种互动关系。

（1）信息技术的开发和应用过程

信息技术的开发和应用过程是信息化建设的基础。

信息技术是主要用于管理和处理信息所采用的各种技术的总称。它主要指应用计算机科学与通信技术来设计、开发、安装和实施信息系统及应用软件。自计算机和互联网普及以来，人们日益普遍地使用计算机来生产、处理、交换和传播各种形式的信息。信息技术的应用主要包括计算机硬件和软件、网络和通信技术、应用软件开发工具等。

（2）信息资源的开发和利用过程

信息资源的开发和利用过程是信息化建设的核心与关键。

信息资源是指人类社会信息活动中积累起来的以信息为核心的各类信息活动要素（信息技术、设备、设施、信息生产者等）的集合。作为资源，物质为人们提供了各种各样的材料；能量提供各种各样的动力；信息提供各种各样的知识。

信息是普遍存在的，但只有满足一定条件的信息才能构成资源。对于信息资源，有狭义和广义之分：狭义的信息资源是指信息本身或信息内容，即经过加工处理，对决策有用的数据。开发和利用信息资源的目的是充分发挥信息的效用，实现信息的价值。狭义信息资源的观点突出了信息是信息资源的核心要素。

广义的信息资源是信息活动中各种要素的总称，广义的信息资源由信息生产者、信息、信息技术三大要素组成。

（3）信息产品制造业不断发展的过程

信息产品制造业不断发展的过程是信息化建设的重要支撑。

电子信息产业是我国经济的战略性、基础性和先导性支柱产业，其渗透性强、带动作用大，在推进智能制造、加快强国建设中具有重要的地位和作用。

1.3.2 常见的信息化平台

不少企业常常面临沟通不畅、信息无法及时获得、管理效率低下、资源和资源之间各自为政、难以统一管理和协调的现状。而信息化平台的建设能有效帮助企业解决这些问题。常见的信息化平台有以下七类。

1. 知识管理平台

知识管理平台是一种用于收集、存储、分享、应用和创新知识的系统。它通过提供一系列的工具、功能和服务，帮助企业或组织更好地管理和利用其内部、外部的知识资源，以提高工作效率，促进创新，提升竞争力，实现持续发展。

通过建设知识管理平台，可建立学习型企业，更好地提高员工的学习能力，系统性地利用企业积累的信息资源、专家技能，改进企业的创新能力、快速响应能力，提高生产效率和员工的技能素质。

2. 日常办公平台

日常办公平台是一种集成多种办公应用和服务的软件系统，旨在提高工作效率，优化工作流程，促进团队协作，实现数字化办公。日常办公平台改变了传统的集中一室的办公方式，扩大了办公区域。通过网络的连接，用户可在家中、城市各地甚至世界各个角落随时办公。

3. 信息集成平台

信息集成平台，也称为企业信息集成平台或数据集成平台，是用于整合和统一管理来自不同源的、异构的、分布的数据与信息的系统。它通过提供一系列的工具、服务和接口，实现数据的采集、清洗、转换、存储、查询、分析、展示和共享等功能，以满足企业内部和外部的信息需求，提高信息的可用性、一致性和价值，支持企业的决策、运营、创新和竞争。

4．信息发布平台

信息发布平台是用于创建、管理、发布和分发信息的系统。它允许用户在各种数字渠道上发布和分享信息，包括但不限于网站、社交媒体、电子邮件、移动应用、数字广告等。

信息发布平台为企业的信息发布、交流提供一个有效场所，使企业的规章制度、新闻简报、技术交流、公告事项等都能及时传播，而企业员工也能借此及时获知企业的发展动态。

5．协同工作平台

协同工作平台是一种支持团队成员在线合作、共享信息、管理任务和项目、进行实时沟通的软件系统。这种平台通过提供一系列的工具和功能，如文档共享、任务分配、项目管理、在线会议、即时消息、日程安排、文件存储等，帮助团队成员克服地理、时间、设备等障碍，实现高效、便捷、灵活的工作方式。

协同工作平台将企业各类业务集成到 OA 办公系统中，将企业的传统垂直化领导模式转化为基于项目或任务的"扁平式管理"模式，使普通员工与管理层之间的距离在物理空间上缩小的同时，心理距离也逐渐缩小，从而提高企业团队化协作能力，最大限度地释放人的创造力。

6．公文流转平台

公文流转平台是一种专门用于处理、跟踪和管理公文的系统，广泛应用于政府、企事业单位等组织的日常办公。公文流转平台的主要目标是提高公文处理的效率、透明度和规范性，减少纸张浪费，实现公文的数字化管理。

公文流转平台改变企业传统纸质公文办公模式，企业内外部的收发文、呈批件、文件管理、档案管理、报表传递、会议通知等均采用电子起草、传阅、审批、会签、签发、归档等电子化流转方式，真正实现无纸化办公。

7．企业通信平台

企业通信平台是一种专为企业设计的，用于促进内部沟通、协作和信息共享的通信系统。这种平台通过集成多种通信工具和功能，如即时消息、语音通话、视频会议、电子邮件、文件共享、日程安排等，帮助企业构建高效、灵活、安全的通信环境，提高团队协作效率，促进企业文化和知识的传播。

1.4 数字化

1.4.1 数字化的基本概念

随着大数据、云计算、物联网、人工智能、数字孪生等计算机新技术应用的不断深入，"数字化时代"悄然而至。最早出现的数字化概念是在 20 世纪 90 年代中期提出的数字化生存，其主要指人类生存于一个虚拟的、数字化的生存空间，在这个空间里，人们应用数字技术从事信息传播、交流、学习、工作等活动。

在数字化生存空间，人们足不出户就能享受手机支付转账、理财等金融服务，便捷地通过网络购物、订餐叫外卖，通过视频会议在家办公或者远程学习。此后不久，出现了数字经济的概念，其着重分析信息对宏观经济和微观经济的决定性作用。而真正的数字化时代，则是因为智能手机与移动互联网爆发式增长与大范围应用而逐步实现。

所谓数字化是指利用计算机、通信、网络等技术，通过统计技术量化管理对象与管理行为,实现研发、计划、组织、生产、协调、销售、服务、创新等职能的管理活动和方法。数字化的本质就是通过信息技术在真实的物理世界之上,构建一个与现存物理世界密切相关互动的数字化虚拟世界（空间),在这个虚拟的数字空间里,人们可以在最小化接触物理世界的环境下,用一种全新的模式再现甚至重构原有物理世界的生产、生活方式。

1.4.2 信息化和数字化的区别

从某种意义上讲,信息时代是一切业务数据化,数字时代是一切数据业务化。信息化和数字化既有共性,又有很大的差异。二者虽然都是基于计算机技术构建应用系统来收集、分析和处理数据。但二者在数据价值、应用范围等方面有很大差异。简单地说,信息化是信息的数字化,数字化是业务的数字化;信息化是从业务到数据,数字化是从数据到业务;信息化是提升管理效率,数字化是重构商业模式。图 1.6 描述了信息化和数字化的特点及区别。

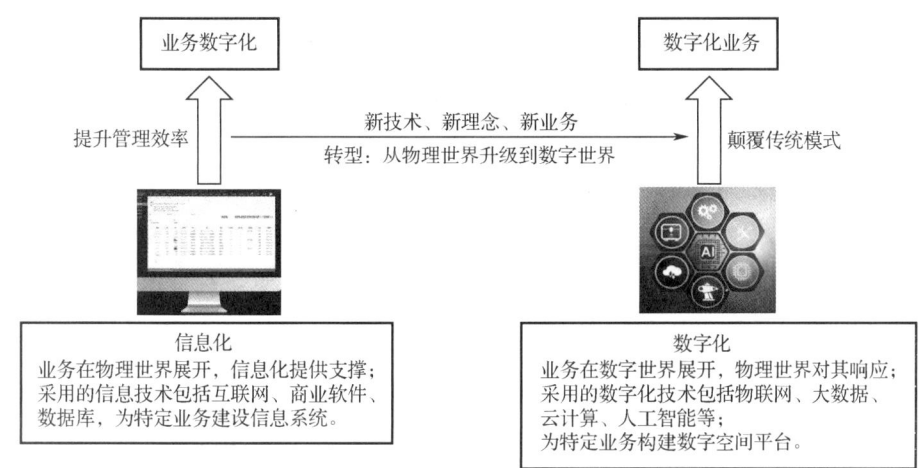

图 1.6 信息化和数字化的特点及区别

信息化和数字化的根本区别在于是否颠覆原有的传统模式。信息化是数字化的基础,数字化是信息化的升级。数字时代是后信息时代,二者之间并没有严格的时间界限,目前是同时并存的,而且会长时间并存。信息化的作用是提升效率,延展人类的能力。数字化则是利用信息技术颠覆传统模式,在虚拟数字空间重构和创造新的生产、生活方式。没有信息化,根本谈不上数字化;但若没有颠覆传统模式的信息化,则也不算数字化。

两者的区别主要表现在 5 个方面。

1. 数据价值的差异

信息化收集和呈现的内部数据存储在各自的系统中,导致数据之间无法互通,变成数据孤岛。数字化实现数据之间的互联互通,通过收集和呈现的客户数据,能反向优化和提升内部数据价值。

因此,在数据价值方面的差异可以简单概括为,信息化产生的数据只是数据,数字化产生的数据是资产。

2. 应用范围的差异

信息化主要应用于单个部门,比如财务系统主要解决财务部门的问题,供应链系统主要解决供应链部门的问题等。数字化则应用于全业务链条的所有部门,旨在解决部门之间的数据孤岛问题,实现企业全部门之间的数据共享和协作。

因此，在应用范围方面的差异可以简单概括为，信息化可以多系统并存，数字化必须是一体化的解决方案。

3．管理思维的差异

信息化是典型的内部管理思维，所有信息化的投入都是为了优化内部管理，提升生产效能。数字化是外部客户需求思维，所有外部数据都来自客户，一切数据价值都要体现在如何真正满足客户需求上。

因此，在管理思维方面的差异可以简单概括为，信息化是内部管理思维，数字化是外部客户管理思维。

4．外部互联的差异

信息化主要解决内部信息和数据的呈现，很少涉及与外部客户的链接。数字化主要通过链接外部客户，实现内外数据打通，最终借助于外部客户信息和数据，来倒逼内部信息和数据互通。

因此，在外部互联方面的差异可以简单概括为，信息化重内部经营数据，数字化重外部客户数据。

5．战略层面的差异

在信息化阶段，企业竞争的维度是比谁能更好地满足用户需求，带来的是竞争关系。在数字化阶段，是以客户为中心，为客户创造更多增量价值，这就要求形成协作，比如互联网+租车，就给出行用户带来了新的价值。

因此，在战略层面的差异可以简单概括为，信息化强调竞争，数字化强调协同。

下面，通过几个简单的例子来说明信息化和数字化的关系。

【例子1】 家用自行车与共享单车。

过去，人们骑自行车，得先花全款买一辆自行车。一家自行车厂，引进了ERP系统提高生产和管理效率，这叫信息化。后来，汽车普及导致自行车需求和销量急剧下降，很多自行车厂都倒闭了，效率再高也没用。有人发现，人们对自行车的需求只是偶尔短途使用，没必要买一辆自行车放在家里，如果能在需要时拿出手机，刷一辆共享单车，就可以以临时租用的方式方便又经济地实现短途骑行。共享单车模式彻底颠覆了传统的"生产—销售—买车—骑车"模式，并造就了自行车生产工厂、互联网平台、增值服务接入商、风险投资方、维护服务商等在新模式下各自获取利益的新生态。这就是数字化，而不简单是信息化。

【例子2】 线下消费与线上消费。

现在，人们足不出户就可以通过网络或手机购买衣服、电子产品、家具等各种生活用品。订餐叫外卖、手机上看书、远程上课和培训，甚至远程参观博物馆，彻底颠覆了过去以逛街购物、线下消费为主的生活方式，导致商超门店等线下物理实体业务大规模缩减。这种颠覆性的改变，就不简单是信息化，而是数字化。

【例子3】 银行业服务形态的转变。

以银行业为例，从Bank 1.0到Bank 3.0，电算化、大集中、ATM、POS、自助银行、网银等信息科技的应用，属于逐渐提高效率的信息化阶段。如今，进入Bank 4.0时代，人们足不出户或者随时随地都可以在手机上办理各种金融服务，不再去银行网点，导致银行网点机构数量每年都在大量减少，甚至出现了根本不设立任何网点的纯互联网银行。在后台，也出现了供应链金融等产品，金融服务以API的方式融合进各行各业的生产运营系统中，而不是过去那种高高在上的贷款机构。数字化颠覆了银行的传统金融服务模式。

1.5 数字化转型

1.5.1 数字化转型的概念与目标

数字化转型进一步触及公司核心业务，是以新建一种商业模式为目标的高层次转型。只有企业对其组织活动、流程、业务模式和员工能力的方方面面进行重新定义，数字化转型才会得以实现。

1. 数字化转型的概念

数字化转型是指企业或组织利用数字技术对其业务模式、工作流程、产品与服务进行根本性的变革，以适应数字化时代的发展趋势，提高竞争力的过程。这不仅是技术层面的更新，更涉及企业战略、文化、组织架构、业务流程等多方面的深度变革。

数字化转型是指在数字化的基础上，具体到某些垂直行业、细分领域、运营主体等运用"数字化"思想实现创新突破或动能转换的过程。例如，制造业的数字化转型，应用数字技术推进工业制造提质降本增效及模式创新；社区管理的数字化转型，应用物联网、大数据、人工智能等技术提升社区治理的智能化与精细化程度。

2. 数字化转型的目标和作用

数字化转型的主要目标和作用如下。

（1）提高运营效率

通过自动化和智能化工具，减少人力成本，提高生产效率和工作质量。

（2）优化客户体验

利用大数据分析和人工智能技术，提供个性化的产品和服务，增强客户满意度和忠诚度。

（3）创新业务模式

开发新的产品、服务和收入来源，如基于数据分析的增值服务、平台经济、订阅模式等。

（4）增强决策能力

通过收集和分析大量数据，提供实时、准确的洞察信息，支持更科学、更快速的决策。

（5）促进组织变革

推动组织结构和文化的调整，培养数字化思维和技能，建立更加开放、灵活、创新的组织环境。

1.5.2 数字化转型的核心技术

数字化转型的核心技术涵盖云计算、大数据、物联网、人工智能、区块链等新一代信息技术。通过将这些技术整合到企业的各个业务领域中，不仅能优化和创新传统的管理模式与业务流程，还能为企业构建一个全感知、全连接、全场景、全智能的数字世界。

数字化转型不仅是技术的简单应用，还需要企业进行战略层面的思考和组织文化的改革。企业应坚持一个清晰的数字化转型战略，并通过组织机制保障和文化氛围创造来支撑转型实施。

1. 云计算

云计算是一种通过互联网提供按需访问计算资源和数据存储的服务模式，其核心在于实现资源的集中管理和随时随地的便捷访问。

云计算技术整合了分布式计算、并行计算、网格计算等多种计算模式，为用户提供可快速扩展和缩减的计算资源。这种技术不仅降低了 IT 成本，还提高了业务的灵活性和响应速度。在数字经济时代，云计算是企业实现数字化转型的重要基础设施。

(1）云计算的特点

云计算的特点可以概括为以下五个主要方面。

① 按需自助服务。

用户可以根据需求自主购买和管理云服务，无须与服务提供商进行复杂的人工交互。

② 广泛的网络接入。

用户可以在任何时间、任何地点通过互联网使用云计算服务。

③ 资源池化。

云服务提供商将各种计算资源（如CPU、内存、存储）整合成一个资源池，用户可以从中分配所需资源。

④ 快速弹性伸缩。

用户能够根据实际需求快速调整所租用的资源规模，以应对业务量的变化。

⑤ 可计量服务。

对云服务使用情况可以进行量化监控，用户按实际使用量付费。

（2）云计算的主要技术

云计算技术是一种基于互联网的计算模式，通过网络提供计算资源和服务（计算能力、存储空间和应用程序等）。其核心思想是将计算资源和服务集中在云端，供用户通过网络进行访问和使用。云计算技术的发展极大地改变了传统的IT基础设施和业务运作模式，已成为企业数字化转型的重要基础设施。

① 虚拟化技术。

虚拟化技术是云计算的基础，它使得物理资源如服务器、存储和网络设备可以被抽象、封装、分割，从而创建多个虚拟资源。这些虚拟资源能在不影响彼此的情况下独立运行。通过虚拟化，云服务提供商能够最大限度地利用其数据中心资源，提高资源利用率和灵活性。

② 分布式计算。

分布式计算技术使得云计算能够将大规模的计算任务分散到多个服务器上并行处理。这种技术显著提高了系统的处理能力和效率，并确保了系统的可扩展性。例如，大数据分析通常需要处理海量的数据，使用分布式计算技术就可以在短时间内完成这些任务。

③ 自动化管理。

自动化管理技术使云计算平台能够自动部署、监控和管理计算资源，减少了人工操作的需求，降低了管理成本，并且提高了系统的可靠性。例如，当用户需要更多计算资源时，系统可以自动分配和配置新的虚拟服务器，无须人工干预。

④ 弹性伸缩。

弹性伸缩是云计算的关键优势之一，它使得用户能够根据实际需求动态地调整资源规模。例如，电商平台在促销期间可能会面临巨大的流量，使用云计算的弹性伸缩功能可以临时增加资源，应对高峰访问，结束后再缩减资源，从而优化成本。

⑤ 多租户技术。

多租户技术允许多个用户共享相同的基础设施资源，但彼此之间保持隔离，从而确保了数据安全和隐私。这项技术使得云服务能够高效地服务于大量用户，同时降低他们的使用成本。

⑥ 容错性和可靠性。

云计算平台通过多种冗余机制和备份技术保证服务的高可用性与稳定性。例如，通过在不同地理位置建立多个数据中心，即使某个数据中心发生故障，其他数据中心也能继续提供服务，确保用户业务不受影响。

⑦ 计费和监控。

云计算提供商通常实行精细化的计费和监控机制，使用户能够清晰地了解资源使用情况并据此付费。这不仅有助于用户控制成本，还有助于提供商优化资源利用。

2．大数据

大数据（Big Data）是指规模巨大到无法通过主流软件工具在合理时间内进行获取、管理、处理并整理成有助于企业经营决策的数据集合。这种数据集合具有大量、高速、多样、价值密度低等特点，通常被称为大数据的4V特性。

（1）大数据的特征

大数据的特征可以概括为以下四个方面。

① 大量（Volume）。

数据量巨大，远超过传统数据库的处理能力。例如，百度每天需要处理的数据超过1.5PB，相当于5000亿张A4纸的数据量。

② 高速（Velocity）。

数据生成和流动速度极快，需要实时或近实时处理。社交媒体、传感器网络等每时每刻都在产生大量新数据。

③ 多样（Variety）。

数据类型繁多，包括结构化数据（如数据库中的数据）、半结构化数据（如XML文件），以及非结构化数据（如文本、视频、图片等）。据统计，80%的企业数据是非结构化数据。

④ 价值（Value）密度低。

虽然数据量大，但有价值的信息密度低，需要通过分析和挖掘才能发现其中的宝贵信息。例如，在连续监控的视频中，可能仅有一两秒对特定分析有用。

（2）大数据技术

大数据技术是一套用于处理大规模数据集以获取有价值信息的方法和技术。这些技术涵盖了从数据采集、存储到数据分析、展现的全过程，旨在帮助人们从复杂且庞大的数据中提取有用的知识，为企业和研究机构提供前所未有的洞察力与决策支持。

① 大数据采集技术。

大数据采集是指通过各种方式（如传感器、社交媒体、移动设备等）收集海量数据的过程。在采集过程中，需要确保数据的高速传输和初步处理，以便后续分析。

② 大数据预处理技术。

采集后的数据往往包含噪声和不一致性，需要进行清洗和整理。数据清洗涉及去除重复、错误或无关数据，并将数据转换成适合分析的形式。这一步对提高数据质量至关重要。

③ 大数据存储管理技术。

为了有效管理海量数据，需要使用分布式文件系统（如HDFS）和分布式数据库（如HBase）等数据存储系统。这些系统能够可靠地存储和管理大量数据，并支持高效的数据检索和处理操作。

④ 大数据分析挖掘技术。

大数据分析挖掘是大数据技术的核心部分，包括使用各类算法和机器学习模型对数据进行深入分析，发现数据中的模式、趋势和关联。例如，使用MapReduce编程模型来处理和分析大规模数据集。

⑤ 大数据可视化技术。

数据可视化技术能够将复杂的分析结果转化为直观的图形和图表，使得决策者能够更容易理解数据背后的含义。这对于企业决策和策略制定非常重要。

3．物联网

物联网（Internet of Things，IoT）是指通过互联网将各种物理设备、传感器、物品等连接起来，使它们能够收集、传输、处理和共享数据，实现智能化的监控、管理和服务。物联网的核心是将物理世界与数字世界相融合，使物体具有感知、连接、计算和执行的能力，从而提升效率、创造价值、改善体验。

物联网的应用广泛，从智能家居、智慧城市、智能农业、智能医疗到工业 4.0、车联网等领域，都在积极应用物联网技术，以提升效率、降低成本、改善体验、创造新价值。随着 5G、边缘计算、人工智能等技术的发展，物联网的潜力将得到进一步释放，为社会和经济带来更大的变革。

（1）物联网技术体系架构

随着物联网技术的快速发展，物联网已经成为连接世界的重要基础设施。物联网技术体系架构是构建和组织物联网系统的基础框架，它定义了物联网中各个组成部分之间的关系和交互方式。图 1.7 描述了物联网技术体系架构。

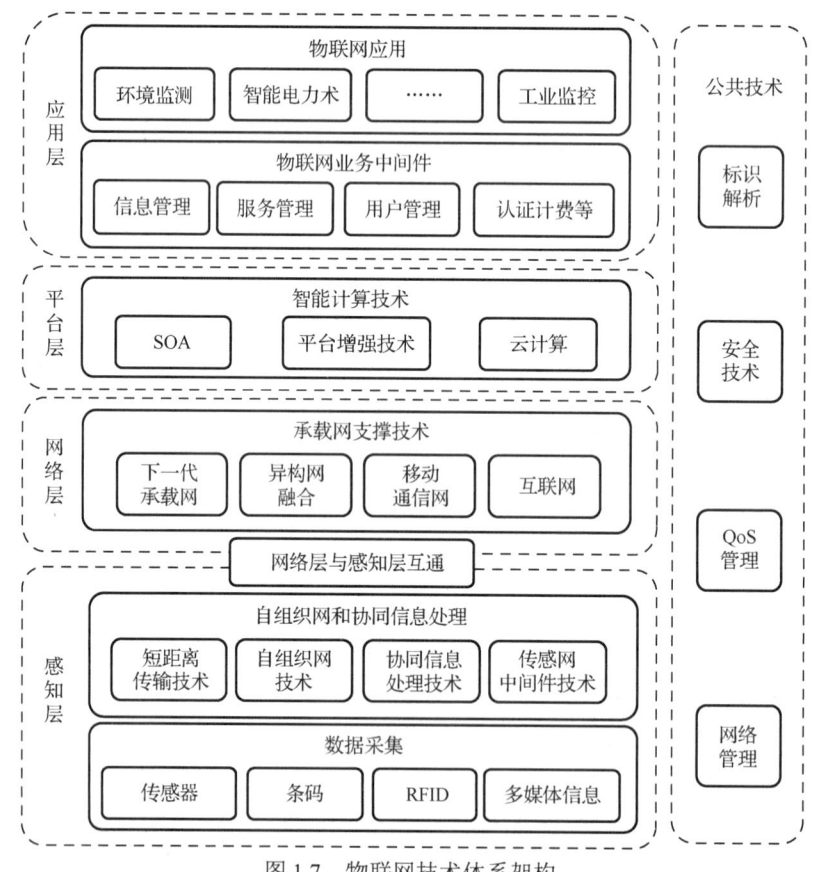

图 1.7 物联网技术体系架构

① 感知层（Perception Layer）。

感知层是物联网系统的底层，负责收集来自物理世界的数据和信息。它包括各种传感器、探测器、智能设备等，用于监测和感知环境中的各种参数和状态。感知层的主要任务是将实时数据转换成数字信号，并传输到物联网系统的其他层进行处理和分析。

② 网络层（Network Layer）。

网络层是物联网系统的通信和连接层，它负责将感知层收集到的数据传输到其他设备或云平台。网络层采用各种通信技术，如无线网络、有线网络、蜂窝网络等，实现设备之间的互联互通。此外，网络层还涉及网络拓扑设计、通信协议、数据安全等方面的技术。

③ 平台层（Platform Layer）。

平台层是物联网系统的核心层，它提供数据存储、处理和管理的功能。平台层通常包括云计算平台和物联网平台。云计算平台用于存储和处理大规模的物联网数据，提供强大的计算和分析能力。物联网平台则提供设备管理、数据流管理、应用程序开发和部署等功能，为物联网系统的运行提供支持。

④ 应用层（Application Layer）。

应用层是物联网系统的顶层，它基于平台层提供的功能，实现各种应用场景和服务。应用层包括智能家居、智能交通、智能工厂、智能农业等各种垂直领域的应用。应用层可以根据用户需求进行定制开发，实现智能化、自动化和远程控制等功能。

（2）物联网的关键技术

① 传感器技术。

传感器是物联网感知物理世界的基本单元，负责将物理信号（如温度、湿度、光线、压力等）转换为电信号。这些传感器广泛应用于环境监测、健康监测和工业生产等领域。

② RFID 技术。

无线射频识别（RFID）技术通过无线电信号识别目标并读取相关数据，无须建立机械或光学接触。RFID 在物流管理、库存跟踪和资产跟踪中发挥着重要作用。

③ 嵌入式系统技术。

嵌入式系统将计算机的硬件和软件嵌入各种设备中，使这些设备具备智能性和网络连接能力。从智能家居设备到工业自动化设备，嵌入式系统都起着核心作用。

④ 网络通信技术。

物联网设备通过网络进行数据交换，包括局域网（如 Wi-Fi、蓝牙）、广域网（如蜂窝网、LoRaWAN）等多种通信方式。

（3）物联网的工作过程

① 数据采集。

物联网系统中的传感器和设备负责收集各种类型的数据，如温度、湿度、位置、速度等。这些数据是物联网系统的基础，用于监控和控制物理设备的状态与行为。

② 设备连接。

物联网设备通过有线或无线网络连接到互联网。这些设备可以是智能家居设备、工业设备、交通设备等，通过网络实现互联互通。

③ 数据传输。

物联网设备将收集到的数据通过网络传输到云端或本地服务器。在数据传输过程中可能使用不同的通信协议，以适应不同的应用场景和需求。

④ 数据处理与分析。

对收集到的数据需要进行处理和分析，以提取有用信息和洞察信息。这可能涉及数据清洗、数据融合、数据挖掘、机器学习等技术。

4．人工智能

人工智能（Artificial Intelligence，AI），是研究、开发用于模拟、延伸、扩展人的智能的理论、方法、技术及应用系统的一门技术科学。人工智能作为现代科技的重要组成部分，正深刻地改变人们的工作和生活方式。从基础理论研究到实际应用推广，人工智能在许多领域都取得了显著的成果，其广泛应用不仅提升了生产效率和生活质量，还推动了各行业的创新和发展。

人工智能作为现代科技的重要组成部分，正在深刻地改变人们的工作和生活方式。随着人工智能技术的普及，也面临着数据安全、隐私保护、伦理道德等挑战。

（1）人工智能的主要研究领域

① 机器学习。

机器学习是人工智能的核心研究领域之一，通过建立算法模型，使计算机能够从数据中自动学习和改进。这种学习方式包括监督学习、无监督学习和半监督学习等多种类型。

② 深度学习。

深度学习是机器学习的一个子领域，它主要利用深度神经网络进行复杂任务的处理。深度学习模型由多层神经网络组成，每一层都可以自动提取不同层次的特征，从而实现高精度的分类和预测。

③ 自然语言处理。

自然语言处理是研究如何让计算机理解和生成人类语言的领域。这一领域的技术广泛应用于机器翻译、语音识别、文本生成等任务，有效提升了人机交互的自然性和便捷性。

④ 计算机视觉。

计算机视觉研究如何使计算机能够从图像或视频中获取和理解信息，包括图像识别、目标检测、图像分类、场景理解等。

⑤ 机器人技术。

机器人技术结合机械工程、电子工程和人工智能技术，研究如何设计和构建能够感知、决策和行动的智能机器人。

（2）人工智能的实际应用

① 智能机器人。

智能机器人结合人工智能技术和机器人硬件，能够在复杂环境中执行各种任务，例如自动驾驶汽车、服务机器人、工业机器人等。

② 智慧医疗。

人工智能在医疗领域的应用主要包括疾病诊断、个性化治疗方案推荐、医疗影像分析等。通过大量数据分析和模式识别，人工智能可以提供高效、准确的医疗服务。

③ 智能家居。

智能家居系统通过集成各种传感器和控制设备，实现家庭环境的智能化管理。用户可以通过手机或语音助手控制家电、调节灯光和温度，提升生活便利性和舒适度。

④ 金融科技。

人工智能在金融领域的应用主要包括风险评估、交易监控、客户服务等。通过大数据分析和机器学习模型，金融机构能够更好地管理风险、提升服务质量。

5. 区块链

区块链（Blockchain）是一种分布式数据库或公共分类账的实现方式，它通过网络中多个节点的共同维护，以一种安全、透明、不可篡改的方式记录交易数据。区块链技术最初是为交易比特币（一种加密货币）而设计的，现在其应用范围已经远远超出了加密货币领域，被广泛应用于金融、供应链管理、版权保护、投票系统、医疗健康等多个行业。

（1）区块链的核心特征

① 去中心化。

区块链网络由众多节点组成，没有单一的管理者或控制者。所有参与者共同维护和管理网络，数据的验证和交易的确认通过网络中节点之间的协作与共识达成，而不是依赖于单一的中心化机构。这种去中心化特性使得区块链更加民主、透明和公平。

② 不可篡改性。

每个区块包含一定数量的交易信息，并通过加密链接到前一个区块，形成一个不可逆的数据链。任何尝试修改一个区块的数据都会破坏整个链的连续性，因此数据在网络中无法被篡改。这种设计保障了交易历史的完整性和安全性。

③ 透明性。

区块链系统是开放的，其数据对所有人公开。任何人都可以通过公开接口查询区块链数据和开发相关应用，因此整个系统的信息高度透明。虽然交易各方的私有信息被加密保护，但不影响系统的开放性。

④ 匿名性。

在区块链中，数据交换的双方可以是匿名的，系统中的各个节点无须知道彼此的身份和个人信息即可进行数据交换。然而，这种匿名性并不意味着完全的隐私保护，一些区块链系统还采用了额外的隐私保护技术。

⑤ 智能合约技术。

智能合约技术使区块链具备可编程性，支持更广泛的应用场景。智能合约是基于代码自动执行的合同，无须第三方介入，只要预设条件满足，合同就会自动执行。这大大扩展了区块链的应用领域，如自动化交易、自动化执行任务等。

⑥ 分布式账本技术。

区块链是一种分布式账本，数据的存储和管理分布在网络中的多个节点上，而不是集中存储在单一的中心化服务器上。每个节点都包含了完整的账本副本，并通过共识机制来保持账本的一致性。这种分布式的特性使得数据更加安全和可信。

⑦ 共识机制。

区块链使用共识机制来验证和确认交易。常见的共识机制如工作量证明（PoW）、权益证明（PoS）等，这些机制确保了网络中的所有节点在没有中心权威的情况下达成一致。这种机制保障了系统的公平性和安全性。

（2）区块链的核心技术

区块链技术通过其独特的去中心化、不可篡改、透明、匿名和可编程等特性，为各个领域提供了一种新的解决方案。它不仅改变了传统商业模式，还在金融、供应链、医疗、不动产等多个领域展现出巨大潜力。区块链的核心技术包括块链数据结构、分布式存储、非对称加密、共识算法和智能合约，这些技术共同构成了区块链的基础架构。

① 块链数据结构。

每个区块包含一定数量的交易数据和一个区块头。区块头包括前一个区块的哈希值、时间戳、随机数以及当前区块的哈希值等信息。这种设计使得每个区块都紧密地链接在一起，形成一个不可逆的数据链。

每个区块通过其区块头中的哈希值与前一个区块连接，形成一条链。任何尝试篡改一个区块数据的行为都会破坏整个链的连续性，从而保证数据的不可篡改性。

② 分布式存储。

● 去中心化存储

区块链网络中的数据被分布存储在多个节点上，而不是集中存储在单一的中心服务器上。每个节点都保存了完整的账本副本，并通过共识机制来保持账本的一致性。

- 数据一致性

所有节点共同维护和管理网络,通过网络中的节点之间的协作和共识达成数据的验证与交易的确认,从而确保数据的一致性和可靠性。

③ 非对称加密。

- 加密技术

区块链使用多种加密技术,如哈希函数和非对称加密,以保护数据的安全性和隐私性。哈希函数将数据转换为固定长度的哈希值,用于验证数据的完整性。非对称加密则用于公钥与私钥的生成和加密传输。

- 数字签名

区块链中的每个交易都使用发送方的私钥进行签名,接收方可以使用公钥进行验证。这种机制确保了交易的真实性和安全性,防止了伪造和篡改。

④ 共识算法。

- 工作量证明(PoW)

这是最早的共识机制之一,要求节点解决一个复杂的数学问题来验证交易并获得记账权。第一个成功解决问题的节点将获得奖励,并有权添加新区块到链上。尽管 PoW 保证了安全性和去中心化,但其效率较低,耗能较大。

- 权益证明(PoS)

为了解决 PoW 的能耗问题,PoS 机制被提出。在 PoS 中,验证者需要持有一部分代币作为抵押,根据抵押比例和某些特定参数来选择验证者。PoS 的效率更高,能耗更低。

- 其他共识机制

其他共识机制包括实用拜占庭容错算法(PBFT)、委托权益证明(DPoS)等,不同的区块链项目可根据需求选择适合的共识机制。

⑤ 智能合约。

智能合约是一种基于代码自动执行的合同,无须第三方介入。只要预设条件满足,合约就会自动执行。这种机制极大地扩展了区块链的应用领域,如自动化交易、自动化执行任务等。

智能合约支持多种编程语言和框架,开发者可以根据需求编写各种复杂的合约逻辑。这使得区块链不仅可以用于数字货币,还可以应用于供应链管理、金融服务、版权保护等领域。

1.5.3 数字化转型的阻碍因素

数字化转型是多数企业不得不选择的道路,但转型之路并不平坦,数字化转型过程中面临诸多阻碍因素,主要包括组织结构、组织战略和人力资源三个方面。

1. 组织结构方面

(1)传统职能部门结构设置很难满足转型需求

在数字化转型过程中需要企业具备较强的跨职能协作能力。若想实现这种协作则必须将组织结构与企业的数字化转型战略有机地融合在一起,这种融合难度很大,需要克服包括专业技能、沟通等在内的大量阻碍。

(2)企业刚性特质是数字化转型的最重要阻碍之一

首先,企业现有资源和能力所形成的刚性是企业转型的最大阻碍,企业深深植根于客户和供应商之间的关系网中,拥有完善且经过多次优化的业务流程,僵化但舒适的状态阻碍重新配置资源。

其次,固化的企业文化也可能成为转型的重要阻碍。在许多老牌企业中,数字技术与业务职能之间相分离的观点已经扎根于企业内部，甚至成了企业价值观的一部分，这极大地阻碍了数字化转型的推进。企业文化必须随数字化转型发生相应的改变，以保障其顺利进行。

2．组织战略方面

（1）领导层数字化战略思维不强

在数字化冲击背景下，企业的领导者必须具备数字化的战略思维方式，同时还需要努力推动企业整体数字思维的发展，以确保能够应对数字化冲击的影响。但有些领导层可能对数字化冲击认识不足，数字化战略思维不强，而对企业的数字化转型战略方向做出不科学判断，从而阻碍了数字化转型的顺利实现。

（2）数字化战略的兼容性较差

数字化战略的兼容性并不强，在极端情况下甚至会阻碍其他战略的实施。同时，企业之间的竞争越来越依靠数字技术的运用能力，企业在制定一般性战略时也需要融合数字化转型的思维和意识。数字化转型不是一个短期的项目，而是一个漫长而曲折的过程，需要不断地沟通、妥协、调整及多次循环才能得以最终完成。

3．人力资源方面

（1）员工能力不足

在数字化转型过程中，由于项目多为跨部门运作，所以需要由具备较强协调沟通能力的员工担任项目经理。但专注研发的技术型员工往往在这方面的能力不足，这可能导致原本该由数字化专业技术人员领导的技术密集型项目，却由非数字化专业的员工担任项目经理。员工需要承担超出其原职责范围和专业能力的职能角色，专业能力或管理能力的欠缺会直接阻碍转型的推进。另外，随着新型自动化数字工厂的出现，尽快明确和提升员工所需要的新技能变得越来越重要。

（2）员工本身的抵制

有的员工在接受新的数字技术时会产生抵制心理，抵制原因主要与新技术被引入的速度和方式有关，引入速度过快容易出现"创新疲劳"问题。这种阻力是由员工日常工作惯性引起的，无法简单地通过督促员工改变工作行为来解决，应该优化工作流程增强灵活性，引导员工逐渐适应新的工作节奏。因此，通过邀请专门的技术指导人员以符合员工习惯的方式培训和讲解新技术的使用，可以减小抵制的阻力。

1.6 数字化时代的计算机伦理

1.6.1 计算机应用的负面问题

计算机技术正在以惊人的速度发展，人们在享受计算机及与计算机相关技术带来便利的同时也应该遵守计算机中的伦理和道德。计算机伦理是随着计算机和信息技术的发展而兴起的一个新的伦理学分支，它主要研究与计算机技术相关的道德问题和规范，这些问题通常涉及个人隐私安全、计算机软件产权、网络安全、人工智能伦理、大数据伦理、机器视觉伦理等领域。

1．个人隐私安全问题

个人隐私安全问题是数字时代面临的重要挑战之一。随着信息技术的飞速发展，个人数据的收集和使用变得前所未有地容易与广泛。随之而来的是个人信息泄露事件频发，这不仅侵犯了个人隐私权，还可能导致电信诈骗等违法犯罪活动的增加。这引发了关于隐私保护的讨论，如何平衡个人隐私权与信息自由流动成为一个重要议题。

造成个人隐私泄漏的原因是多样的，主要包含以下几个原因。

（1）信息泄露途径多样

信息泄露途径多样，包括但不限于人为倒卖信息、手机泄露、病毒窃取、网站漏洞等。

① 人为倒卖信息。

常见的人为倒卖信息包括内部员工泄密和非法信息交易。

内部员工泄密：公司或机构内部员工出于各种原因非法出售或泄露客户信息。

非法信息交易：不法分子通过地下市场交易个人信息，这些信息可能包括姓名、电话、地址等敏感数据。

② 手机泄露。

手机泄露一般包括手机应用程序漏洞和恶意软件窃取两种形式。

手机应用程序漏洞：手机应用程序可能存在安全漏洞，导致个人信息被未经授权的第三方访问或窃取。

恶意软件：手机被植入恶意软件，如间谍软件或木马，个人信息可能在用户不知情的情况下被收集和传输。

③ 病毒窃取。

病毒窃取一般包括病毒感染和网络钓鱼两种形式。

病毒感染：计算机或手机感染病毒或木马，可能导致个人信息被窃取。用户在不经意间下载了含有恶意软件的程序或点击了可疑链接，从而感染病毒。

网络钓鱼：用户被诱导访问伪造的网站并输入个人信息，如银行账号和密码，这些信息随后被不法分子获取。

④ 网站的安全漏洞。

网站的安全漏洞被黑客利用，黑客入侵网站后台，窃取存储在数据库中的大量个人信息。黑客通过获取一个网站的用户信息，尝试用相同的用户名和密码组合登录其他网站，以此获取更多个人信息。

（2）过度信息收集

过度信息收集是指企业或组织在未经用户充分授权的情况下，收集用户的个人信息超出了提供服务所必需的范围。这种行为不仅侵犯了用户的隐私权，还可能导致用户信息的泄露和滥用。由于技术滥用监管不足，常见的过度收集个人信息有生物信息收集和App隐私政策模糊两种形式。

① 生物信息收集。

一些企业在门店安装人脸识别摄像头，未经消费者同意抓取人脸并生成编号，用于商业目的。

② App隐私政策模糊。

App隐私政策模糊是指应用程序的隐私政策在说明个人信息的收集、使用和保护方面表述不清晰，使得用户难以理解自己的信息如何被处理。

首先，许多App的隐私政策文本冗长，专业术语众多，令普通用户难以理解其真正含义。这种复杂性可能使用户在不经意间错过了一些关键的信息处理细节。其次，隐私政策中往往没有明确指出哪些个人信息被收集，收集目的及使用方式。有时即使说明了收集的信息类型，也未明确其使用范围和目的。再次，很多App的隐私政策没有明确说明是否会与第三方共享用户数据，如果会，具体是哪些数据，以及第三方的详细信息和使用数据的目的。

（3）公众自我隐私保护意识不强

在当今数字化和信息化迅速发展的背景下，公众自我隐私保护意识不强是普遍现象。尽管近年来人们对于个人信息安全的关注有所提升，但整体而言，公众自我隐私保护意识和能力还有待加强。

① 公众教育缺失。

许多普通用户对于个人信息的保护意识较弱，缺乏必要的隐私保护知识和技能。学校与社会普遍缺乏系统的隐私保护教育和培训项目。大多数用户不了解如何在日常生活中保护自己的个人信息。这不仅使得他们容易成为信息泄露的受害者，也增加了监管部门和企业的保护难度。

② 自我保护措施不足。

虽然越来越多的人开始意识到个人信息的重要性，但对如何有效保护这些信息的具体措施了解不足。许多用户对 App 的权限请求、社交网络的隐私设置等缺乏足够的理解和正确的处理方式。由于缺乏有效的自我保护手段，所以普通用户往往难以采取有效措施保护自己的隐私权益。

（4）大数据增加风险

在大数据时代，个人隐私泄露的风险日益增加。随着技术的进步和信息化的快速发展，收集、存储、分析个人数据变得非常容易。

① 数据的集中化存储。

大数据技术使得海量个人数据被集中存储，一旦数据库被非法访问或泄露，将导致大量个人信息一次性泄露。

② 数据挖掘与分析。

通过数据分析技术，可以从看似无关的数据碎片中提取出个人隐私信息，进行精准的个人画像，这种技术的滥用极大地增加了隐私泄露的风险。

③ 个性化服务的双面性。

虽然大数据可提供个性化服务，但这也意味着用户的个人喜好、习惯等敏感信息可能被不当使用或泄露。

2. 计算机软件产权问题

计算机软件产权，通常被称为软件著作权，是指自然人、法人或者其他组织对计算机软件作品依法享有的一系列财产权利和精神权利的总称。对于计算机软件产权的保护，我国采取自动取得原则，自软件开发完成之日起产生。软件著作权人可以向国务院著作权行政管理部门认定的软件登记机构办理登记，以获得法律上的初步证明。

（1）计算机软件产权保护的基本内容

计算机软件产权问题涉及著作权保护、专利权保护、商业秘密保护等多个方面。

① 著作权保护。

根据《中华人民共和国著作权法》和《计算机软件保护条例》，计算机软件作为作品自动享有著作权，无须登记。著作权自软件完成时自动产生，保护期限为作者终身加上死后 50 年。这意味着软件开发完成后，原作者就拥有了对软件源代码和目标代码的复制权、发行权、出租权等一系列权利。

② 专利权保护。

专利权保护的是软件中的技术构思，而不包括程序本身。软件专利可以采用方法专利或者实体形式（如存储介质上的程序）来申请保护。专利权提供了对软件中创新技术的独占性保护，保护期一般为 20 年。

③ 商业秘密保护。

若软件中包含的技术信息具备秘密性、实用性和保密性，则可作为商业秘密进行保护。这种方式不具有独占性，但只要信息未被公开，就可以无限期保护。对于企业来说，采取合理措施保密是实施商业秘密保护的关键。

（2）计算机软件产权保护面临的问题

计算机软件产权保护面临的问题主要包括法律保护的滞后性、技术发展的快速性、国际合作的不足性、公众意识的缺乏性、开源软件的双面性等。

① 法律保护的滞后性。

现行的法律体系有时不能有效应对快速发展的软件技术和行业需求。例如，著作权法主要保护软件的表达形式而非其功能或思想，专利权虽能保护软件中的创新方法或系统，但其申请过程复杂，且对软件的"三性"（新颖性、创造性和实用性）要求高，不易满足。商业秘密可以保护软件中未公开的关键技术或数据，但一旦信息泄露，保护将不复存在。

② 技术发展的快速性。

计算机软件的技术更新迅速，新的编程语言、开发工具和应用模式层出不穷。这种快速发展使得法律很难及时更新以覆盖新出现的所有情形。

③ 国际合作的不足性。

在全球范围内，关于计算机软件的知识产权保护标准尚未统一。不同国家和地区在法律制定、保护范围及执行力度上存在差异，这对于跨国软件企业而言是一大挑战。

④ 公众意识的缺乏性。

许多软件使用者对于软件知识产权的认识不足，不了解何种行为构成侵权，如何合法使用和分发软件产品。这不仅容易导致无意识的侵权行为，也影响了整个软件产业的健康发展。随着技术的发展，如何在保护创作者权益和促进知识共享之间找到平衡点，是必须面对的挑战。

⑤ 开源软件的双面性。

开源软件促进了技术共享和创新，但也带来了版权归属和贡献者权益保护的问题。

3. 网络安全问题

在信息技术迅猛发展的今天，网络安全问题已经成为全球关注的重点问题之一。随着互联网的普及和网络技术的不断进步，网络安全面临的威胁也日益增多，其影响范围和危害程度不断扩大。

（1）病毒与恶意软件

病毒、蠕虫、木马等恶意软件通过破坏、复制或窃取信息对用户的网络安全造成威胁。这些恶意程序可以破坏数据完整性、占用系统资源、盗取敏感信息甚至控制受害主机。

（2）黑客攻击

黑客利用各种技术手段非法侵入他人计算机系统，进行数据窃取、数据篡改、服务中断等攻击行为，严重威胁个人、企业和政府机构的数据安全。

（3）网络钓鱼

网络钓鱼通过伪装成可信组织，以电子邮件、网站或其他通信方式诱骗用户提供个人信息，如用户名、密码和信用卡号等，进而窃取用户身份和财务信息。

（4）隐私泄露

由于社交网络、电子商务和移动应用等服务的普及，用户的个人信息在网络上被大量收集和分析，一旦这些信息未得到妥善保护，就可能发生泄露，导致个人隐私被侵犯。

（5）网络间谍

一些组织或个人利用网络技术秘密监视、收集政府、企业或个人的敏感信息，这种行为不仅侵犯了目标的隐私权，还可能威胁到国家安全和商业机密。

（6）高级持续性威胁

高级持续性威胁是指由特定组织发起的针对特定目标的长期、复杂的网络攻击。这种攻击往往难以及时发现，且持续时间长，目的是悄无声息地获取敏感信息。

（7）物联网设备安全

随着物联网技术的发展，越来越多的设备连接到互联网。这些设备可能存在安全隐患，成为网络攻击的新途径。

4．人工智能伦理问题

人工智能伦理涉及在人工智能研发和应用中应遵循的伦理道德规范与原则。随着人工智能技术的飞速发展，如何处理由此产生的伦理问题成为新的挑战。人工智能伦理问题主要源于技术发展速度与社会适应能力之间的不匹配，以及技术应用与现有法律法规、道德标准的冲突。

（1）设计风险

设计是人工智能的逻辑起点，设计者的主体价值通过设计被嵌入人工智能的底层逻辑中。如果设计者在设计之初秉持错误的价值观或将相互冲突的道德准则，当这种主体价值被嵌入人工智能中时，那么在实际运行的过程中，便很有可能对使用者的生命、财产安全等带来威胁。

（2）算法风险

算法是人工智能的核心要素。具备深度学习特性的人工智能算法能够在运行过程中自主调整操作参数和规则，形成"算法黑箱"，使决策过程不透明或难以解释，从而影响公民的知情权及监督权，造成传统监管的失效。

（3）数据安全风险

在众多的人工智能应用中，海量的个人数据被采集、挖掘、利用，尤其是涉及个人生物体征、健康、家庭、出行等的敏感信息，从而导致数据安全风险。

（4）社会伦理挑战

人工智能不仅有着潜在的、不可忽视的技术伦理风险，而且伴随数字化的飞速发展，人工智能对现有社会结构及价值观念的冲击也愈发明显。人类社会的基本价值，如尊严、公平、正义等，也正因此面临挑战。

5．大数据伦理问题

大数据伦理涉及在大数据技术的应用和发展中应遵循的伦理道德规范与原则。大数据技术的快速发展和广泛应用，在带来便利和效率提升的同时，也引发了一系列伦理挑战。这些挑战涉及数据隐私保护、数据权属与使用、数据质量与偏见、数字身份与群体隐私等多个方面。

（1）数据隐私保护的挑战

① 隐私泄露风险。

大数据技术能够收集和分析大量个人信息，包括敏感信息，如健康数据、个人行为等。这些信息如果被不当使用或泄露，将严重侵犯个人隐私。

② 监控与自主性丧失。

大数据技术使得对个人的实时监控成为可能，这种过度监控可能导致个体自主性的丧失，人们可能在某些情况下被迫接受无时无刻的监控。

（2）数据权属与使用的挑战

① 数据权属不明确。

在大数据环境下，数据的权属往往不明确，这引发了关于谁有权访问、处理和拥有数据的问题。数据权属不明确可能导致数据被滥用或非法交易。

② 知情同意难以实施。

在大数据应用中，尤其是在涉及个人数据的情况下，获取用户的充分知情同意是一大挑战。很多时候，用户对于自己的数据如何被收集和使用缺乏清晰的了解与控制。

（3）数据质量与偏见的挑战

① 数据真实性问题。

数据的真实性和可靠性是大数据应用的基础，错误或虚假的数据输入会导致分析结果的不准确，进而影响决策的有效性。

② 算法偏见与歧视。

大数据算法可能会固化甚至放大现有的社会偏见，如通过某些特定的算法逻辑对个人进行评分或分类，可能会导致对某些群体的不公平对待。

（4）数字身份与群体隐私的挑战

① 数字身份建构问题。

在数字世界中，个人的数字身份可能与其真实身份存在差异，这种差异可能被用于特定目的，从而侵犯个人隐私或造成污名化。

② 群体隐私保护难题。

大数据通常涉及对整个群体的数据收集和分析，这可能侵犯到群体的隐私权益，特别是在未能获得每个个体明确同意的情况下。

6．机器视觉伦理问题

机器视觉伦理是人工智能伦理的一个重要分支，它专注于机器视觉技术应用中的伦理问题和挑战。机器视觉在众多领域中展现出了其强大的功能和广泛的应用潜力，随着技术的进步和应用的深入，机器视觉伦理问题也逐渐浮出水面，引起了公众和学术界的广泛关注。

（1）隐私权保护挑战

① 监控与隐私侵犯。

机器视觉技术使得对个人活动的监控变得非常容易，这种无时无刻的监控可能侵犯个人隐私，引发社会对监控社会的担忧。

② 面部识别争议。

面部识别技术的应用，如在公共安全领域的使用，引发了关于如何在增强安全性和个人隐私之间取得平衡的广泛讨论。

（2）数据安全与滥用风险

① 数据泄露风险。

机器视觉系统收集的大量个人数据，如果被不当存储或处理，可能导致严重的数据泄露事件。

② 数据滥用风险。

存在将收集到的数据用于未经用户同意的用途，或被第三方非法获取并用于不正当用途的风险。

（3）公平性和偏见问题

① 算法偏见。

机器视觉系统在处理数据时可能固化甚至放大现有的社会偏见，例如在面部识别中对某些肤色或种族的人存在识别偏差。

② 决策透明度。

由于深度学习模型的黑箱特性，机器视觉系统做出的某些决策可能难以被解释和理解，这影响了决策的透明度和可追溯性。

（4）责任归属与道德责任

① 事故责任难确定。

当机器视觉系统出现故障导致损害时，确定责任主体成为一个复杂的问题，涉及技术开发者、使用者及可能的第三方服务提供商。

② 道德决策困境。

在军事等领域应用的机器视觉技术，可能被用于自动决策致命行动，引发了关于机器是否应当参与生死决策的伦理讨论。

（5）社会影响与职业变革

① 就业影响。

机器视觉技术的广泛应用可能导致传统工作岗位的减少，从而影响相关行业的就业情况。

② 社会接受度。

公众对于机器视觉技术的接受程度不一，尤其是在涉及敏感领域如生物识别技术时，公众态度可能成为技术推广的重要阻碍。

1.6.2 计算机伦理的概念和原则

1. 计算机伦理的概念

在数字化时代，人们的日常生活与计算机技术密切相关。如何确保技术的发展不会侵犯个人权利，不会对社会造成负面影响，是一个必须面对的重要问题。随着全球信息化的发展，计算机伦理已成为国际社会共同关注的议题。不同国家和地区都在努力制定相应的法规和标准，以应对跨国界的伦理挑战。计算机伦理结合了计算机科学、哲学、法学等多个学科的理论和方法，通过多学科的视角来分析和解决伦理问题。这种跨学科的研究方法有助于全面理解和应对复杂的道德难题，并为这些问题的解决提供道德框架和指导原则。

计算机伦理是应用伦理学的一个分支，专注于计算机技术发展和应用中涉及的伦理问题和道德规范，如隐私保护、数据安全、软件盗版、网络欺诈等。这一学科不仅关注技术本身，更注重技术与社会的互动，以及这种互动带来的伦理挑战和道德决策。

计算机伦理可分为狭义计算机伦理和广义计算机伦理。

（1）狭义计算机伦理

狭义计算机伦理主要是指计算机工作者和使用者应遵守的法律和道德准则，可称为应用伦理。

（2）广义计算机伦理

广义计算机伦理除包含狭义应用伦理之外，还包含计算机的技术伦理。

计算机的技术伦理关注的是在快速发展的计算机技术背景下，如何确保技术的应用不仅符合法律规定，还符合社会道德标准和价值观。面对技术伦理风险，需要从多个层面进行综合考虑和积极应对，以确保技术的健康发展，促进社会的公正与和谐。

2．计算机伦理原则

计算机伦理原则是指计算机信息网络领域的基本道德原则，是把社会所认可的一般伦理价值观念应用于计算机技术，包括信息的生产、储存、交换和传播等方面。随着我国计算机信息技术的发展与广泛应用，计算机伦理问题已引起全社会的广泛关注。我国学者结合我国计算机和信息技术发展的实际情况，提出了计算机伦理的基本原则。

（1）自主原则

尊重个体的自主权，允许用户控制自己的信息和选择。这要求技术开发者和使用者都必须尊重用户的选择自由，不进行任何形式的强迫或欺骗。

（2）无害原则

避免通过行为或技术对他人造成伤害。这包括直接伤害（如病毒、黑客攻击）和间接伤害（如误导性信息、隐私泄露）。

（3）知情同意原则

在收集和使用个人信息时，需明确告知信息用途，并获得信息主体的明确同意。这一点在当前数据驱动的社会中尤为重要，关系到个人隐私权的保护。

（4）公正原则

在技术的开发和应用中应保证公平性，避免因技术使用而导致的社会不公。例如，在算法设计时应避免偏见和歧视，确保技术对所有人开放和公正。

（5）可持续发展原则

强调技术的可持续发展，考虑长远效应，确保技术的使用不仅满足当前需求，还不对后代的生存环境造成破坏。

（6）责任原则

所有计算机人员都应对其工作的社会影响负责，这包括开发者、用户及维护者在内的所有参与者都应承担起相应的伦理责任，确保技术的正当使用。

3．计算机决策中的伦理困境

无人驾驶汽车是通过车载传感系统感知道路环境，由计算机系统自动规划行车路线并控制车辆到达预定目标的智能汽车。无人驾驶技术可能颠覆现有的交通模式，给人类出行带来极大的便利。当计算机从人类手中接过转向盘（方向盘），在面临不可避免的碰撞时，可能会出现伦理困境。这一困境引发了人们对计算机该不该做决策的重新思考。

当无人驾驶汽车在面临不得不发生碰撞时，如何选择碰撞目标就构成"电车难题"。在面对这些进退两难的伦理困境时，如今计算机的决策能力还不能达到匹配或者超越人类的决策能力，只有将决策权交还给人类。而在人类社会中，法律可以解决一部分问题，伦理解决一部分问题，而对于剩下的问题，在法律和伦理两个层面都无解。

（1）道德选择

当法律对于决策的判断没有明确的规定，或者法律在计算机决策方面存在空白时，就需要用道德选择来保证判断决策的正确性。道德选择是一件困难而复杂的事情，这种选择往往伴随着来自经济的、职业的和社会的压力，有时这些压力会对人们所信守的道德原则或道德目标提出挑战、掩盖或混淆某些道德问题。

道德选择的复杂性还在于在许多情况下同时存在不同价值观和不同利益的选择，必须在这些互相竞争的价值观和利益间进行取舍。

（2）计算机决策困境的一般处理步骤

面对计算机决策困境，一般可以用以下步骤来进行选择。

① 尽可能收集更多的信息，对当前问题有一个清晰的认识，从多角度分析问题的核心，明确问题的实质是人与人之间的冲突还是人与物之间的冲突。

② 按照冲突发生国家的民法、物权法、人身权等法律规定，从法律的角度解决冲突。

③ 如果现有的法律解决不了问题，则利用现有的道德准则检查该问题的适用性；如果适用，则采取行动进行解决；如果问题比较复杂，无法用一条单一的道德准则去判断，则继续下面的步骤：

将一个复杂的问题拆分成若干个不可拆分的子问题，对于每个子问题分别采用适用的道德准则，并对子问题相互之间可能产生冲突的道德准则进行权衡，整合成一套新的道德准则的候选方案。

对候选方案进行评估，考虑所有候选方案的潜在道德后果，进行综合评估，做出最为有利的选择。

④ 实施所选方案。将道德准则转换成代码，嵌入计算机的决策系统中。

⑤ 对实施的结果进行回访，如有问题则按照上述步骤重新进行计算机决策的选择。

1.6.3 计算机犯罪

1. 计算机犯罪的概念

作为当代社会出现的一种新的犯罪形式，计算机犯罪这个名称在国内已经被广泛接受。所谓计算机犯罪是指在信息活动领域中，利用计算机信息系统或计算机信息知识作为手段，或者针对计算机信息系统，对国家、团体或个人造成危害，依据法律规定，应当予以刑事处罚的行为。

2. 计算机犯罪的分类

根据受害对象的不同，最常见的计算机犯罪主要有以下 4 种。

（1）危害计算机信息网络运行安全的犯罪

此类犯罪主要是指非法侵入计算机信息系统的行为，包括侵入国家事务、国防建设、尖端科学技术的计算机信息系统；故意制造传播计算机病毒、攻击计算机网络系统，造成计算机网络不能正常运行；提供侵入计算机信息系统的一些工具等。

（2）利用计算机网络危害国家安全和社会稳定的犯罪

此类犯罪包括利用互联网造谣、诽谤或发表、传播其他有害信息，煽动颠覆国家政权、破坏国家统一；通过互联网窃取、泄露国家秘密、情报；利用互联网煽动民族仇恨、破坏民族团结，组织邪教、联络邪教成员举行非法活动等。

（3）利用计算机网络危害社会经济秩序和管理的犯罪

此类犯罪包括利用互联网销售假冒伪劣产品，对商品、服务进行虚假宣传，在网上损害他人商业信誉和商品声誉，侵犯他人知识产权；利用互联网编造并传播影响证券期货交易或其他扰乱金融秩序的虚假信息；在网上建立淫秽网站、网页，传播淫秽书刊、影片和图片等。

（4）利用计算机网络危害自然人、法人及其他组织的人身、财产合法权益的犯罪

此类犯罪包括在网上侮辱他人或捏造事实诽谤他人；非法截取、篡改、删除他人电子邮件或其他数据资料，侵犯公民通信自由，或利用互联网进行盗窃、诈骗、敲诈勒索等。

3. 计算机犯罪的特点

计算机犯罪具有以下基本特点。

（1）智能性

计算机犯罪的技术性和专业化使得计算机犯罪具有极强的智能性。实施计算机犯罪，罪

犯需要掌握相当的计算机技术，需要对计算机技术具备较高专业知识并擅长实际操作，才能逃避安全防范系统的监控，掩盖犯罪行为。因此，在计算机犯罪的主体中，有许多人是掌握计算机技术和网络技术的专业人士。他们洞悉网络的缺陷与漏洞，对网络系统及各种电子数据、资料等信息发动进攻，进行破坏。

网上犯罪作案时间短，手段复杂隐蔽，许多犯罪行为的实施可在瞬间完成，而且往往不留痕迹，给网上犯罪案件的侦破和审理带来了极大困难。随着计算机及网络信息安全技术的不断发展，犯罪分子所采用的手段更趋专业化。

（2）隐蔽性

网络的开放性、不确定性、虚拟性和超越时空性等特点，使得计算机犯罪具有极高的隐蔽性，增加了计算机犯罪案件的侦破难度。

（3）复杂性

计算机犯罪的复杂性主要表现在以下几个方面。

① 犯罪主体的复杂性。

任何罪犯只要通过一台联网计算机便可以调阅、下载、发布各种信息，实施犯罪行为。而且由于网络的跨国性，罪犯可来自各个不同的民族、地区、国家，网络"时空压缩性"的特点为犯罪集团或共同犯罪提供了极大的便利。

② 犯罪对象的复杂性。

犯罪对象越来越复杂和多样：盗用、伪造客户网上支付账户；电子商务诈骗；侵犯知识产权；非法侵入电子商务认证机构、金融机构计算机信息系统；破坏电子商务计算机信息系统；恶意攻击电子商务计算机信息系统；虚假认证；网络色情、网络赌博、洗钱、盗窃银行、操纵股市等。

（4）跨国性

当各式各样的信息通过 Internet 传送时，国界和地理距离的暂时消失为犯罪分子跨地域、跨国界作案提供了可能。罪犯在某地作案，通过中间节点使其他联网地受害。由于这种跨国界、跨地区的作案隐蔽性强、不易侦破，危害也就更大。

（5）匿名性

罪犯在接收网络中的文字或图像信息的过程是不需要任何登记的，完全匿名，因而对其实施的犯罪行为也就很难控制。罪犯可以通过反复匿名登录隐匿行踪。

（6）发现概率低

由于计算机犯罪的隐蔽性和匿名性等特点，使得对计算机犯罪的侦查非常困难。

（7）对象广、损失大

随着社会的网络化，计算机犯罪的对象从金融犯罪到个人隐私、国家安全、信用卡密码、军事机密等，对象范围不断扩大，且往往容易造成很大损失。

（8）巨大的社会危害性

网络的普及程度越高，计算机犯罪的危害也就越大，而且计算机犯罪的危害性远非一般传统犯罪所能比拟，不仅会造成财产损失，而且可能危及公共安全和国家安全。在科技发展迅猛的今天，世界各国对网络的利用和依赖将会越来越多，因而网络安全的维护变得越来越重要。

4．刑法中计算机犯罪的相关处罚

计算机犯罪的法律处罚，主要依据《中华人民共和国刑法》中的相关规定进行裁决。计算机犯罪主要包括非法侵入计算机信息系统罪、破坏计算机信息系统罪、利用计算机实施其他犯罪等。计算机犯罪的法律处罚具有以下特点：

（1）严厉性

计算机犯罪往往涉及国家安全、社会稳定和个人隐私等敏感领域，因此法律对其处罚力度相对较大。

（2）多样性

根据不同的犯罪行为和后果严重程度，法律规定了不同的刑罚种类和幅度，包括有期徒刑、拘役、罚金等。

（3）综合性

在计算机犯罪的处罚中，法律不仅关注对犯罪行为的打击，还注重预防犯罪的发生和保护受害者的合法权益。

1.7 知识扩展

1.7.1 理解知识共享许可协议

知识共享许可协议（Creative Commons License，简称 CC 协议），是一种公共版权许可，旨在鼓励创作内容的开放和共享。CC 协议允许创作者在保留部分权利的同时，授予公众一定的权利来使用这些作品。这种授权方式有助于平衡创作者的保护需求和公众的使用权需求，促进了创意和文化的自由流动。

1．CC 协议版本

CC 协议由四个基本条件组成，分别是署名（BY）、非商业性使用（NC）、禁止演绎（ND）和相同方式共享（SA）。通过不同的组合，形成了 6 种主要的 CC 协议版本。每种协议对著作权的控制有所不同，著作者可以根据自己的需要进行选择。

（1）署名—非商业使用—禁止演绎

该项许可协议允许重新传播，是 6 种主要协议中限制最为严格的。使用者只要注明著作者的姓名并与其建立链接，就可以下载并与他人共享该作品，但是他们不能对作品做出任何形式的修改或者进行商业性使用。

（2）署名—非商业性使用—相同方式共享

该项许可协议规定，只要使用者注明著作人的姓名并在以该作品为基础创作的新作品上适用同一类型的许可协议，使用者就可基于非商业目的对作品重新编排、节选或者以该作品为基础进行创作。

（3）署名—非商业性使用

该项许可协议允许使用者基于非商业目的对作品重新编排、节选或者以该作品为基础进行创作。尽管新作品必须注明著作者的姓名并不得进行商业性使用，但是使用者无须在以原作为基础创作的演绎作品上适用相同类型的许可条款。

（4）署名—禁止演绎

该项许可协议规定，只要使用者完整使用该作品，不改变原作品并保留著作者的署名，使用者就可基于商业或者非商业目的对作品进行再传播。

（5）署名—相同方式共享

该项许可协议规定，只要使用者在其基于原作品创作的新作品上注明著作者的姓名并在新作品上适用相同类型的许可协议，就可基于商业或非商业目的对作品重新编排、节选或者以原作品为基础进行创作。

（6）署名

该项许可协议规定，只要他人在原作品上标明著作者姓名，就可以基于商业目的发行、重新编排、节选原作品。就使用者对作品的利用程度而言，该项许可协议是最为宽松的许可协议。

2．知识产权相关法律

在使用计算机的过程中，要尊重知识产权，要遵守国家有关的法律法规，遵从合理使用计算机的道德规范。我国知识产权相关法律体系较为完善，涵盖了多个方面，主要法律包括《中华人民共和国专利法》《中华人民共和国商标法》《中华人民共和国著作权法》等，除上述主要法律外，我国还制定了《中华人民共和国反不正当竞争法》《集成电路布图设计保护条例》《中华人民共和国植物新品种保护条例》等一系列与知识产权保护相关的法律法规，以构建一个全面、系统的知识产权保护体系。

1.7.2 网络诽谤

网络诽谤是指借助网络等现代传播信息手段，捏造、散布虚假事实，损害他人名誉的行为。

1．网络诽谤的特点

网络诽谤与传统诽谤相比，具有更为鲜明的特性，主要体现在以下几个方面。

（1）传播速度快、范围广

网络诽谤通过互联网进行，其传播速度快，影响范围广，能够迅速对受害者的名誉造成广泛损害。

（2）匿名性

网络提供了相对匿名的环境，使得个人可以隐藏真实身份发布诽谤内容，增加了追责的难度。

（3）持久性

网络上的信息具有持久性，诽谤内容一旦发布，即使删除原帖，也可能已被多次转发或保存，难以完全消除影响。

（4）互动性

网络平台通常具有高度互动性，诽谤言论可能得到快速响应和放大，加剧了对受害者的伤害。

2．网络诽谤的处罚

我国对网络诽谤的处罚主要依据《中华人民共和国刑法》《中华人民共和国治安管理处罚法》等法律法规进行。另外，网络诽谤行为还可能引发民事责任。根据民法典的相关规定，被侵权人有权要求侵权人承担停止侵害、恢复名誉、消除影响、赔礼道歉及赔偿损失等责任。

1.7.3 网络环境下的信息甄别

1．警惕网络谣言

在网络时代，尤其是社交媒体的普及，虚假信息和谣言很容易通过各种渠道传播。现在，网络中存在着大量为吸引流量和关注的虚假信息，为了鉴别网络中的虚假信息，可以从以下几方面入手。

（1）核实信息来源

仔细查看信息的来源。可靠的新闻机构、权威网站或官方发布的消息通常是可信的来源。如果信息来自不明确或不知名的来源，就需要进一步核实。

另外，不要仅依赖一个来源来判断信息的真实性。应比较和对照多个不同的来源，查阅不同媒体的报道，以获取更全面和客观的信息。

（2）分析内容

仔细阅读和分析信息的内容。虚假信息常常包含夸张、不合理或无根据的说法。如果信息过于感情化、过分激动或者声称有绝对的答案，就需要保持怀疑态度。

同时，利用搜索引擎、事实检验网站或其他可靠的资源，验证涉及的事实和数据。事实检验网站专门用于核实和辟谣虚假信息，可以帮助我们辨别真伪。

另外，也可以寻找专业人士、权威机构或领域专家，他们会根据自己的经验和研究给出客观、明确的解释与评价，有助于我们理解和判断信息的真实性。

对于涉及图片或视频的信息，可以使用反向图像搜索工具来查找其来源和其他相似图片的出处。同时，应注意观察图片或视频中的瑕疵、不协调之处，以及编辑痕迹等。

（3）注意情绪引导和点击诱导

虚假信息通常会利用情绪化的语言和吸引眼球的标题，试图操纵读者的情绪和行为。要保持冷静，不要盲目相信，避免被情绪引导和点击诱导。

同时要警惕个人偏见和筛选信息。要警惕自己的偏见和情感倾向，个人偏见会影响我们对信息的评判，应尽量保持客观、公正的态度来筛选信息。

（4）查看时间戳和更新

查看信息发布的时间戳，并注意是否有后续的更新或相关报道。虚假信息可能是旧的、过时的，或者没有其他媒体机构的跟进报道。

2. 科学对待平台算法

网络领域涉及消费者权益的算法主要有6种：推荐算法、评价算法、排名算法、概率算法、流量算法、价格算法。

（1）推荐算法

平台的算法推荐系统是根据用户的历史行为、兴趣爱好和社交网络等多种因素，通过算法给用户推荐相关的内容。算法推荐的目的是增加用户黏性，提高广告点击率，从而实现商业利益最大化。对于智能手机用户而言，在推荐算法的作用下，用户往往只能看到自己"喜欢"看的信息，就像盼房价跌的人只能看到房价跌，盼房价涨的人只能看到房价涨。这样，在推荐算法的推荐下，用户最终都会陷入自我封闭、自我强化的"信息茧房"，这与用户通过互联网获知未知信息、拓宽信息渠道的初衷背道而驰。

（2）评价算法

有些评价算法可能会通过运用刷单等方式，编造虚假高分评价，或者隐匿中评、差评，使真实评价无法显现。

（3）排名算法

排名算法指平台经营者制定的各类排名榜，其声称基于消费者好评率、销量等，对各行业或商品服务类别进行排序，引导消费者选择，但具体如何计算则难以知晓。还有的混淆竞价排名与自然排名，左右消费者决策。

（4）概率算法

概率算法指有奖销售、抽奖兑换等的算法程序不透明，实际中奖概率缺乏管控。

（5）流量算法

流量算法指一些平台利用所处优势地位通过算法在流量分配、搜索排名等方面设置障碍和限制，控制平台内经营者开展交易，影响公平竞争和消费者选择。

（6）价格算法

价格算法涉及大数据杀熟、网络消费促销规则繁复等多个问题，具体表现为四个方面。一是对新老用户制定不同价格，对会员用户制定的价格反而比普通用户更高。二是对不同地区的消费者制定不同价格。三是多次浏览页面的用户可能面临价格上涨。四是利用繁复促销规则和算法，实行价格混淆设置，吸引计算真实价格困难的消费者。这类算法造成选择性目标伤害。

3. AI生成图像的甄别

随着AI图像技术的进步，辨别真实图片和AI生成图片变得越来越困难。很多大模型工具都可以生成逼真的图像，很容易误导人们。从政治宣传到深度伪造内容，从而带来严重后果。为此，业界正在研究识别AI生成图像的方法，但目前还没有完美的解决方案。图1.8展示了真实图像与AI生成图像，其中（a）为真实图像，（b）中的4幅图像均为AI生成图像。

（a）真实图像　　　　　　　　　（b）AI生成图像

图1.8　真实图像与AI生成图像

下面，介绍几种方法来评估图像，以判断图像是真实图像还是AI生成图像。

（1）反向图像搜索，查看图片的来源是否可信

如果相关图像具有新闻价值，则需要利用反向图像搜索以尝试确定其来源。一张照片在社交媒体上流传，但并不意味着它是真实的。如果在可信度高的新闻网站上找不到它，但它看起来具有开创性，那么它用AI生成的可能性就很大。

（2）放大检查图像，查看像素、轮廓等细节问题

由于AI将其创作与其他人的原创作品拼凑在一起，因此它可以近距离显示一些不一致之处。当检查图像中是否存在AI迹象时，应尽可能放大图像的每个部分。通过这种方式，杂散像素、奇怪的轮廓和错位的形状将更容易被看到。

（3）检查人物是否过于完美，缺乏真实的皮肤纹理

AI 通常不能很好地处理毛孔或其他缺陷。如果事物在图像中看起来太完美，那么它们很可能是不真实的。

（4）比较不同区域，检查是否存在不一致之处

仔细查看图像，检查是否存在不一致之处，例如画面人物手指问题，光影、照明是否合理等。

（5）检查背景是否模糊、缺少细节

通常，AI 会努力创建图像的前景，从而使背景变得模糊。扫描那个模糊的区域，查看是否有任何可识别的标志轮廓，但似乎不包含任何文字，或者是否有让人感觉不舒服的地形特征。

（6）使用检测工具

除了使用上述方法，还可以使用 AI 工具来检测，如"是否 AI"、Hive 等，虽不完全可靠，但可以提供参考。

Hive Moderation 是一家销售 AI 导向的内容审核解决方案的公司，它有一个 AI 检测器，可以在其中上传或拖放图像。打开网站，对图片进行检测，如图 1.9 所示，案例图像的得分为 0%，表明不是由 AI 生成的。

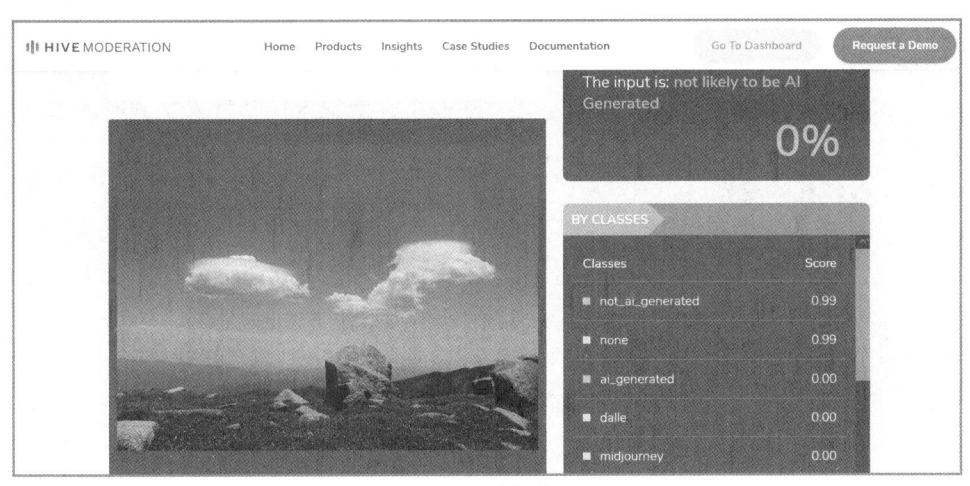

图 1.9 图像检测

当然，通过 Hive AI 不仅可以进行图像检测，还可以进行文本检测。

4．AI 生成文本的鉴别

AI 生成文本的鉴别方法主要涉及基于统计的检测、基于机器学习的检测，以及基于深度学习的检测。随着 AI 技术的飞速发展，AI 生成文本的应用变得越来越普遍，其能够模仿人类的写作风格并创造出逼真的文本内容。

（1）基于统计的检测方法

① 关键词频率分析。

通过分析文本中关键词的出现频率，可以初步判断文本是否由 AI 生成。AI 生成文本可能在高频词汇的使用上与人类有所差异。

② N 元组分析。

利用 N 元组（如单词对或单词三元组）分析文本的连贯性和语法结构。AI 生成文本可能在 N 元组的组合上存在特异性。

（2）基于机器学习的检测方法

① 特征提取。

从文本中提取多种语言学特征，如词性标签、句长、语法复杂性等，然后使用这些特征训练机器学习模型进行分类。

② 模型训练与验证。

使用已知的 AI 生成文本和人类写作文本作为训练集，训练机器学习模型，并通过交叉验证等方法评估模型的准确性和泛化能力。

（3）基于深度学习的检测方法

① 神经网络模型。

利用深度神经网络，如卷积神经网络（Convolutional Neural Network，CNN）或循环神经网络（Recurrent Neural Network，RNN），来学习文本的深层次表征，并进行分类判断。

② 对抗性学习方法。

采用对抗性学习方法，通过生成器和判别器的相互优化，提高检测 AI 生成文本的准确性。

（4）实验性检测工具

Grover 和 Snooper 这两种工具分别针对特定类型的 AI 生成文本进行检测。Grover 专注于检测 GPT-2 模型生成的文本，而 Snooper 则用于检测 SentencePiece 模型生成的文本。

AI 生成文本的鉴别是一个复杂但重要的任务，它涉及多个层面的技术和方法。随着 AI 技术的不断进步，相应的检测技术也需要不断更新和改进。通过综合运用上述技术和工具，人们可以更准确地识别和理解 AI 生成文本，从而更好地利用这些技术，同时防范其潜在的风险。

5．AI 生成视频的鉴别

AI 生成视频的鉴别方法主要涉及基于数据学习的检测、基于特定线索的检测，以及数字水印和标记技术。随着 AI 技术的飞速发展，AI 生成视频的技术不断进步，其逼真度和复杂度使得肉眼难以分辨真伪，这对视频内容的鉴别提出了新的挑战。

（1）基于数据学习的检测方法

利用深度学习模型，如卷积神经网络或循环神经网络，来学习视频帧中的异常或痕迹。这种方法需要大量的伪造视频和真实视频作为训练数据，以便模型能够"记住"视频中的特定模式或痕迹。一旦模型经过充分训练，其部署相对简单，可以高效地对大量视频进行批量检测，这在实际应用中具有明显的优势。

（2）基于特定线索的检测方法

通过定义视频中不合常理或逻辑的视觉"线索"，如光照不一致、人脸视频中应有的活体生理信号、说话人的口型和发音时序不匹配等细节，然后设计相应的算法去提取并定位这些线索，进而取证。这种方法的可解释性更好，对视频段的定向检测性能佳，但对数据本身的多样性兼容较差，适用于对特定类型视频的检测。

（3）数字水印和标记技术

与被动检测不同，数字水印或标记技术是一种主动防御机制。在视频生成之初就加入可见或不可见的数字水印，可以在后续的检测中用来验证视频的真实性。虽然埋设标记的方法是目前推荐的应对策略之一，但技术上的挑战和限制，如标记的可靠性、隐蔽性、普适性等，仍需克服，并综合考虑隐私和安全等因素。

习题 1

一、填空题

1. 数字化的概念分为狭义数字化和（   ）。
2. 数字化概念随着计算机技术的发展和计算机应用的不断深入发生着变化，其变迁可分为四个阶段：数字转换、信息化、数字化、（   ）。
3. （   ）在自然界广泛存在。所谓信号是指表示消息的物理量，是运载消息的工具，是消息的载体。
4. 自然界中的大多数信号都是模拟信号，模拟信号在时间和数量上均具有（   ）。
5. 数字信号指自变量和因变量都是（   ）的信号。
6. PCM 方法分为三个阶段：采样、（   ）、编码。
7. 奈奎斯特定理证明，在进行模数转换过程中，当采样频率大于信号中最高频率（   ）时，采样之后的数字信号完整地保留了原始信号中的信息。
8. 数字化的本质就是通过（   ）在真实的物理世界之上，构建一个与现存物理世界密切相关互动的数字化虚拟世界。
9. 从某种意义上讲，信息时代一切业务数据化，数字时代是一切数据（   ）。
10. （   ）是在数字化的基础上，具体到某些垂直行业、细分领域、运营主体等运用"数字化"思想实现创新突破或动能转换的过程。
11. 数据具有大量、高速、多样、（   ）等特点。
12. （   ）是通过计算机网络形成的计算能力极强的系统，可存储、集合相关资源并可按需配置，向用户提供个性化服务。
13. 大数据技术涵盖了从（   ）、存储到数据分析、展现的全过程。
14. （   ）是物联网系统的底层，负责收集来自物理世界的数据和信息。
15. （   ）是物联网系统的顶层，它基于平台层提供的功能，实现各种应用场景和服务。
16. 机器学习包括（   ）、无监督学习和半监督学习等多种类型。
17. 区块链网络由（   ）组成，没有单一的管理者或控制者。
18. 区块链的核心技术包括（   ）、分布式存储、非对称加密、共识算法和智能合约等。
19. （   ）通常被称为软件著作权，是指自然人、法人或者其他组织对计算机软件作品依法享有的一系列财产权利和精神权利的总称。
20. （   ）涉及人工智能研发和应用中应遵循的伦理道德规范与原则。
21. 计算机伦理专注于计算机技术发展和应用中涉及的伦理问题与道德规范，分为狭义计算机伦理和（   ）。
22. （   ）是一种公共版权许可，旨在鼓励创作内容的开放和共享。
23. （   ）是指借助网络等现代传播信息手段，捏造、散布虚假事实，损害他人名誉的行为。
24. 事实诽谤他人，或者造成严重后果的，可按（   ）依法追究刑事责任。
25. （   ）是在信息活动领域中，利用计算机信息系统或计算机信息知识作为手段，对国家、团体或个人造成危害，依据法律规定，应当予以刑事处罚的行为。

二、选择题

1. 下列选项中不属于狭义数字化特点的是（　　）。
   A．利用数字技术，对具体业务、场景进行数字化改造
   B．关注数字技术本身对业务的降本增效作用
   C．是对企业、组织整体的数字化变革
   D．狭义数字化强调的是数字技术本身对业务流程的直接改进和优化

2. 关于广义数字化，以下说法中不正确的是（　　）。
   A．广义数字化是以新一代信息技术为基础的系统性的、全面的变革
   B．广义数字化强调的是数字技术对整个组织的重塑
   C．广义数字化的核心目标是解决降本增效问题
   D．广义数字化是比狭义数字化更深刻、更广泛的数字化

3. 以下关于数字化发展的描述中不正确的是（　　）。
   A．数字化概念随着计算机技术的发展和应用的不断深入而发生着变化
   B．数字化概念的变迁可分为数字转换、数字化、信息化、数字化转型
   C．数字转换是利用数字技术将信息由模拟格式转换为数字格式的过程
   D．数字化转型是运用数字化思想实现创新突破或动能转换的过程

4. 以下（　　）属于数字化的社会影响。
   A．数字化冲击已经对消费者行为产生深刻影响
   B．数字化为改变人们的生活方式提供了巨大的推动力
   C．数字化能够帮助企业重新构建价值网络
   D．由于搜寻成本和合约成本的下降，数字化促进了产业融合

5. 以下（　　）不属于模拟信号的特点。
   A．具有精确的分辨率　　　　　　B．同效果下处理更复杂
   C．保密性差　　　　　　　　　　D．抗干扰能力弱

6. 以下关于数字信号的说法中不正确的是（　　）。
   A．数字信号指自变量是离散的、因变量也是离散的信号
   B．进行模数转换时会带来量化误差
   C．传输差错可被控制，从而改善了传输质量
   D．数字信号占用带宽资源少，适合高速或大容量的数据传输

7. 以下关于信息化的描述中不正确的是（　　）。
   A．信息化大致经历了办公自动化、财务电算化、MRP/ERP、互联网与电子商务等几个标志性的应用发展阶段
   B．信息化并没有从本质上改变原有的物理世界的生产和经济模式
   C．信息化的三个层面是指信息技术的开发和应用过程、信息资源的开发和利用过程、信息产品制造业不断发展的过程
   D．信息化的本质是数字化

8. 以下关于信息化和数字化的说法中正确的是（　　）。
   A．信息时代一切业务数据化，数字时代是一切数据业务化
   B．二者在数据价值、应用范围等方面差异不大
   C．信息化是业务的数字化
   D．信息化重构商业模式，数字化提升管理效率

9. 以下（　　）不属于大数据的特点。
   A．大量　　　　　　B．高价值密度　　　C．多样　　　　D．真实性
10. 以下数据处理的基本流程中正确的是（　　）。
    A．数据的采集→数据预处理→大数据存储→大数据处理及挖掘→大数据可视化及应用
    B．数据的采集→数据预处理→大数据存储→大数据可视化及应用→大数据处理及挖掘
    C．数据的采集→数据预处理→大数据处理及挖掘→大数据存储→大数据可视化及应用
    D．数据的采集→大数据存储→数据预处理→大数据处理及挖掘→大数据可视化及应用
11. 以下关于机器学习的说法中不正确的是（　　）。
    A．机器学习可以分为有监督学习、无监督学习和半监督学习
    B．机器学习面临的最大挑战是过拟合和欠拟合
    C．机器学习是指使用神经网络方法对大规模数据进行自动学习的过程
    D．在机器学习中，特征的质量和数量对模型的性能有重要影响
12. 以下关于深度学习的说法中不正确的是（　　）。
    A．深度学习本质上是多层次的人工神经网络算法
    B．海量的数据和高效的算力支撑是深度学习算法实现的基础
    C．深度学习在人脸识别、通用物体检测、图像语义分割等领域取得了突破性进展
    D．深度学习分为训练、推断、验证三个环节
13. 造成个人隐私泄露的原因是多样的，以下（　　）是信息泄露的原因。
    A．信息泄露途径多样　　　　　　B．过度信息收集
    C．法律保护滞后　　　　　　　　D．以上各项都是
14. 以下关于计算机软件产权保护的说法中不正确的是（　　）。
    A．计算机软件产权问题涉及著作权保护、专利权保护、商业秘密保护等多个方面
    B．法律保护的滞后性是计算机软件产权保护面临的问题之一
    C．计算机软件作为作品自动享有著作权，无须登记
    D．著作权自软件完成时自动产生，保护期限为作者终身加上死后 30 年
15. 以下关于人工智能伦理的说法中不正确的是（　　）。
    A．人工智能伦理属于狭义计算机伦理
    B．计算机伦理可分为狭义计算机伦理和广义计算机伦理
    C．狭义计算机伦理主要是指计算机工作者和使用者应遵守的法律与道德准则
    D．广义计算机伦理还包含计算机的技术伦理
16. 以下不属于计算机伦理基本原则的是（　　）。
    A．自主原则　　　　　　　　　　B．无害原则
    C．默认知情同意原则　　　　　　D．责任原则
17. 知识共享许可协议旨在鼓励创作内容的开放和共享，以下说法中不正确的是（　　）。
    A．CC 协议由署名、非商业性使用、禁止演绎和相同方式共享四个基本条件组成
    B．通过不同的组合，形成了 8 种主要许可协议版本
    C．"署名—非商业使用—禁止演绎"是一种许可协议
    D．"署名—非商业性使用—相同方式共享"是一种许可协议
18. 以下关于网络诽谤的说法中错误的是（　　）。
    A．网络诽谤通过互联网进行，其传播速度快，影响范围广
    B．网络提供了相对匿名的环境，增加了追责难度

C．网络平台通常具有高度互动性，诽谤言论可能得到快速响应和放大

D．网络上的信息具有瞬时性

19．网络诽谤"严重危害社会秩序和国家利益"可公诉，以下（　　）不属于"严重危害社会秩序和国家利益"。

A．引发群体性事件的

B．同一诽谤信息实际被点击、浏览次数达到5000次以上

C．引发民族、宗教冲突的

D．诽谤多人，造成恶劣社会影响的

20．以下说法中不正确的是（　　）。

A．网上散布谣言起哄闹事可追究寻衅滋事罪

B．发布真实信息勒索他人可认定敲诈勒索罪

C．违反规定有偿"删帖""发帖"可认定非法经营罪

D．发布网络谣言损害国家形象，严重危害国家利益的可追究寻衅滋事罪

21．以下不属于计算机犯罪基本特点的是（　　）。

A．发现概率高　　B．隐蔽性　　C．复杂性　　D．智能性

三、简答题

1．简述数字化在宏观、中观和微观三个层面的影响。

2．信息化和数字化有哪些区别？

3．简述模拟信号数字化的基本过程。

4．什么是数字化转型？支撑数字化转型的核心技术有哪些？

5．相对于单机计算，云计算有哪些基本优点？

6．什么是大数据？大数据有些基本特征？

7．简述区块链的核心技术及其特点。

8．在深入应用计算机的同时，也带来了一些负面问题。常见的负面问题有哪些？

9．什么是计算机犯罪？常见的计算机犯罪有哪些？

10．在网络中存在着大量为了吸引流量和关注的虚假信息。如何鉴别网络中的虚假信息？

第 2 章 认识计算机

计算机是一种能够接收、存储、处理和输出信息的电子设备，它根据预先设定的指令（程序）进行自动操作，以完成特定任务。计算机的发明与应用极大地提高了信息处理的速度和效率。随着技术的不断进步，计算机的计算能力、存储容量和通信速度也在不断提高；同时，计算机的应用领域也在不断扩展，从科学计算、数据分析、人工智能到日常生活中的娱乐、教育、通信等，计算机已经成为现代社会不可或缺的工具。

2.1 通用机的体系结构

2.1.1 现代计算机的产生

自 20 世纪以来，电子技术与数学充分发展，数学的发展又为设计及研制新型计算机提供了理论依据。人们对计算工具的研究进入了一个新的阶段。

1. 阿塔纳索夫-贝瑞计算机（ABC 计算机）

20 个世纪 30 年代，保加利亚裔的阿塔纳索夫在美国爱荷华州立大学物理系任副教授，面对求解线性偏微分方程组的繁杂计算，他从 1935 年开始探索运用数字电子技术进行计算工作。经过反复研究试验，他和他的研究生助手克利福德·贝瑞终于在 1939 年造出一台完整的样机，证明了他们的概念正确并且可以实现。人们把这台样机称为阿塔纳索夫-贝瑞计算机（Atanasoff-Berry Computer，简称 ABC 计算机）。

阿塔纳索夫-贝瑞计算机是电子与电器的结合，电路系统装有 300 个电子真空管，用于执行数字计算与逻辑运算，机器采用二进制计数方法，使用电容器进行数值存储，数据输入采用打孔读卡方法。可以看出，阿塔纳索夫-贝瑞计算机已经包含了现代计算机中 4 个最重要的基本概念，从这个角度来说，它具备了现代电子计算机的基本特征。客观地说，阿塔纳索夫-贝瑞计算机正好处于模拟计算向数字计算的过渡阶段。

阿塔纳索夫-贝瑞计算机的产生具有划时代的意义（被认定为世界上第一台电子数字计算机），与以前的计算机相比，阿塔纳索夫-贝瑞计算机具有以下特点：

① 采用电能与电子元件，当时为电子真空管。
② 采用二进制计数，而非通常的十进制计数。
③ 采用电容器作为存储器，可再生而且避免错误。
④ 进行直接的逻辑运算，而非通过算术运算模拟。

2. ENIAC（埃尼阿克）

1946 年，美国宾夕法尼亚大学成功研制了专门用于火炮弹道计算的大型电子数字积分计算机（Electronic Numerical Integrator And Computer，ENIAC）。ENIAC 完全采用电子线路执行算术运算、逻辑运算和信息存储，运算速度比继电器计算机快 1000 倍。通常，说到世界公认的第一台电子数字计算机时，大多数人都认为是 ENIAC。但事实上，根据 1973 年美国法院的裁定，第一台电子数字计算机是阿塔纳索夫-贝瑞计算机，这是因为 ENIAC 研究小组中的一个叫莫克利的人于 1941 年剽窃了阿塔纳索夫的研究成果，并在 1946 年申请了专利，美国法院于 1973 年裁定该专利无效。

ENIAC 是继阿塔纳索夫-贝瑞计算机之后的第二台电子数字计算机和第一台通用计算机。

虽然 ENIAC 的产生具有划时代的意义，但其不能存储程序，需要用线路连接的方法来编排程序，每次解题时的准备时间大大超过实际计算时间。

3．现代计算机的发展

英国剑桥大学数学实验室在 1949 年成功研制了基于存储程序式通用电子计算机方案（该方案由冯·诺依曼领导的设计小组在 1945 年制定）的现代计算机——电子离散时序自动计算机（EDSAC）。至此，电子计算机开始进入现代计算机的发展时期。计算机器件从电子管到晶体管，再从分立元件到集成电路乃至微处理器，促使计算机的发展出现了三次飞跃。

（1）电子管计算机

在电子管计算机时期（1946—1959 年），计算机主要用于科学计算，主存储器是决定计算机技术面貌的主要因素。当时，主存储器有汞延迟线存储器、阴极射线管静电存储器，通常按此对计算机进行分类。

（2）晶体管计算机

在晶体管计算机时期（1959—1964 年），主存储器均采用磁芯存储器，磁鼓和磁盘开始作为主要的辅助存储器。不仅科学计算用计算机继续发展，而且中小型计算机，特别是廉价的小型数据处理用计算机开始大量生产。

（3）集成电路计算机

1964 年以后，在集成电路计算机发展的同时，计算机也进入了产品系列化的发展时期。半导体存储器逐步取代了磁芯存储器的主存储器地位，磁盘成了不可缺少的辅助存储器，并且开始普遍采用虚拟存储技术。随着各种半导体只读存储器和可改写只读存储器的迅速发展，以及微程序技术的发展和应用，计算机系统中开始出现固件子系统。

（4）大规模集成电路计算机

20 世纪 70 年代以后，计算机用集成电路的集成度迅速从中小规模发展到大规模、超大规模的水平，微处理器和微型计算机应运而生，各类计算机的性能迅速提高。进入集成电路计算机发展时期以后，在计算机中形成了相当规模的软件子系统，高级语言的种类进一步增加，操作系统日趋完善，具备批量处理、分时处理、实时处理等多种功能。数据库管理系统、通信处理程序、网络软件等也不断增添到软件子系统中。

4．现代计算机的特点

现代计算机具有以下主要特点。

（1）自动执行

计算机在程序控制下能够自动、连续地高速运算。一旦输入编制好的程序、启动计算机后，就能自动执行下去，直至完成任务，整个过程无须人工干预。

（2）运算速度快

2024 年，全球 Top500 组织在德国汉堡举行的国际超算大会上，正式发布了第 63 届全球超级计算机 Top500 榜单。其中，美国橡树岭国家实验室和 AMD 合作的 Frontier 以 1.206 EFlop/s（每秒可进行 1.206×10^{18} 次浮点运算）的峰值性能排名第一。

通过超级计算机，研究人员能够更好地模拟和处理复杂的数据，并从量子信息、先进材料、天体物理、核裂变、核聚变、生物能源、基础生物等学科中更快、更准确、更详细地获得结果，从而极大地提高科学研究的速度，除在科技上具有强大的助力外，超级计算机还对国家安全和国民经济具有强大的影响。

（3）运算精度高

电子计算机具有以往计算机无法比拟的计算精度，目前已达到小数点后上亿位的精度。

（4）高存储能力

计算机的存储系统由内存和外存组成，具有存储大量信息的能力。

我国制造的天河二号超级计算机如图2.1所示。

图2.1 天河二号超级计算机

天河二号超级计算机系统，以峰值计算速度为$5.49×10^{16}$次/秒、持续计算速度为$3.39×10^{16}$次/秒双精度浮点运算的优异性能位居榜首，成为2013年全球最快速超级计算机。

（5）可靠性高

随着微电子技术和计算机技术的发展，现代电子计算机连续无故障运行时间可达到几十万小时以上，具有极高的可靠性。

2.1.2 冯·诺依曼体系结构

20世纪30年代中期，美籍匈牙利裔科学家冯·诺依曼提出，采用二进制作为数字计算机的数制基础。同时，他提出应预先编制计算程序，然后由计算机按照程序进行数值计算。1945年，他又提出在数字计算机的存储器中存放程序的概念，这些所有现代电子计算机共同遵守的基本规则，被称为"冯·诺依曼体系结构"，按照这一规则建造的计算机就是存储程序计算机，又称为通用计算机。

1. 程序与指令

（1）程序

计算机的产生为人们解决复杂问题提供了可能，但从本质上讲，不管计算机功能多强大，构成多复杂，它也是一台机器而已。它的整个执行过程必须被严格和精确地控制，完成该功能的便是程序。

简单地讲，程序就是完成特定功能的指令序列。当希望计算机解决某个问题时，人们必须将问题的详细求解步骤以计算机可识别的方式组织起来，这就是程序。而计算机可识别的最小求解步骤就是指令。

（2）指令

程序由指令组成，指令能被计算机硬件理解并执行。一条指令就是程序设计的最小语言单位。一条计算机指令用一串二进制代码表示，由操作码和操作数两个字段组成。操作码用来表征该指令的操作特性和功能，即指出进行什么操作；操作数部分经常以地址码的形式出现，指出参与操作的数据在存储器中的地址。一般情况下，参与操作的源数据或操作后的结果数据都在存储器中，通过地址可访问其内容，即得到操作数。

一台计算机能执行的全部指令的集合，称为这台计算机的指令系统。指令系统根据计算机使用要求设计，准确地定义了计算机对数据进行处理的能力。不同种类的计算机，其指令系统的指令数目与格式也不同。指令系统越丰富完备，编制程序就越方便灵活。

2．基本原理

冯·诺依曼提出制造计算机应该遵守的基本规则如下。

（1）五大部件

计算机由运算器、存储器、控制器、输入设备、输出设备五大部件组成。早期的冯·诺依曼计算机以运算器为中心，输入/输出设备与存储器的数据传送要通过运算器。现代的计算机以存储器为中心。

（2）采用二进制

指令和数据都用二进制代码表示，以同等地位存放于存储器内，并可按地址寻访。计算机中采用二进制，其主要原因如下。

① 技术实现简单。

计算机是由逻辑电路组成的，逻辑电路通常只有两个状态：开关的接通与断开。这两种状态可以用 1 和 0 表示。

② 运算规则简单。

两个二进制数的和、积运算组合各有三种，运算规则简单，有利于简化计算机内部结构，提高运算速度。

③ 适合逻辑运算。

逻辑代数是逻辑运算的理论依据，二进制数只有两个数码，正好与逻辑代数中的真和假相吻合。

④ 抗干扰能力强、可靠性高。

因为每位数据只有高与低两个状态，即便受到一定程度的干扰，仍能可靠地区分。

（3）存储程序原理

存储程序原理是将程序像数据一样存储到计算机内部存储器中的一种设计原理。程序存入存储器后，计算机便可自动地从一条指令转到执行另一条指令。

首先，把程序和数据送入内存。

内存划分为很多存储单元，每个存储单元都有地址编号，而且把内存分为若干个区域，如有专门存放程序的程序区和专门存放数据的数据区。

其次，从第一条指令开始执行程序。一般情况下，指令按存放地址号的顺序，由小到大依次执行，遇到条件转移指令时改变执行的顺序。每条指令执行都要经过以下三个步骤。

① 取指：把指令从内存送往译码器。

② 分析：译码器将指令分解成操作码和操作数，产生相应控制信号送往各电器。

③ 执行：控制信号控制电器，完成相应的操作。

从早期的 EDSAC 到当前最先进的通用计算机，采用的都是冯·诺依曼体系结构。

3．五大组成部分

早期的冯·诺依曼计算机以运算器为中心，如图 2.2 所示。

现代的计算机已转化为以存储器为中心，如图 2.3 所示。

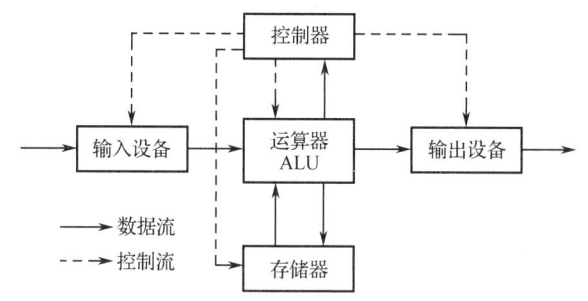

图 2.2 早期的冯·诺依曼计算机组成

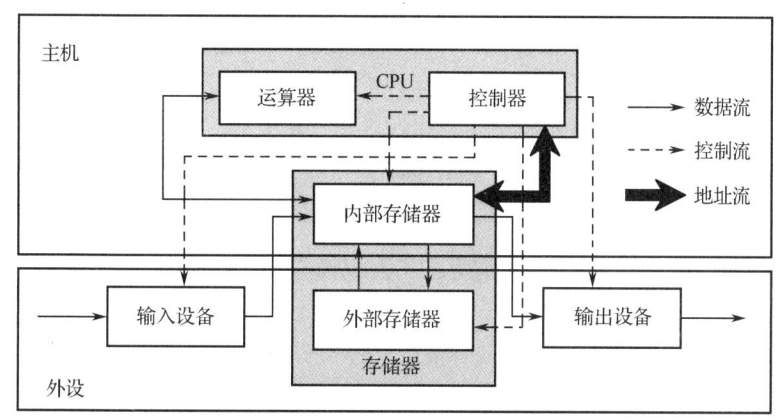

图 2.3 现代的计算机组成

图 2.3 中各部件的功能如下。
（1）运算器

运算器对各种信息进行算术运算（加、减、乘、除）和逻辑运算（与、或、非、异或），主要由加法器、移位器、寄存器等构成。中间运算结果暂存在寄存器内。

（2）存储器

程序、数据等信息必须放在计算机中。存储器由许许多多的存储单元组成（存储单元的总数称为存储容量），每个存储单元有一个编号，称为存储单元地址，运算器所加工的一切信息均来自存储器，所以存储器容量是计算机性能的重要指标之一。存储器由内部存储器（简称内存）和外部存储器（简称外存）构成，内存是运算器信息的直接来源，一般把当前不需要的程序和数据放在磁盘等外存中，在需要时再把它们从磁盘调入内存。

存储容量是指存储器可以容纳的二进制信息量。衡量存储器容量时，经常会用到以下单位。

① 位（bit）：1 位代表一个二进制数 0 或 1。用符号 b 来表示。

② 字节（Byte）：每 8 位（bit）为 1 字节（Byte）。用符号 B 来表示。

③ 千字节（KB）：1KB=1024B。

④ 兆字节（MB）：1MB=1024KB=1024×1024B=1048576B。

⑤ 吉字节（GB）：1GB=1024MB。

随着存储信息量的增大，需要用更大的单位表示存储容量，比吉字节（GB）更高的单位有太字节 TB（Terabyte）、拍字节 PB（Petabyte）、艾字节 EB（Exabyte）、泽字节 ZB（Zettabyte）和尧字节 YB（Yottabyte）等，其中，1PB=1024TB，1EB=1024PB，1ZB=1024EB，1YB=1024ZB。

需要注意的是，存储产品生产商会直接以 1GB=1000MB、1MB=1000KB、1KB=1000B 的计算方式统计产品的容量，这就是为何所购买的存储设备容量达不到标称容量的主要原因

（如标注为 320GB 的硬盘其实际容量只有 300GB 左右）。

对内存的操作有"读"和"写"两种。其操作过程是：由控制器送来存储器地址，经译码电路找到该地址所对应的单元，再由控制器发出"读"或"写"信号，该单元的内容就被读出至数据线上，或把数据从数据线写入该单元。

（3）控制器

控制器是计算机的指挥中心，它通过向机器的各部分发出控制信号来指挥整机自动、协调地工作；用来控制、指挥程序和数据的输入、运行及处理运算结果。

（4）输入设备

将人们熟悉的信息形式转换为机器能识别的信息形式。输入设备包括键盘、鼠标、麦克风、扫描仪、A/D 转换器等。

（5）输出设备

将机器运算结果转换为人们熟悉的信息形式。输出设备包括显示器、打印机、绘图仪、音箱、D/A 转换器等。

计算机的五大部件在控制器的统一指挥下，有条不紊地自动工作。由于运算器和控制器在逻辑关系和电路结构上联系紧密，尤其是在大规模集成电路出现后，这两大部件往往制作在同一芯片上，因此通常将它们合起来，统称为中央处理器（Central Processing Unit，CPU）。存储器分为主存储器和辅助存储器。主存储器又称内部存储器，简称为内存，可直接与 CPU 交换信息，CPU 与内存合起来称为主机。辅助存储器又称为外部存储器，简称外存。把输入设备与输出设备统称为 I/O 设备，I/O 设备和外存统称为外部设备，简称为外设。因此，现代计算机可认为是由两大部分组成：主机和外设。

4．PC 的工作流程

PC（个人计算机）的工作流程是一个复杂但有序的过程，它从启动到执行程序，涉及多个步骤。以下是 PC 的基本工作流程，实际过程中涉及的细节和技术远比这复杂。

（1）启动过程

加电自检（POST）：计算机开机后，首先进行加电自检，检查硬件设备如内存、CPU、硬盘等是否正常工作。

引导加载程序（BIOS/UEFI）：如果硬件检查无误，则计算机将加载 BIOS（基本输入输出系统）或 UEFI（统一可扩展固件接口），这是一个固件程序，负责初始化硬件设备和加载操作系统。

加载操作系统：BIOS/UEFI 先从预设的启动设备（如硬盘、USB 设备或网络）加载操作系统的核心部分（即内核）到内存中，然后将控制权交给操作系统。

（2）操作系统运行

初始化：操作系统加载后，会初始化各种驱动程序，设置系统环境，加载系统服务和应用程序。

用户界面：初始化完成后，操作系统将显示用户界面，用户可以通过图形界面或命令行与计算机交互。

（3）程序执行

加载程序：当用户启动一个应用程序时，操作系统会从硬盘读取程序文件，将其加载到内存中。

执行指令：程序加载后，CPU 将从内存中读取程序指令，逐条执行。程序指令可能涉及数据处理、输入/输出操作、调用操作系统服务等。

资源管理：操作系统负责管理 CPU 时间、内存、硬盘等系统资源，确保多个程序能够同时运行，且每个程序都有足够的资源。

（4）输入/输出操作

接收输入：通过输入设备如键盘、鼠标接收用户输入数据，操作系统将输入数据传给相应的应用程序。

处理输出：应用程序处理完数据后，通过输出设备如显示器、打印机输出结果。

（5）关机退出

保存状态：在关机前，操作系统会保存当前状态，包括关闭正在运行的程序、保存用户设置等。

断电：操作系统完成所有必要的清理工作后，向硬件发出指令，关闭电源。

2.2 微型计算机的组成

一个完整的计算机系统由硬件系统和软件系统两大部分构成。其中，硬件系统是计算机系统中由电子、机械和光电元件组成的各种计算机部件和设备的总称，是计算机完成各项工作的物质基础。软件系统是指计算机所需的各种程序及有关资料，它是计算机的灵魂。计算机系统基本组成如图 2.4 所示。

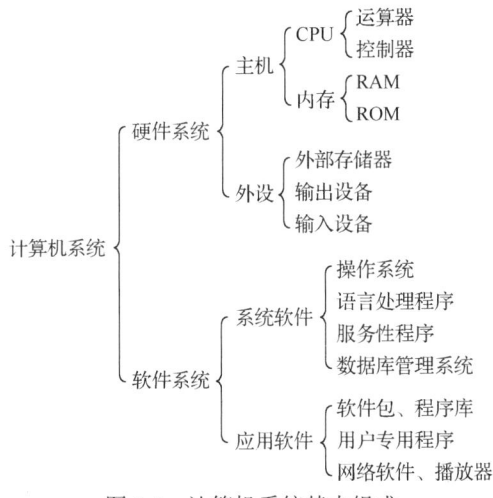

图 2.4 计算机系统基本组成

现代计算机系统是由硬件系统和软件系统两大部分组成的。硬件系统是软件（程序）运行的平台，且通过软件系统得以充分发挥和被管理。计算机工作时，硬件系统和软件系统协同工作，通过执行程序而运行，两者缺一不可。软件和硬件的关系主要反映在以下三个方面。

（1）相互依赖协同工作

硬件建立了计算机应用的物质基础，而软件则提供了发挥硬件功能的方法和手段，扩大其应用范围，并提供友好的人机界面，方便用户使用计算机。

（2）无严格的分界线

随着计算机技术的发展，计算机系统的某些功能既可用硬件实现，又可用软件实现（如解压图像处理）。采用硬件实现可以提高运算速度，但灵活性不高，当需要升级时，只能更新硬件。而采用软件实现则只需升级软件即可，不用换设备。因此，硬件与软件在一定意义上说没有绝对严格的分界线。

(3）相互促进、协同发展

硬件性能的提高可以为软件创造出更好的运行环境，在此基础上可以开发出功能更强的软件。反之，软件的发展也对硬件提出了更高的要求，促使硬件性能的提高，甚至产生新的硬件。

2.2.1 硬件组成

1．微型计算机的结构特点

微型计算机的工作原理与一般计算机相同，但有以下结构特点。

① 运算器和控制器集成在一个大规模集成电路中，称为 CPU，或称微处理器 MPU。

② 采用总线结构。CPU 和存储器接至总线，外部设备（输入/输出设备）通过"I/O 接口"电路接至总线。

在 PC 中，CPU、存储器和 I/O 设备之间采用总线连接，总线是 PC 中数据传输或交换的通道，目前的总线宽度正从 32 位向 64 位过渡。通常用频率来衡量总线传输的速度，单位为 Hz。根据连接的部件不同，总线可分为内部总线、系统总线和外部总线。内部总线是同一部件内部连接的总线；系统总线是计算机内部不同部件之间连接的总线；有时也会把主机和外部设备之间连接的总线称为外部总线。根据功能的不同，系统总线又可以分为三种：数据总线（Data Bus，DB）、地址总线（Address Bus，AB）和控制总线（Control Bus，CB），如图 2.5 所示。

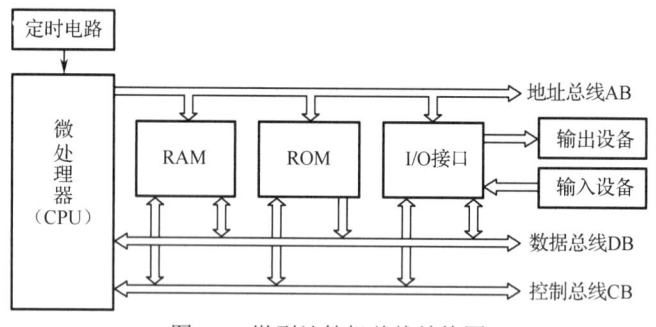

图 2.5　微型计算机总线结构图

（1）地址总线 AB

CPU 发出的地址信号经地址总线传送到其他设备，用来指定 CPU 需要读/写的存储单元地址或 I/O 接口的端口地址。

（2）数据总线 DB

数据总线 DB 用于在 CPU、存储器、I/O 接口之间传送数据信息（数据、指令等）。

（3）控制总线 CB

控制总线 CB 是一组控制线，用来传送各种控制信号。

由于三组总线（AB、DB、CB）与多个部件相连，而在同一时刻只允许一对部件进行信息传送，例如，CPU 与存储器在数据总线上进行数据传送时，就不允许 I/O 接口的数据接入数据总线。因此，各部件的输入/输出线都必须通过三态门电路，才能与总线相连。控制器控制各三态门电路的接通和断开。例如，I/O 接口电路经过三态门电路与总线相连，当三态门电路断开时，I/O 接口电路未接入总线，总线上的信号不影响 I/O 接口电路，I/O 接口电路的工作也不影响总线。

逻辑上，一个完整的计算机硬件系统由五大部件组成。五大部件在物理上则包含主机箱、电源、主板、CPU、内存、硬盘、光驱、显卡、声卡、网卡、风扇，显示器、鼠标、键盘、打印机、扫描仪、音箱、摄像头、麦克风等配件。

下面介绍核心配件。

2．主板

主板是连接计算机中所有硬件的载体，是计算机工作的核心。主板里有各种电路，通过这些电路完成各个组件之间的信号交换。所以，主板相当于大脑的角色，其他硬件就是不同的功能区域，在工作时，主板对功率进行分配，协调组件通信，集合所有效果展现出来的就是一台正常运行的计算机。

在组装计算机时，一般都先选择主板，通过检查主板所提供的硬件端口、数量、级别、类型、兼容性来选择对应的硬件组件，比如 USB 端口级别（USB 2.0、3.0、3.1）、显示端口类型（HDMI、DVI、RGB）、显卡、内存槽数量和类型等。另一个核心组件 CPU 的选取也要看主板支持的插槽和功率，相互匹配才能正常运行。华硕 P5Q 主板如图 2.6 所示。

南桥芯片（Southbridge）和北桥芯片（Northbridge）都是主板芯片组中最重要的组成部分，如图 2.7 所示。

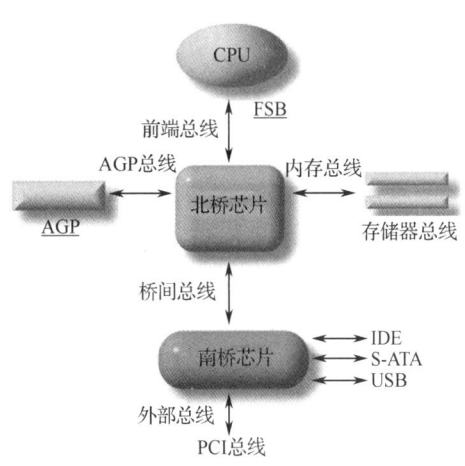

图 2.6　华硕 P5Q 主板　　　　图 2.7　南桥芯片与北桥芯片

在一块计算机主板上，靠近 CPU 插座的起连接作用的芯片称为北桥芯片。北桥芯片是主板芯片组中起主导作用的最重要的组成部分，北桥芯片负责与 CPU 的联系并控制内存 AGP 数据在北桥内部传输，提供对 CPU 的类型和主频、系统的前端总线频率、内存的类型和最大容量、AGP 插槽、ECC 纠错等支持，整合型芯片组的北桥芯片还集成了显示核心。北桥起的主导作用非常明显，所以也称为主桥。

因为北桥芯片的数据处理量非常大，发热量也越来越大，所以现在的北桥芯片都覆盖着散热片用来加强北桥芯片的散热，有些主板的北桥芯片还会配合风扇进行散热。

南桥芯片一般位于主板上离 CPU 插槽较远的下方，PCI 插槽的附近，这种布局是考虑到它所连接的 I/O 总线较多，离处理器远一点有利于布线，而且更加容易实现信号线等长的布线原则。南桥芯片负责 I/O 总线之间的通信，如 PCI 总线、USB、LAN、ATA、SATA、音频控制器、键盘控制器、实时时钟控制器、高级电源管理等，这些技术一般相对来说比较稳定，所以不同芯片组中的南桥芯片一般是一样的，不同的只是北桥芯片。

3．CPU

CPU（中央处理单元或中央处理器）是一种超大规模集成电路，是计算机的计算核心和控制核心，主要作用是解释计算机指令以及处理计算机运行的程序的数据。CPU 的主频也叫时钟频率，单位是兆赫（MHz）或吉赫（GHz）。主频越高，CPU 处理数据的速度就越快，比如吉赫主频的 CPU 处理速度就一定比兆赫主频的 CPU 快。

CPU 是计算机系统的核心部件。CPU 性能的高低直接影响着微机的性能，它负责微机系统中数值运算、逻辑判断、控制分析等核心工作。

国产龙芯 3A6000 的外观如图 2.8 所示。

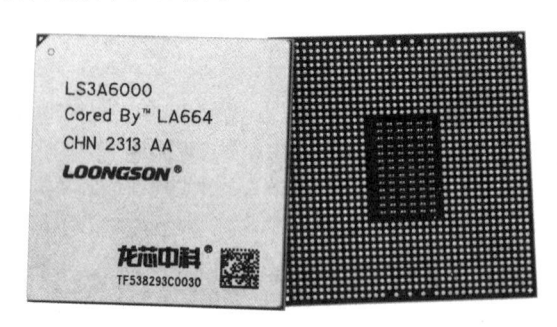

图 2.8　龙芯 3A6000 的外观

龙芯 3A6000 是中国自主研发、自主可控的新一代通用处理器，是龙芯第四代微架构的首款产品，集成了 4 个最新研发的高性能 6 发射 64 位 LA664 处理器核，采用中国自主设计的指令系统和架构，无须依赖国外授权技术，可运行多种类的跨平台应用，满足多类大型复杂桌面应用场景。

（1）基本结构

CPU 的基本结构可以分为运算部件、控制部件和寄存器部件三大部分，三个部分相互协调。

① 运算部件

运算部件可以执行定点或浮点的算术运算操作、移位操作及逻辑操作，也可执行地址的运算和转换。

② 控制部件

控制部件主要负责对指令译码，并且发出为完成每条指令所要执行的各个操作的控制信号。其结构有两种：一种是以微存储为核心的微程序控制方式；另一种是以逻辑硬布线结构为主的控制方式。

③ 寄存器部件

寄存器部件包括通用寄存器、专用寄存器和控制寄存器。有时，CPU 中还有一些缓存，用来暂时存放一些数据指令。目前，市场上的中高端 CPU 都有 2MB 左右的高速缓存。

（2）工作过程

CPU 在工作时遵守存储程序原理，可分为取指令、分析指令、执行指令三个阶段。CPU 通过周而复始地完成取指令、分析指令、执行指令这一过程，实现了自动控制过程。为了使三个阶段按时发生，还需要一个时钟发生器来调节 CPU 的每个动作，它发出调整 CPU 步伐的脉冲，时钟发生器每秒钟发出的脉冲越多，CPU 的运行速度就越快。

4．内存

存储器的体系结构如图 2.9 所示。

内存、外存和 CPU 之间的信息传递关系如图 2.10 所示。只要计算机在运行，CPU 就会把需要运算的数据调到内存中，然后进行运算，当运算完成后，CPU 再将结果传送出来。

图 2.9　存储器的体系结构

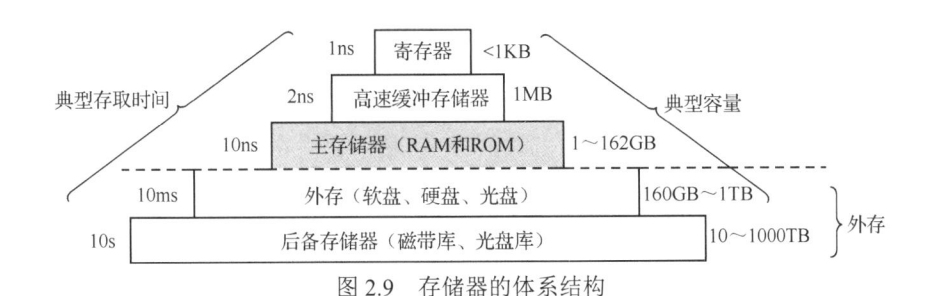

图 2.10　内存、外存和 CPU 之间的信息传递关系

内存是 CPU 信息的直接来源，其作用是暂时存放 CPU 中的运算数据，以及与硬盘等外存交换的数据。传统意义上的内存主要包括 ROM（Read Only Memory，只读存储器）和 RAM（Random Access Memory，随机存取存储器）两部分。

（1）ROM

在制造 ROM 的时候，信息（数据或程序）被存入并永久保存。这些信息只能读出，一般不能写入。即使机器停电，这些数据也不会丢失。ROM 一般用于存放计算机的基本程序和数据，如存放 BIOS 的就是最基本的 ROM。

（2）RAM

RAM 既可以从中读取数据，又可以写入数据。当机器电源关闭时，存于其中的数据就会丢失。内存条就是将 RAM 集成块集中在一起的一小块电路板，它插在计算机中的内存插槽上。目前市场上常见的内存条有 1GB、2GB、4GB 等容量。金士顿 DDR3 1333 2GB 内存条如图 2.11 所示，一般由内存芯片、电路板、金手指等部分组成。

图 2.11　金士顿 DDR3 1333 2GB 内存条

随着 CPU 性能的不断提高，美国 JEDEC（Joint Electron Device Engineering Council，电子设备工程设计联合协会）是半导体设备行业的权威标准制定组织。JEDEC 很早就开始酝酿 DDR2 标准，DDR2 能够在 100MHz 频率的基础上提供每个插脚最少 400MBps 的带宽，而且其接口将运行于 1.8V 电压上，进一步降低发热量，以便提高频率。DDR3 比 DDR2 有更低的

工作电压，从 DDR2 的 1.8V 降到 1.5V，性能更好，更为省电，DDR3 能够达到最高 2000MHz 的速度。DDR5 与 DDR4 相比，性能更强、功耗更低。

5. 硬盘

硬盘用于信息的永久存放。因为当要用到外存中的程序和数据时才将它们调入内存，所以外存只与内存交换信息，而不能被计算机的其他部件访问。

传统的机械硬盘 HDD 的存储介质是磁盘（碟片），硬盘驱动器将二进制数据写入高速运转的磁盘中或从对应的区域读取其中的数据。随着技术的发展，新型的固态硬盘 SSD 使用静态闪存芯片作为数据存储的介质，舍弃了机械结构下的指针寻址过程，大大节省了读/写时间。为了方便替换机械硬盘，目前市场上大部分固态硬盘都是 SATA 固态硬盘和 mSATA 固态硬盘，即使用 SATA 接口的固态硬盘。

（1）硬磁盘

硬磁盘存储器的信息存储依赖磁性原理。硬磁盘的容量大、性价比高，其面密度已经达到每平方英寸为 100GB 以上。硬磁盘内部结构如图 2.12 所示。硬磁盘实物结构如图 2.13 所示。

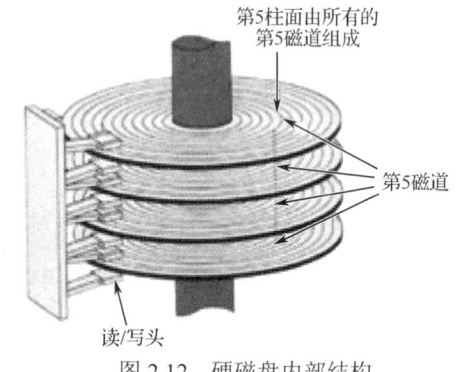

图 2.12　硬磁盘内部结构　　　　图 2.13　硬磁盘实物结构

硬磁盘不仅用于各种计算机和服务器中，而且用于磁盘阵列和各种网络存储系统中。关于硬磁盘，需要了解以下几个概念。

① 磁头：磁头是硬磁盘中最昂贵的部件，用于数据的读/写。

② 磁道：当磁盘旋转时，磁头若保持在一个位置上，则每个磁头都会在磁盘表面划出一个圆形轨迹，这些圆形轨迹叫磁道。

③ 扇区：硬磁盘上的每个磁道被等分为若干弧段，这些弧段便是硬磁盘的扇区，每个扇区的容量大小为 512B。数据的存储一般以扇区为单位。

④ 柱面：硬磁盘通常由重叠的一组盘片构成，每个盘面都被划分为数目相等的磁道，并从外缘的 0 开始编号，具有相同编号的磁道形成一个圆柱，称为硬磁盘的柱面。

对于硬磁盘，在衡量其性能时，主要有以下几个性能指标。

① 容量。硬磁盘的容量以 GB 为单位，硬磁盘的常见容量有 500GB、640GB、750GB、1000GB、1.5TB、2TB、3TB 等，随着硬磁盘技术的发展，还将推出更大容量的硬磁盘。

② 转速。转速指硬磁盘盘片在 1min 内所能完成的最大旋转圈数，转速是硬磁盘性能的重要参数之一，在很大程度上直接影响硬磁盘的速度，单位为 rpm。rpm 值越大，内部数据传输速率就越快，访问时间就越短，硬磁盘的整体性能也就越好。普通家用硬磁盘的转速一般有 5400rpm、7200rpm 两种。笔记本硬磁盘的转速一般以 4200rpm、5400rpm 为主。服务器硬磁盘性能最高，转速一般有 10000rpm，性能高的可达 15000rpm。

③ 平均访问时间。平均访问时间指磁头找到指定数据的平均时间，通常是平均寻道时间和平均等待时间之和。平均寻道时间指硬磁盘在盘面上移动磁头至指定磁道寻找相应目标数据所用的时间，单位为 ms。平均等待时间指当磁头移动到数据所在磁道后，等待所要数据块转动到磁头下的时间，它是盘片旋转周期的 1/2。平均访问时间既反映了硬磁盘内部数据传输速率，又是评价硬磁盘读/写数据所用时间的最佳标准。平均访问时间越短越好，一般为 11～18ms。

（2）固态硬盘

固态硬盘简称固盘，如图 2.14 所示。固态硬盘是用固态电子存储芯片阵列而制成的硬盘，由控制单元和存储单元（Flash 芯片、DRAM 芯片）组成。固态硬盘的存储介质分为两种：一种是采用闪存（Flash 芯片）作为存储介质，另外一种是采用 DRAM 作为存储介质。

图 2.14 固态硬盘

① 基于闪存类的固态硬盘。

基于闪存类的固态硬盘采用 Flash 芯片作为存储介质，这也是通常所说的 SSD。它的外观可以被制作成多种模样，例如笔记本硬盘、微硬盘、存储卡、U 盘等。其最大的优点是可以移动，而且数据保护不受电源控制，能适应于各种环境，适合于个人用户使用。其擦写次数普遍为 3000 次左右。

基于闪存类的固态硬盘是固态硬盘的主要类别，其内部构造简单，主体其实就是一块PCB 板，而这块 PCB 板上最基本的配件就是主控芯片、缓存芯片和用于存储数据的闪存芯片。主控芯片是固态硬盘的大脑，其作用一是合理调配数据在各个闪存芯片上的负荷，作用二是承担整个数据中转，连接闪存芯片和外部 SATA 接口。不同主控芯片之间能力相差非常大，在数据处理能力、算法，对闪存芯片的读/写控制上会有非常大的不同，会导致固态硬盘在性能上的差距高达数十倍。

固态硬盘具有读/写速度快、防震抗摔、低功耗、无噪声、工作温度范围大、轻便等优点。但寿命较短是其主要缺点。

② 基于 DRAM 的固态硬盘。

这种硬盘采用 DRAM 作为存储介质，其应用范围较窄。它仿效传统硬盘的设计，可被绝大部分操作系统的文件系统工具进行卷设置和管理，并提供工业标准的 PCI 和 FC 接口用于连接主机或者服务器。其应用方式可分为 SSD 硬盘和 SSD 硬盘阵列两种。它是一种高性能的存储器，而且使用寿命很长，美中不足的是需要独立电源来保护数据安全。基于 DRAM 的固态硬盘属于比较非主流的设备。

2.2.2 软件组成

软件是计算机运行不可缺少的部分。现代计算机进行的各种事务处理等都是通过软件实现的，用户也是通过软件与计算机进行交互的。

1．软件的概念

软件是计算机系统的重要组成部分，是人与计算机进行信息交换、通信对话、对计算机进行控制与管理的工具，它包含系统中配置的各种系统软件和为满足用户需要而编制的各种应用软件。系统软件包括操作系统、各种高级语言的编译程序、诊断程序、监视程序、程序库和数据库等。

计算机软件主要由程序和相关文档两个部分组成。程序用于计算机运行，且必须装入计算机才能被执行；而文档不能被执行，主要是给用户看的。

（1）程序

程序是计算任务的处理对象和处理规则的描述，是一系列按照特定顺序组织的计算机数据和指令的集合。程序应具有三个方面的特征：一是目的性，即要得到一个结果；二是可执行性，即编制的程序必须能在计算机中运行；三是程序是代码化的指令序列，即是用计算机语言编写的。

（2）文档

文档是了解程序所需的阐明性资料。它是指用自然语言或形式化语言编写的用来描述程序的内容、组成、设计、功能规格、开发情况、测试结构与使用方法的文字资料和图表，如程序设计说明书、流程图、用户手册等。

程序和文档是软件系统不可分割的两个方面。为了开发程序，设计者需要用文档来描述程序的功能和如何设计开发等，这些信息用于指导设计者编制程序。编制程序后，还要为程序的运行和使用提供相应的使用说明等相关文档，以便于使用人员使用程序。

根据计算机软件的用途，可以将软件分为系统软件、支撑软件和应用软件三类。应当指出的是，软件的分类并不是绝对的，而是相互交叉和变化的，有些系统软件（如语言处理系统）可以看作支撑软件，而支撑软件中的一些部分可看作系统软件，另一些部分则可看作应用软件的一部分。因此，也有人将软件分为系统软件和应用软件两大类。为了便于读者对不同类型软件的理解，下面按照三类进行介绍。

（1）系统软件

系统软件利用计算机本身的逻辑功能，合理地组织和管理计算机的硬件、软件资源，以充分利用计算机的资源，最大限度地发挥计算机效率，方便用户的使用及为应用开发人员提供支持，如操作系统、程序设计语言处理程序、数据库管理系统等。

（2）支撑软件

支撑软件是支持其他软件的编制和维护的软件，主要包括各种工具软件、各种保护计算机系统和检测计算机性能的软件，如测试工具、项目管理工具、数据流图编辑器、语言转换工具、界面生成工具及各类杀毒软件等。

（3）应用软件

应用软件是为计算机在特定领域中的应用而开发的专用软件，如各种信息管理系统、各类媒体播放器、图形图像处理系统、地理信息系统等。应用软件的范围极其广泛，可以这样说：哪里有计算机应用，哪里就有应用软件。

三类软件在计算机中处于不同的层次，里层是系统软件，中间是支撑软件，外层是应用软件，如图2.15所示。

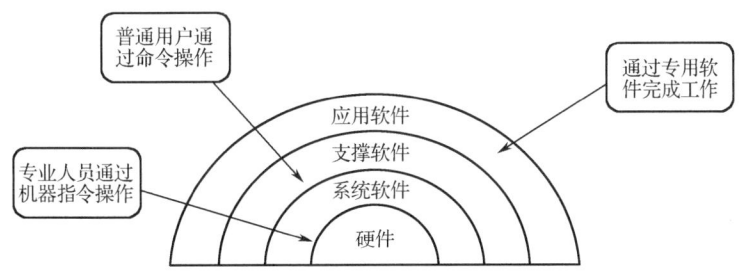

图 2.15 软件系统结构及不同层提供的操作方式示意图

2. 操作系统简介

系统软件是软件系统的核心，它的功能是控制、管理包括硬件和软件在内的计算机系统的资源，并对应用软件的运行提供支持和服务。它既受硬件支持，又控制硬件各部分的协调运行。它是各种应用软件的依托，既为应用软件提供支持和服务，又对应用软件进行管理和调度。常用的系统软件有操作系统、语言处理系统及数据库管理系统等。

（1）操作系统的概念

操作系统（Operating System，OS）是直接运行在"裸机"上的系统软件。从资源管理的角度，操作系统是为了合理、方便地利用计算机系统，而对其硬件资源和软件资源进行管理的软件。其主要功能是调度、监控和维护计算机系统，负责管理计算机系统中各种独立的硬件，使得它们可以协调工作。当多个软件同时运行时，操作系统负责规划及优化系统资源，并将系统资源分配给各种软件，同时控制程序的运行。操作系统还为用户提供方便、有效、友好的人机操作界面。

（2）操作系统的基本功能

操作系统主要包括处理机管理、存储管理、文件管理、设备管理和作业管理五项管理功能。

① 处理机管理。

处理机是计算机中的核心资源，所有程序的运行都要靠它来实现。如何协调不同程序之间的运行关系，如何及时反映不同用户的不同要求，如何让众多用户能够公平地得到计算机的资源等，都是处理机管理要关心的问题。具体地说，处理机管理要做如下事情：对处理机的时间进行分配，对不同程序的运行进行记录和调度，实现用户和程序之间的相互联系，解决不同程序在运行时相互发生的冲突。

处理机管理可归结为对进程的管理：包括进程控制、进程同步、进程通信和进程调度。进程控制是指为作业创建一个或几个进程，并对其分配必要的资源，然后进程进入三态转换，直至结束回收资源撤销进程，进程的引入实现了多道程序的并发执行，提高了处理机的利用率。进程控制示意图如图 2.16 所示。

② 存储管理。

存储管理解决内存的分配、保护和扩充问题。计算机要运行程序就必须有一定的内存空间，当多个程序都在运行时，存储管理所要解决的问题是，如何分配内存空间以最大限度地利用有限的内存空间为多个程序服务；当内存不够用时，如何利用外存将暂时不用的程序和数据放到外存上去，而将急需使用的程序和数据调到内存中。

③ 文件管理。

文件管理解决的问题是，如何管理好存储在外存上的数据（如磁盘、光盘、U 盘等），对存储器的空间进行组织分配，负责数据的存储，并对存入的数据进行保护检索。

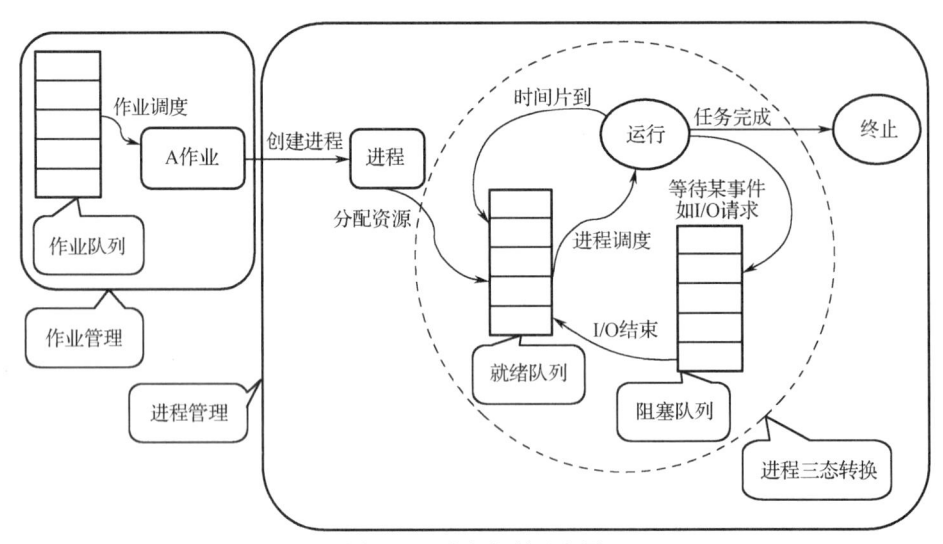

图 2.16 进程控制示意图

文件管理有以下三方面的任务。
- 有效地分配文件存储器的存储空间（物理介质）。
- 提供一种组织数据的方法（按名存取、逻辑结构、组织数据）。
- 提供合适的存取方法（顺序存取、随机存取）。

④ 设备管理。

外围设备是计算机系统的重要硬件资源，与 CPU、内存资源一样，也应受到操作系统的管理。设备管理是指对各种输入/输出设备进行分配、回收、调度和控制，以及完成基本输入/输出等操作。

⑤ 作业管理。

在操作系统中，常常把用户要求计算机完成的一个计算任务或事务处理称为一个作业。作业管理的主要任务是作业调度和作业控制。作业调度根据一定的调度算法，在从输入到系统的作业队列中选出若干个作业，分配必要的资源（如内存，外部设备等），为它建立相应的用户作业进程和为其服务的系统进程，最后把这些作业的程序和数据调入内存，等待进程调度程序去调度执行。作业调度的目标是使作业运行最大限度地发挥各种资源的利用率，并保持系统内各种进程的充分并行。作业控制是指在操作系统支持下，用户如何组织其作业并控制作业的运行。作业控制方式有两种：脱机作业控制和联机作业控制。

（3）操作系统的基本分类

操作系统的种类相当多，按应用领域划分主要有三种：桌面操作系统、服务器操作系统和嵌入式操作系统。

① 桌面操作系统。

桌面操作系统主要用于个人计算机。常见的桌面操作系统主要有类 UNIX 操作系统和 Windows 操作系统。

② 服务器操作系统。

服务器操作系统一般是指安装在大型计算机和服务器上的操作系统，如 Web 服务器、应用服务器和数据库服务器等。常见的服务器操作系统有 UNIX 系列、Linux 系列、Windows 系列等。

③ 嵌入式操作系统。

嵌入式操作系统是应用在嵌入式环境中的操作系统。嵌入式环境广泛应用于生活的各个方面，其涵盖范围从便携式设备到大型固定设施，如数码相机、手机、平板电脑、家用电器、医疗设备、交通灯、航空电子设备和工厂控制设备等。常用的操作系统有嵌入式 Linux、Windows Embedded、VxWorks 等，以及广泛使用在智能手机或平板电脑等中的操作系统，如 Android、iOS、Windows Phone 和 BlackBerry OS 等。

3. 语言处理程序简介

（1）程序设计语言

为了告诉计算机应当做什么和如何做，必须把处理问题的方法、步骤以计算机可以识别和执行的形式表示出来，也就是说要编制程序。这种用于书写计算机程序所使用的语法规则和标准称为程序设计语言。程序设计语言按语言级别有低级语言与高级语言之分。低级语言是面向机器的，包括机器语言和汇编语言两种。高级语言有面向过程（如 C 语言）和面向对象（如 C++语言）两大类。

随着 AI 技术的快速发展，越来越多的领域开始引入 AI 应用程序，让技术的力量更好地为人类服务。在编程领域，AI 自动写代码的技术也开始逐渐普及。这项技术可以提高编程效率，加速新软件的开发速度。AI 代码生成器可以根据用户的需求自动创建代码，减少手写代码所需的时间和工作量。它可以快速产生一些常用的代码片段，减少了从头开始编写代码的时间。同时，由于代码生成器可以自动填充代码所需的参数和变量，所以无须花费时间来考虑这些问题，可以提高工作效率和协作能力。

① 机器语言。

机器语言是以二进制代码形式表示的机器基本指令的集合，是计算机硬件唯一可以直接识别和执行的语言。其特点是运算速度快，且不同计算机的机器语言不同。其缺点是难阅读、难修改。机器语言程序示例如图 2.17 所示。

② 汇编语言。

汇编语言是为了解决机器语言难于理解和记忆的问题，用易于理解和记忆的名称与符号表示的机器指令，如图 2.18 所示。汇编语言虽比机器语言直观，但基本上仍是一条指令对应一种基本操作，对同一问题而编写的程序在不同类型的机器上仍是互不通用的。

③ 高级语言。

机器语言和汇编语言都是面向机器的低级语言，与特定的机器有关，执行效率高，但与人们思考问题和描述问题的方法相距太远，使用烦琐、费时，易出差错。低级语言的使用要求使用者熟悉计算机的内部细节，非专业的普通用户难以使用它。

高级语言是为了解决低级语言的不足而设计的程序设计语言，由一些接近于自然语言和数学语言的语句组成，如图 2.19 所示。

功能	操作码	操作数
取数	00111110	00000111
加数	11000110	00001010

图 2.17 机器语言程序示例

功能	操作码	操作数
取数	LOAD AX,	7
加数	ADD AX,	10

图 2.18 汇编语言程序示例

功能	语句
取数	X=7;
加数	X=X+10;

图 2.19 高级语言程序示例

高级语言更接近于要解决的问题的表示方法，并在一定程度上与机器无关，用高级语言编写程序，接近于自然语言与数学语言，易学、易用、易维护。一般来说，高级语言的编程效率高，但执行效率不如低级语言高。

（2）语言处理程序

用程序设计语言编写的程序称为源程序。源程序（除了机器语言程序）不能被直接运行，它必须先经过语言处理变为机器语言程序（目标程序），再经过装配链接处理变为可执行程序后，才能够在计算机上运行。语言处理程序是把用一种程序设计语言表示的程序转换为与之等价的另一种程序设计语言表示的程序。语言处理程序实际是一个翻译程序，被它翻译的程序称为源程序，翻译生成的程序称为目标程序。

语言处理程序（翻译程序）的实现途径主要有解释方式和编译方式两种。

① 解释方式。

按照源程序中语句的执行顺序，即由事先存入计算机中的解释程序对高级语言源程序逐条语句地翻译成机器指令，翻译一句执行一句，直到程序全部翻译执行完，如图 2.20 所示。由于解释方式不产生目标程序，所以每次运行程序都得重新进行翻译。

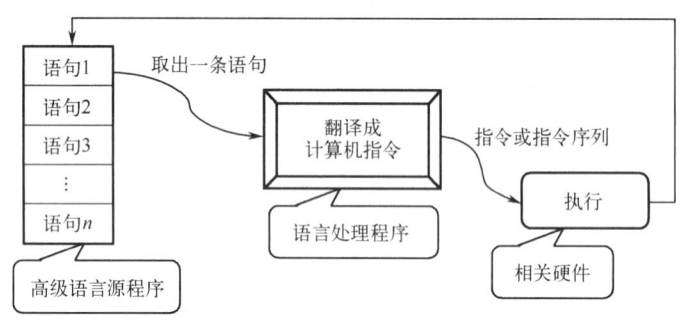

图 2.20 解释方式

解释方式的优点是交互性好，缺点是执行效率低。

② 编译方式。

编译方式是指利用事先编好的一个称为编译程序的机器语言程序，作为系统软件存放在计算机内，当用户将用高级语言编写的源程序输入计算机后，编译程序便把源程序整个地翻译成用机器语言表示的与之等价的目标程序，然后通过装配链接生成可执行程序，如图 2.21 所示。生成的可执行程序以文件的形式存放在计算机中。

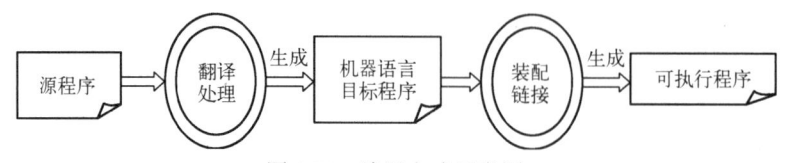

图 2.21 编译方式示意图

汇编程序、解释程序、编译程序都是编程语言处理程序，其主要区别是：汇编程序（为低级服务）是将用汇编语言书写的源程序翻译成由机器指令和其他信息组成的目标程序；解释程序（为高级服务）直接执行源程序或源程序的内部形式，一般逐句读入、翻译、执行，不产生目标代码，如 BASIC 解释程序；编译程序（为高级服务）是将高级语言书写的源程序翻译成与之等价的低级语言的目标程序。编译程序与解释程序的最大区别是：前者生成目标代码，而后者不生成；前者生成的目标代码的执行速度比解释程序的执行速度要快；后者的人机交互性好，适于初学者使用。

③ 虚拟机方式。

Java 语言是一种常用的程序设计语言，平台的无关性是其一个非常重要的特点。一般的高级语言如果要在不同的平台上运行，则需要在不同的平台上重新编译成与该平台对应的目标代码。而用 Java 语言编写的程序在不同平台上运行时采用的是另外一种方法，即 Java 虚拟机技术。虚拟机是一种抽象化的计算机，通过在实际的计算机上仿真模拟各种计算机功能来实现。JVM（Java Virtual Machine，Java 虚拟机）是运行所有 Java 程序的抽象计算机，是 Java 语言的运行环境。JVM 有自己完善的硬件架构，如处理器、堆栈、寄存器等，还具有相应的指令系统。不同平台的 JVM 是不同的，JVM 屏蔽了与具体操作系统平台相关的信息，使得 Java 程序只需生成在 JVM 上运行的目标代码（字节码），就可以在多种平台上不加修改地运行。

由 Java 语言编写的程序需要经过编译步骤，但这个编译步骤并不会生成特定平台的机器码，而是生成一种与平台无关的字节码（*.class 文件）。这种字节码不是可执行的，必须使用 JVM 来解释执行。也就是说，Java 程序的执行过程必须经过先编译、后解释两个步骤，如图 2.22 所示。

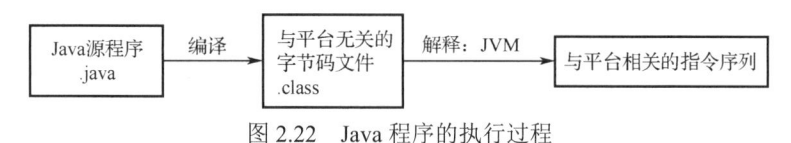

图 2.22　Java 程序的执行过程

JVM 在执行字节码时，把字节码解释成具体平台上的机器指令执行。

4．数据库管理系统

（1）DBMS 的概念

DBMS（Database Management System，数据库管理系统）是用于管理数据库的软件。它提供了一种系统化的方法来创建、维护、访问和控制数据库中的数据。DBMS 属于系统软件，在 DBMS 基础上开发的工资管理系统、人事管理系统、学籍管理系统都属于应用软件。

DBMS 对数据库进行统一的管理和控制，以保证数据库的安全性和完整性。用户通过 DBMS 访问数据库中的数据，数据库管理员也通过 DBMS 进行数据库的维护工作。同时，DBMS 可以支持多个应用程序和用户以不同的方法在同时或不同时刻建立、修改、询问数据库。大部分 DBMS 提供数据定义语言（Data Definition Language，DDL）和数据操作语言（Data Manipulation Language，DML），供用户定义数据库的模式结构与权限约束，实现对数据的追加、删除等操作。

（2）DBMS 的功能

① 数据定义。

DBMS 提供的 DDL 可供用户定义数据库的三级模式结构、两级映像，以及完整性约束和保密限制等约束。DDL 主要用于建立、修改数据库的库结构。DDL 所描述的库结构仅给出了数据库的框架，数据库的框架信息被存放在数据字典（Data Dictionary，DD）中。

② 数据操作。

DBMS 提供的 DML 可供用户实现对数据的追加、删除、更新、查询等操作。

③ 数据库的运行管理。

数据库的运行管理功能是 DBMS 的运行控制、管理功能，包括多用户环境下的并发控制、安全性检查和存取限制控制、完整性检查和执行、运行日志的组织管理、事务的管理和自动恢复，即保证事务的原子性。这些功能保证了数据库系统的正常运行。

④ 数据组织、存储与管理。

DBMS 分类组织、存储和管理各种数据，包括数据字典、用户数据、存取路径等，需确定以何种文件结构和存取方式在存储级上组织这些数据，以及如何实现数据之间的联系。数据组织和存储的基本目标是：提高存储空间利用率，选择合适的存取方法提高存取效率。

⑤ 数据库的保护。

因为数据库中的数据是信息社会的战略资源，所以数据的保护至关重要。DBMS 对数据库的保护通过 4 个方面来实现：数据库的恢复、数据库的并发控制、数据库的完整性控制、数据库的安全性控制。DBMS 的其他保护功能还有系统缓冲区的管理，以及数据存储的某些自适应调节机制等。

⑥ 数据库的维护。

该部分包括数据库的数据载入、转换、转储、安全管理、一致性检查、日志管理、存储管理及性能监控等功能，这些功能分别由各个应用程序来完成。

⑦ 通信。

DBMS 具有与操作系统的联机处理、分时系统及远程作业输入的相关接口，负责处理数据的传送。对网络环境下的数据库系统，还应该包括 DBMS 与网络中其他软件系统的通信功能，以及数据库之间的互操作功能。

（3）常见的 RDBMS（Relational Database Management System，关系型数据库管理系统）

① MySQL。

MySQL 是最受欢迎的开源 SQL 关系型数据库管理系统，它由 MySQL AB 开发、发布和支持。MySQL AB 是一家具有 MySQL 开发人员的商业公司，是使用了一种成功的商业模式来结合开源价值和方法论的第二代开源公司。MySQL 是一个快速、多线程、多用户和健壮的 SQL 数据库服务器。MySQL 服务器支持关键任务、重负载生产系统的使用，也可以将它嵌入一个大配置（mass-deployed）的软件中。

MySQL 是目前使用最广泛、流行度最高的开源数据库。

② Microsoft SQL Server。

SQL Server 是由 Microsoft（微软）开发的关系型数据库管理系统，是 Web 上最流行的用于存储数据的数据库，它已广泛用于电子商务、银行、保险、电力等与数据库有关的行业。

SQL Server 提供了众多的 Web 和电子商务功能，如对 XML 和 Internet 标准的丰富支持，通过 Web 对数据进行轻松安全的访问，具有强大的、灵活的、基于 Web 的和安全的应用程序管理等功能。而且，由于其易操作性及其友好的操作界面，深受广大用户的喜爱。

SQL Server 与微软技术体系结合比较紧密，绝大多数工作都是通过图形界面完成的，对于习惯使用命令行的 DBA（Database Administrator，数据库管理员）可能会有些不适应。

SQL Server 属于商业软件，需要注意版权和 Licence 授权费用。

③ Oracle

Oracle 是甲骨文公司的一款关系型数据库管理系统。它是在数据库领域一直处于领先地位的产品。可以说 Oracle 是目前世界上流行的关系型数据库管理系统，其系统可移植性好、使用方便、功能强，适用于各类大、中、小、微机环境。它是一种高效率、高可靠性、高吞吐量的数据库解决方案。

Oracle 从架构到运维，可以说是学习和使用难度较高的数据库。

5．常见的应用软件

总的来说，应用软件的种类繁多，每种应用软件都有其特定的用途和功能。选择合适的应用软件可以帮助用户更有效地完成工作和日常任务。在选择应用软件时，用户应考虑自己的需求、软件的功能及成本等因素，以便做出最适合自己的选择。

下面简单介绍常见的应用软件。

（1）办公软件

这类软件主要用于办公室环境，以提高工作效率。例如，Microsoft Office 套件包括 Word（用于处理文字文档）、Excel（用于电子表格分析）、PowerPoint（用于演示文稿制作）等多个组件。

WPS 是另一款流行的办公软件，它提供了与 Microsoft Office 类似的功能，并且在不同的平台上都有较好的兼容性。WPS 集编辑与打印为一体，具有丰富的全屏幕编辑功能，而且还提供了各种控制输出格式及打印功能，使打印出的文稿既美观又规范，基本上能满足各界文字工作者编辑、打印各种文件的需要和要求。

（2）网络软件

网络软件用于在计算机之间进行数据传输和通信。常见的网络软件包括 Web 浏览器（如 Google Chrome、Mozilla Firefox）、电子邮件客户端（如 Microsoft Outlook、Gmail）和即时通信软件（如 QQ、微信）等。

（3）安全软件

安全软件用于保护计算机和数据的安全，包括防病毒软件（如 360 安全卫士、Avast）、防火墙软件（如 Windows 防火墙）和加密软件（如 TrueCrypt、BitLocker）等。

（4）多媒体软件

多媒体软件用于处理和编辑多媒体内容，包括图形图像处理软件（如 coreldraw、Adobe Photoshop）音频编辑软件（如 Audacity、Adobe Audition）、视频编辑软件（如 Adobe Premiere Pro、Final Cut Pro）、动画制作软件（如 Adobe Animate、Blender）、媒体播放软件（如 Windows Media Player、VLC Media Player）等。

（5）信息管理软件

这些软件用于输入、存储、修改和检索各种信息，如工资管理、人事管理、仓库管理信息等。随着技术的发展，这些单项软件可以相互连接，形成一个完整的管理信息系统（Management Information System，MIS）。

除以上常见的应用软件外，还有许多其他特定领域的应用软件，如科学计算软件、工程设计软件、金融软件等，它们针对特定行业或领域的需求进行开发。

2.3 数值的存储

计算机的产生为人类认识世界和改造世界提供了强有力的手段。若要通过计算机解决现实问题，则需要对现实问题进行抽象表示，并将其存入计算机中。现实问题最简单的抽象形式是数值、文字、图像、声音和视频。数字是客观事物最常见的抽象表示。数字有大小和正负之分，还有不同的进位计数制。计算机中采用什么样的计数制，以及数字如何在计算机中表示是必须首先解决的问题。

2.3.1 数制

1. 数制的概念

（1）数制

所谓数制，是指用一组固定的数字和一套统一的规则来表示数目的方法。对于数制，应从以下几个方面理解。

① 数制是一种计数策略，数制的种类很多，除了十进制，还有六十进制、二十四进制、十六进制、八进制、二进制等。

② 在一种数制中，只能使用一组固定的数字来表示数的大小。

③ 在一种数制中，有一套统一的规则。R 进制的规则是逢 R 进 1，借 1 当 R。

任何进制都有其存在的必然理由。由于人们日常生活中一般都采用十进制计数，因此对十进制数最习惯，但其他进制仍有应用的领域。例如，十二进制（商业中仍使用包装计量单位"一打"）、十六进制（如中药、金器的计量单位）仍在使用。

（2）基数

在一种数制中，单个位上可使用的基本数字的个数称为该数制的基数。例如，十进制数的基数是 10，使用 0～9 十个数字；二进制数的基数为 2，使用 0 和 1 两个数字。

（3）位权

在任何进制中，一个数码处在不同位置上，所代表的基本值也不同，这个基本值就是该位的位权。例如，在十进制中，数字 6 在十位数上表示 6 个 10，在百位数上表示 6 个 100，而在小数点后 1 位表示 6 个 0.1，可见每个数码所表示的数值等于该数码乘以位权。位权的大小是以基数为底、数码所在位置的序号为指数的整数次幂。十进制数个位的位权为 10^0，十位的位权为 10^1，小数点后 1 位的位权为 10^{-1}，依次类推。

（4）中国古代的计量制度

中国古代常见的度、量、衡关系如表 2.1 所示。

表 2.1　中国古代常见的度、量、衡关系

类型	单位	进位关系
度制	分、寸、尺、丈、引	十进制关系：1 引=10 丈=100 尺=1000 寸=10 000 分
量制	合、升、斗、斛	十进制关系：1 斛=10 斗=100 升=1000 合
衡制	铢、两、斤、钧、石	非十进制关系：1 石=4 钧，1 钧=30 斤，1 斤=16 两，1 两=24 铢

2．常见数制

（1）二进制

二进制是计算技术中广泛采用的一种数制。二进制的基数为 2，两个计数符号分别为 0、1。它的进位规则是：逢 2 进 1。借位规则是：借 1 当 2。因此，对于一个二进制数，各位的位权是以 2 为底的幂。

例如，二进制数 $(101.101)_2$ 可以表示为：

$$(101.101)_2=1\times2^2+0\times2^1+1\times2^0+1\times2^{-1}+0\times2^{-2}+1\times2^{-3}=(5.625)_{10}$$

将这个式子称为 $(101.101)_2$ 的按位权展开式。

（2）八进制

八进制数采用 0、1、2、3、4、5、6、7 这 8 个数码来表示数，它的基数为 8。进位规则是：逢 8 进 1。借位规则是：借 1 当 8。因此，对于一个八进制数，各位的位权是以 8 为底的幂。

例如，八进制数 $(11.2)_8$ 的按位权展开式为：

$$(11.2)_8=1\times8^1+1\times8^0+2\times8^{-1}=(9.25)_{10}$$

（3）十进制

十进制的基数为 10，10 个计数符号分别为 0，1，2，…，9。进位规则是：逢 10 进 1。借位规则是：借 1 当 10。因此，对于一个十进制数，各位的位权是以 10 为底的幂。

例如，十进制数 $(8896.58)_{10}$ 的按位权展开式为：

$$(8896.58)_{10}=8\times10^3+8\times10^2+9\times10^1+6\times10^0+5\times10^{-1}+8\times10^{-2}$$

（4）十六进制

十六进制多用于计算机理论描述、计算机硬件电路的设计。例如，在逻辑电路设计中，既要考虑功能的完备，还要考虑用尽可能少的硬件，十六进制就能起到理论分析的作用。十六进制数采用 0～9、A、B、C、D、E、F 这 16 个数码来表示数，基数为 16。进位规则是：逢 16 进 1。借位规则是：借 1 当 16。因此，对于一个十六进制数，各位的位权是以 16 为底的幂。

例如，十六进制数 $(5A.8)_{16}$ 的按位权展开式为：

$$(5A.8)_{16}=5\times16^1+A\times16^0+8\times16^{-1}=(90.5)_{10}$$

在本书中，用下标区别不同计数制。有时，用数字加英文后缀的方式区别不同进制的数字。例如，889.5D、11000.101B、1670.208O、15E.8AH 分别表示十进制数、二进制数、八进制数和十六进制数。有时，也用前缀区别不同进制。例如，123、0506、0X73F 分别表示十进制数、八进制数和十六进制数

注意：扩展到一般形式，对于一个 R 进制数，基数为 R，用 0，1，…，$R-1$ 共 R 个数字符号来表示数。进位规则是：逢 R 进 1。借位规则是：借 1 当 R。因此，各位的位权是以 R 为底的幂。

一个 R 进制数的按位权展开式为：

$$(N)_R = k_n \times R^n + k_{n-1}\times R^{n-1} +\cdots+k_0\times R^0 + k_{-1}\times R^{-1} + k_{-2}\times R^{-2} +\cdots+k_{-m}\times R^{-m}$$

2.3.2 不同数制间的转换

在计算机内部，数据和程序都用二进制数来表示和处理，但计算机常见的输入/输出是用十进制数表示的，这就需要数制间的转换，转换过程虽然是通过机器完成的，但应懂得数制转换的原理。

1. R 进制转换为十进制

根据 R 进制数的按位权展开式，可以很方便地将 R 进制数转化为十进制数。例如：

$$(101.1)_2 = 1\times 2^2 + 0\times 2^1 + 1\times 2^0 + 1\times 2^{-1}=(5.5)_{10}$$
$$(50.2)_8 = 5\times 8^1 + 0\times 8^0 + 2\times 8^{-1}=(40.25)_{10}$$
$$(AF.4)_{16} = A\times 16^1 + F\times 16^0 + 4\times 16^{-1}=(175.25)_{10}$$

2. 十进制转换为 R 进制

要将十进制数转换为 R 进制数，整数部分和小数部分别遵守不同的转换规则。

（1）整数部分：除 R 取余

整数部分不断除 R 取余数，直到商为 0 为止，最先得到的余数为最低位，最后得到的余数为最高位。

（2）小数部分：乘 R 取整

小数部分不断乘 R 取整数，直到小数为 0 或达到有效精度为止，最先得到的整数为最高位，最后得到的整数为最低位。

【例 2.1】十进制数转换为二进制数：将 $(37.125)_{10}$ 转换成二进制数。其转换过程如图 2.23 所示，结果为 $(37.125)_{10} =(100101.001)_2$。

十进制数转换成二进制数，基数为 2，故对整数部分除 2 取余，对小数部分乘 2 取整。

注意：一个十进制小数不一定能完全准确地转换成二进制小数，这时可以根据精度要求只转换到小数点后某一位为止。

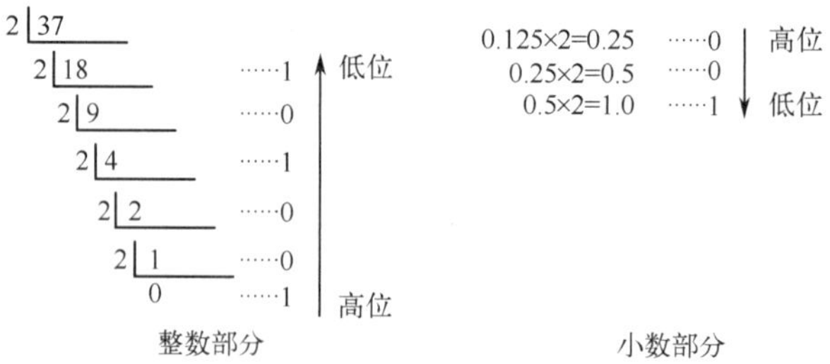

图 2.23 十进制数转换为二进制数

【例2.2】 十进制数转换成八进制数：将(370.725)$_{10}$转换成八进制数（转换结果取3位小数）。其转换过程如图2.24所示，结果为(370.725)$_{10}$=(562.563)$_8$。

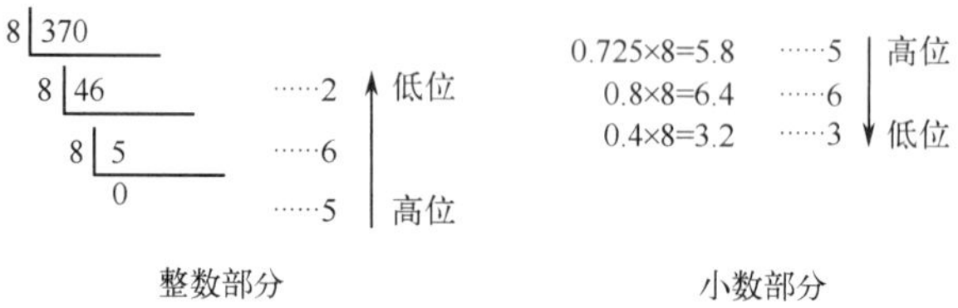

图 2.24 十进制数转换为八进制数

十进制数转换成八进制数，基数为8，故对整数部分除8取余，对小数部分乘8取整。

【例2.3】 十进制数转换成十六进制数：将(3700.65)$_{10}$转换成十六进制数（转换结果取3位小数）。其转换过程如图2.25所示，结果为(3700.65)$_{10}$=(E74.A66)$_{16}$。

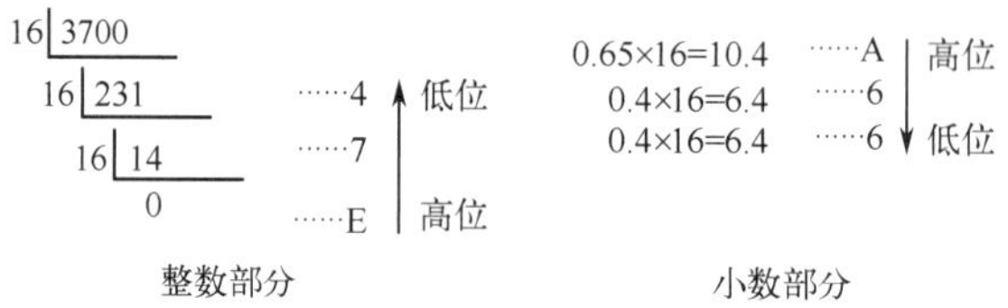

图 2.25 十进制数转换为十六进制数

十进制数转换成十六进制数，基数为16，故对整数部分除16取余，对小数部分乘16取整。

3．二进制数和八进制数、十六进制数之间的转换

8和16都是2的整数次幂，即8=2^3、16=2^4，由数学可严格证明3位二进制数相当于1位八进制数，4位二进制数相当于1位十六进制数。表2.2描述了15以内十进制数、二进制数、八进制数和十六进制数之间的对应关系。

表 2.2 二进制数、八进制数、十六进制数之间的对应关系

十进制数	二进制数	八进制数	十六进制数	十进制数	二进制数	八进制数	十六进制数
0	0000	0	0	8	1000	10	8
1	0001	1	1	9	1001	11	9
2	0010	2	2	10	1010	12	A
3	0011	3	3	11	1011	13	B
4	0100	4	4	12	1100	14	C
5	0101	5	5	13	1101	15	D
6	0110	6	6	14	1110	16	E
7	0111	7	7	15	1111	17	F

【例2.4】 将二进制数 110101110.0010101₂ 转换成八进制数、十六进制数。

将二进制数转换为八进制数的基本思想是"3位归并",即将二进制数以小数点为中心分别向两边按每3位为一组分组,整数部分向左分组,不足位数左边补0。小数部分向右分组,不足部分右边加0补足,然后将每组二进制数转化成一个八进制数即可。将二进制数转换为十六进制数的基本思想是"4位归并"。

$$(110\ 101\ 110\ .\ 001\ 010\ 100)_2 = (656.124)_8$$
$$\quad\ 6\quad\ 5\quad\ 6\quad\ \ \ 1\quad\ 2\quad\ 4$$

$$(0001\ 1010\ 1110\ .\ 0010\ 1010)_2 = (1AE.2A)_{16}$$
$$\quad\ 1\quad\ \ A\quad\ \ E\quad\ \ \ \ 2\quad\ \ A$$

【例2.5】 将数八进制数 625.621₈ 转换成二进制数。

将八进制数转换为二进制数的基本思想是"1位分3位"。

$$625.621_8 = (110\ 010\ 101\ .\ 110\ 010\ 001)_2$$
$$\qquad\quad\ \ 6\quad\ 2\quad\ 5\quad\ \ \ 6\quad\ 2\quad\ 1$$

【例2.6】 将数十六进制数 A3D.A2₁₆ 转换成二进制数。

将十六制数转换为二进制数的基本思想是"1位分4位"。

$$A3D.A2_{16} = (1010\ 0011\ 1101\ .\ 1010\ 0010)_2$$
$$\qquad\qquad\ \ A\quad\ \ 3\quad\ \ D\quad\ \ \ \ A\quad\ \ 2$$

2.3.3 计算机中数值的表示

在计算机中,数值型的数据有两种表示方法:一种叫定点数,另一种叫浮点数。所谓定点数是指在计算机中所有数的小数点位置固定不变。定点数有两种:定点小数和定点整数。定点小数将小数点固定在最高数据位的左边,因此,它只能表示小于1的纯小数。定点整数将小数点固定在最低数据位的右边,因此定点整数表示的只是纯整数。

定点数在计算机中可用不同的码制来表示,常用的码制有原码、反码和补码3种。无论用什么码制来表示,数据本身的值并不发生变化,数据本身所代表的值叫真值。下面以8位二进制数为例来说明这3种码制的表示方法。

1. 原码

原码的表示方法为:如果真值是正数,则最高位为0,其他位保持不变;如果真值是负数,则最高位为1,其他位保持不变,其基本格式如图2.26所示。

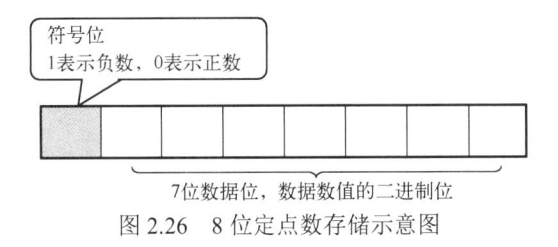

图2.26 8位定点数存储示意图

【例2.7】 写出37和-37的原码表示。

37的原码:**00100101**,其中高位0表示正数。

说明:100101是37的二进制值,不够7位,前面补0。

-37的原码:**10100101**,其中高位1表示负数。

说明:100101是37的二进制值,不够7位,前面补0。

原码的优点是转换非常简单,只要根据正负号将最高位置0或1即可。但原码表示在加减运算时,符号位不能参与运算。

2. 反码

反码的引入是为了解决减法问题，希望能够通过加法规则去计算减法，所以需要改变负数的编码，这才引入反码。因此，正数的反码就是其原码。

而对于负数而言，其反码是：符号位不变，其他位按位求反。

【例 2.8】 写出 37 和-37 的反码表示。

37 的原码：**00100101**；37 的反码：**00100101**。

-37 的原码：**10100101**；-37 的反码：**11011010**。

反码与原码相比，符号位虽然可以作为数值参与运算，但计算完后，仍需要根据符号位进行调整。为了克服反码的上述缺点，人们又引进了补码表示法。补码的作用在于把减法运算化成加法运算，现代计算机中一般采用补码来表示定点数。

3. 补码

和反码一样，正数的补码就是其原码。负数的补码是反码加 1。

【例 2.9】 写出 37 和-37 的补码表示。

37 的原码：**00100101**；37 的反码：**00100101**；37 的补码：**00100101**。

-37 的原码：**10100101**；-37 的反码：**11011010**；-37 的补码：**11011011**。

补码的符号可以作为数值参与运算，且计算完后，不需要根据符号位进行调整。

注意：整数在计算机中以补码形式存储。

2.3.4 计算机中的基本运算

计算机解决现实问题的过程就是对存储在计算机中现实问题抽象表示的一系列运算过程。不管运算过程有复杂、运算步骤有多麻烦，它们都基于计算机提供的两种基本运算：算术运算和逻辑运算。

1. 算术运算

算术运算包括加、减、乘、除 4 类运算。应当注意的是，引入数值的补码表示之后，两个数值的减法运算是通过它们的补码相加来实现的。

二进制数的算术运算与十进制的算术运算类似，但其运算规则更为简单，其规则如表 2.3 所示。

表 2.3 二进制数的运算规则

加法	乘法	减法	除法
0+0=0	0×0=0	0-0=0	0÷1=0
0+1=1	0×1=0	1-0=1	1÷0=（没有意义）
1+0=1	1×0=0	1-1=0	1÷1=1
1+1=0（高位进 1）	1×1=1	0-1=1（高位借 1 当 2）	

【例 2.10】 计算 19+27 的值，以 8 位二进制为例。

系统将通过计算 19 补码与 27 补码的和来完成。

19 的补码和其原码相同，是 **00010011**。

27 的补码和其原码相同，是 **00011011**。

补码相加：**00010011**+**00011011**=**00101110**。

因为数字在计算机中以补码形式存在，所以 **00101110** 是补码形式。高位为 0，说明是正数，其原码、反码、补码相同，对应的原码是 **00101110**，即结果是十进制数 46。

【例 2.11】 计算 37-38 的值，以 8 位二进制为例。

系统将通过计算 37 补码与-38 补码的和来完成，运算过程如图 2.27 所示。

37 的补码和其原码相同，是 **00100101**。

-38 的原码是 **10100110**，反码是 **11011001**，补码是 **11011010**。

两个补码相加：**00100101+11011010=11111111**。

因为数字在计算机中以补码形式存在，所以 **11111111** 是补码形式。高位为 1，说明是负数，其对应的反码是 **11111110**，对应的原码是 **1000001**，即结果是十进制数-1。

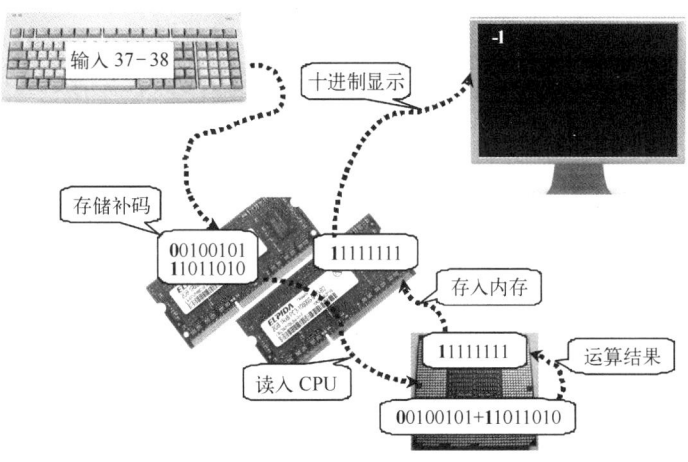

图 2.27　37-38 的运算过程

2．逻辑运算

在现实中，除数值性问题外，就是判断性问题。这类问题往往要求根据多个条件进行结果判断。逻辑运算则针对这类问题，逻辑运算有两种形式：逻辑运算和逻辑位运算。

（1）逻辑运算

计算机中的逻辑关系是一种二值逻辑，逻辑运算的结果只有"真"或"假"两个值。参与运算的条件值也无外乎"真"或"假"两个值。

例如，打开窗户，让空气流通。

条件是"打开窗户"，若打开则为"真"，若没打开，则为"假"。

结果是"空气流通"，会随条件的变化而不同：打开一扇窗户，结果为"真"；打开两扇窗户，结果为"真"；打开所有窗户，结果为"真"；一扇都没打开，结果为"假"。

在数值参与逻辑运算时，系统规定，非零值为真，零值为假。在计算机中，一般用 1 表示真，用 0 表示假。

逻辑运算有"或"、"与"和"非"三种。逻辑运算规则如表 2.4 所示。

表 2.4　逻辑运算规则

运算	规则	举例	
与	所有条件都为真，结果才为真	7 与 5	结果为真，即 1
		-289 与 0	结果为假，即 0
或	只要有一个条件为真，结果就为真	100 或 0	结果为真，即 1
		0 或 0	结果为假，即 0
非	取反，非真即假，非假即真	非 1000	结果为假，即 0
		非 0	结果为真，即 1

（2）逻辑位运算

逻辑位运算符是将数据中每个二进制位上的"0"或"1"看成逻辑值，逐位进行逻辑运算的运算符。运算时按对应位进行，每位之间相互独立，不存在进位和借位关系，运算结果也是逻辑值。逻辑运算有"或"、"与"、"非"和"异或"4种。逻辑位运算规则如表2.5所示。

表2.5 逻辑位运算规则

运算	规则
与	对应位都为1，结果才为1
或	对应位只要有一位为1，结果就为1
非	取反，非1即0，非0即1
异或	同值为0，异值为1

【例2.12】逻辑位运算示例。有十进制数73、83，计算这两个数的与、或、异或的结果和非73的结果。

73与83的结果为十进制数65。

73或83的结果为十进制数91。

73异或83的结果为十进制数26。

非73的结果为十进制数-74。

下面以16位二进制为例来说明计算过程。

73对应的二进制数为0000000001001001），83对应的二进制数为00000000010 10011，则有如下结果。

73与83运算过程如下：

```
            0000000001001001   （73的二进制数）
    与      0000000001010011   （83的二进制数）
            0000000001000001   （按位与的结果为十进制数65）
```

73或83运算过程如下：

```
            0000000001001001   （73的二进制数）
    或      0000000001010011   （83的二进制数）
            0000000001011011   （按位或的结果为十进制数91）
```

73异或83运算过程如下：

```
            0000000001001001   （73的二进制数）
    异或    0000000001010011   （83的二进制数）
            0000000000011010   （按位异或的结果为十进制数26）
```

【例2.13】简单的信息加密示例。现有一个手机号码18082286080需要加密传送，设计一个简单的加密算法。

问题解决如下：设计一个4位二进制数的加密密码（假定为1011），然后将手机号码的每位数字转换为4位二进制数，并和加密密码进行异或运算，运算结果对应的十进制数为加密后的1位电话号码。运算过程如下：

	1	8	0	8	2	2	8	6	0	8	0	（电话号码）
	0001	1000	0000	1000	0010	0010	1000	0110	0000	1000	0000	（二进制序列）
异或	1011	1011	1011	1011	1011	1011	1011	1011	1011	1011	1011	（加密密码）
	1010	0011	1011	0011	1001	1001	0011	1101	1011	0011	1011	（二进制序列）
	A	3	B	3	9	9	3	D	B	3	B	（密文号码）

得到的密文为 A3B3993DB3B。

接收方得到密文后，用同样的方法解密，解密过程如下：

	A	3	B	3	9	9	3	D	B	3	B	（密文号码）
	1010	0011	1011	0011	1001	1001	0011	1101	1011	0011	1011	（二进制序列）
异或	1011	1011	1011	1011	1011	1011	1011	1011	1011	1011	1011	（解密密码）
	0001	1000	0000	1000	0010	0010	1000	0110	0000	1000	0000	（二进制序列）
	1	8	0	8	2	2	8	6	0	8	0	（电话号码）

解密后得到号码 18082286080。该方法的特点是加密解密速度快，但要注意加密密码的保护，以防止泄密。

2.4 文字的存储

2.4.1 文字的编码表示

不同的文字有不同的书写格式，它们不能在计算机中直接存储。为了在计算机中存储文字，必须为每个文字编制无二义性的二进制编码，这种为文字和符号编制的二进制代码称为文字编码。常见的文字编码有以下几种。

1. ASCII 码

ASCII（American Standard Code for Information Interchange，美国标准信息交换码）是基于罗马字母表的一套计算机编码系统，主要用于显示现代英语和其他西欧语言，是现今最通用的单字节编码系统，同时被 IOS（International Organization for Standardization，国际标准化组织）批准为国际标准。ASCII 码划分为两个集合：128 个字符的基本 ASCII 码和附加的 128 个字符的扩充 ASCII 码。表 2.6 为基本 ASCII 字符集及其编码。

表 2.6 基本 ASCII 字符集及其编码

低 4 位 b4 b3 b2 b1	高 3 位 b7 b6 b5							
	000	001	010	011	100	101	110	111
0000	NUL	DLE	SP	0	@	P	`	p
0001	SOH	DC1	!	1	A	Q	a	q
0010	STX	DC2	"	2	B	R	b	r
0011	ETX	DC3	#	3	C	S	c	s
0100	EOT	DC4	$	4	D	T	d	t
0101	ENQ	NAK	%	5	E	U	e	u
0110	ACK	SYN	&	6	F	V	f	v
0111	BEL	ETB	'	7	G	W	g	w

续表

低4位 b4 b3 b2 b1	高3位 b7 b6 b5							
	000	001	010	011	100	101	110	111
1000	BS	CAN	(	8	H	X	h	x
1001	HT	EM	)	9	I	Y	i	y
1010	LF	SUB	*	:	J	Z	j	z
1011	VT	ESC	+	;	K	[	k	{
1100	FF	FS	,	<	L	\	l	|
1101	CR	GS	-	=	M	]	m	}
1110	SO	RS	.	>	N	^	n	~
1111	SI	US	/	?	O	_	o	DEL

基本ASCII字符集共有128个字符，其中的96个可打印字符，包括常用的字母、数字、标点符号等，还有32个控制字符。基本ASCII码使用7个二进制位对字符进行编码，对应的ISO标准为ISO646标准。ASCII的局限在于只能显示26个基本拉丁字母、阿拉伯数字和英式标点符号，因此只能用于显示现代美国英语。

例如，大写字母A，其ASCII码为1000001，即ASC(A)=65；小写字母a，其ASCII码为1100001，即ASC(a)=97。字母和数字的ASCII码的记忆是非常简单的，只要记住了一个字母或数字的ASCII码（如A的ASCII码为65，0的ASCII码为48），知道大、小写字母之间差32，就可以推算出其余数字、字母的ASCII码。基本ASCII码是7位编码，由于计算机基本处理单位为字节（1B=8b），所以当某个系统以ASCII码表示字符时，将以1字节来存放该字符ASCII的码。每1字节中多余出来的1位（最高位）在计算机内部通常为0。

2. GB 18030字符集

GB 18030，即《信息交换用汉字编码字符集基本集的扩充》，是中国在2000年3月17日发布的汉字编码国家标准，2001年8月31日后在中国市场上发布的软件必须符合该标准。GB18030有1611668个码位，在GB18030—2005中定义了70244个汉字。

GB 18030标准采用单字节、双字节和四字节三种方式对字符编码。单字节部分采用GB/T 11383的编码结构与规则，使用从0X00至0X7F码位（对应于ASCII码的相应码位）。双字节部分，首字节码位从0X81至0XFE,尾字节码位分别是从0X40至0X7E和从0X80至0XFE。四字节部分，采用GB/T 11383未采用的从0X30到0X39作为对双字节编码扩充的后缀，其中第三个字节编码码位从0X81至0XFE，第二、四个字节编码码位均从0X30至0X39。GB 18030—2005汉字、字符码位表如表2.7所示，GB 18030—2005收录了128个字符、70244个汉字。

表2.7 GB 18030—2005汉字、字符码位表

类别	码位范围	码位数	字符数	字符类型
单字节部分	0X00-0X7F	128	128	字符
双字节部分	第一个字节 0XB0-0XF7 第二个字节 0XA1-0XFE	6768	6763	汉字
	第一个字节 0X81-0XA0 第二个字节 0X40-0XFE	6080	6080	汉字
	第一个字节 0XAA-0XFE 第二个字节 0X40-0XA0	8160	8160	汉字

类别	码位范围	码位数	字符数	字符类型
四字节部分	第一个字节 0X81-0X82 第二个字节 0X30-0X39 第三个字节 0X81-0XFE 第四个字节 0X30-0X39	6530	6530	CJK 统一汉字扩充 A
	第一个字节 0X95-0X98 第二个字节 0X30-0X39 第三个字节 0X81-0XFE 第四个字节 0X30-0X39	42711	42711	CJK 统一汉字扩充 B

3. Unicode 编码

Unicode 编码是一种国际标准编码系统，旨在统一各种语言字符的表示方式，通过唯一数字编号为每个字符分配一个编码点。这种编码系统不仅解决了不同语言字符集的兼容问题，还为全球信息交换提供了便利。

Unicode 依照通用字符集（Universal Character Set）的标准发展，它为每种语言中的每个字符设定了统一且唯一的二进制编码，以满足跨语言、跨平台进行文本转换和处理的要求。

Unicode 编码有以下多种实现方式。

（1）UTF-8

UTF-8 是一种变长编码方式，使用 1~4 个字节表示一个字符。它是互联网上使用最广泛的字符编码之一，被设计为向前兼容 ASCII 编码，并能够高效地编码世界上几乎所有语言的字符。

（2）UTF-16

UTF-16 使用 2 个或 4 个字节编码表示一个字符，适用于内部处理和高效存储。UTF-16 因其在表示 BMP（基本多文种平面字符编码）字符时的高效性和对所有 Unicode 字符的完整支持，被广泛应用于多种场景，包括操作系统、编程语言、数据库系统等。

（3）UTF-32

UTF-32 是一种固定长度的 4 字节编码方式，能直接表示所有 Unicode 编码，不需要转换。UTF-32 因其处理字符的简单性和直接性，在某些特定的应用场景（如编程语言的内部字符表示、需要高速字符访问的系统等）中被选择使用。然而，由于其较高的空间需求，UTF-32 在大多数实际应用中，尤其是在网络传输和存储密集型应用中，不如 UTF-8 和 UTF-16 普遍。

基本拉丁字母的 Unicode 编码范围是从 U+0041 至 U+005A（大写）和从 U+0061 至 U+007A（小写）。汉字的 Unicode 编码范围是从 U+4E00 至 U+9FA5，包括基本汉字和扩展区块。

例如，字母"A"的编码为"U+0041"，汉字"汉"的编码是"U+6C49"。

2.4.2 文字的输入

1. 英文的输入

英文的输入可以通过键盘直接完成，当按下某个按键时，此按键将按下开关，从而闭合电路，一旦处理器发现某处电路闭合，它就将该电路在键矩阵上的位置与其只读存储器（ROM）内的字符映射表进行对比，同时将该字符的 ASCII 存储于内存中。例如，字符映射表会告诉处理器单独按下 A 键对应于小写字母"a"，而同时按下 Shift 键和 A 键对应于大写字母"A"。如果按下某键并保持住，则处理器认为是反复按下该键。

2. 汉字的输入

在计算机中处理汉字，需要解决汉字的输入、输出及汉字的处理问题，较为复杂。汉字集很大，必须解决如下问题。

（1）键盘上无汉字，不可能直接与键盘对应，需要输入码来对应。

（2）汉字在计算机中的存储需要用机内码来表示，以便查找。

（3）汉字量大，字形变化复杂，需要用对应的字库来存储汉字字形。

根据汉字特征信息的不同，汉字输入编码分为从音编码和从形编码两大类。从音编码以《汉语拼音方案》为基本编码元素，易于记忆，但同音字多，所以需要增加定字编码。从形编码以笔画和字根为编码元素，汉字从形编码充分利用现代汉字的字形演变特征，把汉字平面图形编成线性代码。与之对应的汉字输入方法有很多种，拼音输入法以智能 ABC、微软拼音为代表；形码广泛使用的是五笔字型；音形码使用较多的是自然码；手写输入主要有汉王笔和慧笔；语音输入有 IBM 的 ViaVoice 等。计算机终端通常以拼音和形码输入为主，而掌上终端包括手机、PDA，除了拼音等编码方式外，触摸式手写输入也非常广泛。

2.4.3 文字的存储

1. 英文的存储

英文字符输入后，系统将在内存中存储其对应的编码。系统不同，采用的存储编码也会不同。以 Windows 为例，在 Windows 中，字符存储其对应的 Unicode 码。一个字符的 Unicode 码在内存中占 2 字节。字符的 Unicode 码兼容 ASCII 码，只是占 2 字节而已。例如，输入大写字符 A，系统将存储二进制数 00000000 01000001，对应于十进制数 65，十六进制数 0X41。

在 Windows 中，英文字符的输入、存储、输出如图 2.28 所示。

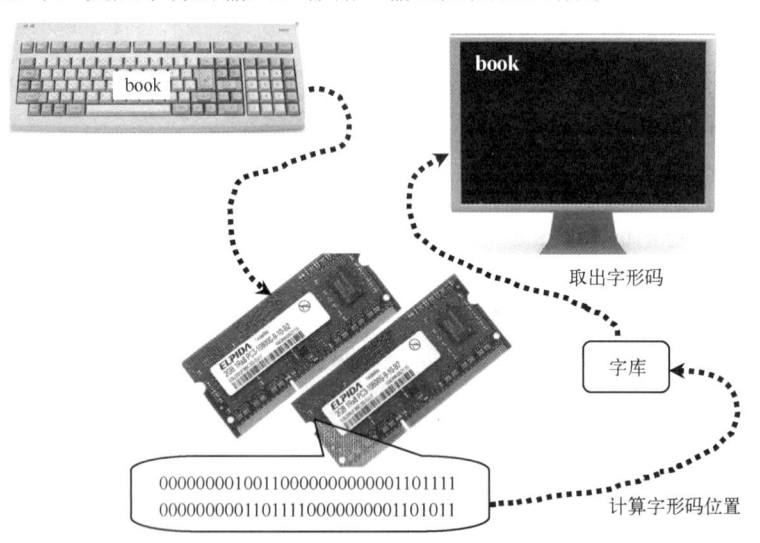

图 2.28 英文字符的输入、存储、输出

2. 汉字的存储

汉字输入码被接收后就转换为机内码，系统不同，其机内码也不同。以 Windows 为例，在 Windows 中，汉字存储的是其对应的 Unicode 码。一个汉字的 Unicode 码在内存中占 2 字节。例如输入汉字"岛"，系统将存储二进制数 01011101 10011011，对应于十进制数 23707，十六进制数 0X5C9B。

在 Windows 中，汉字的输入、存储、输出、如图 2.29 所示。

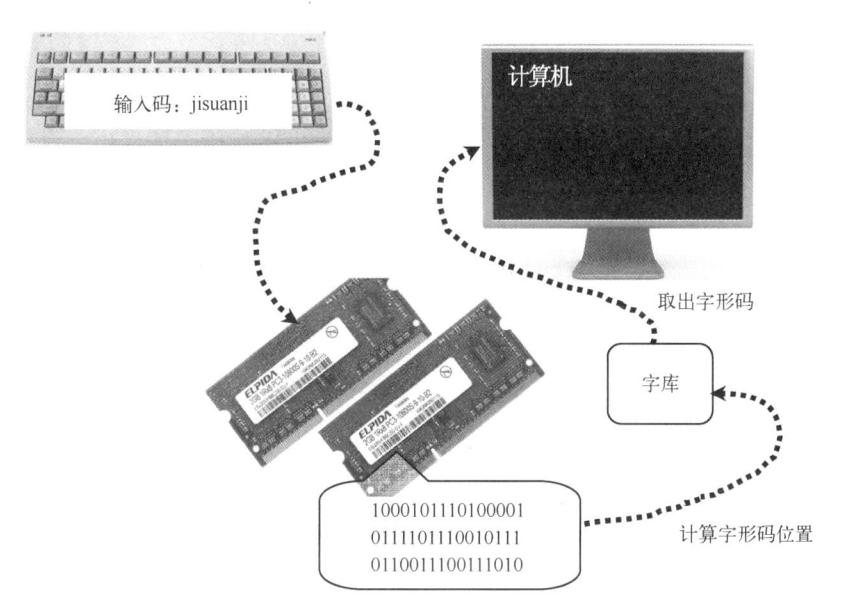

图 2.29 汉字的输入、存储、输出

需要注意的是：GB18030 中二字节汉字的编码和对应汉字的 Unicode 码之间的映射没有什么规律可循，对于 GB18030 中四字节汉字的编码和对应汉字的 Unicode 码之间也没有明显的映射规律，所以一般用查表的办法获得对应的编码。

2.4.4 文字的输出

1. 英文的输出

（1）英文的字形码

每个字符的字形可被绘制在一个 *M*×*N* 点阵中，图 2.30 就是字符"A"字形的 8×8 点阵表示。

在图 2.30 中，笔画经过的方格用 1 表示，未经过的方格用 0 表示，这样形成的 0、1 矩阵称为字符点阵。依水平方向按从左到右的顺序将 0、1 代码组成字节信息，每行 1 字节，从上到下共形成 8 字节，如图 2.31 所示。这就是字符的字形点阵编码，将所有字符的点阵编码按照其在 ASCII 码表中的位置顺序存放，就形成字符点阵字库。字体不同，其对应的点阵字库也不同。在 Windows 中，字库文件默认的存储位置是 C:\windows\fonts。

0	0	0	0	0	0	0	0	0x00
0	0	1	0	0	0	0	0	0x20
0	1	0	1	0	0	0	0	0x50
1	0	0	0	1	0	0	0	0x88
1	0	0	0	1	0	0	0	0x88
1	1	1	1	1	0	0	0	0xF8
1	0	0	0	1	0	0	0	0x88
1	0	0	0	1	0	0	0	0x88

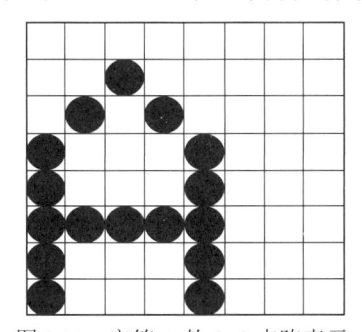

图 2.30 字符 A 的 8×8 点阵表示　　　图 2.31 字符 A 的字形码

（2）英文的显示

首先，根据所要显示字符的 Unicode 编码，到对应字库文件中获取该字符的字形码；然后，根据字形码在显示器上实现字符的显示。

2．汉字的输出
（1）汉字的字形码

输出汉字时，无论汉字的笔画有多少，每个汉字都可以写在同样大小的方块中，为了能准确地表达汉字字形，每个汉字都有相应的字形码。

目前，大多数汉字系统中都以点阵的方式来存储和输出汉字字形。汉字字形点阵有16×16、24×24、48×48、72×72 等，点阵越大，对每个汉字的修饰作用就越强，打印质量也就越高。实际中，用得最多的是 16×16 点阵，一个 16×16 点阵的汉字字形码需要用 2×16=32 字节表示，这 32 字节中的信息是汉字的数字化信息，即汉字字形码，也称字模。汉字"跑"的 32×32 点阵如图 2.32 所示，汉字"跑"的字形码如图 2.33 所示。

```
00000000000000000000000000000000
00001000010000011100000000000000
00001111110000011000000000000000
00001100110000011000000000000000
00001100110000011000000000000000
00001100110000011111111111110000
......
......
......
00000000000000000000000000000000
```

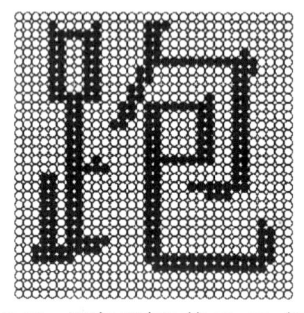

图 2.32　汉字"跑"的 32×32 点阵　　　图 2.33　汉字"跑"的字形码

将汉字字形码按特定顺序排列，以二进制文件形式存放构成汉字字库。同字符一样，汉字字体不同，其对应的点阵字库也不同。在 Windows 中，汉字字库文件默认的存储位置是 C:\windows\fonts。

在 Windows 中的 FONTS 目录下存储着两类字体。若字体扩展名为 FON，则表示该文件为点阵字库；若扩展名为 TTF，则表示矢量字库。

矢量字体是与点阵字体相对应的一种字体。矢量字体的每个字形都通过数学方程来描述，在一个字形上分割出若干个关键点，相邻关键点之间由一条被有限个参数唯一确定的光滑曲线连接。矢量字库保存每个文字的描述信息，如笔画的起始、终止坐标，以及半径、弧度等。在显示、打印矢量字时，要经过一系列的数学运算，理论上，矢量字被无限地放大后，笔画轮廓仍然能保持圆滑。

（2）汉字的显示

以 Windows 为例，汉字输入后，存储其 Unicode 码；然后根据 Unicode 码从字库中检索出该汉字点阵信息，利用显示驱动程序将这些信息送到显卡的显示缓冲存储器中；显示器的控制器把点阵信息顺次读出，并使每个二进制位与屏幕的一个点位相对应，就可以将汉字字形在屏幕上显示出来。

2.5　多媒体的存储

具有多媒体功能的计算机除可以处理数值和字符信息外，还可以处理图像、声音和视频信息。在计算机中，图像、声音和视频的使用能够增强信息的表现能力。

2.5.1　图形图像

1．图形

图形与位图（图像）从各自不同的角度来表现物体的特性。图形是对物体形象的几何抽象，反映了物体的几何特性，是客观物体的模型化；而位图则是对物体形象的影像描绘，反映了物体的光影与色彩的特性，是客观物体的视觉再现。图形与位图可以相互转换。利用渲染技术可以把图形转换成位图，而边缘检测技术则可以从位图中提取几何数据，把位图转换成图形。

（1）图形的概念

图形也称为矢量图，是指由数学方法描述的、只记录图形生成算法和图形特征的数据文件。其格式是一组描述点、线、面等几何图形的大小、形状及其位置、维数的指令集合。例如，Line(x1,y1,x2,y2,color)表示以(x1,y1)为起点，(x2,y2)为终点画一条color色的直线，绘图程序负责读取这些指令并将其转换为屏幕上的图形。若是封闭图形，则还可用着色算法进行颜色填充。简单的矢量图如图2.34所示，较复杂的矢量图如图2.35所示。

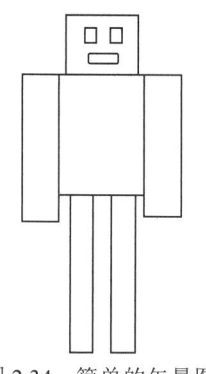

图2.34 简单的矢量图　　　　图2.35 较复杂的矢量图

（2）矢量图特点

矢量图的最大特点在于可以对图中的各个部分进行移动、旋转、缩放、扭曲等变换而不会失真。此外，不同的物体还可以在屏幕上重叠并保持各自的特征，必要时还可以分离。由于矢量图只保存了算法和特征，所以其占用的存储空间小。因为显示时需要重新计算，所以显示速度取决于算法的复杂程度。

（3）矢量图和位图的区别

矢量图和位图相比，它们之间的区别主要表现在以下4个方面。

① 存储容量不同。

矢量图只保存了算法和特征，数据量少，存储空间也较小；而位图由大量像素点信息组成，容量取决于颜色种类、亮度变化及图像尺寸等，数据量大，存储空间也较大，经常需要进行压缩存储。

② 处理方式不同。

矢量图一般是通过画图的方法得到的，其处理侧重于绘制和创建；而位图一般是通过数码相机实拍或对照片通过扫描得到的，处理侧重于获取和复制。

③ 显示速度不同。

矢量图显示时需要重新运算和变换，速度较慢；而位图显示时只是将图像对应的像素点影射到屏幕上，显示速度较快。

④ 控制方式不同。

矢量图的放大只是改变计算的数据，可任意放大而不会失真，显示及打印时质量较好；而位图的尺寸取决于像素的个数，放大时需进行插值，数次放大便会明显失真。

2. 图像

（1）模拟图像与数字图像

真实世界是模拟的，用胶卷拍出的相片就是模拟图像，它的特点是空间连续。模拟图像含有无穷多的信息，理论上，可以对模拟图像进行无穷放大而不会失真。

模拟图像只有在空间上数字化后才是数字图像，它的特点是空间离散，如 1000 像素×1000 像素的图片，包含 100 万个像素点，数字图像所包含的信息量有限，对其进行的放大次数有限，否则会出现失真。图 2.36、图 2.37 展示了两种不同类型的数字图像。

图 2.36 自然风景图像

图 2.37 AIGC 生成的图像

（2）图像的数字化

图像的数字化包括采样、量化和编码三个步骤，如图 2.38 所示。

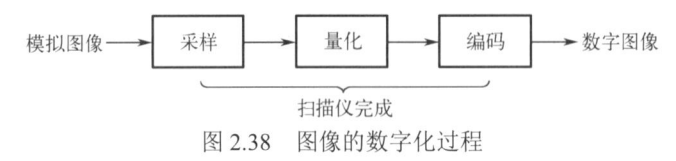

图 2.38 图像的数字化过程

① 采样。

采样是指计算机按照一定的规律，对模拟图像所呈现出的表象特性，用数据的方式记录其特征点。这个过程的核心在于要决定在一定的面积内取多少个点（有多少个像素），即图像的分辨率是多少（单位是 dpi）。

② 量化。

通过采样获取了大量特征点，现在需要得到每个特征点的二进制数据，这个过程叫量化。在量化过程中有一个很重要的概念——颜色精度。颜色精度是指图像中的每个像素的颜色（或亮度）信息所占的二进制数位数，它决定了构成图像的每个像素可能出现的最大颜色数。颜色精度值越高，显示的图像色彩越丰富。

③ 编码。

编码是指在满足一定质量（信噪比的要求或主观评价要求）的条件下，以较少的位数表示图像。

显然，无论是从平面的取点还是从记录数据的精度来讲，采样形成的数字图像与模拟图像之间存在一定的差距。但这个差距通常被控制得相当小，以至于人的肉眼难以分辨，所以可以将数字化图像等同于模拟图像。

（3）数字图像常见文件格式

对数字图像处理必须采用一定的图像格式，图像格式决定在文件中存放何种类型的信息，对信息采用何种方式进行组织和存储，文件如何与应用软件兼容，文件如何与其他文件交换数据等内容。

① BMP 格式。

BMP（位图格式）格式与硬件设备无关，是 DOS 和 Windows 兼容计算机系统的标准图像格式，其扩展名为.BMP。Windows 环境下运行的所有图像处理软件都支持 BMP 格式。BMP 格式支持 RGB、索引颜色、灰度和位图颜色模式，使用非常广。它采用位映射存储格式，除图像深度可选外，不采用其他任何压缩，因此，BMP 文件所占用的空间很大。BMP 文件存储数据时，图像的扫描方式按从左到右、从下到上的顺序。BMP 文件的图像深度可选 1b、4b、8b 及 24b。

② TIFF 格式。

TIFF（Tag Image File Format，标志图像文件格式）是一种非失真的压缩格式（最高 2～3 倍的压缩比），其扩展名为.TIFF。这种压缩是文件本身的压缩，即把文件中某些重复的信息采用一种特殊的方式记录，文件可完全还原，能保持原有图颜色和层次。TIFF 格式是在桌面出版系统中使用最多的格式之一，它不仅在排版软件中普遍使用，也可以用来直接输出。TIFF 格式主要的优点是适用于广泛的应用程序，它与计算机的结构、操作系统和图形硬件无关，支持 256 色、24 位真彩色、32 位色、48 位色等多种色彩位。因此，大多数扫描仪都能输出 TIFF 格式的图像文件。在将图像存储为 TIFF 格式时，需注意选择所存储的文件是由 Macintosh 还是由 Windows 读取。因为虽然这两个平台都使用 TIFF 格式，但它们在数据排列和描述上有一些差别。

③ GIF 格式。

GIF（Graphics Interchange Format，图像互换格式）是由 CompuServe 公司在 1987 年开发的图像文件格式，其扩展名为.GIF。GIF 文件的数据采用可变长度压缩算法压缩，其压缩率一般在 50%左右，目前几乎所有相关软件都支持它。GIF 格式的另一个特点是其在一个 GIF 文件中可以存储多幅彩色图像，如果把存于一个文件中的多幅图像数据逐幅读出并显示到屏幕上，就可以构成一种最简单的动画。但 GIF 只能显示 256 色，另外，GIF 动画图片失真较大，一般经过羽化等效果处理的透明背景图都会出现杂边。

④ JPEG 格式。

JPEG（Joint Photographic Experts Group，联合图像专家组）是最常用的图像文件格式，其扩展名为.JPG 或.JPEG，是一种有损压缩格式。通过选择性地去掉数据来压缩文件，图像中重复或不重要的资料会被丢弃，因此容易造成图像数据的损伤。目前，大多数彩色和灰度图像都使用 JPEG 格式压缩，其压缩比很大且支持多种压缩级别的格式。当对图像的精度要求不高而存储空间又有限时，JPEG 格式是一种理想的压缩方式。JPEG 格式支持 CMYK、RGB 和灰度颜色模式，JPEG 格式保留 RGB 图像中的所有颜色信息。

⑤ PDF 格式。

PDF（Portable Document Format，便携式文件格式）是由 Adobe Systems 在 1993 年提出的用于文件交换所推出的文件格式。它的优点在于跨平台、能保留文件原有格式、开放标准等。PDF 格式既可以包含矢量和位图图形，也可以包含电子文档的查找和导航功能。

2.5.2 声音

声音是通过空气的振动发出的，通常用模拟波的方式表示。振幅反映声音的音量，频率反映音调。

1. 声音的数字化

音频是连续变化的模拟信号，要使计算机能处理音频信号，必须进行音频的数字化。将模拟信号通过音频设备（如声卡）进行数字化时，会涉及采样、量化及编码等多种技术。模拟声音数字化示意图如图 2.39 所示。

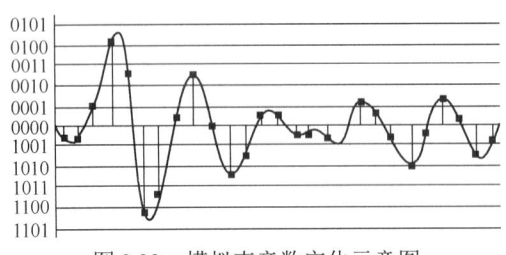

图 2.39 模拟声音数字化示意图

2. 量化性能指标

在模拟声音数字化过程中，有以下两个重要的指标。

（1）采样频率

每秒钟的采样样本数叫采样频率。采样频率越高，数字化后，声波就越接近于原来的波形，即声音的保真度越高，但量化后，声音信息量的存储量也越大。根据采样定理，只有当采样频率高于声音信号最高频率的 2 倍时，才能把离散声音信号唯一地还原成原来的声音。

目前，多媒体系统中捕获声音的标准采样频率有 44.1kHz、22.05kHz 和 11.025kHz 三种。人耳所能接收声音的频率范围为 20Hz～20kHz，但在不同的实际应用中，声音的频率范围是不同的。例如，根据 CCITT 公布的声音编码标准，把声音根据使用范围分为三级：电话语音级，300Hz～3.4kHz；调幅广播级，50Hz～7kHz；高保真立体声级，20Hz～20kHz。因此，采样频率 11.025kHz、22.05kHz、44.1kHz 正好与电话语音、调幅广播和高保真立体声（CD 音质）三级相对应。DVD 标准的采样频率是 96kHz。

（2）采样精度

采样精度可以理解为采集卡处理声音的解析度。这个数值越大，解析度就越高，录制和回放的声音就越真实。对一段相同的音乐信息，16 位声卡能把它分为 64K 个精度单位进行处理，而 8 位声卡只能处理 256 个精度单位，造成了较大的信号损失。目前市面上所有的主流产品都是 16 位声卡，16 位声卡的采样精度对于计算机多媒体音频而言已经绰绰有余了。

3. 声音文件格式

常见的数字音频格式有以下 6 种。

（1）WAV 格式

WAV 格式是由微软公司开发的一种声音文件格式，也叫波形声音文件，是最早的数字音频格式，被 Windows 平台及其应用程序广泛支持。WAV 格式支持许多压缩算法，支持多种音频位数、采样频率和声道。

在对 WAV 音频文件进行编解码的过程中，包括采样点和采样帧的处理与转换。一个采样点的值代表给定时间内的音频信号，一个采样帧由一定数量的采样点组成并能构成音频信号的多个通道。对于立体声信号，一个采样帧有两个采样点，一个采样点对应一个声道。一个采样帧作为单一的单元传送到数模转换器，以确保正确的信号能同时发送到各自的通道中。

（2）MIDI 格式

MIDI（Musical Instrument Digital Interface，乐器数字接口）格式定义了计算机音乐程序、数字合成器及其他电子设备交换音乐信号的方式，规定了不同厂家的电子乐器与计算机连接的电缆和硬件及设备间数据传输的协议，可以模拟多种乐器的声音。MIDI 文件本身并不包含波形数据，在 MIDI 文件中存储的是一些指令，把这些指令发送给声卡，由声卡按照指令将声音合成出来，所以 MIDI 文件非常小巧。

MIDI 要形成计算机音乐必须通过合成，现在的声卡大都采用的是波表合成，它首先将各种真实乐器所能发出的所有声音（包括各个音域、声调）进行取样，存储为一个波表文件。播放时，根据 MIDI 文件记录的乐曲信息向波表发出指令，从波表中逐一找出对应的声音信息，经过合成、加工后播放出来。由于它采用的是真实乐器的采样，所以效果好于 FM。一般波表的乐器声音信息都以 44.1kHz、16 位精度录制，以达到最真实的回放效果。理论上，波表容量越大，合成效果越好。

（3）CDA 格式

CDA 格式就是 CD 音乐格式，其取样频率为 44.1kHz，16 位量化位数，CD 存储采用音轨形式，记录的是波形流，是一种近似无损的格式。CD 光盘可以在 CD 唱机中播放，也能用计算机里的各种播放软件来重放。一个 CD 音频文件是一个.CDA 文件，但这只是一个索引信息，并不是真正的声音信息，所以无论 CD 音乐的长短如何，在计算机上看到的.CDA 文件都是 44 字节长。

注意： 不能直接复制 CD 格式的.CDA 文件到硬盘上播放，必须使用类似 EAC 这样的抓音轨软件把 CD 格式的文件转换成 WAV 文件。

（4）MP3 格式

MP3 是利用 MPEG Audio Layer 3 技术将音乐以 1∶10 甚至 1∶12 的压缩率压缩成容量较小的文件，MP3 格式能够在音质丢失很小的情况下把文件压缩到更小的程度。MP3 格式的体积小、音质高的特点，使 MP3 格式几乎成为网上音乐的代名词。每分钟音乐的 MP3 格式只有 1MB 左右大小，从而使每首歌的大小只有 3～4MB。使用 MP3 播放器对 MP3 文件进行实时解压缩，这样，高品质的 MP3 音乐就播放出来了。MP3 格式的缺点是压缩破坏了音乐的质量，不过一般听众几乎觉察不到。

（5）WMA 格式

WMA 是微软公司在互联网音频、视频领域定义的文件格式。WMA 格式通过在保持音质的基础上减少数据流量的方式达到压缩目的，其压缩率一般可以达到 1∶18。此外，WMA 格式还可以通过 DRM（Digital Rights Management，数字版权管理）方案加入防止复制，或者加入限制播放时间和播放次数，甚至是播放机器的限制，有力地防止盗版。

（6）DVD Audio 格式

DVD Audio 是新一代数字音频格式，其采样频率有 44.1kHz、48kHz、88.2kHz、96kHz、176.4kHz 和 192kHz 等，能以 16 位、20 位、24 位精度量化。当 DVD Audio 格式采用最大取样频率为 192kHz、24 位精度量化时，可完美再现演奏现场的真实感。由于频带扩大使得再生频率接近 100kHz（约为 CD 的 4.4 倍），因此能够逼真再现各种乐器层次分明、精细微妙的音色成分。

2.5.3 视频

视频由一幅幅单独的画面（称为帧）序列组成，这些画面以一定的速率（帧率，即每秒显示帧的数目）连续地透射在屏幕上，利用人眼的视觉暂留原理，使观察者产生图像连续运动的感觉。

1. 模拟视频数字化

计算机只能处理数字化信号，普通的 NTSC 制式和 PAL 制式的模拟视频必须经过模数转换和色彩空间变换等过程进行数字化。模拟视频一般采用分量数字化方式：先把复合视频信号中的亮度和色度分离，得到 YUV 或 YIQ 分量，然后用三个模数转换器对三个分量分别进行数字化，最后再转换成 RGB 空间。

2. 视频编码方式

视频编码方式是指通过特定的压缩技术，将某个视频格式文件转换成另一种视频格式文件的方式。视频流传输中最重要的编解码标准有国际电联的 H.261、H.263、H.264，运动静止图像专家组的 M-JPEG 和国际标准化组织运动图像专家组的 MPEG 系列标准。此外，在互联网上被广泛应用的还有 RealNetworks 公司的 RealVideo、微软公司的 WMV，以及 Apple 公司的 QuickTime 等。

3. 视频文件格式

（1）AVI 格式

AVI（Audio Video Interleaved，音频视频交错格式）是将语音和影像同步组合在一起的文件格式。它对视频文件采用了一种有损压缩方式，压缩比比较高，画面质量不太好，但其应用范围仍然非常广泛。AVI 格式主要应用在多媒体光盘上，用来保存电视、电影等各种影像信息。

AVI 格式的最大优点是兼容好、调用方便。但它的缺点也十分明显：文件大。根据不同的应用要求，AVI 格式的分辨率可以随意调。窗口越大，文件的数据量也就越大。降低分辨率可以大幅减低它的数据量，但图像质量必然受损。在与 MPEG-2 格式文件大小相近的情况下，AVI 格式的视频质量相对要差得多，但其制作简单，对计算机的配置要求不高，所以人们经常先录制好 AVI 格式的视频，再转换为其他格式。

（2）MPEG 格式

MPEG（Moving Picture Experts Group，运动图像专家组）格式是国际标准组织（ISO）认可的媒体封装形式，受大部分机器的支持。其储存方式多样，可以适应不同的应用环境。MPEG 格式的控制功能丰富，可以有多个视频（角度）、音轨、字幕（位图字幕）等。

（3）RM 格式

RM（RealMedia，实时媒体）是由 RealNetworks 公司开发的一种流媒体视频文件格式，主要包含 RealAudio、RealVideo 和 RealFlash 三部分。它的特点是文件小，画质相对良好，适用于在线播放。用户可以使用 RealPlayer 对符合 RM 技术规范的网络音频/视频资源进行实况转播。RM 格式可以根据不同的网络传输速率制定出不同的压缩比，从而实现在低速率的网络上进行影像数据实时传送和播放。另外，RM 作为目前主流网络视频格式，还可以通过其 RealServer 服务器将其他格式的视频转换成 RM 格式的视频，并由 RealServer 服务器负责对外发布和播放。

RM 格式的最大特点是边传边播，即先从服务器下载一部分视频文件，形成视频流缓冲区后实时播放，同时继续下载，为接下来的播放做好准备。这种方法消除了用户必须等待整个文件从 Internet 上全部下载完毕后才能观看的缺点，因而特别适合在线观看影视文件。RM 文件的大小完全取决于制作时选择的压缩率，压缩率不同，影像大小也不同。这就是为什么同样看 1 小时的影像，有的只有 200MB，而有的却有 500MB 之多。

（4）ASF 格式

ASF（Advanced Streaming Format，高级流格式）是一个开放标准，它能依靠多种协议在多种网络环境下支持数据的传送。ASF 是微软公司为了和 Real Player 竞争而发展出来的一种可以直接在网上观看视频节目的文件压缩格式。它是专为在 IP 网上传送有同步关系的多媒体数据而设计的，所以 ASF 格式的信息特别适合在 IP 网上传输。

音频、视频、图像及控制命令脚本等多媒体信息通过 ASF 格式以网络数据包的形式传输，实现流式多媒体内容发布。ASF 格式使用 MPEG-4 的压缩算法，可以边传边播，它的图像质量比 VCD 差一些，但比 RM 格式要好。

（5）WMV 格式

WMV（Windows Media Video，Windows 媒体视频）是微软公司推出的一种流媒体格式，它是 ASF 格式的升级延伸。在同等视频质量下，WMV 格式的文件非常小，很适合在网上播放和传输。WMV 文件一般同时包含视频和音频部分。视频部分使用 MMV 格式编码，音频部分使用 WMA（Windows Media Audio，Windows 媒体音频）格式编码。

2.6 AI 时代计算机

在 AI（人工智能）时代，计算机不仅是传统的数据处理工具，而且已经成为能够学习、理解、推理和适应的智能系统，其设计、架构和应用都经历了深刻的变革，以满足智能计算的需求。

2.6.1 AI 时代计算机的特点和趋势

AI 时代计算机的特点和趋势如下。

1. 高性能计算（High Performance Computing，HPC）

AI 应用，尤其是深度学习，需要处理大量数据和执行复杂的数学运算。因此，现代计算机系统，尤其是 AI 时代计算机，通常配备了高性能的处理器和加速器，如 GPU（Graphics Processing Unit，图形处理器）、TPU（Tensor Processing Unit，张量处理单元）和 FPGA（Field Programmable Gate Array，现场可编程门阵列），以实现高速并行计算。

2. 大数据处理能力

AI 算法，尤其是机器学习算法，依赖于对大数据集进行训练。所以，AI 时代计算机需要具备强大的数据存储和处理能力，以支持 PB 级数据的高效读/写和处理。

3. 分布式计算架构

由于 AI 任务往往过于庞大，无法由单一计算机处理，所以广泛采用分布式计算架构，如云计算和边缘计算，以实现资源的高效共享和任务的并行处理。

4. 智能硬件和软件

AI 时代计算机的硬件设计开始融入 AI 算法，如神经网络加速器，直接在硬件层面优化 AI 计算。同时，在软件层面，AI 框架和工具的出现，如 TensorFlow、PyTorch 等，大大简化了 AI 应用的开发和部署。

5. 自适应和可编程性

AI 时代计算机越来越注重自适应性，能够根据应用需求动态调整计算资源。同时，硬件的可编程性也得到了增强,允许通过软件对硬件进行更细粒度的控制和优化。

6. AI 与物联网（Internet of Things，简称 IoT）的融合

随着 IoT 设备的普及,AI 技术被广泛应用于边缘设备,实现智能感知、决策和控制。这要求计算机系统具备低功耗、高效率和实时处理能力。

7. 安全性和隐私保护

AI 时代的数据处理和存储涉及大量敏感信息,计算机系统需要具备强大的安全性和隐私保护机制,以防止数据泄露和恶意攻击。

8. 量子计算的探索

虽然尚处于早期阶段,但量子计算因其在处理某些类型计算问题上的潜在优势,被视为 AI 时代计算机发展的一个重要方向。

2.6.2 智能芯片的分类

在 AI 核心硬件方面,根据应用领域不同,可以将智能芯片分为云端 AI 芯片和边缘 AI 芯片这两类。

1. 云端 AI 芯片

云端 AI 芯片,也称为云端 AI 加速器,是专门为云数据中心设计的高性能、高效率的处理器,用于加速 AI 任务,如机器学习模型的训练和推理。这些芯片通过优化的硬件架构,能够处理大规模数据集和复杂的数学运算,显著提升 AI 应用的性能和效率。

在云端,通用图形处理器 GPU 被广泛应用于神经网络训练和推理；张量处理单元 TPU 等定制 AI 芯片使用专用架构实现了比同期中央处理器 CPU 和 GPU 更高的效率；现场可编程门阵列 FPGA 具有支持大规模并行、推理延时低、可变精度等特点。

2. 边缘 AI 芯片

边缘计算是指在数据源附近进行数据处理和分析,而不是将数据传输到云端进行处理。边缘 AI 芯片,也称边缘 AI 加速器,是专门为在边缘设备上运行 AI 任务设计的处理器。边缘 AI 芯片的目标是将 AI 计算能力直接集成到物联网设备、智能摄像头、机器人、自动驾驶汽车等设备中,以实现低延迟、高响应速度和数据隐私保护。

目前,云端和边缘设备在各种 AI 应用中通常是配合工作的,随着边缘设备能力不断增强,越来越多的计算工作负载将在边缘设备上执行。

2.6.3 云端 AI 芯片

云端 AI 芯片的出现极大地推动了 AI 技术的发展和应用,使云服务提供商能够为用户提供更加强大、高效、灵活的 AI 计算资源,支持从图像识别、自然语言处理到自动驾驶等广泛领域的 AI 应用。随着 AI 算法的不断演进和云技术的持续创新,云端 AI 芯片的设计和性能也将不断进步,以满足未来 AI 计算的更高需求。

1. GPU

GPU 是一种专门用于图像和图形相关运算工作的微处理器,通常被称为图形处理器或显示核心。与 CPU 不同,GPU 被设计用来处理类型高度统一的、大规模数据和纯净的计算环境,擅长进行大规模并行计算。

（1）GPU 的主要功能

GPU 最初主要用于 3D 游戏渲染,但随着计算能力的提升,如今已广泛应用于许多领域,包括金融模型计算、科学研究、石油和天然气开发、AI、虚拟现实和深度学习等。

① 图形及游戏渲染。

GPU 采用硬件 T&L（几何转换和光照处理）、纹理压缩和凹凸映射贴图等技术，这些技术使 GPU 能够高效处理 3D 图形，特别是对高分辨率视频游戏和复杂 3D 场景的渲染至关重要。它通过执行大量并行计算，快速生成高质量的图像和动画。

② 并行计算。

除了图形处理，GPU 还擅长进行大规模并行计算。

例如，NVIDIA 的 GeForce RTX 3080 GPU 有 8704 个 CUDA 核心，而 GeForce RTX 4090 则有 16384 个 CUDA 核心，这些核心负责执行并行计算任务，是 GPU 性能的关键指标之一。这种并行计算能力使 GPU 适用于科学计算、金融模型、大数据分析等领域，特别是在需要处理大量数据且计算步骤相互独立的场景中。

③ AI。

GPU 在 AI 尤其是深度学习领域的应用非常广泛。它能够加速神经网络的训练过程，比传统 CPU 更快地处理海量数据。例如，使用 GPU 训练神经网络可能将时间从数天减少到几小时，这样大大提升了开发和研究的效率。

④ 视频处理。

GPU 在进行视频编辑和渲染时也发挥重要作用，它可以快速编码和解码视频文件，确保流畅播放和高效编辑。它还应用于实时视频特效处理，如在直播或视频会议中增加滤镜和虚拟背景。

⑤ 科学研究。

在科学研究中，GPU 被用于模拟和建模，如气候模型、生物信息学研究及物理现象的模拟。它的计算能力可以帮助科学家处理大数据集合，并进行复杂的数据分析和可视化。

⑥ 虚拟现实。

GPU 在虚拟现实（Virtual Reality，VR）和增强现实（Augmented Reality，AR）应用中同样重要，它提供了必要的图形处理能力来创建沉浸式环境。无论是游戏、模拟还是教育应用，GPU 都能确保高帧率和低延迟的图形表现，提升用户体验。

（2）GPU 的主流产品

GPU 的主流产品包括英伟达的 GeForce 系列、Quadro 系列、Tesla 系列，以及 AMD 的 Radeon 系列等。这些产品在不同领域展示了强大的图形和计算性能，广泛应用于游戏、专业设计、高性能计算和人工智能等领域。

① 英伟达 GeForce 系列。

GeForce 系列主要面向游戏玩家和普通用户，是英伟达主打的消费级 GPU 产品线，注重提供高性能的图形处理能力和游戏特性，具备实时光线追踪（Ray Tracing）和 DLSS（Deep Learning Super Sampling，深度学习超采样），能够提供更逼真的游戏画面和流畅的游戏体验。

② Quadro 系列。

Quadro 系列主要用于计算机辅助设计（Computer Aided Design，CAD）、动画制作、科学计算、虚拟现实等需要高精度计算和可靠稳定性的专业领域，具备强大的计算能力、大容量显存和专业特性，如双精度浮点运算和驱动程序的优化等，是英伟达专业级 GPU 产品线。

③ Tesla 系列。

Tesla 系列主要应用于科学计算、数据分析、深度学习等高要求的计算任务。Tesla GPU 集成了深度学习加速器（如 NVIDIA Tensor Cores），提供快速的矩阵运算和神经网络推理。

④ AMD Radeon 系列。

AMD Radeon 系列广泛应用于个人计算机、游戏设备及专业图形处理等领域，涵盖消费级和专业级市场。该系列支持先进的图形技术，如 DirectX 12、Vulkan API 等，致力于提供优秀的游戏体验和专业图形应用性能。

⑤ 国产 GPU 产品。

寒武纪的 MLU370-X8 训练加速卡被广泛应用于各种训练任务中。

海光信息推出基于 GPGPU 架构的海光 8100，兼容通用的"类 CUDA"环境。

芯原股份推出的 Vivante 3D GPGPU IP 可满足广泛的人工智能计算需求。

壁仞科技的通用 GPU 芯片 BR100 创下全球通用 GPU 算力记录。

2. TPU

TPU 是一种专门用于机器学习和神经网络任务的高性能芯片，是 Google（谷歌）专门针对机器学习任务研发的芯片，TPU 基于 TensorFlow 框架，极大地提高了机器学习模型的训练速度和推理效率。

TPU 产品主要包括 TPU v1、v2、v3 和 v4 系列，这些产品专门用于机器学习和大规模矩阵运算优化，在神经网络运算中表现出更高的性能和能效。

（1）TPU v1 系列

TPU v1 系列主要用于深度学习模型的推理阶段，比如图像识别和自然语言处理，它通过脉动阵列设计，高效处理大规模矩阵计算。

（2）TPU v2 系列

TPU v2 系列除完成推理任务外，在 TPU v1 系列的基础上增加了训练功能，并且比上一代产品有更高的性能。

（3）TPU v3 系列

TPU v3 系列广泛应用于机器学习训练和推理，特别适用于复杂模型和大规模数据集。它在性能上有了显著提升，支持更多类型的网络层，并提高了使用的灵活性。

（4）TPU v4 系列

TPU v4 系列是 Google 的最新 TPU 产品，不仅适用于训练和推理，还扩展到其他计算密集型任务，如科学模拟和数据分析。TPU v4 系列具有更高的速度和能效，支持更多的机器学习任务。

3. FPGA/ASIC（现场可编程门阵列/专用集成电路）

FPGA/ASIC 可根据特定的人工智能算法进行定制，相较于通用芯片，在某些场景下能提供更高的性能功耗比。

（1）FPGA

FPGA 内部包含丰富的可编程逻辑块，这些逻辑块可以实现各种数字功能，如查找表、复用器、触发器等，可以在购买后根据使用者需求进行配置。FPGA 可以通过编程改变内部连接结构和逻辑单元，以实现特定的功能设计，这种灵活性使 FPGA 广泛应用于各种领域，如数字信号处理、视频和图像处理、通信系统、工业控制、数据中心加速及人工智能等。FPGA 提供并行执行的能力，这使其在处理某些类型任务时相比于串行处理器（如 CPU 和 GPU）具有性能优势。

FPGA 的主流产品包括 Altera 的 Cyclone 和 Stratix 系列，Xilinx 的 Artix、Spartan 和 Virtex 系列，以及紫光同创的 Titan、Logos 系列等。这些产品各具特色，广泛应用于不同领域，如通信、网络设备、工业控制等。

（2）ASIC

ASIC（Application-Specific Integrated Circuit，专用集成电路）是为特定应用定制的集成电路芯片。这种芯片在设计时已经固定了内部逻辑，专门针对某一特定应用或功能进行优化，从而提供更高的性能和效率。ASIC 具有高性能、低功耗、小尺寸、低成本、高保密性等特点，广泛用于 AI 设备、虚拟货币挖矿设备、耗材打印设备、军事国防设备、网络设备等。

ASIC 有以下三种基本类型。

① 全定制 ASIC。

这类 ASIC 是完全根据特定应用需求而设计的，从零开始搭建逻辑单元，以实现最佳性能和功耗优化。例如，全定制 ASIC 可能包括定制的模拟电路、存储单元和机械结构。

② 半定制 ASIC。

这类 ASIC 使用标准逻辑单元库中的元素进行设计，部分逻辑单元是根据特殊需求定制的。常见的半定制 ASIC 包括基于标准单元的 ASIC 和基于门阵列的 ASIC。

③ 可编程 ASIC。

可编程 ASIC 也被称为可编程逻辑器件（Programmable Logic Device，PLD）。可编程 ASIC 的技术结构主要包括可编程逻辑单元和可编程存储单元两个部分。可编程逻辑单元由逻辑门、触发器等基本逻辑单元组成，可以根据需求进行编程和配置。可编程存储单元用于存储配置信息和数据，它可以根据需要进行读取和写入操作。"

2.6.4 边缘 AI 芯片

边缘 AI 芯片是指在网络边缘侧进行 AI 计算的芯片，用于实现低延迟、高效率且保护隐私的数据处理。此类芯片主要应用在物联网设备、智能家居、自动驾驶、智能安防等领域。随着 5G、物联网技术的发展和普及，边缘 AI 芯片的需求将继续增长，其应用场景也将更加丰富多样。尤其是在对延迟、隐私要求较高的场合，边缘 AI 芯片的重要性更为凸显。

1. 边缘 AI 芯片的应用场景

（1）消费类电子设备

例如，智能手机中的 AI 功能，包括屏幕解锁、人脸识别、图像处理和拍照特效等。

（2）智能安防

例如，智能行车记录和驾驶行为检测类产品，以及安全监控设备的 AI 加速。

（3）智能家居

家庭自动化和智能设备控制，如语音助手和智能家电控制。

（4）自动驾驶

车辆中用于辅助驾驶或自动驾驶的 AI 芯片，需要实时处理大量传感器数据。

（5）工业物联网

在工业环境中，用于机器视觉、预测性维护和自动化控制。

2. 常见的边缘 AI 芯片

边缘 AI 芯片通过集成高性能的 AI 加速器，使边缘设备能够直接处理和分析数据，而无须将数据传输到云端，从而降低了延迟，提高了隐私保护，并减少了对网络带宽的依赖。随着 AI 技术的发展和边缘计算的普及，未来将出现更多创新的边缘 AI 芯片，以满足不断增长的计算需求和应用场景。以下是一些常见的边缘 AI 芯片。

（1）Google Coral

Google Coral 基于 Google 的 Edge TPU 技术，Coral 系列模块和开发板为边缘设备提供强大的机器学习加速能力。Edge TPU 是专为运行 TensorFlow Lite 模型而设计的 ASIC（专用集成电路），能够高效地执行神经网络推理任务。

（2）NVIDIA Jetson 系列

NVIDIA 的 Jetson 系列模块，如 Jetson Nano、Jetson Xavier NX 和 Jetson AGX Xavier，是专为边缘计算设计的高性能 AI 计算平台。它们集成了 GPU、CPU 和专用的深度学习加速器，适用于复杂的 AI 和机器学习应用，如计算机视觉和自然语言处理。

（3）Intel Movidius Myriad X

Intel 的 Movidius Myriad X 视觉处理单元（VPU）是专为边缘设备设计的低功耗、高性能 AI 芯片。它包含一个深度学习加速器，可以高效地运行神经网络模型，适用于智能摄像头、无人机和机器人等设备。

（4）Qualcomm Snapdragon

Qualcomm 的 Snapdragon 移动平台集成了 AI 引擎，包括 CPU、GPU 和 Hexagon DSP，用于加速 AI 任务。Snapdragon 888 和 8 Gen 1 等高端芯片特别强化了 AI 性能，适用于智能手机、智能眼镜和 XR（扩展现实）设备。

（5）Apple Neural Engine

Apple 在 A 系列芯片中集成的 Neural Engine 是专为 AI 计算设计的加速器，特别适用于机器学习任务。它在 iPhone、iPad 和 Mac 等设备中提供高性能的神经网络推理能力。

（6）Ambarella CVflow 系列

Ambarella 的 CVflow 芯片集成了高性能的视频处理和 AI 计算能力，适用于智能摄像头和无人机等设备。它们能够实时处理高清视频流，执行物体检测、识别和跟踪等任务。

（7）Rockchip RK3399 Pro

Rockchip 的 RK3399 Pro 芯片集成了 NPU（Neural Processing Unit，神经网络处理单元），用于加速边缘设备上的 AI 推理。它适用于各种 IoT 设备，如智能音箱、智能家居设备和工业自动化系统。

2.6.5　AI 算力

1．算力的概念

（1）算力

算力是指设备进行大量计算任务的能力，包括数据处理、执行计算等。更具体地说，算力是通过对信息数据进行处理，实现目标结果输出的计算能力。算力的强弱直接影响计算机处理数据的速度和效率。随着信息化、数字化和智能化的不断深入，算力成为数字经济时代的核心驱动力，它不仅对个人计算机、智能手机的性能有所影响，还关乎整个国家或地区经济发展水平、创新能力及竞争力。

（2）AI 算力

AI 算力是指用于支持 AI 应用的计算能力，包括执行 AI 算法所需的计算资源和处理能力。它衡量了计算设备或系统在处理 AI 任务时的性能高低，涉及硬件设备、软件框架、算法优化等多个层面的因素。

AI 算力是 AI 技术发展的核心驱动力，支撑着机器学习、深度学习、自然语言处理、计算机视觉等应用，在制造业、医疗、金融等领域的应用推动了行业的深刻变革。

2．算力的发展

1946 年，ENIAC 的诞生标志着人类算力正式进入数字电子时代。后来，随着半导体技术的出现和发展,又进入了芯片时代,芯片成为算力的主要载体。进入21世纪后,算力再次迎来了巨变,这次巨变的标志,是云计算技术的出现。

在云计算之前,由于单点式计算(一台大型机或一台PC,独立完成全部的计算任务)的算力不足,最初网格计算(把一个巨大的计算任务,分解为很多的小型计算任务,交给不同的计算机完成)通过分布式计算架构来提高算力。

随着信息化和数字化的不断深入,引发了整个社会的强烈算力需求。这些需求中,有的来自消费领域(移动互联网、追剧、网购、打车、O2O等),有的来自行业领域(工业制造、交通物流、金融证券、教育医疗等),有的来自城市治理领域(智慧城市、一证通、城市大脑等)。这时,云计算成为解决算力需求的核心技术。

云计算的本质是将大量的零散算力资源进行打包、汇聚,实现更高可靠性、更高性能、更低成本的算力。具体来说,在云计算中,中央处理器、内存、硬盘、图形处理器等计算资源被集合起来,通过软件的方式,组成一个虚拟的可扩展的"算力资源池"。在按需付费的基础上,用户如果有算力需求,"算力资源池"就会动态地进行算力资源的分配。

相比于用户自购设备、自建机房、自己运维,云计算有明显的性价比优势。算力云化之后,数据中心成为算力的主要载体。

3. 算力的性能指标

算力的性能指标用于衡量计算设备或系统在处理特定任务时的性能和效率。这些指标对于评估硬件的计算能力、优化系统配置及选择合适的设备至关重要。

(1) FLOPS

FLOPS(Floating Point Operations Per Second,浮点运算次数/秒),用以衡量计算机在1s内可以执行的浮点运算次数。FLPOS通常用于衡量高性能计算服务器、GPU和超级计算机的计算能力。

(2) TFLOPS

TFLOPS(Tera Floating Point Operations Per Second,万亿次浮点运算/秒),表示每秒可以执行的浮点运算万亿次数。TFLOPS用于衡量GPU在图形处理和深度学习中的性能。例如,一个系统的运算速度为1TFLOPS意味着每秒可以完成1万亿次浮点运算。

(3) IPS

IPS(Instructions per Second,指令数/秒),表示计算机处理器每秒可以执行的指令数。IPS主要用于衡量中央处理器(CPU)的性能。

(4) MIPS

MIPS(Million Instructions Per Second,百万条指令/秒),用于衡量CPU的处理速度。虽然MIPS曾经是评估CPU性能的重要指标,但随着多核技术和并行计算的发展,单纯依赖MIPS已不足以全面反映CPU的性能。

(5) TPS

TPS(Transactions Per Second,事务处理数/秒),表示计算机每秒可以处理的事务数。TPS常用于衡量数据库服务器的处理能力。例如,一个数据库服务器的TPS为1000,意味着每秒可以处理1000个数据库事务。

2.6.6 云计算时代的算力租赁

云计算的算力购买是通过云服务提供商租用或购买计算资源,以满足特定计算需求的过程。在现代数字化时代,计算能力成为企业和个人解决复杂问题、提升效率的关键资源。云计算平台，如阿里云、腾讯云等提供了灵活、高效、经济的算力服务，使得用户无须大量投资即可获得所需的计算能力。

1. 算力购买平台的选择

在选择 GPU 算力租用平台时，用户需要综合考虑多个因素，以确保所选平台能够满足其特定需求。以下是一些关键的考虑因素。

（1）性能与成本

评估不同平台提供的 GPU 型号、性能及价格，确保在满足计算需求的同时，保持合理的成本效益。

（2）可用性与稳定性

考虑平台的服务质量、故障率及恢复能力，确保计算资源的高可用性和稳定性。

（3）可扩展性

评估平台是否支持弹性伸缩，以便根据实际需求灵活调整计算资源。

（4）技术支持与社区

了解平台提供的技术支持水平、响应速度及社区活跃度，以便在遇到问题时获得及时帮助。

（5）安全性与合规性

考虑平台在数据安全、隐私保护及合规性方面的政策和措施，确保用户数据和计算过程的安全性。

（6）易用性与集成性

评估平台的易用性、API 友好度及与现有系统或工具的集成能力，以便快速上手并降低迁移成本。

2. 算力购买的应用场景

（1）AI 深度学习

云计算提供的 GPU 算力可以显著提高深度学习模型的训练速度，广泛应用于图像识别、自然语言处理等领域。

（2）高性能计算

高性能计算适用于科学计算、工程仿真等领域，通过强大的浮点计算能力应对高实时、高并发的计算场景。

（3）图形渲染与视频编解码

GPU 加速型实例在并行计算方面具有优势，适合完成 3D 动画渲染、CAD 设计等任务。

（4）数据科学与大数据分析

云计算提供的算力能够处理大规模数据集，进行复杂的数据分析和挖掘，助力数据科学家快速得出结果。

3. 国内主流算力租赁平台简介

在当前快速发展的 AI 和深度学习领域，GPU 算力租用平台成为研究者、开发者及企业不可或缺的工具。这些平台提供灵活、高效、可扩展的 GPU 资源，帮助用户解决计算资源不足的问题，加速模型训练、推理及高性能计算等任务。

（1）阿里云（Alibaba Cloud）

阿里云作为中国领先的云计算服务提供商，提供了丰富的 GPU 云服务器实例，包括 NVIDIA Tesla V100、A100 等多种高性能 GPU 型号。阿里云 GPU 云服务器适用于深度学习、科学计算、图形渲染等多种场景，能够满足不同用户的计算需求。

阿里云具有以下优势。

① 强大的 GPU 性能。

阿里云提供多种高性能 GPU 型号，满足大规模计算和深度学习需求。

② 稳定的服务质量。

阿里云拥有全球领先的数据中心布局和强大的技术支持团队，确保服务的高可用性和稳定性。

③ 丰富的 AI 服务。

除 GPU 云服务器外，阿里云还提供图像识别、语音识别等多种 AI 服务，助力用户快速构建 AI 应用。

④ 灵活的资源扩展。

用户可以根据实际需求灵活调整计算资源，支持弹性伸缩，降低成本。

（2）腾讯云（Tencent Cloud）

腾讯云提供多种 GPU 实例，包括 NVIDIA Tesla V100、T4 等，它们适用于深度学习、图形渲染、视频处理等多种场景。腾讯云在游戏和视频处理方面有特别的优势，能够为用户提供高性能的计算服务。

腾讯云具有以下优势。

① 强大的数据处理能力。

腾讯云在游戏和视频处理领域积累了丰富的经验，能够提供高效的数据处理和分析服务。

② 稳定的网络性能。

腾讯云拥有覆盖广泛的高速网络，可确保低延迟和高带宽的计算服务。

③ 丰富的生态系统。

腾讯云提供广泛的云服务和工具，支持全栈开发，方便用户快速构建和部署应用。

④ 灵活的资源配置。

用户可以根据实际需求选择不同配置的 GPU 实例，满足多样化的计算需求。

（3）华为云（Huawei Cloud）

华为云基于 NVIDIA GPU 提供高性能的云服务器，它们适用于 AI 开发和研究。华为云在硬件和网络方面有较强的自主研发能力，能够为用户提供稳定、高效、安全的计算服务。

华为云具有以下优势。

① 自主研发能力。

华为云在硬件和网络方面拥有较强的自主研发能力，能够为用户提供定制化的解决方案。

② 丰富的 AI 服务。

华为云提供多种 AI 服务，包括图像识别、语音识别等，助力用户快速构建 AI 应用。

③ 安全可靠。

华为云提供多层次的安全防护和合规性支持，确保用户数据的安全和隐私。

（4）智星云

智星云是一个专注于 GPU 租用服务的平台，提供高性价比、高稳定性、快速部署的 GPU 租用服务。该平台适用于 AI 大模型训练、微调、推理、开发及应用等多种场景。

智星云具有以下优势。

① 高性价比。

智星云提供多种显卡选择，用户可以根据需求选择合适的显卡来加速计算任务，同时保持较低的成本。

② 快速部署。

智星云提供快速、便捷的分布式 GPU 集群方案，允许用户立即开启超大 GPU 集群进行分布式训练。

③ 高稳定性。

智星云提供的 GPU 资源稳定可靠，确保用户计算任务的顺利进行。

④ 灵活的计费模式。

智星云支持多种计费模式，包括按量计费、包年包月等，满足不同用户的预算需求。

4．国际 GPU 算力租用平台

（1）AWS（Amazon Web Services，亚马逊云服务）

AWS 是全球领先的云计算服务提供商，提供了多种 GPU 实例类型，包括 NVIDIA Tesla V100、T4、K80 等。AWS 的 GPU 实例适用于深度学习、图形渲染、科学计算等多种场景。

AWS 具有以下优势。

① 广泛的 GPU 实例选择。

AWS 提供多种 GPU 实例类型，可满足不同用户的计算需求。

② 弹性计算能力。

用户可以根据需求随时调整计算资源，实现弹性伸缩。

③ 全球部署。

AWS 的数据中心遍布全球，提供低延迟的计算服务。

④ 广泛的服务集成。

AWS 与 S3、Lambda 等 AWS 服务无缝集成，方便用户构建完整的云解决方案。

（2）GCP（Google Cloud Platform，谷歌云平台）

GCP 提供多种 GPU 实例选项，包括 NVIDIA Tesla V100、A100 等。GCP 还提供 TPU（Tensor Processing Unit，张量处理单元），进一步增强了其在 AI 和深度学习领域的计算能力。

GCP 具有以下优势。

① 高度可扩展。

GCP 支持大规模计算任务，可轻松进行水平扩展。

② 机器学习支持。

GCP 内置 TensorFlow、PyTorch 等主流深度学习框架，使得用户能够轻松部署和管理复杂的 AI 模型。

③ 自动机器学习（AutoML）。

GCP 提供 AutoML 服务，通过自动化机器学习流程，如特征工程、模型选择和调优，显著降低 AI 项目开发的门槛和时间成本。

④ Kubernetes 集成。

GCP 的 Kubernetes Engine（GKE）允许用户以容器化方式部署和管理 GPU 资源，提高资源的利用率和灵活性。

⑤ 全球网络覆盖。

GCP 的全球网络基础设施确保了低延迟的数据传输和计算服务，适用于跨国企业和全球用户。

⑥ 安全性与合规性。

GCP 提供多层安全防护措施，如数据加密、访问控制、身份验证等，确保用户数据和计算过程的安全性、合规性。

2.7 知识扩展

2.7.1 认识芯片

1．芯片、半导体、集成电路的概念

（1）半导体

半导体是常温下导电性能介于导体与绝缘体之间的材料，常见的半导体材料有硅、锗、砷化镓等。现在，芯片常用的半导体材料是硅。

（2）集成电路

集成电路是一种微型电子器件或部件。它采用一定的工艺，把一个电路中所需的晶体管、电阻、电容和电感等元件及布线互连一起，制作在一小块或几小块半导体晶片或介质基片上，然后封装在一个管壳内，成为具有所需电路功能的微型结构。

（3）芯片

芯片是把一个电路所需的晶体管和其他器件制作在一块半导体上，芯片属于集成电路的载体。

用一句话概括：芯片是以半导体为原材料，对集成电路进行设计、制造、封测后，所得到的实体产品。当芯片被搭载在手机、计算机、平板上之后，它就成为这类电子产品的核心与灵魂。

2．芯片分类

芯片的分类方式有以下几种。

（1）按照处理信号方式分类

按照处理信号方式分类可以分为模拟芯片、数字芯片。

信号分为模拟信号和数字信号，数字芯片是处理数字信号的，比如CPU、逻辑电路等；模拟芯片是处理模拟信号的，比如运算放大器、线性稳压器、基准电压源等。

如今的大多数芯片都同时具有数字和模拟功能。关于一块芯片到底归属为哪类产品是没有绝对标准的，通常会根据芯片的核心功能来区分。

（2）按照应用场景分类

按照应用场景分类可以分为航天级芯片、车规级芯片、工业级芯片、商业级芯片。

芯片可以用于航天、汽车、工业、消费不同的领域，之所以这么分是因为这些领域对于芯片的性能要求不一样，比如温度范围、精度、连续无故障运行时间（寿命）等。

例如，工业级芯片比商业级芯片的温度范围更宽，航天级芯片的性能最好，同时价格也最贵。

（3）按照集成度分类

按照集成度分类可以分为小规模集成电路（SSI）、中规模集成电路（MSI）、大规模集成电路（LSI）、超大规模集成电路（VLSI）。

集成度要看芯片上集成的元器件个数。现在，智能手机里的芯片基本上都是特大规模集成电路（ULSI），里面集成了数以亿计的元器件。这属于早期表述芯片集成度的方式，后来以特征线宽（设计基准）的尺寸来表述，比如微米、纳米，也可以理解为我们现在所常说的工艺制程。

（4）按照工艺制程分类

按照工艺制程分类可以分为 5nm 芯片、7nm 芯片、14nm 芯片、28nm 芯片等。

这里的 nm 是指 CMOS 器件的栅长，也可以理解成最小布线宽度或者最小加工尺寸。目前先进的制程就是台积电和三星的 3nm，但其良品率并不高（三星 3nm 的良品率仅有 10%～20%）。

国内最先进的成熟制程是中芯国际的 14nm。需要指出的是，与全球领先的晶圆代工企业相比，中芯国际在先进工艺技术上仍有一定的差距。例如，台积电（TSMC）与三星电子已经量产了 5nm 和 3nm 工艺节点的芯片，这些更先进的工艺能够提供更高的性能、更低的功耗和更高的晶体管密度。但中芯国际在 14nm 及更成熟工艺节点上积累了丰富的经验，能够满足大量中低端芯片和特殊应用的需求，对于推动中国乃至全球的半导体产业发展具有重要意义。

（5）按照应用功能分类

按照应用功能分类可分为计算芯片、存储芯片、传感器芯片、能源供给芯片和通信芯片五大类。每个大类又可细分为若干小类。

常见的计算芯片有 CPU、GPU、MCU、AI 等用作计算分析的芯片。

常见的存储芯片 DRAM、SDRAM，ROM 和 NAND 等用作数据存储的芯片。

常见的通信芯片有蓝牙、Wi-Fi、USB 接口、以太网接口、HDMI 等用于数据传输的芯片。

常见的传感器芯片有 MEMS、麦克风、影视、摄像头等用来感知外部世界的芯片。

常见的能源供给芯片有电源芯片、DC-DC、DC-AC 等用于能源供给的芯片。

3．芯片产业链的基本环节

芯片是信息技术的基础，也是国家科技实力的重要标志。芯片产业链涉及多个环节，包括设计、制造、材料、设备和封测，每个环节都有不同的技术难度和市场竞争。在全球芯片产业格局中，中国企业正在努力追赶国际先进水平，不断提升自主创新能力和市场份额。

（1）芯片设计

芯片设计是芯片产业链的上游环节，也是最具创新性和附加值的环节。芯片设计涉及多种类型的芯片，如 CPU、GPU、FPGA、存储芯片、指纹识别芯片、摄像头 CIS 芯片、射频芯片、模拟芯片、功率芯片和数字芯片等。在这些类型中，CPU、GPU、FPGA 是最复杂和最高端的芯片，也是国际竞争最激烈的领域。

（2）芯片制造

芯片制造是芯片产业链的中游环节，也是最具技术壁垒和资本密集度的环节。芯片制造涉及多个工艺步骤，如光刻、扩散、离子注入、刻蚀、沉积等，每个步骤都需要高精度、高稳定性的设备和材料。芯片制造的核心指标是工艺节点，即晶体管的最小尺寸，工艺节点越小，代表芯片的集成度越高，性能越强，功耗越低。目前，全球先进的工艺节点是 3nm，由台积电和三星等企业掌握。

（3）芯片材料

芯片材料是芯片产业链的下游环节，也是最具供应链安全性和稳定性的环节。芯片材料涉及多种类型的材料，如大硅片、靶材、高纯试剂、特种气体、抛光材料、光刻胶等，每种材料都需要高纯度和高质量的生产工艺。

芯片材料的核心指标是纯度和均匀性，纯度和均匀性越高，代表芯片的缺陷率越低，良品率越高。目前，全球最先进的芯片材料主要由日本、美国和欧洲等国家的企业掌握。

（4）芯片设备

芯片设备是芯片产业链的支撑环节，也是最具技术复杂度和投入回报率的环节。芯片设备涉及多种类型的设备，如扩散炉、氧化炉、光刻机、PVD、CVD、离子注入设备、炉管设备、检测设备、清洗机、刻蚀机等，每种设备都需要高精密度、高可靠性的设计和制造。芯片设备的核心指标是分辨率和吞吐量，分辨率越高，设备的精度越高，吞吐量越高，效率越高。目前，全球最先进的芯片设备主要由荷兰、美国和日本等国家的企业掌握。

（5）芯片封测

芯片封测是芯片产业链的末端环节，也是最具规模效应和成本控制能力的环节。芯片封测涉及多个步骤，如焊线、封装、测试等，每个步骤都需要高速度、高精准度的设备和技术。芯片封测的核心指标是封装形式和测试项目。封装形式越先进，芯片的体积越小，性能越好；测试项目越多，芯片的功能越完善。目前，全球最先进的芯片封测主要由中国台湾和东南亚等地区的企业掌握。

2.7.2 智能手机的系统构成

随着通信产业的不断发展，智能手机已经由原来单一的通话功能向语音、数据、图像、音乐和多媒体方向综合演变。智能手机除了具有传统手机的基本功能，还具有以下特点：开放的操作系统、硬件和软件可扩充性，以及支持第三方的二次开发。

1. 硬件结构

（1）负责调制和解调信号的射频芯片

在手机终端中，射频芯片负责射频收发、频率合成、功率放大；而基带芯片负责信号处理和协议处理。简单地说，射频芯片起到一个发射机和接收机的作用。有的射频芯片还为处理器芯片提供 26MHz 的系统时钟信号。

（2）放大信号的射频功率放大器芯片

智能手机中的射频功率放大器芯片的主要作用是对射频信号进行放大，使其具有足够的功率发射给基站。射频功率放大器是智能手机中耗电量较大的元件之一，它内部主要集成了滤波器、放大器、匹配电路、功率检测电路、偏压控制电路等。

（3）中央处理器芯片

中央处理器（Center Processing Unit，CPU）芯片是智能手机的核心部件，手机中的微处理器类似计算机中的中央处理器，它是整个智能手机的控制中枢系统，也是逻辑部分的控制核心。微处理器通过运行存储器内的软件及调用存储器内的数据库，达到对手机整体监控的目的。凡待处理的数据都要经过 CPU 来完成，手机各个部分的管理等都离不开微处理器这个司令部的统一、协调指挥。随着集成电路生产技术及工艺水平的不断提高，手机中的微处理器的功能越来越强大，如在微处理器中集成先进的数字信号处理器（DSP）等。处理器的性能决定了整个手机的性能。目前，智能手机处理器厂商主要有德州仪器、Intel、高通、三星、Marvell、英伟达、华为等。

（4）管理手机供电的电源管理芯片

电源管理芯片是在智能手机中承担对电能的变换、分配、检测及其他电能管理职责的芯片；同时，还可以对电池充电进行管理和控制。

（5）存储信息的存储芯片

智能手机的存储器有很多种：Flash 存储器、随机存储器 RAM、只读存储器 ROM 等，其中，手机存储器主要用来存储手机的主程序、字库、用户程序、用户数据等。

RAM 主要用于存储智能手机运行时的程序和数据,需要执行的程序或者需要处理的数据都必须先装入 RAM 内。

ROM 是指只能从该设备中读取数据而不能往里面写数据的存储器。ROM 中的数据是由手机制造商事先编好固化在里面的一些程序,使用者不能随意更改。ROM 主要用于检查手机系统的配置情况,并提供最基本的输入/输出(I/O)程序。

Flash 存储器是一种长寿命的非易失性(在断电情况下仍能保持所存储的数据信息)存储器,数据删除不是以单个字节为单位,而是以固定的区块为单位。由于 Flash 存储器断电时仍能保存数据,所以它通常被用来保存设置信息,如用户对手机的设置信息等。

(6)管理声音的音频处理器芯片

智能手机的音频处理器主要处理手机的声音信号,它主要负责接收和发射音频信号,是实现手机听见对方声音的关键元件。音频处理器对基带信号进行解码、D/A 转换等处理后输出音频信号。

2．软件层次

手机软件技术可按技术含量高低分为三个层次。

第一层次是 OS(Operating System,操作系统),主要与 RF(Radio Frequency,射频)芯片进行沟通与指令处理,它基于一些基础的网络协议(如 GSM、GPRS、CDMA、WCDMA)等。

第二层次是内置的手机本地应用,例如电话簿,短信息等内容。更为重要的是,在一些手机上已经集成 J2ME 的开发平台,即它可以运行第三方开发的应用程序。

第三层次是在 J2ME 平台上开发的一些应用程序(如各种游戏,图片浏览等),还有一些 API 的接口函数,可以同外部的 PC 通过线缆进行数据传送,也可以通过无线方式与外界的应用服务提供商传递数据。

依据操作系统的不同,目前主流的手机 App 分三类:一是基于苹果(iOS)系统的 App,二是基于安卓(Android)系统的 App,三是基于鸿蒙(HarmonyOS)系统的 App。三种不同系统的 App 所使用的开发工具及编程语言完全不一样。

(1)基于苹果系统的 App

开发苹果系统的 App,需使用苹果公司的 Xcode 开发工具,通常使用 Objective-C 或 Swift 语言开发,Objective-C 是从 C 语言衍生出来的,继承了 C 语言的特性,属于面向对象的语言。若熟悉 C 语言的则可以直接使用 Objective-C 编程,差异很小。

(2)基于安卓系统的 App

安卓系统 App 使用 Java 语言进行开发,Java 语言已经流行了几十年,目前仍保持广泛的应用。如果想做安卓系统 App,则必须先掌握 Java 语言,对于有 C 语言基础的人来说,学习 Java 语言还是较容易的。

安卓系统 App 开发的工具有几种,目前比较主流的有 Eclipse 和 Android Studio,之前比较流行的是 Eclipse,Google 在 22013 年推出了 Android Studio 开发工具,该工具也比较好用。

(3)基于鸿蒙系统的 App

基于鸿蒙系统的 App 开发涉及多个方面,包括应用开发环境的搭建、用户界面的设计、应用模型的选择等。随着华为鸿蒙系统的持续发展和生态构建,越来越多的开发者开始关注并投入基于鸿蒙系统的应用开发中。

① 应用开发环境的搭建。

鸿蒙系统的应用开发主要使用 DevEco Studio 作为集成开发环境(Integrated Development Environment,IDE)。这个 IDE 支持主流操作系统(如 Windows 和 Mac),包括搭载 M 系列

芯片的 Mac 计算机。

DevEco Studio 的安装过程简单，提供了可视化操作界面以引导开发者完成配置，包括 Node.js、Ohpm（鸿蒙系统的包管理工具）、SDK 及模拟器的安装。

② 用户界面的设计。

鸿蒙系统为开发者提供了方舟开发框架（ArkUI 框架），这是一个强大的 UI 开发框架。它支持两种开发范式：基于 ArkTS 的声明式开发范式和兼容 JS 的类 Web 开发范式。ArkTS 是扩展了 TypeScript 语言的开发语言，匹配 ArkUI 框架，让开发者能以更简洁、自然的方式进行跨端应用开发。

③ 应用模型的选择。

HarmonyOS 提供了多种应用模型支持，早期是 FA 模型，现在主推的是 Stage 模型。Stage 模型从 HarmonyOS API 9 开始被支持，是目前推荐使用的应用模型。

在创建新项目时，开发者可以选择不同的模板来开始他们的项目，例如 Empty Ability 模板，这允许与手机、平板、手表、计算机、汽车等多种设备进行互联。

④ 应用的开发流程。

在 DevEco Studio 中创建新项目时，开发者可以按照向导设置项目名称、包名等信息，并选择存储位置。之后，他们可以选择适当的应用模型和技术栈来进行开发。DevEco Studio 提供了实时预览功能，允许开发者在编辑代码的同时查看界面的实际效果。这一功能大大提升了开发效率和用户体验。

⑤ 应用的测试分发。

开发者可以使用 DevEco Studio 内置的模拟器来测试他们的应用。这些模拟器能够模拟不同设备的环境，以确保应用在各种设备上都能良好运行。

一旦应用开发完成并通过测试，就可以通过 AppGallery Connect 发布，并分发至各种 HarmonyOS 设备上；还包括版本更新和逐步推送策略的管理。

此外，考虑到 HarmonyOS 的多设备适配特性，开发者需要关注如何使应用在不同设备间实现最佳的用户体验和功能协同。同时，了解 HarmonyOS 的最新技术和 API 更新也至关重要，这将帮助开发者保持竞争力并利用最新技术提升应用性能与用户体验。

2.7.3 国产 CPU

国产 CPU 基于 X86、ARM、MIPS、RISC-V、Alpha 等指令集架构，主要有海光、兆芯、华为鲲鹏、飞腾、龙芯、申威。

1. 指令集架构

了解 CPU 芯片，需要先了解指令集架构。指令集架构是 CPU 设计的上游，也是其底层的核心技术，不同指令集架构的授权壁垒和生态环境差异巨大。目前，指令集架构主要分为 CISC 与 RISC（复杂指令集与精简指令集）架构。最常见的 X86 架构就属于复杂指令集架构。图 2.40 展示了国产 CPU 采用的指令集架构。

X86 架构技术与生态比较成熟完善，应用最为广泛。国际主流的 Intel、AMD 产品现在都基于 X86 架构，可以无缝地运行 Windows、Linux 等主流操作系统，但其专利和授权壁垒较高，基本上不对外授权。

ARM 架构芯片主要面向移动端和服务器端市场，其技术比除 X86 架构外的其他架构芯片较为成熟，但在软件生态上仍需打磨。

图 2.40 国产 CPU 采用的指令集架构

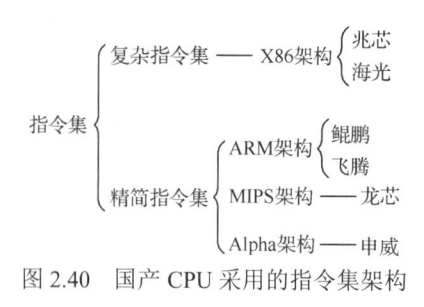

RISC-V 是较新的指令集架构，由加州大学伯克利分校于 2010 年发布，目前各大公司仍在打磨布局。

表 2.8 描述了不同架构 CPU 的分类及应用领域。

表 2.8 不同架构 CPU 的分类及应用领域

指令集	架构	代表性国外企业	代表性国内企业	主要应用领域
RISC	ARM	ARM、高通、三星、苹果	飞腾、华为、展讯通信	嵌入式、PC、服务器
	MIPS	MIPS 科技公司	龙芯、北京君正	PC、服务器
	Power PC	IBM	浪潮	服务器
	RISC-V	Microsemi	平头哥、Andes 晶心科技（中国台湾）	IoT、手机
	Alpha	—	申威	服务器、PC
CISC	X86	Intel、AMD	兆芯	嵌入式、PC、服务器

2．主要国产 CPU

目前进入信创名录的桌面与服务器芯片厂商有 6 家：X86 架构的海光与兆芯、ARM 架构的华为鲲鹏与飞腾、MIPS 架构的龙芯（后自主研发 LoongArch 架构）、Alpha 架构的申威。除此之外，还有华为面向桌面终端的麒麟 990 与麒麟 9006c 芯片（鲲鹏面向服务器）。

（1）海光 CPU

海光 CPU 是由成都海光集成电路设计有限公司基于 X86 指令集架构研发发布的。该公司的控股股东为天津海光（持股 49%）与 AMD（持股 51%）。海光通过与 AMD 合作，获得基于 X86 内核授权的 Zen1 架构进行研发。但在 2019 年被拉入实体清单后，不允许基于后续新一代的 Zen2 架构进行研发。

（2）兆芯 CPU

兆芯 CPU 基于 X86 架构。兆芯公司成立于 2013 年，是上海联合投资（上海市国资委全资子公司，持股 85%）与中国台湾威盛（VIA，持股 15%）的合资企业。兆芯通过 VIA 使用 X86 架构的授权（VIA 于 20 世纪 90 年代收购了美国拥有 X86 专利的公司 Cyrix 与 Centaur，获得其合法生产权利和能力），并基于 VIA 提供的 X86 指令集进行自主研发升级。

（3）华为系列 CPU

华为鲲鹏、麒麟 990、麒麟 9006c 系列芯片 CPU 基于 ARM 架构，由深圳海思半导体公司自主设计。目前，最新的 CPU 产品为基于 ARM V8 架构永久授权研发的鲲鹏 920 CPU 芯片。除此之外，面向 PC 终端，深圳海思半导体公司基于 ARM 架构研发出海思麒麟 990 与 9006c 系列 CPU。

（4）飞腾 CPU

飞腾 CPU 由天津飞腾信息技术有限公司进行研发设计，获得了 ARM V8 指令集架构的永久授权。CPU 面向场景主要有 PC 桌面终端、服务器端，以及嵌入式终端等。在合作伙伴上，飞腾与麒麟软件有限公司进行深度适配，打造"PKS"（P 代表 Phytium 即飞腾，K 代表 Kylin 即麒麟，S 代表 Safe 即安全）体系。

（5）龙芯 CPU

龙芯 CPU 基于 MIPS 架构研发。2008 年 3 月，中国科学院和北京市政府共同成立龙芯中科技术股份有限公司，该公司基于 MIPS 架构自主研发了属于中国的 LoongArch 指令集架构与 IP 内核、属于国内自主创新程度最高的 CPU 芯片，但在产品技术与生态建设方面，还有待提升完善。

（6）申威 CPU

申威 CPU 以 Alpha 指令集架构为基础进行拓展，高度自主可控。Alpha 指令集架构由美国 DEC 公司研发，无锡江南研究所买下了 Alpha 指令集架构的所有设计资料。2016 年，成都申威科技有限责任公司成立，对申威 CPU 进行产业化生产推广。当前，除第一代申威 CPU 是基于 Alpha 指令集的外，之后各代基本上是在其基础上研制的申威 64 位指令集架构，主要用于军工与高性能应用场景。申威 SW26010 是中国首个采用国产自研架构且性能强大的计算机芯片

习题 2

一、填空题

1．（　　）是一种能够按照事先存储的程序，自动、高速地进行大量数值计算和各种信息处理的现代化智能电子设备。

2．（　　）正好处于模拟计算与数字计算的过渡阶段。

3．（　　）标志着计算机正式进入数字时代。

4．1949 年，英国剑桥大学率先制成（　　），该计算机基于冯·诺依曼体系结构。

5．一个完整的计算机系统由计算机（　　）及软件系统两大部分构成。

6．运算器和控制器组成了处理器，这块芯片就被称为（　　）。

7．根据功能的不同，系统总线可以分为三种：数据总线、地址总线和（　　）。

8．（　　）安装在机箱内，里面安装了组成计算机的主要电路系统。

9．所谓（　　），是指用一组固定的数字和一套统一的规则来表示数目的方法。

10．单个位上可使用的基本数字的个数就称为该数制的（　　）。

11．标准 ASCII 码是 7 位编码，但计算机仍以（　　）来存放一个 ASCII 字符。

12．汉字字模按国标码的顺序排列，以二进制文件形式存放在存储器中，构成（　　）。

13．将下列二进制数转换成相应的十进制数、八进制数、十六进制数。

$(10110101)_2=(\ \ \ )_{10}=(\ \ \ )_8=(\ \ \ )_{16}$

$(11001.0010)_2=(\ \ \ )_{10}=(\ \ \ )_8=(\ \ \ )_{16}$

14．（　　）一般指用计算机绘制的画面，如直线、圆、圆弧、任意曲线和图表等。

15．（　　）是指由输入设备捕捉的实际场景画面或以数字化形式存储的画面。

16．图像的数字化包括采样、（　　）和编码三个步骤。

17．（　　）越高，数字化后的声波就越接近于原来的波形，即声音的保真度越高，但量化后的声音信息量的存储量也越大。

18．根据应用领域不同，可以将智能芯片分为（　　）、边缘 AI 芯片两类。

19．（　　）是一种专门用于图像和图形相关运算工作的微处理器，通常称为图形处理器或显示核心。

20．GPU 在 AI 尤其是深度学习领域的应用非常广泛。它能够加速（　　）的训练过程。

21．TPU 是一种专门用于（　　）和神经网络任务的高性能芯片，专为 TensorFlow 框架设计。

22．FPGA 是（　　）的简称，提供了并行执行的能力。

23．ASIC 是指为特定应用定制的（　　）。

24．边缘 AI 芯片是一种在数据产生的地方或靠近数据源的位置进行（　　）的芯片。

25．AI 算力是指用于支持 AI 应用的计算能力，包括执行 AI 算法所需的计算资源和（　　）。

26．FLOPS 是（　　）的缩写，用以衡量计算机在 1s 内可以执行的浮点运算次数。

27．云计算的算力购买是通过云服务提供商租用或购买（　　），以满足特定计算需求的过程。

二、选择题

1．自计算机问世至今已经历了 4 个时代，划分时代的主要依据是计算机的（　　）。
　　A．规模　　　　　　B．功能　　　　　　C．性能　　　　　　D．构成元件

2．第四代计算机的主要元件采用的是（　　）。
　　A．晶体管　　　　　　　　　　　　　　B．电子管
　　C．小规模集成电路　　　　　　　　　　D．大规模和超大规模集成电路

3．冯·诺依曼在研制 EDVAC 时，提出了两个重要的概念，它们是（　　）。
　　A．引入 CPU 和内存储器概念　　　　　B．采用机器语言和十六进制
　　C．采用二进制和存储程序原理　　　　　D．采用 ASCII 编码系统

4．构成计算机物理实体的部件被称为（　　）。
　　A．计算机系统　　B．计算机硬件　　C．计算机软件　　D．计算机程序

5．在下面描述中，正确的是（　　）。
　　A．外存中的信息可直接被 CPU 处理
　　B．键盘是输入设备，显示器是输出设备
　　C．计算机的主频越高，其运算速度就一定越快
　　D．现在微型机的字长为 16 位

6．下面各组设备中，同时包括了输入设备、输出设备和存储器的是（　　）。
　　A．CRT、CPU、ROM　　　　　　　　B．绘图仪、鼠标器、键盘
　　C．鼠标器、绘图仪、光盘　　　　　　　D．磁带、打印机、激光打印机

7．在计算机中，运算器的主要功能是完成（　　）。
　　A．代数和逻辑运算　　　　　　　　　　B．代数和四则运算
　　C．算术和逻辑运算　　　　　　　　　　D．算术和代数运算

8．在计算机领域中，通常用大写英文字母 B 来表示（　　）。
　　A．字　　　　　　　B．字长　　　　　　C．字节　　　　　　D．二进制位

9．在计算机中，存储容量的单位之间的准确换算公式是（　　）。
　　A．1KB=1024MB　　　　　　　　　　　B．1KB=1000B
　　C．1MB=1024KB　　　　　　　　　　　D．1MB=1024GB

10．计算机各部件传输信息的公共通路称为总线，一次传输信息的位数称为总线的（　　）。
　　A．长度　　　　　　B．粒度　　　　　　C．宽度　　　　　　D．深度

11. 操作系统的主要功能是（   ）。
    A．对计算机系统的所有资源进行控制和管理
    B．对汇编语言、高级语言程序进行翻译
    C．对高级语言程序进行翻译
    D．对数据文件进行管理
12. 计算机能直接识别的程序是（   ）。
    A．高级语言程序   B．机器语言程序
    C．汇编语言程序   D．低级语言程序
13. （   ）属于系统软件。
    A．办公软件   B．操作系统   C．图形图像软件   D．多媒体软件
14. 在计算机中，信息的存放与处理采用（   ）。
    A．ASCII 码   B．二进制   C．十六进制   D．十进制
15. 在国标 GB2312 字符集中，汉字和图形符号的总个数为（   ）。
    A．3755   B．3008   C．7445   D．6763
16. 二进制数 1110111 转换成十六进制数为（   ）。
    A．77   B．D7   C．E7   D．F7
17. 下列 4 组数应依次为二进制数、八进制数和十六进制数，符合这个要求的是（   ）。
    A．11、78、19   B．12、77、10   C．12、80、10   D．11、77、19
18. 在微型计算机中，应用最普遍的字符编码是（   ）。
    A．BCD 码   B．ASCII 码   C．汉字编码   D．补码
19. 在下列编码中，用于汉字输出的是（   ）。
    A．输入编码   B．汉字字形码   C．汉字内码   D．数字编码
20. 一般说来，要求声音的质量越高，则（   ）。
    A．量化级数越低和采样频率越低   B．量化级数越高和采样频率越高
    C．量化级数越低和采样频率越高   D．量化级数越高和采样频率越低
21. JPEG 是（   ）图像压缩编码标准。
    A．静态   B．动态   C．点阵   D．矢量
22. 在下列声音文件格式中，（   ）是波形文件格式。
    A．WAV   B．CMF   C．AVI   D．MIDI
23. 扩展名为.MP3 的含义是（   ）。
    A．采用 MPEG 压缩标准第 3 版压缩的文件格式
    B．必须通过 MP3 播放器播放的音乐格式
    C．采用 MPEG3.0 音频层标准压缩的音频格式
    D．将图像、音频和视频三种数据采用 MPEG 标准压缩后形成的文件格式
24. 以下不属于云端 AI 芯片的是（   ）。
    A．GPU   B．TPU   C．FPGA   D．CPU
25. 下列关于 GPU 的说法中不正确的是（   ）。
    A．GPU 在图形渲染方面起核心作用
    B．GPU 擅长进行大规模并行计算
    C．GPU 在 AI 尤其是深度学习领域的应用非常广泛
    D．GPU 在进行视频编辑和渲染时能力不足

26．下列关于算力的说法中不正确的是（　　）。
   A．算力是指设备进行大量计算任务的能力
   B．算力云化之后，数据中心成为算力的主要载体
   C．TPS 是指计算机每秒能够执行的指令数
   D．GPU 算力租赁通常有不同的计费模式，包括按小时、按天、包月或按使用量计费

三、简答题

1. 简述冯·诺依曼体系结构的基本内容。
2. 常见的计算机有哪些？各有什么特点？
3. 说明 CPU 执行指令的基本过程。
4. 试述内存、高速缓存、外存之间的区别和联系。
5. 计算机软件可分为哪几类？简述各类软件的作用。
6. 什么是程序设计语言和源程序？语言处理程序的工作方式有哪些？
7. 什么是二进制？计算机为什么要采用二进制？
8. 什么是编码？计算机中常用的信息编码有哪几种？
9. 简述图像数字化的基本过程。
10. 常见的图像文件格式有哪些？
11. 简述声音数字化的基本过程。
12. 常见的声音文件格式有哪些？
13. 声音文件的大小由哪些因素决定？
14. 在声音数字化的基本过程中，哪些参数对数字化质量影响大？
15. 什么是云端 AI 芯片？常见的云端 AI 芯片有哪些？
16. 什么是边缘 AI 芯片？边缘 AI 芯片具有哪些基本特点？
17. 什么是算力？算力的衡量指标有哪些？
18. 算力租赁时要考虑哪些因素？

第 3 章 计算机网络与云计算

计算机网络与云计算是现代信息技术的两大基石，它们相互依赖，共同推动了互联网和数字化服务的发展。计算机网络和云计算的结合，使得数据和计算能力可以跨越物理边界，实现全球范围内的资源共享和服务提供，这是现代互联网服务和数字化转型的基础。无论是大数据分析、人工智能模型训练等企业级应用，还是个人用户日常使用的云存储、在线教育和娱乐服务，都离不开计算机网络和云计算的支撑。

3.1 计算机网络

计算机网络是由多种通信手段相互连接起来的计算机复合系统，可实现数据通信和资源共享。Internet（因特网）是涵盖全球的计算机网络，通过 Internet 不仅可以获取分布在全球的多种信息资源，还能够获得方便、快捷的电子商务服务及方便的远程协作。

3.1.1 计算机网络的基本概念

1. 网络的概念

计算机网络是指将地理位置不同的具有独立功能的多台计算机及其外部设备，通过通信线路连接起来，在网络操作系统、网络管理软件及网络通信协议的管理和协调下，实现资源共享和信息传递的计算机系统。

从宏观角度看，计算机网络一般由资源子网和通信子网两部分构成，如图 3.1 所示。

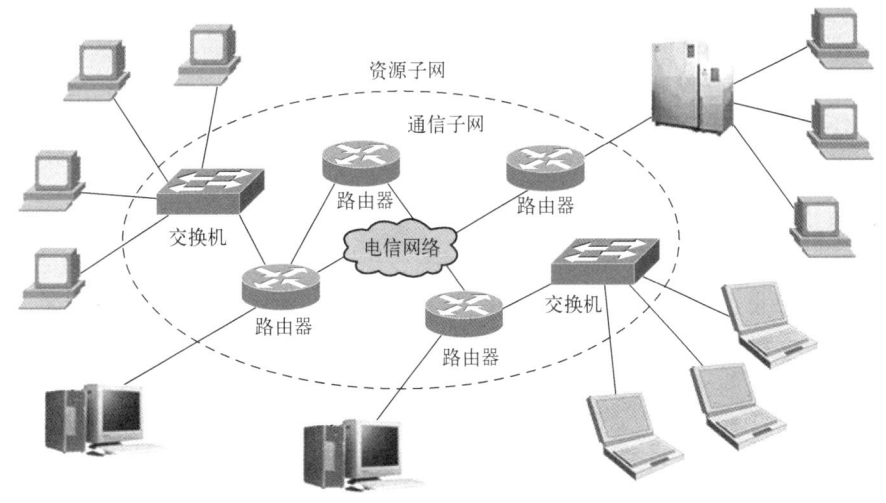

图 3.1 计算机网络的构成

（1）资源子网

资源子网主要由网络中所有的主计算机、I/O 设备和终端、各种网络协议、网络软件和数据库等组成，负责全网的信息处理，为网络用户提供网络服务和资源共享功能等。

（2）通信子网

通信子网主要由通信线路、网络连接设备（如网络接口设备、通信控制处理机、网桥、路由器、交换机、网关、调制解调器和卫星地面接收站等）、网络通信协议和通信控制软件等组成，负责全网的数据通信，为网络用户提供数据传输、转接、加工和转换等通信处理工作。

2．基本特征

网络的定义从不同的方面描述了计算机网络的三个特征。

（1）联网的目的在于资源共享

可共享的资源包括硬件、软件和数据。

（2）互联的计算机应该是独立计算机

联网的计算机既可以联网工作也可以单机工作。如果一台计算机带多台终端和打印机，则这种系统通常被称为多用户系统，而不是计算机网络。由一台主控机和多台从控机构成的系统是主从式系统，也不是计算机网络。

（3）联网计算机遵守统一的协议

计算机网络由许多具有信息交换和处理能力的节点互联而成。若使整个网络有条不紊地工作，则要求每个节点必须遵守事先约定好的有关数据格式及时序等内容的规则。这些为实现网络数据交换而建立的规则、约定或标准就称为网络协议。

3.1.2 计算机网络的基本组成

根据网络的概念，计算机网络一般由三部分组成：计算机、通信线路、网络设备、网络软件。

1．计算机

联网计算机根据其作用和功能不同，可分为服务器和客户机两类。

服务器是整个网络系统的核心，它为网络用户提供服务并管理整个网络，在其上运行的操作系统是网络操作系统。随着局域网络功能的不断增强，根据服务器在网络中所承担的任务和所提供的功能不同，把服务器分为文件服务器、邮件服务器、打印服务器和通信服务器等。

客户机又称工作站，客户机与服务器不同，服务器为网络上许多用户提供服务和共享资源。客户机是用户和网络的接口设备，用户通过它可以与网络交换信息、共享网络资源。现在的客户机都由具有一定处理能力的个人计算机来承担。

2．通信线路

通信线路也称传输介质，是数据信息在通信系统中传输的物理载体，是影响通信系统性能的重要因素。传输介质通常分为有线介质和无线介质。有线介质包括双绞线、光纤等，而无线介质（包括卫星、红外线、激光、微波等）利用自由空间进行信号传播。衡量传输介质性能的重要概念包括带宽、衰减损耗、抗干扰性。带宽决定了信号在传输介质中的传输速率，衰减损耗决定了信号在传输介质中能够传输的最大距离，传输介质的抗干扰特性决定了传输系统的传输质量。

（1）有线传输

① 双绞线。

双绞线是最常用的传输介质，可以传输模拟信号或数字信号。双绞线是由两根相同的绝缘导线相互缠绕而形成的一对信号线，其中一根是信号线；另一根是地线，两根线缠绕的目的是减小相互之间的信号干扰。如果把多对双绞线放在一个导管中，则形成由多根双绞线组成的电缆。

局域网中的双绞线分为两类：屏蔽双绞线（Shielded Twisted Pair，STP）与非屏蔽双绞线（Unshielded Twisted Pair，UTP），如图3.2所示。屏蔽双绞线由外部保护层、屏蔽层与多对双绞线组成；非屏蔽双绞线由外部保护层与多对双绞线组成。屏蔽双绞线对电磁干扰具有较强的抵抗能力，适用于网络流量较高的高速网络，而非屏蔽双绞线适用于网络流量较低的低速网络。

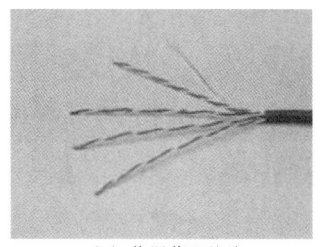

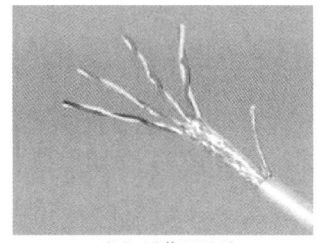

（a）非屏蔽双绞线　　（b）屏蔽双绞线

图 3.2　双绞线

双绞线的衰减损耗较高，因此不适合远距离的数据传输。普通双绞线传输距离限定在 100m 之内，一般速率为 100Mbps，高速可到 1Gbps。

② 光纤。

光纤是光导纤维的简称，是一种利用光在玻璃或塑料制成的纤维中按照全反射原理进行信号传递的光传导工具。光纤由纤芯、包层、涂覆层和套塑四部分组成，如图 3.3（a）所示。纤芯在中心，是由高折射率的高纯度二氧化硅材料组成的，主要用于传送光信号。包层由掺有杂质的二氧化硅组成，其光折射率比纤芯的折射率低，使光信号能在纤芯中产生全反射传输。涂覆层及套塑的主要作用是加强光纤的机械强度。

在实际工程应用中，光纤要制作成光缆，光缆一般由多根纤芯绞制而成，纤芯数量可根据实际工程要求而绞制，如图 3.3（b）所示。光缆要有足够的机械强度，所以在光缆中用多股钢丝来充当加固件。有时还在光缆中绞制一对或多对铜线，用于电信号传送或作为电源线。

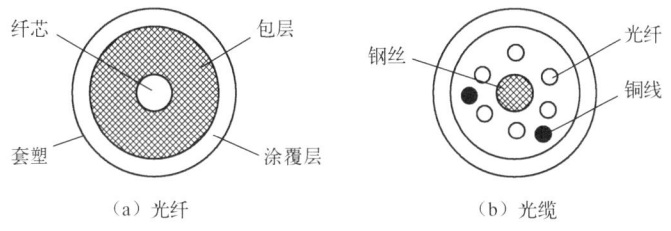

（a）光纤　　（b）光缆

图 3.3　光纤与光缆

（2）无线传输

无线通信是利用电磁波信号可以在自由空间中传播的特性进行信息交换的一种通信方式，主要包括微波通信、卫星通信、无线通信等。

① 微波通信。

微波是指频率为 300MHz～300GHz 的电磁波，是无线电波中一个有限频带的简称，即波长为 1mm～1m（不含 1m）的电磁波，是分米波、厘米波、毫米波的统称。微波沿着直线传播，具有很强的方向性，只能进行视距离传播。因此，发射天线和接收天线必须精确地对准。由于微波长距离传送时会发生衰减，因此每隔一段距离就需要有一个中继站。

② 卫星通信。

为了增加微波的传输距离，应提高微波收发器或中继站的高度。当将微波中继站放在人造卫星上时，便形成了卫星通信系统。

卫星通信可以分为两种方式：一种是点对点方式，通过卫星将地面上的两个点连接起来；

另一种是多点对多点方式，即一颗卫星接收几个地面站发来的数据信号，然后以广播的方式将所收到的信号发送到多个地面站。多点对多点方式主要应用于电视广播系统、远距离电话及数据通信系统。

卫星通信的优点是：覆盖面积大、可靠性高、信道容量大、传输距离远、传输成本不随距离的增加而增大，主要适用于远距离广域网络的传输。其缺点是：卫星成本高、传播延迟时间长、受气候影响大、保密性较差。

③ 无线通信。

无线通信指多个通信设备之间以无线电波为介质遵照某种协议实现信息的交换，比较流行的有无线局域网、蓝牙技术、蜂窝移动通信技术等。无线局域网和蓝牙技术只能用于较小范围（10～100m）的数据通信。无线局域网主要采用2.4GHz频段，目前应用广泛的无线局域网是 IEEE802.11b、IEEE802.11g、IEEE802.11a 标准。蓝牙是无线数据和语音传输的开放式标准，也使用 2.4GHz 射频无线电，它将各种通信设备、计算机及其终端设备、各种数字数据系统及家用电器采用无线方式连接起来，从而实现各类设备之间随时随地进行通信，其传输范围为 10m 左右，最大数据速率可达 721Kbps。蓝牙技术的应用范围越来越广泛。

3. 网络设备

网络设备包括用于网内连接的网卡（即网络适配器）、调制解调器、交换机、中继器、路由器、网桥、网关等。

（1）网卡

网卡用于实现联网计算机和网络电缆之间的物理连接，完成计算机信号格式和网络信号格式的转换。通常，网卡就是一块插件板，插在 PC 的扩展槽中并通过这条通道进行高速数据传输。在局域网中，每台联网计算机都需要安装一块或多块网卡，通过网卡将计算机接入网络电缆系统。常见的网卡如图 3.4 所示。

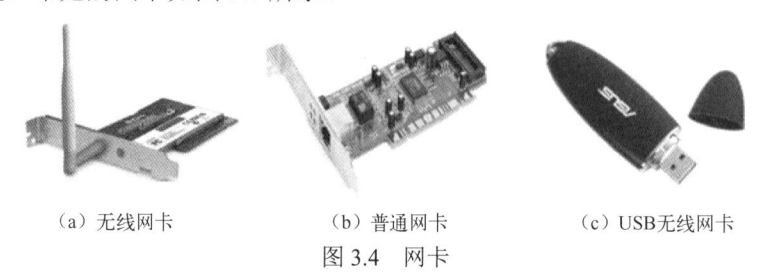

（a）无线网卡　　　（b）普通网卡　　　（c）USB无线网卡

图 3.4　网卡

（2）调制解调器

调制解调器使用广泛，尤其在智能手机和光纤通信中扮演着重要角色。调制解调器的主要功能是将模拟信号和数字信号进行转换，使得计算机或其他设备能够通过电话线或电缆等介质连接到互联网。尽管技术不断进步，但调制解调器的核心作用没有变，只是形式和性能上有所变化和提升。例如，在智能手机中，调制解调器与基带芯片集成在一起，负责处理手机通信和数据传输，从 3G、4G 到 5G 时代，其重要性一直在增加。

下面以手机通信为例介绍调制解调器的工作过程。

手机调制解调器在手机通信中扮演着不可或缺的角色。当打开手机并开始拨号时，调制解调器便开始工作。调制解调器将来自手机的数字信号转换成一种模拟信号，再通过天线发送出去。与此同时，调制解调器正在收听、处理从基站接收到的信号，并将接收到的信号解析成数字信号，传递给处理器完成进一步处理。因此，调制解调器可以说是手机通信的关键部件之一，在保证通信质量和高效率的基础上，提供了平稳和可靠的数据传输。

（3）交换机

交换机（Switch）是一种用于电信号转发的网络设备，如图 3.5 所示。它可以为接入交换机的任意两个网络节点提供独享的电信号通路。最常见的交换机是以太网交换机。在计算机网络系统中，交换概念的提出改进了共享工作模式。

图 3.5 交换机

交换机拥有一条带宽很高的背部总线和内部交换矩阵。交换机所有的端口都挂接在这条背部总线上，控制电路收到数据包以后，会查找地址映射表以确定目的计算机挂接在哪个端口上，通过内部交换矩阵迅速在数据帧的始发者和目标接收者之间建立临时的交换路径，使数据帧直接由源地址到达目的地址。

交换机的工作原理如图 3.6 所示，图中的交换机有 6 个端口，其中端口 1、4、5、6 分别连接节点 A、节点 B、节点 C 与节点 D。交换机的"端口号/MAC 地址映射表"可以根据以上端口号与节点 MAC 地址的对应关系建立起来。如果节点 A 与节点 D 同时要发送数据，那么它们可以分别在数据帧的目的地址字段（DA）中添上该帧的目的地址。例如，若节点 A 要向节点 C 发送帧，那么该帧的目的地址 DA=节点 C；若节点 D 要向节点 B 发送帧，那么该帧的目的地址 DA=节点 B。当节点 A，节点 D 同时通过交换机传送帧时，交换机的交换控制中心根据"端口号/MAC 地址映射表"的对应关系找出帧的目的地址的输出端口号，那么它就可以为节点 A 到节点 C 建立端口 1 到端口 5 的连接，同时为节点 D 到节点 B 建立端口 6 到端口 4 的连接。这种端口之间的连接可以根据需要同时建立多条，也就是说可以在多个端口之间建立多个并发连接。

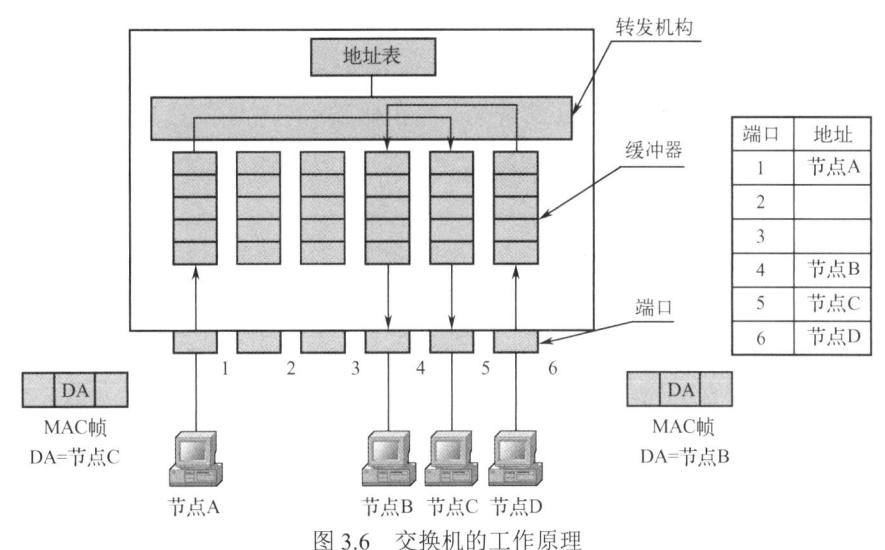

端口	地址
1	节点A
2	
3	
4	节点B
5	节点C
6	节点D

图 3.6 交换机的工作原理

目前，局域网交换机主要是针对以太网设计的。一般来说，局域网交换机主要有低交换传输延迟、高传输带宽、允许不同速率的端口共存、支持虚拟局域网服务等几个技术特点。交换机组网示意图如图 3.7 所示。

（4）中继器

中继器（Repeater）是网络物理层上面的连接设备，用于完全相同的两类网络的互联。受传输线路噪声的影响，承载信息的数字信号或模拟信号只能传输有限的距离，中继器的功能是对接收信号进行再生和发送，从而增加信号的传输距离。例如，以太网常常利用中继器扩展总线的电缆长度，标准细缆以太网的每段长度最大为 185m，最多可有 5 段。因此，通

· 105 ·

过 4 个中继器将 5 段连接后，最大网络电缆长度则可增加到 925m。

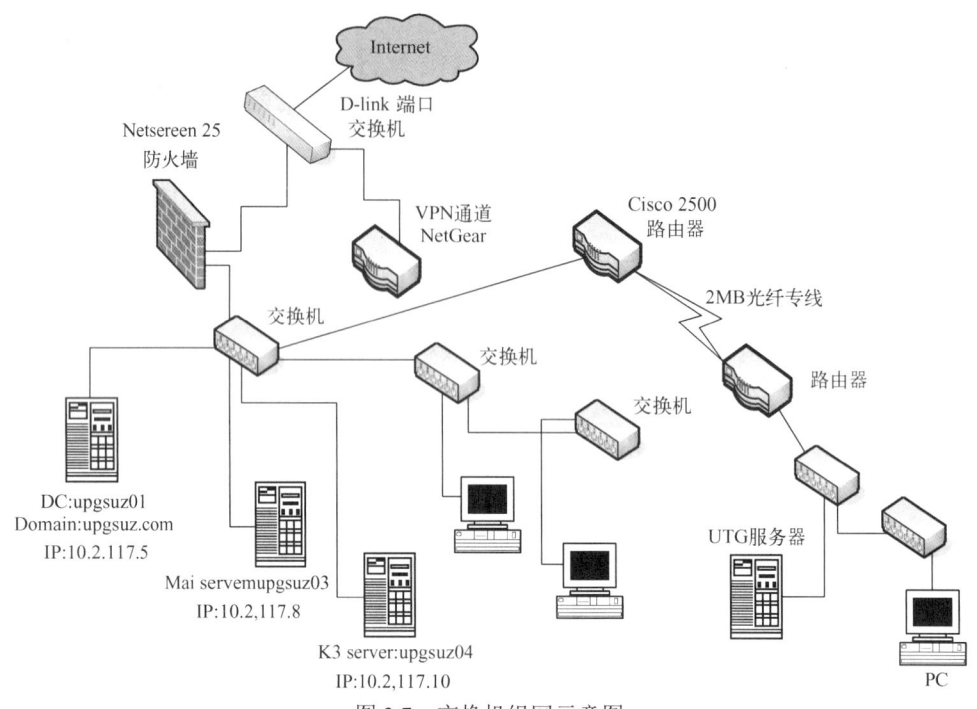

图 3.7 交换机组网示意图

（5）路由器

路由器（Router）是互联网的主要节点设备，作为不同网络之间互相连接的枢纽，路由器系统构成了基于 TCP/IP 的 Internet 的骨架。路由器联网示意图如图 3.8 所示。

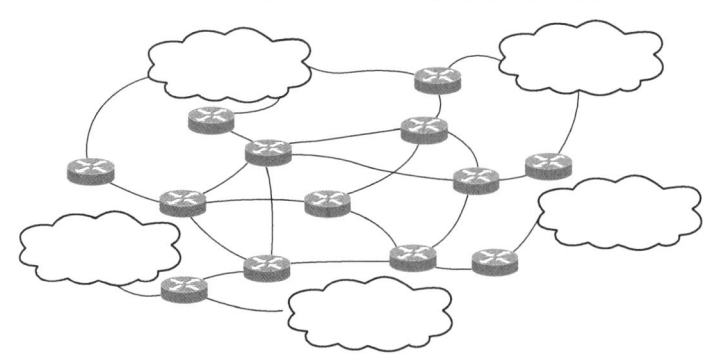

图 3.8 路由器联网示意图

路由器通过路由选择决定数据的转发，它的处理速度是网络通信的主要瓶颈之一，它的可靠性则直接影响着网络互联的质量。因此，在局域网乃至整个 Internet 研究领域中，路由器技术始终处于核心地位。

路由器的主要工作就是为经过路由器的每个数据报寻找一条最佳传输路径，并将该数据有效地传送到目的站点。选择最佳传输路径的策略是路由器的关键所在，为了完成这项工作，在路由器中保存着各种传输路径的相关数据（路由表）。路由表保存着子网的标志信息、网上路由器的个数和下一个路由器的名字等内容。路由表既可以由系统管理员固定设置（静态路由表），也可以由系统动态修改（动态路由表）。

（6）网桥

网桥工作于数据链路层，网桥不但能扩展网络的距离或范围，而且还可提高网络的性能、可靠性和安全性。通过网桥可以将多个局域网连接起来。网桥联网示意图如图3.9所示。

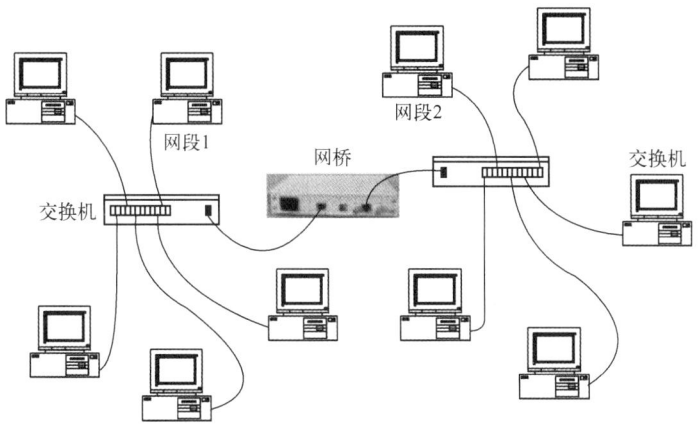

图 3.9　网桥联网示意图

当使用网桥连接两段局域网时，对于来自网段 1 的帧，网桥首先检查其终点地址，如果该帧是发往网段 1 上某站的，则网桥不将帧转发到网段 2，而将其滤除；如果该帧是发往网段 2 上某站的，网桥则将它转发到网段 2。这样可利用网桥隔离信息，将网络划分成多个网段，隔离出安全网段，防止其他网段内的用户非法访问。由于各个网段相对独立，所以一个网段出现故障不会影响到另一个网段。

（7）网关

网关（Gateway）又称网间连接器、协议转换器。网关在高层（传输层以上）实现网络互联，是最复杂的网络互联设备，用于两个高层协议不同的网络互联。网关既可以用于广域网互联，又可以用于局域网互联。在使用不同的通信协议、数据格式或语言，甚至体系结构完全不同的两种系统之间，网关是一个翻译器，网关对收到的信息要重新打包，以适应目的系统的需求。同时，网关也可以提供过滤和安全功能。大多数网关运行在应用层。

4．网络软件

网络软件在网络通信中扮演了极为重要的角色。网络软件可大致分为网络系统软件和网络应用软件。

（1）网络系统软件

网络系统软件控制和管理网络运行、提供网络通信和网络资源分配与共享功能，它为用户提供了访问网络和操作网络的友好界面。网络系统软件主要包括网络操作系统（NOS）和网络协议软件。

一个计算机网络拥有丰富的软、硬件资源和数据资源，为了能使网络用户共享网络资源、实现通信，需要对网络资源和用户通信过程进行有效管理，实现这一功能的软件系统称为网络操作系统。常见的网络操作系统有 Microsoft 公司的 Windows 7 和 Sun 公司的 UNIX 等。

网络中的计算机之间交换数据必须遵守一些事先约定好的规则。这些为网络数据交换而制定的关于信息顺序、信息格式和信息内容的规则、约定与标准被称为网络协议（Protocol）。目前常见的网络通信协议有：TCP/IP、SPX/IPX、OSI 和 IEEE802。其中，TCP/IP 是任何要连接到 Internet 上的计算机必须遵守的协议。

（2）网络应用软件

网络应用软件是指为某个应用目的而开发的网络软件。网络应用软件既可用于管理和维护网络本身，又可用于某个业务领域，如网络管理监控程序、网络安全软件、数字图书馆、Internet 信息服务、远程教学、远程医疗、视频点播等。网络应用的领域极为广泛，网络应用软件也极为丰富。

3.1.3 计算机网络的分类

1. 拓扑结构

为了描述网络中节点之间的连接关系，将节点抽象为点，将线路抽象为线，进而得到一个几何图形，称为该网络的拓扑结构。不同的网络拓扑结构对网络性能、系统可靠性和通信费用的影响不同。计算机网络中常见的拓扑结构有总线状、星状、环状、树状、网状等，如图 3.10 所示。

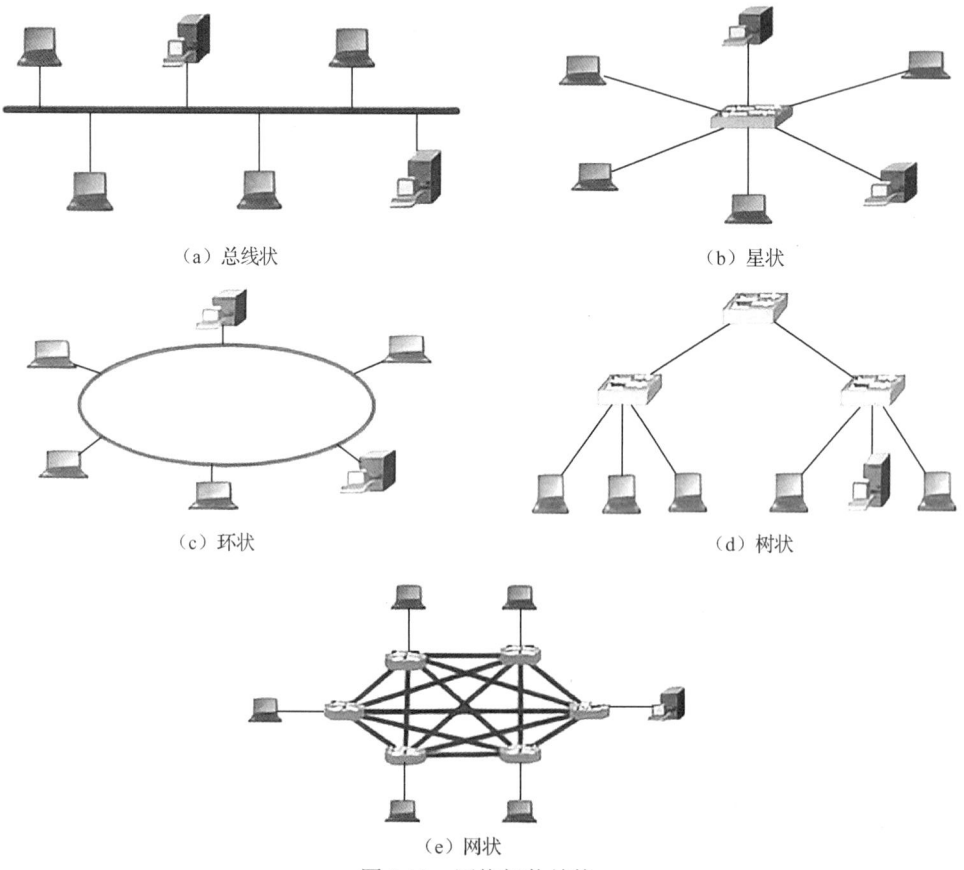

（a）总线状　　　　　　　　　　　　（b）星状

（c）环状　　　　　　　　　　　　（d）树状

（e）网状

图 3.10　网络拓扑结构

其中，总线状、环状、星状拓扑结构常用于局域网，网状拓扑结构常用于广域网。

（1）总线状拓扑结构

总线状拓扑通过一根传输线路将网络中所有节点连接起来，这根线路称为总线。网络中各节点都通过总线进行通信，在同一时刻只能允许一对节点占用总线进行通信。随着技术进步，许多网络已经转向星状或网状拓扑结构，但总线状拓扑仍然在特定场合中发挥着重要作用。对于需要低成本且规模小的网络环境，总线状拓扑是一个经济有效的选择。然而，对于需要高可靠性和扩展性的网络，可能需要考虑其他更先进的拓扑结构。

特点：在总线状拓扑结构中，所有设备通过一条共享的电缆连接。每个节点通过分支接口连接到主电缆上。

优点：结构简单，安装方便，成本较低，各节点共用一条传输信道。

缺点：故障排查困难，信号随着传输距离的增加会衰减，一个节点的故障可能会影响整个网络。

（2）星状拓扑结构

星状拓扑中各节点都与中心节点连接，呈辐射状排列在中心节点周围。网络中任意两个节点的通信都要通过中心节点转接。单个节点的故障不会影响到网络的其他部分，但中心节点的故障会导致整个网络的瘫痪。

特点：在星状拓扑结构中，每个节点通过单独的电缆连接到中心节点，如集线器或交换机。

优点：易于管理和维护，单点故障不会影响整个网络，扩展性好。

缺点：中心节点出现故障会导致整个网络瘫痪，布线成本较高。

（3）环状拓扑结构

环状拓扑中各节点首尾相连形成一个闭合的环，环中的数据沿环单向逐站传输。环状拓扑中的任意一个节点或一条传输介质出现故障都将导致整个网络的故障。环状拓扑结构在网络设计中提供了一些独特的优势，尤其适用于某些特定应用。尽管其他拓扑结构如星状或网状拓扑在现代网络中更为常见，但环状拓扑依然在特定场景中发挥着重要作用

特点：环状拓扑结构中的每个节点连接两个相邻节点，形成一个闭合环路，数据在环中单向传输。

优点：适合实时控制，信号传输延时固定，无须复杂的路由选择。

缺点：可靠性低，一个节点或线路的故障会影响整个网络，维护和扩展比较困难。

（4）树状拓扑结构

树状拓扑由星状拓扑演变而来，其结构图看上去像一棵倒立的树。树状网络是分层结构，具有根节点和分支节点，适用于分级管理和控制系统。

特点：树状拓扑结构是分层的，根节点以下分出多个分支和子节点，形成层次式布局。

优点：路径选择简单，扩展容易，便于故障隔离，适合构建大型网络。

缺点：依赖根节点，数据传输效率受层级结构影响。

（5）网状结构

网状结构的每个节点都有多条路径与网络相连，如果一条线路出故障，通过路由选择可找到替换线路，网络仍然能正常工作。这种结构可靠性强，但网络控制和路由选择较复杂，广域网采用的是网状拓扑结构。

特点：网状拓扑结构中每个节点至少与其他两个节点相连，形成网状连接。

优点：可靠性高，多条路径可选，容错能力强，适合广域网。

缺点：成本高，布线复杂，维护难度大。

2．基本分类

虽然网络类型的划分标准各种各样，但根据地理范围划分是一种大家都认可的通用网络划分标准。按这种标准可以把网络类分为局域网、城域网和广域网三种。不过要说明的一点是，网络划分并没有严格意义上地理范围的区分，只是一个定性的概念。

（1）局域网（LAN）

局域网是最常见、应用最广的一种网络。局域网覆盖的地区范围较小，所涉及的地理距

离一般可以是几米至 10km 以内。这种网络的特点是：连接范围窄、用户数少、配置容易、连接速率高。目前，局域网的最快速率是 10Gbps。IEEE 的 802 标准委员会定义了多种主要的 LAN：以太网（Ethernet）、令牌环网（Token Ring）、光纤分布式接口网络（FDDI）、异步传输模式网（ATM）及最新的无线局域网（WLAN）。其中，使用最广泛的是以太网。

（2）城域网（MAN）

城域网是在一个城市范围内所建立的计算机通信网。这种网络的连接距离在几十千米左右，它采用的是 IEEE802.6 标准。城域网的一个重要用途是作为骨干网，城域网以 IP 技术和 ATM 技术为基础，以光纤作为传输媒介，将位于不同地点的主机、数据库及局域网等连接起来，实现集数据、语音、视频服务于一体多媒体数据通信；满足城市范围内政府机构、金融保险、大中小学校、公司企业等单位对高速率、高质量数据通信业务日益旺盛的需求。

（3）广域网（WAN）

广域网是一种跨越大范围区域、连接多个局域网的网络结构。它能够实现远距离通信和资源共享，其覆盖范围从几十公里到几千公里。在实际应用中，广域网常被用于连接跨国公司的分支机构、实现远程教育、提供云计算服务等。与局域网相比，广域网具有更广泛的覆盖范围和更高的传输容量，但同时也带来了更高的成本和更大的网络复杂性。

3．我国广域网服务商

我国广域网服务商主要有中国移动、中国电信、中国联通、阿里云、腾讯云等。这些服务商通过 SD-WAN 技术和其他网络服务，为企业提供高效、安全的广域网络连接解决方案。企业在选择服务商时，应综合考虑网络覆盖、运维能力、服务质量和成本等因素，以确保获得最佳网络连接和高效运维支持。

（1）中国移动

中国移动提供 SD-WAN 产品，支持全球组网、上云及安全融合服务。其基于全球云网融合底座的弹性扩展网络架构，能够平滑地支持 SASE（安全访问服务边缘），将 SD-WAN 网络功能和安全功能整合在一起。

（2）中国电信

中国电信结合全球分布的云平台，以 Overlay SD-WAN 的方式实现广域灵活组网，具有带宽按需弹性调度（BoD）、业务及时开通等优点。上海电信的"翼互联"SD-WAN 产品实现了 5G+多云+SASE 安全的企业融合组网需求。

（3）中国联通

中国联通正在向广域网的 SDN 化及产品服务化大规模演进，依托骨干网构建 SD-WAN 边缘接入网络，实现多网结合、多云互联。其智选专线产品为客户提供云+网+应用服务一体化的综合服务，并支持多种接入方式，满足不同业务需求。

（4）阿里云

阿里云通过其智能接入网关终端绑定到云连接网，再绑定到云企业网，实现线下接入矩阵和云上中心矩阵全连接。这种设置可以极大提高网络的快速收敛和跨网络通信的质量和安全性。

（5）腾讯云

腾讯云的"云联网"服务能够实现 VPC 间、VPC 与本地数据中心间的互联，通过智能调度和路由学习特性，构建极速、稳定、经济的全网互联。

3.2 局域网技术

局域网广泛应用于学校、企业、机关、商场等机构，为这些机构的信息技术应用和资源共享提供了良好的服务平台。局域网的典型拓扑结构有总线状、星状、环状。

3.2.1 交换式以太网

在传统以太网中，采用集线器作为中心节点，但集线器不能作为大规模局域网的选择方案。交换式以太网的核心设备是局域网交换机，交换机可以在多个端口之间建立多个并发连接，解决了共享介质的互斥访问问题。这种将主机直接与交换机端口连接的以太网称为交换式以太网，主机连接在以太网交换机的各个端口上，主机之间不再发生冲突，也不需要CSMA/CD来控制链路的争用。

交换式以太网是一种基于交换机的高速网络，它解决了共享式以太网中的许多问题，提高了网络传输效率和性能。

1. 工作原理

（1）数据帧传输

当计算机发送一个数据帧到网络上时，交换机会读取该数据帧中的目标MAC地址，并将其与内部的MAC地址表进行比对，然后决定将数据帧转发到哪个接口。

（2）MAC地址表建立

交换机自动学习并记录每个设备的MAC地址，以及它们连接的接口。这样，在后续的数据传输过程中，交换机可以快速确定目标设备所在的接口，从而提高传输效率。

（3）广播和多播管理

当接收到广播或多播数据帧时，交换机会将其转发到所有其他接口，确保所有目标设备能够接收到这些数据。

2. 技术优势

（1）避免网络拥塞

交换式以太网可以避免共享式以太网中常见的网络拥塞问题。在共享式以太网中，所有设备共享同一个信道，容易因数据包过多而产生冲突和拥塞，导致传输效率降低。交换式以太网则通过划分虚拟子网，为每个子网提供独立信道，从而有效避免了拥塞。

（2）全双工通信

交换式以太网支持全双工通信模式，这意味着数据可以同时双向传输，大大提高了网络的实际带宽。传统共享式以太网只能实现半双工通信，容易发生碰撞和延迟。

（3）高性能传输

由于交换机能够精确地将数据转发到目标端口，网络中的其他设备不受传输影响，因此可以实现更高的网络性能和较低的延迟。

（4）提高网络安全性

通过使用VLAN和其他安全设置，交换式以太网可以更好地保护数据安全，防止未经授权的网络访问

3.2.2 无线局域网

无线局域网（WLAN）是一种无线网络技术，用于实现计算机设备间的互联和通信，从而形成一个可以互相通信和实现资源共享的网络体系。它通过无线信道代替有线传输介质，

使得网络构建和终端移动更加灵活。

无线局域网的核心特点在于其不使用通信电缆，而是利用射频或电磁波在空中进行通信连接，从而避免了传统有线网络布线的复杂性和局限性。这种技术在办公楼、商场、家庭等多种场景中广泛应用，其便捷的部署和使用方式大大提高了网络的灵活性和扩展性。一个典型的无线局域网如图 3.11 所示。AP 是数据发送和接收设备，称为接入点。

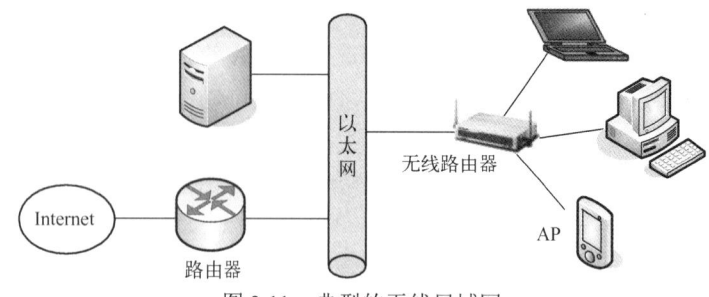

图 3.11　典型的无线局域网

1．基本原理

（1）组成元素

无线局域网的基本组件包括站（Station，STA），这些站可以是带有无线网卡的计算机或其他设备。

接入点（Access Point，AP），作为无线局域网的核心，负责与各个站的连接和管理。

分布式系统（Distribution System，DS），用于将多个 AP 连接在一起，扩展网络覆盖范围。

（2）拓扑结构

分布对等式拓扑（Peer to Peer）：适用于少数设备间的直接连接。

基础结构集中式拓扑（Infrastructure）：通常由一个或多个 AP 构成，为所有 STA 提供网络连接。

ESS 网络拓扑：由多个 BSS（Basic Service Set，基本服务集）通过 DS 互联形成 ESS（Extended Service Set，扩展服务集）。

2．通信标准

（1）早期标准

IEEE 802.11 标准于 1997 年发布，标志着无线局域网技术的规范化，初始速率为 1～2Mbps。

后续又发布了 IEEE 802.11a 和 802.11b 标准，它们分别工作在 5GHz 和 2.4GHz 频段，速率分别达到 54Mbps 和 11Mbps。

（2）现代标准

IEEE 802.11n 和 802.11ac 标准进一步提升了传输速率，它们分别工作在 2.4GHz 和 5GHz 频段，最高速率可达 600Mbps 和千兆级别。

最新的 Wi-Fi 6 标准（IEEE 802.11ax），在 2.4GHz、5GHz 及新增的 6GHz 频段上，进一步提高了每区域吞吐量和速率，适应了高密度网络环境。

3．应用场景

（1）家庭网络

家庭中的无线路由器可以为多台设备提供便捷的网络连接，实现共享上网、文件传输和媒体播放等功能。

家庭网络通常采用单一 AP 集中式部署，设置简单且易于扩展。

（2）企业网络

大中型园区常采用"AC+FIT AP"模式，通过无线控制器（AC）管理和控制多个瘦 AP（FIT AP），实现用户在不同 AP 间的无缝漫游。

小型企业则可以采用胖 AP（FAT AP），独立完成覆盖，但无法实现 AP 间的漫游功能。

4．优缺点

（1）优点

① 灵活性和移动性。

无线局域网用户可以在无线信号覆盖区域内任何位置接入网络，并保持同时移动和连接。

② 安装便捷。

免去或减少了复杂的网络布线，只需部署一个或多个 AP 即可建立广泛覆盖的网络。

③ 易于扩展。

无线局域网可以从小型局域网快速扩展至大型网络，并提供节点间的漫游特性。

（2）不足

① 性能受限。

无线电波易受建筑物、车辆等障碍物阻碍，影响网络性能。

② 速率较低。

相比有线网络，无线信道的传输速率较低，最大传输速率通常为 1Gbps。

③ 安全性问题。

开放的无线信道容易受到窃听和攻击，需要采取链路认证和数据加密等措施提高安全性。

3.3 Internet 技术

任何网络只有与其他网络相互连接，才能使不同网络上的用户相互通信，以实现更大范围的资源共享和信息交流。通过相关设备，将全世界范围内的计算机网络互联起来形成一个范围涵盖全球的大网，这就是 Internet。

3.3.1 基本概念

1．Internet 体系结构

Internet 的核心协议是 TCP/IP 协议，也是实现全球性网络互联的基础。TCP/IP 协议采用分层化的体系结构，共分为 5 个层次，分别是物理层、数据链路层、网络层、传输层、应用层，每层都有相应的数据传输单位和不同的协议。Internet 体系结构如图 3.12 所示。

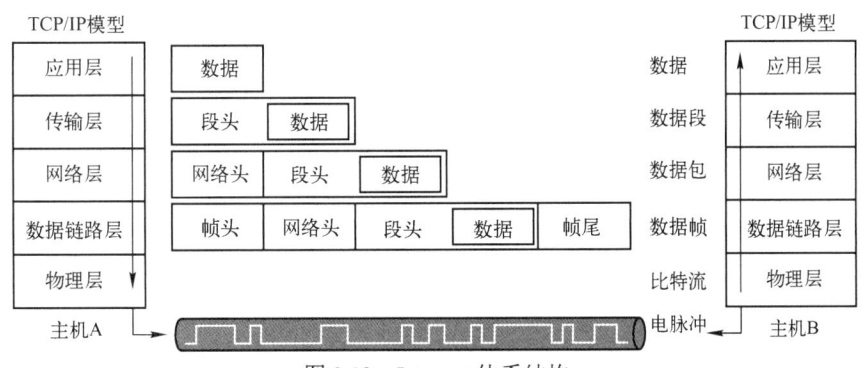

图 3.12 Internet 体系结构

TCP/IP 协议的名称的来源于 Internet 层次模型中的两个重要协议：工作于传输层的 TCP 协议（Transmission Control Protocol，传输控制协议）和工作于网络层的 IP 协议（Internet Protocol，Internet 协议）。网络层的功能是在不同网络之间以统一的数据分组格式（IP 数据报）传递数据信息和控制信息，从而实现网络互联。传输层的主要功能是对网络中传输的数据分组提供必要的传输质量保障。应用层可以实现多种网络应用，如 Web 服务、文件传输、电子邮件服务等。

（1）Internet 数据传输的基本过程

主机 A：应用层负责将要传递的信息转换成数据流，传输层将应用层提供的数据流分段，称为数据段（段头+数据），段头主要包含该数据由哪个应用程序发出、使用什么协议传输等控制信息。传输层将数据段传给网络层。网络层将传输层提供的数据段封装成数据包（网络头+数据段），网络头包含源 IP 地址、目标 IP、使用什么协议等控制信息，网络层将数据包传输给数据链路层。数据链路层将数据封装成数据帧（帧头+数据包+帧尾），帧头包含源 MAC 地址、目标 MAC 地址、使用什么协议封装等信息，数据链路层将数据帧传输给物理层形成比特流，并将比特流转换成电脉冲通过传输介质发送出去。

主机 B：物理层将电信号转变为比特流，提交给数据链路层，数据链路层读取该数据帧的帧头信息，如果是发给自己的，则去掉帧头，并交给网络层处理；如果不是发给自己的，则丢弃该数据帧。网络层读取网络头的信息，检查目标地址，如果是发给自己的，则去掉网络头交给传输层处理；如果不是，则丢弃该数据包。传输层根据段头中的端口号传输给应用层某个应用程序。应用层读取数据段的段头信息，决定是否进行数据转换、加密等，最后主机 B 获得了主机 A 发送的信息。

（2）网络层协议

网络层的主要协议是 IP 协议，它是建造大规模异构网络的关键协议，各种不同的物理网络（如各种局域网和广域网）通过 IP 协议能够互联起来。Internet 上的所有节点（主机和路由器）都必须运行 IP 协议。为了能够统一不同网络技术数据传输所用的数据分组格式，Internet 采用统一 IP 分组（称为 IP 数据报）在网络之间进行数据传输，通常情况下这些数据分组并不是直接从源节点传输到目的节点的，而是穿过由 Internet 路由器连接的不同的网络和链路。

IP 协议工作过程如图 3.13 所示。

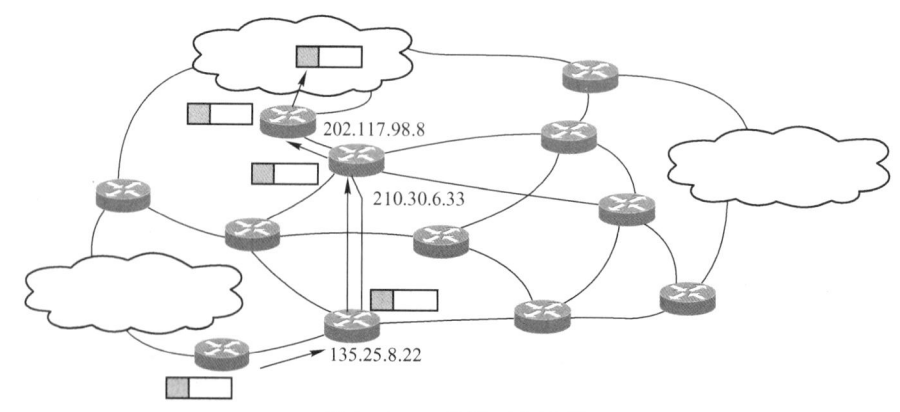

图 3.13 IP 协议工作过程

IP 协议以 IP 数据包的分组形式从发送端穿过不同的物理网络，经路由器选路和转发最终到达目的端。例如，源主机发送一个到达目的主机的 IP 数据包，IP 协议查路由表，找到下一个地址应该发往路由器 135.25.8.22（路由器 1），IP 协议将 IP 数据包转发到路由器 1，路由器1收到IP数据包，提取IP数据包中的目的地址的网络号，在路由表中查找目的网络应该发往路由器210.30.6.33（路由器2），IP协议将IP数据包转发到路由器2，路由器2收到IP数据包，提取IP数据包中的目的地址的网络号，在路由表中查找目的网络应该发往路由器202.117.98.8（路由器3），IP协议将IP数据包转发到路由器3，路由器3收到IP数据包后将数据包转发到目的主机。

（3）传输层协议

IP数据包在传输过程中可能出现分组丢失、传输差错等错误。要保证网络中数据传输正确，应该设置另一种协议，这个协议应该准确地将从网络中接收的数据递交给不同的应用程序，并能够在必要时为网络应用提供可靠的数据传输服务质量，这就是工作于传输层的TCP协议和UDP协议（User Datagram Protocol，用户数据报协议）。

这两种协议的区别在于TCP协议对所接收的IP数据包通过差错校验、确认重传及流量控制等控制机制实现端系统之间可靠的数据传输；而UDP协议并不能为端系统提供这种可靠的数据传输服务，其唯一的功能就是在接收端将从网络中接收到的数据交付到不同的网络应用中，提供一种最基本的服务。

（4）应用层协议

应用层协议提供不同的服务，常见的有以下几个。

① DNS协议。

DNS（Domain Name System，域名系统）协议运行在通信的端系统之间，通常使用UDP协议，通过端口53进行传输。DNS协议的出现解决了直接记忆和输入复杂IP地址的问题，使得互联网的使用变得更加便捷。DNS协议的基本功能是将人类可读的域名（如www.example.com）转换为机器可理解的IP地址。除基本功能外，DNS协议还提供主机别名、邮件服务器别名及负载分配等重要服务。

② SMTP协议与POP3协议。

SMTP协议（Simple Mail Transfer Protocal，简单邮件传输协议）是一种应用层协议，用于在互联网中高效、可靠地传输电子邮件。它通常工作在TCP/IP协议栈之上，通过端口25进行通信。SMTP协议的目标是向用户提供高效、可靠的邮件传输服务，能够在不同网络之间接力传送邮件。

POP3协议（Post Office Protocol Version 3，邮局协议版本3）是一种广泛使用的电子邮件接收协议，它允许电子邮件客户端通过网络从远端服务器接收邮件。POP3协议的工作原理主要包括连接建立与身份验证、电子邮件操作命令和会话结束与邮件删除。电子邮件客户端通过TCP协议连接到邮件服务器的POP3端口（默认为110端口，或者使用SSL加密的995端口）。连接建立后，客户端首先发送USER命令提供用户名，然后发送PASS命令提供密码以进行身份验证。

③ HTTP协议。

HTTP协议（Hypertext Transfer Protocol，超文本传输协议）是一种应用层协议，用于分布式、协作式和超媒体信息系统。HTTP协议是基于TCP/IP协议之上的应用层协议，通常使用端口80。HTTPS协议是HTTP协议的安全版本，通过加入SSL/TLS协议提供数据加密、完整性校验和身份验证，通常使用端口443。

④ Telnet协议。

Telnet协议是一种用于远程登录的TCP/IP协议，允许用户通过网络在本地计算机上操作远程主机，实现各种管理任务。Telnet协议的基本概念包括网络虚拟终端（Network Virtual

Terminal，NVT），它是一种双向的虚拟设备，连接的双方都必须把它们各自的物理终端与NVT进行相互转换。这种转换使得 Telnet 协议可以在任何主机或终端之间工作，而屏蔽具体的终端类型。

⑤ FTP 协议。

FTP 协议（File Transfer Protocol，文件传输协议）是一种在网络中进行文件传输的广泛应用的标准协议，它允许用户通过客户端软件与服务器交互，实现文件的上传、下载和其他文件操作。FTP 协议是基于客户-服务器模型设计的，使用 TCP 协议作为其传输协议，确保数据传输的可靠性和顺序性。它工作在 OSI 模型的应用层，通常使用 TCP 协议的 21 端口作为控制连接的默认端口。

2．IPv4 地址

Internet 中的主机之间要正确地传送信息，每个主机就必须有唯一的区分标志。IP 地址就是给每个连接在 Internet 上的主机分配的一个区分标志。按照 IPv4（Internet Protocol Version 4，Internet 协议版本 4）规定，每个 IP 地址用 32 位二进制数来表示。

（1）IP 地址

32 位的 IP 地址由网络号和主机号组成。IP 地址中网络号的位数、主机号的位数取决于 IP 地址的类别。为了便于书写，经常用点分十进制数表示 IP 地址，即每 8 位写成一个十进制数，中间用"."作为分隔符，如 11001010 01110101 01100010 00001010 可以写成 202.117.98.10。

IP 地址分为 A、B、C、D、E 共 5 类，如图 3.14 所示。

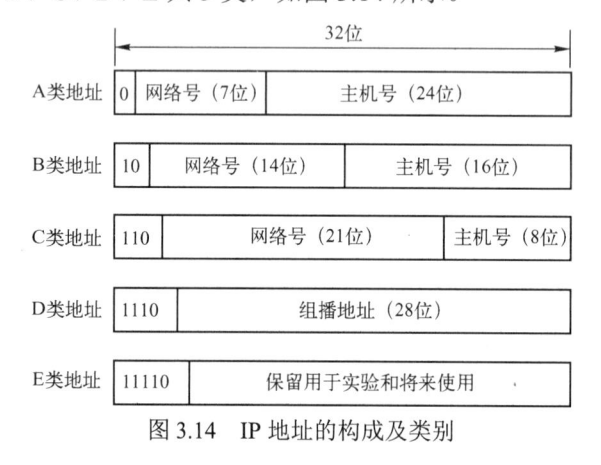

图 3.14 IP 地址的构成及类别

① A 类 IP 地址。

一个 A 类 IP 地址以 0 开头，后面跟 7 位网络号，最后是 24 位主机号。如果用点分十进制数表示，A 类 IP 地址就由 1 字节的网络地址和 3 字节主机地址组成。A 类网络地址适用于大规模网络，全世界 A 类网只有 126 个（全 0、全 1 不分），每个网络所能容纳的计算机数为 16 777 214 台（2^{24}-2 台，全 0、全 1 不分）。

② B 类 IP 地址。

一个 B 类 IP 地址以 10 开头，后面跟 14 位网络号，最后是 16 位主机号。如果用点分十进制数表示，B 类 IP 地址就由 2 字节的网络地址和 2 字节主机地址组成的。B 类网络地址适用于中规模的网络，每个网络所能容纳的计算机数为 65 534 台（2^{16}-2 台，全 0、全 1 不分）。

③ C 类 IP 地址。

一个 C 类 IP 地址以 110 开头，后面跟 21 位网络号，最后是 8 位主机号。如果用点分十进制数表示，C 类 IP 地址就由 3 字节的网络地址和 1 字节主机地址组成的。C 类网络地址数量较多，适用于小规模的局域网络，每个网络最多只能包含 254 台计算机（2^8-2 台，全 0、全 1 不分）。

④ D 类 IP 地址。

D 类 IP 地址以 1110 开始，它是一个专门保留的地址。它并不指向特定的网络，目前这一类地址被用在多点广播中。多点广播地址用来一次寻址一组计算机，它标志共享同一协议的一组计算机。

⑤ E 类 IP 地址。

E 类 IP 地址以 11110 开始，保留用于实验和将来使用。

（2）子网掩码

子网掩码又叫网络掩码，子网掩码不能单独存在，它必须结合 IP 地址一起使用。子网掩码只有一个作用，就是表明一个 IP 地址中哪些位是网络号，哪些位是主机号。子网掩码的长度是 32 位，左边是网络位，用二进制数 1 表示，1 的数目等于网络位的长度；右边是主机位，用二进制数 0 表示，0 的数目等于主机位的长度。A 类地址的默认子网掩码为 255.0.0.0；B 类地址的默认子网掩码为 255.255.0.0；C 类地址的默认子网掩码为 255.255.255.0。

例如，某公司申请到一个 B 类网的 IP 地址分发权，网络号为 10001010 00001010，意味着该网拥有的主机数为 $2^{16}-2=65\ 534$ 台，其主机号可以从 00000000 00000001 编到 11111111 11111110，这些主机都使用同一个网络号，这样的网络难以管理。Internet 采用将一个网络划分成若干子网的技术解决这个问题，基本思想是把具有这个网络号的 IP 地址划分成若干个子网，每个子网具有相同的网络号和不同的子网号。例如，可以将 65 534 个主机号按前 8 位是否相同分成 256 个子网，则每个子网中含有 254 个主机号。假定现在从子网号为 10100000 的子网中获得了一个主机号 00001010，则对应的 IP 地址为 10001010 00001010 10100000 00001010，用点分十进制数表示为 138.10.160.10，如果将该 IP 地址传给 IP 协议，IP 协议按默认方式理解，将认为该 IP 地址的主机号为 16 位，和实际不符，这时就需要告诉 IP 协议划分了子网，需要设置子网掩码 255.255.255.0。

例如，有一 IP 地址为 202.158.96.238，对应的子网掩码为 255.255.255.240。由子网掩码可知，网络号为 28 位，是 202.158.96.224；主机号为 4 位，是 14。

（3）特殊的 IP 地址

在总数约为 40 多亿个可用 IP 地址中，还有一些常见的有特殊意义的地址。

① 0.0.0.0 表示这样一个集合：所有不清楚的主机和目的网络。这里的"不清楚"是指在本机的路由表里没有特定条目指明如何到达。如果在网络设置中设置了默认网关，那么 Windows 系统会自动产生一个目的地址为 0.0.0.0 的默认路由。

② 255.255.255.255 是限制广播地址。对本机来说，这个地址指本网段内的所有主机。这个地址不能被路由器转发。

③ 127.0.0.1 是本机地址，主要用于测试。在 Windows 系统中，这个地址有一个别名是"Localhost"。

④ 224.0.0.1 是组播地址，从 224.0.0.0 到 239.255.255.255 都是这样的地址。224.0.0.1 特指所有主机，224.0.0.2 特指所有路由器。这样的地址多用于一些特定的程序及多媒体程序。如果主机开启了 IRDP（Internet 路由发现协议，使用组播功能）功能，那么主机路由表中应该有这样一条路由。

⑤ 10.x.x.x、172.16.x.x～172.31.x.x、192.168.x.x 是私有地址，这些地址被大量用于企业

内部网络中。一些宽带路由器经常使用 192.168.1.1 作为默认地址。使用私有地址的私有网络在接入 Internet 时，要使用地址翻译将私有地址翻译成公用合法地址。在 Internet 上，这类地址是不能出现的。

（4）IP 地址的申请与分配

所有的 IP 地址都由国际组织 NIC（Network Information Center，网络信息中心）负责统一分配，目前全世界共有三个这样的网络信息中心。ENIC 负责欧洲地区，APNIC 负责亚太地区，InterNIC 负责美国及其他地区。我国申请 IP 地址要经过 APNIC，APNIC 的总部设在澳大利亚布里斯班。申请时要先考虑申请哪一类 IP 地址，然后向国内的代理机构提出申请。

3．IPv6 地址

IPv6（Internet Protocol Version 6，Internet 协议版本 6）是一种互联网协议，是 IPv4 的升级版本，旨在解决网络地址耗尽的问题并提供更加安全、高效的网络通信能力。图 3.15 显示了某个手机的 IP 地址。

图 3.15　某个手机的 IP 地址

IPv6 是网络层协议的第二代标准协议，也称为 IPng。它解决了 IPv4 存在的诸多问题，其显著特点之一是将 IP 地址长度从 32 位增加到 128 位，极大地扩展了网络地址空间。这种扩展意味着在理论上可以有 2^{128} 个唯一地址，为未来可能接入互联网的设备提供了足够的标识空间。

（1）IPv6 在中国的现状

IPv6 在中国的整体发展势头强劲，用户数量和流量规模显著提升，正处于从网络基础设施到应用服务的全面升级阶段。

① 用户规模方面。

中国的 IPv6 活跃用户已达到 7.94 亿个，占全体网民的 72.7%。该数字从 2017 年初的 0.51%提高至如今的超过七成，显示出中国在推动 IPv6 用户规模方面的显著成效。

② 流量规模方面。

2024 年 7 月，第三届中国 IPv6 创新发展大会现场发布的《中国 IPv6 发展状况白皮书（2024）》（下称《白皮书》）显示，我国 IPv6 活跃用户达到 7.94 亿个，在全体网民总数中的比例由 2017 年初的 0.51%提高至 72.70%。IPv6 用户数是反映我国 IPv6 发展状况的核心指标，包括 IPv6 活跃用户数和已分配 IPv6 地址用户数。《白皮书》显示，2024 年 5 月，我国已分配 IPv6 地址终端数达到 17.65 亿个，其中移动网络已分配 IPv6 地址的终端为 13.50 亿个，固定宽带接入网络已分配 IPv6 地址的终端数为 4.15 亿个。

《白皮书》显示，截至 2024 年 5 月，我国城域网 IPv6 总流量占全网总流量的 21.21%。中国电信、中国移动、中国联通和教育网城域网 IPv6 流量分别占其全部流量的 20.33%、22.69%、20.75%和 36.51%。我国移动网 IPv6 总流量占全网移动网总流量的 64.56%。中国电信、中国移动和中国联通移动网 IPv6 的流量分别占其全网流量的 63.66%、65.50%和 63.11%。

③ 基础网络改造。

中国的 4G、5G 和固定宽带网络 IPv6 升级改造已全面完成。主要数据中心、CDN、云服务企业初步具备覆盖全国范围的 IPv6 服务能力。

④ 终端设备改造。

自 2018 年起，市场份额较大的移动终端厂商新发布的机型和系统均具备 IPv6 支持能力。三家基础电信企业已完成全部具备条件的存量家庭网关 IPv6 升级改造，并正在加快老旧家庭网关替换。

（2）IPv6 的地址表示方法

IPv6 地址是用于标识在互联网中设备接口的唯一编号，采用 128 位二进制数表示，以增强网络的扩展性和解决 IPv4 地址耗尽的问题。

① 基本表示。

IPv6 地址由 128 位二进制数构成，为了方便理解与使用，通常显示为 32 位十六进制字符串，并分为 8 组，每组由 4 个十六进制数组成，组间用冒号分隔。

② 前导零省略。

为了简化地址的书写，可以省略每组中的前导零，例如将"00A1"写作"A1"。

③ 连续零压缩。

在一个 IPv6 地址中，可以用双冒号"::"替代连续的零组，但这种压缩在地址中只能使用一次，以避免歧义。例如，"0000:0000:0000:0000:0000:0000:1234:5678"可以写作"::1234:5678"。

IPv6 地址作为网络技术的重要组成部分，不仅解决了 IPv4 地址资源有限的问题，还带来自动配置、安全性提升等许多新特性和优势。

4．域名系统

通过 TCP/IP 协议进行数据通信的主机或网络设备都要拥有一个 IP 地址，但 IP 地址不便于记忆。为了便于使用，常常赋予某些主机（特别是提供服务的服务器）能够体现其特征和含义的名称，即主机的域名。

（1）域名层次结构

域名系统（Domain Name System，DNS）提供一种分布式的层次结构，位于顶层的域名称为顶级域名，顶级域名有两种划分方法：按地理区域划分和按组织结构划分。域名层次结构如图 3.16 所示。

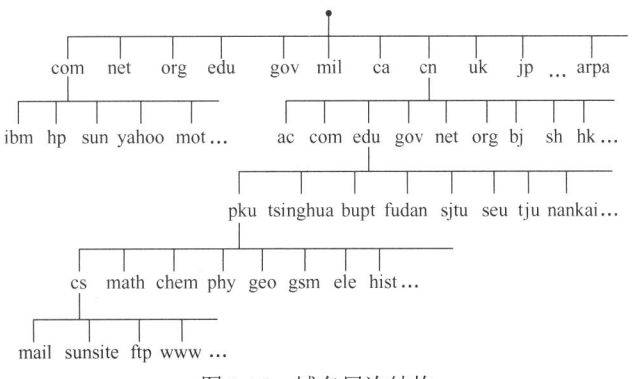

图 3.16 域名层次结构

地理区域是为国家或地区设置的，如中国是 cn，美国是 us，日本是 jp 等。机构类域定义了不同的机构分类，主要包括 com（商业组织）、edu（教育机构）、gov（政府机构）、ac

（学术机构）等。顶级域名下又定义了二级域名，如中国的顶级域名 cn 下又设立了 com、net、org、edu、gov 等组织结构类二级域名，以及按照各个行政区域划分的地理域名，如 bj（北京）、sh（上海）等。采用同样的思想可以继续定义三级或四级域名。域名的层次结构可以看成一个树状结构，在一个完整的域名中，由树叶到树根的路径点用"."分割，如 www.nwu.edu.cn 就是一个完整的域名。

（2）域名解析

传送网络数据时需要用 IP 地址进行路由选择，域名无法识别，因此必须有一种翻译机制，能将用户要访问的服务器的域名翻译成对应的 IP 地址。为此 Internet 提供了域名系统（DNS），DNS 的主要任务是为客户提供域名解析服务。

域名服务系统将整个 Internet 的域名分成许多可以独立管理的子域，每个子域由自己的域名服务器负责管理。这就意味着域名服务器维护其管辖子域的所有主机域名与 IP 地址的映射信息，并且负责向整个 Internet 用户提供包含在该子域中的域名解析服务。基于这种思想，Internet DNS 有许多分布在全世界不同地理区域、由不同管理机构负责管理的域名服务器。全球共有十几台根域名服务器，其中大部分位于北美洲，这些根域名服务器的 IP 地址向所有 Internet 用户公开，是实现整个域名解析服务的基础。

例如，在如图 3.17 所示的 DNS 服务器的分层中，管辖所有顶级域名 com、edu、gov、cn、uk 等的域名服务器也称为顶级域名服务器；顶层域名服务器下面还可以连接多层域名服务器，如顶级 cn 域名服务器又可以提供在它的分支下面的"com.cn""edu.cn"等域名服务器的地址。同样，在 com 顶级域名服务器下的"yahoo.com"域名服务器，也可以作为该公司的域名服务器，提供其公司内部的不同部门所使用的域名服务器。

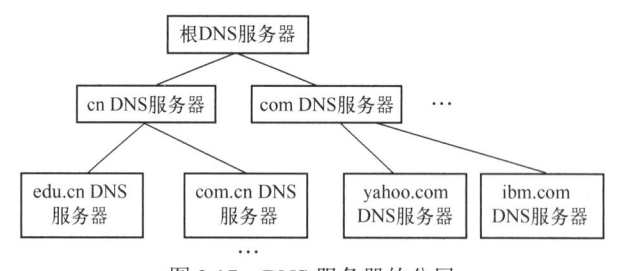

图 3.17 DNS 服务器的分层

域名解析的过程如图 3.18 所示，当客户以域名方式提出 Web 服务请求后，首先要向 DNS 请求域名解析服务，只有在得到所请求的 Web 服务器的 IP 地址之后，才能向该 Web 服务器提出 Web 请求。

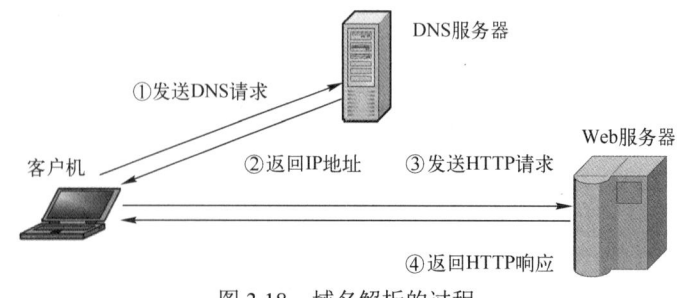

图 3.18 域名解析的过程

（3）域名的授权机制

顶级域名由 Internet 名字与编号分配机构直接管理和控制，负责注册和审批新的顶级域名及委托并授权其下一级管理机构控制与管理顶级以下的域名。该组织还负责根和顶级域名服务器的日常维护工作。中国互联网信息中心（China Internet Network Information Center，CNNIC）作为中国的国家顶级域名 cn 的注册管理机构，负责 cn 域名根服务器和顶级服务器的日常维护和运行，以及管理并审批 cn 域下的域名使用权。Internet 始于美国，DNS 服务系统最早在美国国内开始向公共网络用户服务，当然也是美国的组织结构最早向互联网名称与数字地址分配机构 ICANN（The Internet Corporation for Assigned Names and Numbers）申请域名注册的，当 ICANN 意识到需要使用地域标记来扩展越来越多的域名需求时，许多美国的机构已经注册并使用了这些不需要地域标记的域名，因此，大部分美国的企业和组织所使用的域名并不需要加上代表美国的地域标记"us"。

（4）雪人计划

雪人计划（Yeti DNS Project）是一个基于全新技术架构的全球下一代互联网（IPv6）根服务器测试和运营实验项目，旨在打破现有的根服务器困局，为下一代互联网提供更多的根服务器解决方案。该项目由中国发起，并在全球范围内完成了 25 台 IPv6 根服务器的架设，其中中国部署了 4 台，包括 1 台主根服务器和 3 台辅根服务器。这一成就不仅打破了中国过去没有根服务器的困境，而且为建立多边、民主、透明的国际互联网治理体系打下了坚实基础。

雪人计划的成功不仅体现在技术架构的创新和全球范围内的部署上，还在于其对国际互联网治理体系的影响。通过增加根服务器的数量和分布，雪人计划有助于提升全球互联网的稳定性和安全性，减少对单一国家的依赖，从而促进互联网的公平和透明治理。此外，该项目还提升了中国在全球互联网治理中的话语权，有助于中国在国际互联网事务中发挥更加积极的作用。

尽管雪人计划的实施过程中可能面临技术同步和数据管理的挑战，但通过国际合作和共同努力，该项目已经取得了显著的进展，为中国及全球互联网的未来发展奠定了坚实的基础。

3.3.2 Internet 基本服务

Internet 采用客户机/服务器（Client/Server）模式，其工作过程如图 3.19 所示。通常情况下，一个客户机启动与某个服务器的对话。服务器通常是等待客户机请求的一个自动程序。客户机通常是作为某个用户请求或类似于用户的某个程序提出的请求而运行的。协议是客户机请求服务器和服务器如何应答请求的各种方法的定义。

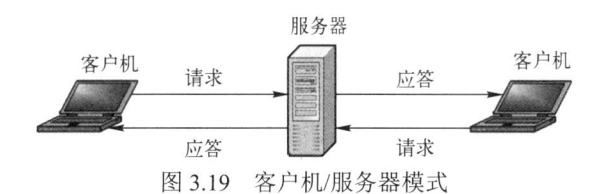

图 3.19 客户机/服务器模式

1. WWW 服务

WWW（World Wide Web，万维网）是一个以 Internet 为基础的庞大的信息网络，它将 Internet 上提供各种信息资源的万维网服务器（也称 Web 服务器）连接起来，使得所有连接在 Internet 上的计算机用户能够方便、快捷地访问自己喜好的内容。Web 服务的组成部分包括：提供 Web 信息服务的 Web 服务器、从 Web 服务器获取各种 Web 信息的浏览器、定义服务器和浏览器之间交换数据信息规范的 HTTP 协议及 Web 服务器所提供的网页文件。

（1）Web 服务器与浏览器

服务器指一个管理资源并为用户提供服务的程序，通常分为文件服务器、数据库服务器和应用程序服务器等。运行以上程序的计算机或计算机系统也被称为服务器，相对于普通PC来说，服务器（计算机系统）在稳定性、安全性、性能等方面的要求更高。因此，其CPU、芯片组、内存、磁盘系统、网络等硬件和普通PC有所不同。

这里所说的Web服务器是一个程序，运行在服务器计算机中，主要任务是管理和存储各种信息资源，并负责接收来自不同客户机端（简称客户端）的服务请求。针对客户端所提出各种信息服务请求，Web服务器通过相应的处理返回信息，使得客户端通过浏览器能够看到相应的结果。

Web客户端可以通过各种Web浏览器程序实现，浏览器是可以显示Web服务器或文件系统的HTML（HyperText Markup Language，超文本标记语言）文件内容，并让用户与这些文件交互。浏览器的主要任务是接收用户计算机的Web请求，并将这个请求发送给相应的Web服务器，当接收到Web服务器返回的Web信息时，负责显示这些信息。大部分浏览器本身除支持HTML外，还支持JPEG、PNG、GIF等图像格式，并且能够扩展支持众多的插件。常用的Web浏览器有Microsoft Internet Explorer、Netscape Navigator和Firefox等。

（2）URL

浏览器中的服务请求通过在浏览器的地址栏定位一个URL（Uniform Resource Locator，统一资源定位符）链接提出。URL是用于完整地描述Internet上网页和其他资源的地址的一种标志方法。Internet上的每个网页都具有一个唯一的名称标志，通常称为URL地址，简单地说，URL就是Web地址，俗称网址。

URL由三部分组成：协议类型、主机名和路径及文件名。其基本格式如下：

协议类型://主机名/路径及文件名

例如：http://www.n**.edu.cn/index.html。

协议指所使用的传输协议，最常用的是HTTP协议，它也是目前WWW中应用最广的协议，还可以指定的协议有FTP、Gopher、Telnet、File等。

主机名是指存放资源的服务器的域名或IP地址。有时，在主机名前可以包含连接到服务器所需的用户名和密码。

路径是由零个或多个"/"符号隔开的字符串，用来表示主机上的一个目录或文件地址。文件名则是所要访问的资源的名字。

（3）超文本传输协议（HTTP）

万维网的另一个重要组成部分是HTTP协议，它定义了Web服务器和浏览器之间信息交换的格式规范。运行在不同操作系统上的客户浏览器程序和Web服务器程序通过HTTP协议实现彼此之间的信息交流和理解。HTTP协议是一种非常简单而直观的网络应用协议，主要定义了两种报文格式：一种是HTTP请求报文，定义了浏览器向Web服务器请求Web服务时所使用的报文格式；另一种是HTTP响应报文，定义了Web服务器将相应的信息文件返回给用户浏览器所使用的报文格式。

（4）Web网页

网页是构成网站的基本元素，是承载各种网站应用的平台。Web网页采用HTML格式书写，由多个对象，如HTML文件、JPG图像、GIF图像、Java程序、语音片段等构成。不同网页之间通过超链接发生联系。网页有多种分类，通常可分为静态网页和动态网页。静态网页的文件扩展名多为.htm或.html，动态网页的文件扩展名多为.php或.asp。

静态网页由标准的HTML构成，不需要通过服务器或用户浏览器运算或处理生成。这就意味着用户对一个静态网页发出访问请求后，服务器只是简单地将该文件传输到客户端。所以，静态网页多通过网站设计软件来进行设计和更改，相对比较滞后。动态网页是在用户请求 Web 服务的同时由两种方式及时产生：一种方式是由 Web 服务器解读来自用户的 Web 服务请求，并通过运行相应的处理程序，生成相应的 HTML 响应文档，并返回给用户；另一种方式是服务器将生成动态 HTML 网页的任务留给用户浏览器，在响应给用户的 HTML 文档中嵌入应用程序，由用户端浏览器解释并运行这部分程序以生成相应的动态网页。

静态网页是网站建设的基础，静态网页和动态网页之间并不矛盾，各有特点。网站是采用动态网页还是静态网页主要取决于网站的功能需求和网站内容的多少。如果网站功能比较简单，内容更新量不是很大，则采用纯静态网页的方式会更简单，反之则要采用动态网页技术来实现。在同一个网站上，动态网页内容和静态网页内容同时存在也是很常见的事情。

2. 电子邮件服务

电子邮件（E-mail）也是 Internet 最常用的服务之一，利用 E-mail 可以传输各种格式的文本信息及图像、声音、视频等多种信息。

（1）E-mail 系统的构成

E-mail 服务采用客户机/服务器的工作模式，一个 E-mail 系统包含三部分：用户主机、邮件服务器和电子邮件协议。

用户主机运行用户代理 UA，通过它来撰写信件、处理来信（使用 SMTP 协议将用户的邮件传送到它的邮件服务器，用 POP 协议从邮件服务器读取邮件到用户的主机）、显示来信。

邮件服务器运行传送代理 MTA，邮件服务器设有邮件缓存和用户邮箱。其主要作用：一是接收本地用户发送的邮件，并存于邮件缓存中待发，由 MTA 定期扫描发送；二是接收发给本地用户的邮件，并将邮件存放在收信人的邮箱中。

（2）电子邮箱地址

很多站点提供免费的电子邮箱，只要能访问这些站点的免费电子邮箱服务网页，用户就可以免费建立并使用自己的电子邮箱。每个电子邮箱都有唯一的地址，电子邮箱的地址格式如下：收信人用户名@电子邮箱所在的主机域名。

例如，zhang8808@126.com 表示用户 zhang8808 在主机名为"126.com"的电子邮件服务器上申请了电子邮箱。

（3）电子邮件的收发

发送与接收电子邮件有两种方式：基于 Web 方式的电子邮件访问协议和客户端软件方式。基于 Web 方式的电子邮件访问协议（如 126）：用户使用超文本传输协议 HTTP 访问电子邮件服务器的电子邮箱，在该电子邮件系统网址上输入用户的用户名和密码，进入用户的电子邮箱，然后处理用户的电子邮件。这种方式使用方便，但速度比较慢。客户端软件方：用户通过一些安装在个人计算机上的支持电子邮件基本协议的软件使用和管理电子邮件。这些软件（如 Microsoft Outlook 和 Foxmail）往往融合了先进、全面的电子邮件功能，利用这些客户端软件可以进行远程电子邮件操作，还可以同时处理多个账号的电子邮件，而且速度比较快。

电子邮件的收发过程如图 3.20 所示。

① 发送方调用 UA 撰写电子邮件，并通过 SMTP 协议将客户的电子邮件交付发送电子邮件服务器，发送电子邮件服务器将其用户的电子邮件存储于电子邮件缓存，等待发送。

② 发送电子邮件服务器每隔一段时间对电子邮件缓存进行扫描，如果发现有待发电子邮件就通过 SMTP 协议发向接收电子邮件服务器。

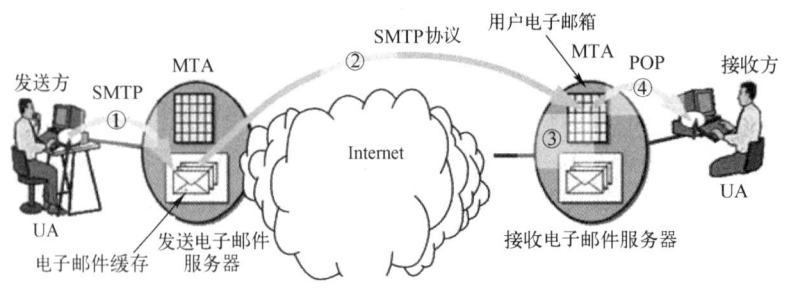

图 3.20　电子邮件的收发过程

③ 接收电子邮件服务器接收到电子邮件后，将它们放入收信人的电子邮箱中，等待收信被随时读取。

④ 接收方通过 POP 协议从接收电子邮件服务器上检索电子邮件，下载电子邮件后可以阅读、处理电子邮件。

3．文件传输服务

（1）FTP 工作模式

与大多数 Internet 服务一样，FTP 也是一个客户机/服务器系统。用户通过一个支持 FTP 协议的客户机程序连接到远程主机上的 FTP 服务器程序。用户通过客户机程序向服务器程序发出命令，服务器程序执行用户所发出的命令，并将执行的结果返回客户机。FTP 主要用于下载共享软件。在 FTP 的使用中，用户经常遇到两个概念：下载（Download）和上传（Upload）。下载文件就是从远程主机复制文件至自己的计算机上；上传文件就是将文件从自己的计算机中复制至远程主机上。

用户在访问 FTP 服务器之前必须先登录，登录时需要用户给出其在 FTP 服务器上的合法账号和口令。但很多用户没有获得合法账号和口令，这就限制了共享资源的使用。所以，许多 FTP 服务器支持匿名 FTP 服务，匿名 FTP 服务不再验证用户的合法性，为了安全，大多数匿名 FTP 服务器只准下载、不准上传。

（2）FTP 客户程序

需要进行远程文件传输的计算机必须安装和运行 FTP 客户程序。常见的 FTP 客户程序有三种类型：FTP 命令行、浏览器和下载软件。

① FTP 命令行

在安装 Windows 操作系统时，通常都安装了 TCP/IP 协议，其中就包含了 FTP 命令。但是，该程序是字符界面而不是图形界面，必须以命令提示符的方式进行操作。FTP 命令是 Internet 用户使用最频繁的命令之一，无论是在 DOS 还是在 UNIX 操作系统下使用 FTP 都会遇到大量的 FTP 内部命令。熟悉并灵活应用 FTP 内部命令，可以收到事半功倍之效。但其命令众多，格式复杂，对于普通用户来说，比较难掌握。所以，一般用户在下载文件时常通过浏览器或专门的下载软件来实现。

② 浏览器

启动 FTP 客户程序的另一途径是使用浏览器，用户只需在地址栏中输入如下格式的 URL 地址：

FTP:// [用户名:口令@]ftp 服务器域名:[端口号]

即可登录对应的 FTP 服务器。同样，在命令行下也可以用上述方法连接，通过 put 命令和 get 命令达到上传和下载的目的，通过 ls 命令列出目录。除上述方法外，还可以在命令行下输入 ftp 并回车，然后输入 open 来建立一个连接。

尽管可以使用通过浏览器启动 FTP 的方法，但是速度较慢，还会因将密码暴露在浏览器中而不安全。

③ 下载软件

为了实现高效文件传输，用户可以使用专门的文件传输程序，这些程序不但简单易用，而且支持断点续传。所谓断点续传，是指在下载或上传时，将下载或上传任务（一个文件或一个压缩包）划分为几个部分，每个部分采用一个线程进行上传或下载，如果碰到网络故障而终止，等到故障消除后可以继续上传或下载余下的部分，而没有必要从头开始，可以节省时间，提高速度。迅雷、快车、BitComet、优酷、百度视频、新浪视频、腾讯视频等都支持断点续传。

4．远程登录服务

远程登录是指用户使用 Telnet 命令，使自己的计算机暂时成为远程主机的一个仿真终端的过程。仿真终端只负责把用户输入的每个字符传递给远程主机，远程主机进行处理后，再将结果传回并显示在屏幕上。Telnet 是进行远程登录的标准协议和主要方式，它为用户提供了在本地计算机上完成远程主机工作的能力。

使用 Telnet 进行远程登录时需要满足以下条件：在本地计算机上必须装有包含 Telnet 协议的客户程序，必须知道远程主机的 IP 地址或域名，必须有合法的用户名和口令。

Telnet 远程登录服务分为以下 4 个阶段。

① 本地计算机和远程主机建立连接，该过程实际上是建立一个 TCP 连接。

② 将本地终端上输入的用户名和口令及以后输入的任何命令或字符以网络虚拟终端（NVT）格式传送到远程主机。

③ 将传回的 NVT 格式的数据转化为本地所接受的格式送回本地终端，包括输入命令回显和命令执行结果。

④ 最后，本地终端对远程主机撤销连接，该过程实际上是撤销一个 TCP 连接。

3.4 网络安全

网络安全涉及计算机科学技术、网络技术、通信技术、密码技术、信息安全技术等多个学科。从本质上讲，网络安全就是网络上的信息安全。

3.4.1 网络安全的概念与特征

随着计算机技术的迅速发展，系统的连接能力也在不断提高。与此同时，基于网络连接的安全问题也日益突出。

1．网络安全的概念

网络安全是指网络系统的硬件、软件及系统中的数据受到保护，不会出于偶然或恶意的原因而遭受到破坏、更改、泄露，系统可连续、可靠、正常地运行，网络服务不中断。从广义来说，凡是涉及网络上信息的保密性、完整性、可用性、可控性等的相关技术和理论都是网络安全的研究领域。

2．基本特征

网络安全的基本特征包括保密性、完整性、可用性、可控性和不可抵赖性。这些特征共同构成了网络安全的基础性要求，并在不同的层面上保护网络系统免受各种威胁和攻击。

（1）保密性

保密性是指信息不被未授权的用户、实体或进程获取或利用。在网络系统中，保密性要求数据在存储和传输过程中保持加密状态，仅对有权限的用户透露内容。这种特性不仅适用于国家机密，还包括企业和社会团体的商业机密及个人信息。

（2）完整性

完整性是指信息在未经授权的情况下不被修改，确保信息在存储或传输过程中保持不被篡改、破坏或丢失。完整性要求维护数据的真实性和准确性，防止恶意篡改和意外更改，从而确保信息的可靠性和有效性。

（3）可用性

可用性要求信息和资源对授权用户始终保持可访问状态。这意味着在需要时，合法用户能够及时获得所需的信息和服务，不受拒绝服务（DoS）或其他形式攻击的影响。保证信息系统的高可用性是网络安全的重要目标之一。

（4）可控性

可控性是对信息的传播路径、范围及其内容进行有效控制的能力。这包括限制不良内容的传播，确保信息在合法用户的掌控之中，从而维护网络环境的秩序和安全。

（5）不可抵赖性

不可抵赖性也称为不可否认性，是指在信息交换过程中，所有参与者都不能否认已经完成的操作和承诺。通过数字签名和认证机制，不可抵赖性确保通信双方无法否认之前发生的行为，从而提高交易的安全性和可信度。

3.4.2 基本网络安全技术

网络安全技术致力于解决如何有效进行介入控制，以及如何保证数据传输的安全性，主要包括数据加密技术、认证技术、数字签名技术等。

1. 数据加密技术

数据加密是指对原始信息进行重新编码，将原始信息称为明文，经过加密的数据称为密文。密文即便在传输中被第三方获取，第三方也很难从得到的密文中破译出原始信息，接收端通过解密得到原始信息。加密技术不仅能保障数据信息在公共网络传输过程中的安全性，同时也是实现用户身份鉴别和数据完整性保障等安全机制的基础。

加密技术包括两个元素：算法和密钥。算法是将普通文本（或可以理解的信息）与一串数字（密钥）运算，产生不可理解的密文的步骤。在安全保密中，可通过适当的密钥加密技术和管理机制来保证网络的信息通信安全。加密技术的基本原理如图 3.21 所示。

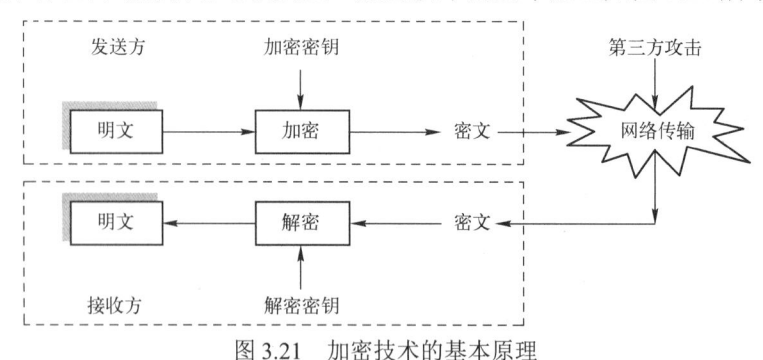

图 3.21 加密技术的基本原理

根据加密和解密的密钥是否相同，加密算法可分为对称密码和非对称密码。

（1）对称加密

对称加密采用对称密码编码技术，它的特点是文件加密和解密使用相同的密钥。除数据加密标准（Data Encryption Standard，DES）外，另一个常见的对称密钥加密系统是国际数据加密算法（International Data Encryption Algorithm，IDEA），它比 DES 的加密性好，而且对计算机功能要求也不高。IDEA 由 PGP（Pretty Good Privacy，优良保密协议）系统使用。对称加密又称常规加密，其基本原理如图 3.22 所示。

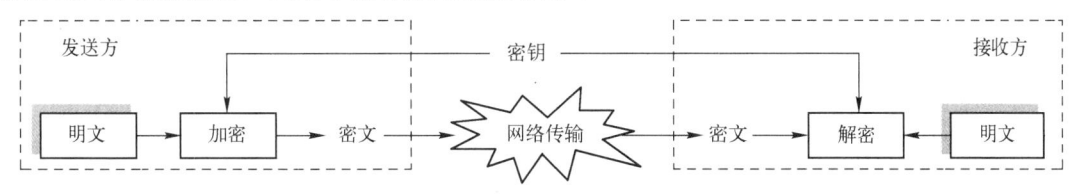

图 3.22　对称加密的基本原理

① 明文：作为算法输入的原始信息。
② 加密算法：加密算法可以对明文进行多种置换和转换。
③ 共享的密钥：共享的密钥也是算法的输入。算法实际进行的置换和转换由密钥决定。
④ 密文：作为输出的混合信息，由明文和密钥决定；对于给定的信息来讲，两种不同的密钥会产生两种不同的密文。
⑤ 解密算法：是加密算法的逆向算法。它以密文和同样的密钥作为输入，并生成原始明文。

对称加密的速度快，适合于大量数据的加密传输。但是，对称加密必须首先解决对称密钥的发送问题，而且对加密有以下两个安全要求。

① 需要强大的加密算法。
② 发送方和接收方必须使用安全的方式来获得密钥副本，必须保证密钥的安全。如果有人发现了密钥，并知道了算法，则使用此密钥的所有通信便都是可读取的。

（2）非对称加密

与对称加密算法不同，非对称加密算法需要两个密钥：公钥和私钥。这两个密钥成对出现，互不可推导。如果用公钥对数据进行加密，则只有用对应的私钥才能解密。如果用私钥对数据进行加密，那么只有用对应的公钥才能解密。因为加密和解密使用的是两个不同的密钥，所以这种算法叫非对称加密算法。

非对称密码体制有两种模型：一种是加密模型，如图 3.23 所示；另一种是认证模型，如图 3.24 所示。

图 3.23　非对称密码体制的加密模型

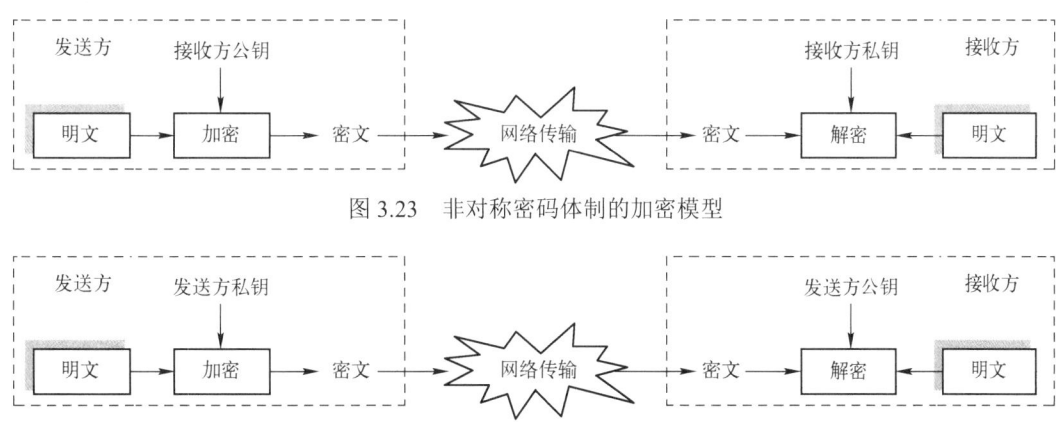

图 3.24　非对称密码体制的认证模型

在加密模型中，发送方在发送数据时，用接收方的公钥加密（双方都知道公钥），而信息在接收方只能用接收方的私钥解密，由于解密用的密钥只有接收方自己知道，从而保证了信息的机密性。

认证主要完成网络通信过程中通信双方的身份认可。通过认证模型可以验证发送方的身份、保证发送方不可否认。在认证模型中，发送方必须用自己的私钥加密，而解密方则必须用发送方的公钥解密，也就是说，任何一个人，只要能用发送方的公钥解密，就能证明信息是谁发送的。

2．认证技术

所谓认证，是指证实被认证对象是否属实和是否有效的一个过程。其基本思想是通过验证被认证对象的属性来确认被认证对象是否真实有效。认证常常被用于通信双方相互确认身份，以保证通信的安全。认证一般可以分为两种：消息认证和身份认证，消息认证用于保证信息的完整性；身份认证用于鉴别用户身份。

（1）消息认证

消息认证是指接收方能够验证收到的消息是否真实的方法。消息认证又称为完整性校验，它在银行业称为消息认证，在 OSI 安全模式中称为封装。消息认证的主要内容如下。

① 证实消息的信源和信宿。
② 消息内容是否受到偶然或有意的篡改。
③ 消息的序号和时间性是否正确。

消息认证实际上是对消息本身产生一个冗余的消息认证码，它对于要保护的信息来说是唯一的，因此可以有效地保护消息的完整性，以及实现发送方消息的不可抵赖和不能伪造。消息认证技术可以防止数据的伪造和被篡改，以及证实消息来源的有效性。消息认证的工作机制如图 3.25 所示。

其中，安全单向散列函数具有以下基本特性。

① 一致性：相同的输入一定产生相同的输出。
② 单向性：只能由明文产生消息摘要，而不能由消息摘要推出明文。
③ 唯一性：不同的明文产生的消息摘要不同。
④ 易于实现高速计算。

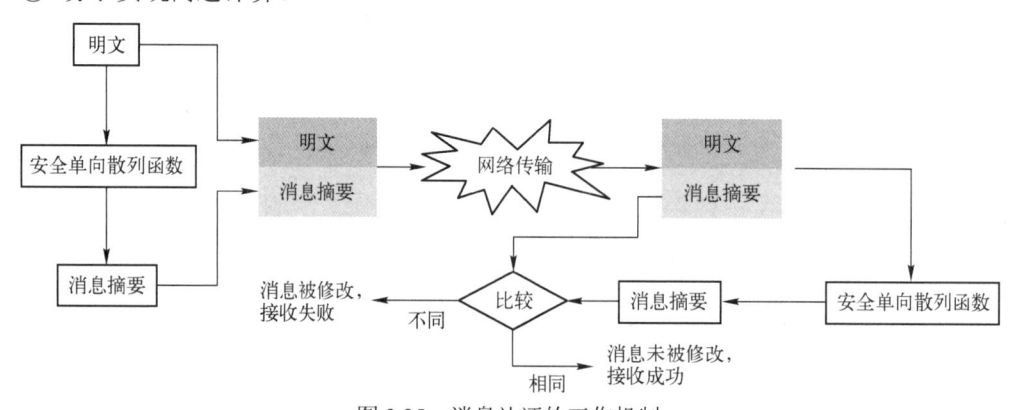

图 3.25　消息认证的工作机制

（2）身份认证

身份认证是指计算机及网络系统确认操作者身份的过程。身份认证技术的发展，经历了从软件认证到硬件认证、从静态认证到动态认证的过程。常见的身份认证技术包括以下几类。

① 口令认证。传统的认证技术主要采用基于口令的认证。当被认证对象要求访问提供

服务的系统时，认证方要求被认证对象提交口令，认证方收到口令后，将其与系统中存储的用户口令进行比较，以确认被认证对象是否为合法访问者。基于口令的认证实现简单，不需要额外的硬件设备，但易被猜测。

② 一次口令机制。一次口令机制采用动态口令技术，是一种让用户的密码按照时间或使用次数不断动态变化，且每个密码只使用一次的技术。它采用一种称为动态令牌的专用硬件来产生密码，因为只有合法用户才持有该硬件，所以只要密码验证通过就可以认为该用户的身份是可靠的。用户每次使用的密码都不相同，即使黑客截获了一次密码，也无法利用这个密码来仿冒。

③ 生物特征认证。生物特征认证是指采用每个人独一无二的生物特征来验证用户身份的技术，常见的有指纹识别、虹膜识别等。从理论上说，生物特征认证是最可靠的身份认证方式，因为它直接使用人的物理特征来表示每个人的数字身份。

3. 数字签名技术

在网络通信中，希望能有效防止通信双方的欺骗和抵赖行为。简单的报文鉴别技术只能使通信免受来自第三方的攻击，但无法防止通信双方之间的互相攻击。例如，Y 伪造一个消息，声称是从 X 收到的；或者 X 向 Z 发了消息，但 X 否认发过该消息。为此，需要有一种新的技术来解决这种问题，数字签名技术为此提供了一种解决方案。

数字签名将消息发送者的身份与消息传送结合起来，可以保证消息在传输过程中的完整性，并提供消息发送者的身份认证，以防止消息发送者抵赖行为的发生。目前，利用非对称加密算法进行数字签名是最常用的方法。数字签名是对现实生活中笔迹签名的功能模拟，能够用来证实签名的作者和签名的时间。在对消息进行签名时，能够对消息的内容进行鉴别。同时，签名应具有法律效力，能被第三方证实，用以解决争端。

数字签名技术可分为两类：直接数字签名和基于仲裁的数字签名。其中，直接数字签名方案具有以下特点。

① 实现比较简单，在技术上仅涉及通信的源点 X 和终点 Y 双方。
② 终点 Y 需要了解源点 X 的公开密钥。
③ 源点 X 可以使用其私钥对整个消息进行加密来生成数字签名。
④ 更好的方法是，使用发送方私钥对消息的散列码进行加密来形成数字签名。

直接数字签名的基本过程是：数据源发送方通过散列函数对原文产生一个消息摘要，用自己的私钥对消息摘要进行加密处理，产生数字签名，数字签名与原文一起传送给接收方。发送方加密过程如图 3.26 所示。

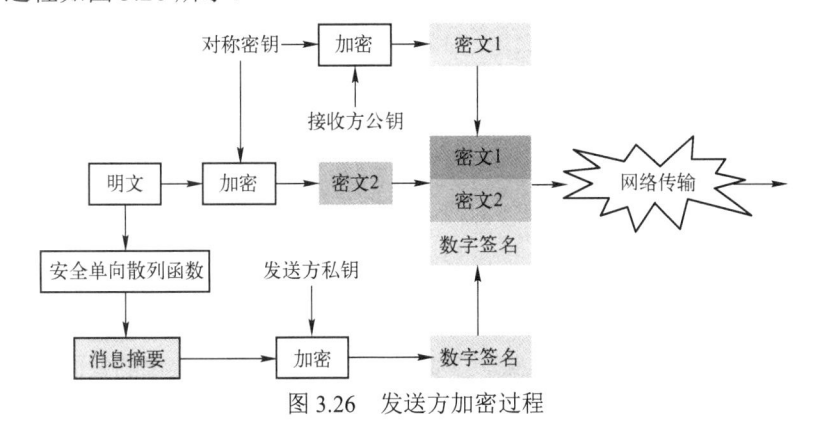

图 3.26 发送方加密过程

接收方使用发送方的公钥解密数字签名得到消息摘要,若能解密,则证明消息不是伪造的,实现了发送方认证。然后用散列函数对收到的原文产生一个消息摘要,与解密的消息摘要对比,如果相同,则说明收到的消息是完整的,在传输过程中没有被修改,否则说明消息被修改过,因此数字签名能够验证消息的完整性。接收方解密过程如图 3.27 所示。

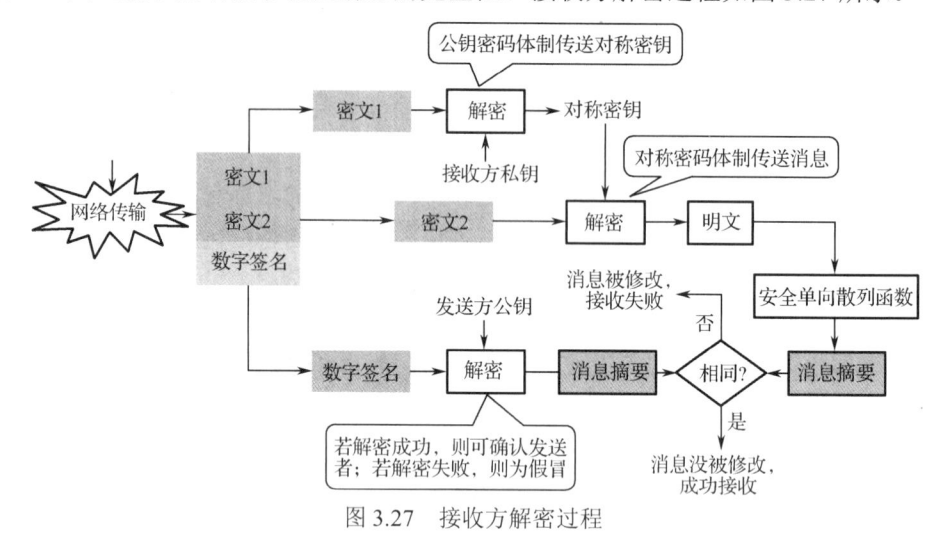

图 3.27　接收方解密过程

数字签名技术是网络中确认身份的重要技术,完全可以代替现实中的亲笔签字,在技术和法律上有保证。在数字签名应用中,发送方的公钥可以很方便地得到,但他的私钥则需要严格保密。利用数字签名技术可以实现数据的完整性,但由于文件内容太大,加密和解密速度慢,目前主要采用消息摘要技术,通过消息摘要技术可以将较大的报文生成较短的、长度固定的消息摘要,然后仅对消息摘要进行数字签名,而接收方对接收的报文进行处理产生消息摘要,与经过签名的消息摘要比较,便可以确定数据在传输中的完整性。

4. SSL 认证

SLL（Secure Socket Layer，安全套接层）由 Netscape 公司研发,用以保障在 Internet 上传输数据的安全,利用数据加密技术,确保数据在网络上传输过程中不会被截取及窃听。SSL 认证是指客户端到服务器端的认证,主要用来提供对用户和服务器的认证；对传送的数据进行加密；确保数据在传送中不被改变,即数据的完整性,现已成为该领域中全球化标准。

通过 SSL 认证后,可以实现数据信息在客户端和服务器之间的加密传输,可以防止数据信息的泄露,保证了双方传递信息的安全性,而且用户可以通过服务器证书验证它所访问的网站是否是真实可靠。对于金融机构、大型购物网站来说,高安全的加密技术及严格的身份验证机制可以确保部署 SSL 证书的网站安全可靠。

SSL 证书作为国际通用的产品,最为重要的便是产品兼容性,因为它解决了用户登录网站的信任问题,用户可以通过 SSL 证书轻松识别网站的真实身份,当用户访问某个网站时,如果该网站使用了 SSL 证书,则在浏览器地址栏的小锁头标志处单击,便可查看该网站的真实身份。

5. 防火墙技术

防火墙是在网络之间执行安全控制策略的系统,用于保证本地网络资源的安全,通常是包含软件部分和硬件部分的一个系统或多个系统的组合。设置防火墙的目的是保护内部网络资源不被外部非授权用户使用,防止内部网络受到外部非法用户的攻击。

（1）防火墙的一般形式

防火墙通过检查所有进出内部网络数据包的合法性，判断是否会对网络安全构成威胁，为内部网络建立安全边界。一般而言，防火墙系统有两种基本形式：包过滤路由器和应用级网关。最简单的防火墙由一个包过滤路由器组成，而复杂的防火墙系统由包过滤路由器和应用级网关组合而成。在实际应用中，由于组合方式有多种，防火墙系统的结构也有多种形式。防火墙一般形式如图 3.28 所示。

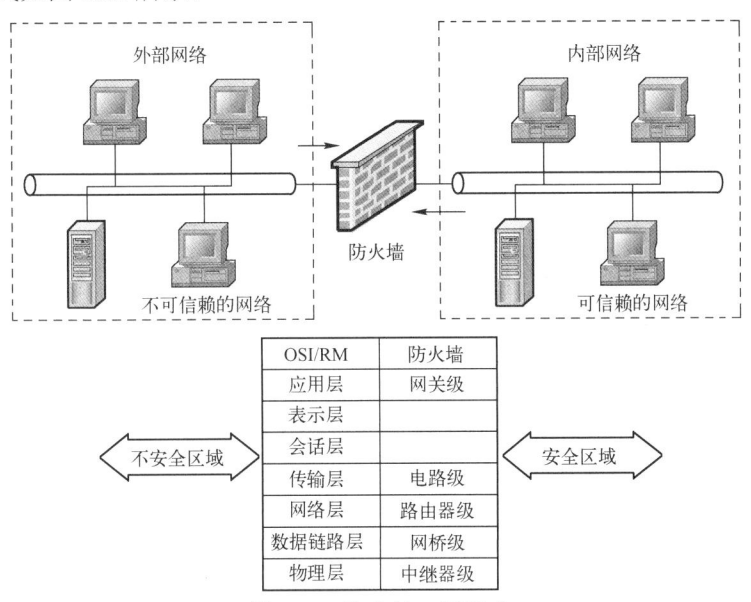

OSI/RM	防火墙
应用层	网关级
表示层	
会话层	
传输层	电路级
网络层	路由器级
数据链路层	网桥级
物理层	中继器级

图 3.28 防火墙一般形式

（2）防火墙的作用

防火墙能增强机构内部网络的安全性。防火墙不仅是网络安全的设备的组合，更是安全策略的一个部分。

防火墙允许网络管理员定义一个中心"扼制点"来防止非法用户（如黑客、网络破坏者等）进入内部网络，禁止存在安全脆弱性的服务进出网络，并抗击来自各种路线的攻击。防火墙能够简化安全管理，网络的安全性在防火墙系统上得到了加固。

在防火墙上可以很方便地监视网络的安全性，并产生报警。防火墙是审计和记录 Internet 使用量的最佳设备。网络管理员可以在此向管理部门提供 Internet 连接的费用情况，查出潜在的带宽瓶颈的位置，并根据机构的核算模式提供部门级计费。

（3）防火墙的不足

对于防火墙而言，能通过监控所通过的数据包来及时发现并阻止外部对内部网络的攻击行为。但是，防火墙技术是一种静态防御技术，也有以下不足之处。

① 防火墙无法理解数据内容，不能提供数据安全性。
② 防火墙无法阻止来自内部的威胁。
③ 防火墙无法阻止绕过防火墙的攻击。
④ 防火墙无法防止病毒感染程序或文件的传输。

3.5 云计算

云计算是一种通过互联网提供计算资源和服务的模式，它允许用户访问和使用远程服务器的计算能力、存储空间以及应用程序，而无须在本地设备上拥有这些资源。云计算的出现极大地改变了计算资源的使用方式，使得资源的获取更加灵活、成本效益更高，同时也促进了数据处理和存储能力的显著提升。

3.5.1 云计算与云

1．云计算的概念

云计算通过虚拟化技术将共享资源整合形成庞大的计算与存储网络，用户只需要一台接入网络的终端就能够以低廉的价格获得所需的资源和服务而无须考虑其来源。

云计算起源于 Amazon（亚马逊）产品和 Google-IBM 分布式计算项目。这两个项目直接使用了"Cloud computing"这个概念。从本质上讲，云计算是网格计算、分布式计算、并行计算、效用计算、网络存储、虚拟化、负载均衡等传统计算机技术和网络技术发展融合的产物。它旨在通过网络把多个成本相对较低的计算实体整合成一个具有强大计算能力的网络系统，并借助一些先进的商业模式把强大的计算能力分布到终端用户。云计算平台的拓扑结构，如图 3.29 所示。

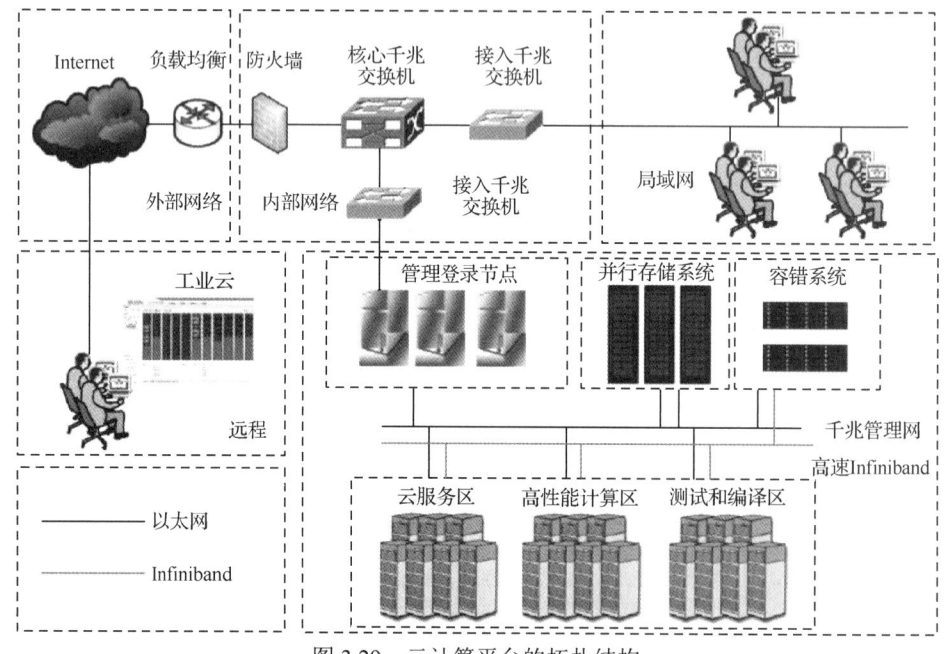

图 3.29 云计算平台的拓扑结构

云计算能将大量用网络连接的计算资源进行统一管理和调度，通过不断提高云的处理能力，减轻用户终端的处理负担，并为用户提供按需享受的计算处理能力。另外，云计算能通过千万台互联的计算机和服务器进行大量数据运算，为搜索引擎、金融行业建模、医药模拟等应用提供超级计算能力。

2．云的概念

所谓云是指以云计算、网络及虚拟化为核心技术，通过一系列的软件和硬件实现"按需服务"的计算机技术。

3．云计算与云的区别

云和云计算可从以下几个方面区分。

（1）任务不同

云是一些可以自我维护和管理的虚拟计算资源，通常是一些大型服务器集群，如计算服务器、存储服务器、宽带资源等，也包括应用端或网络终端的硬件及接入服务。

云计算侧重将所有的计算资源集中起来，并由软件实现自动管理，无须人为参与。应用提供者无须为烦琐的细节而烦恼，能够更加专注于自己的业务，有利于创新和降低成本。

（2）内涵不同

云是一种新型的 IT 技术，包括一系列的软件和硬件。

云计算是将大量用网络连接的计算资源进行统一管理和调度，构成一个计算资源池向用户提供按需服务的一种服务体系。

（3）目的不同

云的目的是更好地整合和利用网络资源，向高效节能方向发展。

云计算的目的是整合 IT 资源，更好地服务大众。

4．云计算产生的原因

云计算虽不是一个全新的概念，但它却是一项颠覆性的技术，是未来计算的发展方向。云计算产生的主要原因如下。

（1）满足硬件、基础设施的发展建设需求

高速发展的网络连接、芯片和磁盘驱动器产品性能的大幅提升，拥有成百上千台计算机的数据中心具备了快速为大量用户处理复杂问题的能力。同时，虚拟化技术日趋成熟为云计算的产生提供了基础。

（2）适应海量数据的处理需求

互联网上的信息量呈爆炸状态，各公司对数据处理能力的要求日益提高。效率、能耗、管理成本及人员、设备投入的矛盾日渐突出。另外，如何对互联网上的海量资源进行有效的计算、分配也成为一个重要的问题。

（3）网络发展的必然结果

Web 2.0 的兴起，让网络迎来了一个新的发展。MySpace、YouTube 等网站的访问量已经远远超过传统门户网站。用户数量多、参与程度高是这些网站的特点。因此，如何有效地为海量用户群体提供方便、快捷的服务，成为这些网站不得不解决的问题。

3.5.2 云计算的特点与不足

云计算是一种基于互联网的超级计算模式。它将计算任务分布在大量计算机构成的资源池上，各种应用系统能够根据需要获取计算能力、存储空间和软件服务。

1．云计算的特点

云计算的新颖之处在于它几乎可以提供无限的廉价存储和计算能力。从用户角度看，云计算有其独特的吸引力。

（1）广泛的网络接入

在任何时间、任何地点，不需要复杂的软硬件设施，通过简单的可接入网络设备，如手机就可接入云，使用已有资源或者购买所需的新服务。

（2）资源的共享

计算和存储资源集中在云端，再对用户进行分配。通过多租户模式服务多个消费者。在物理上，资源以分布式的共享方式存在，但最终在逻辑上以单一整体的形式呈现给用户，形成资源池，实现云上资源可重用。

（3）超大规模

云具有相当的规模，Google（谷歌）云计算已经拥有 100 多万台服务器，Amazon、IBM、Microsoft 等的云均拥有几十万台服务器。企业私有云一般拥有上千台服务器。云能赋予用户前所未有的计算能力。

（4）虚拟化

云计算支持用户在任意位置、使用各种终端获取应用服务。所请求的资源来自云，而不是固定的有形实体。应用在云中某处运行，但实际上用户无须了解且不用担心应用运行的具体位置。只需要一台笔记本或者一个手机，就可以通过网络服务实现需要的一切，甚至包括超级计算这样的任务。

（5）高可靠性

云使用数据多副本容错、计算节点同构可互换等措施来保障服务的高可靠性，使用云计算比使用本地计算机可靠。

（6）通用性

云计算不针对特定的应用，在云的支撑下可以构造出千变万化的应用，同一个云可以同时支撑不同的应用运行。

（7）高可扩展性

云的规模可以动态伸缩，满足应用和用户规模增长的需要。

（8）按需服务

云是一个庞大的资源池，用户按需购买。

（9）价格廉价

由于云的特殊容错机制，可以采用廉价的节点来构成云，云的自动化集中式管理使大量企业无须负担日益高昂的数据中心管理成本。云的通用性使资源的利用率较传统系统有大幅提升，因此用户可以充分享受云的低成本优势。

2．云计算的不足

（1）数据安全与隐私

云计算基础架构具有多租户的特性，厂商们通常无法保证 A 公司的数据与 B 公司的数据实现物理分隔。另外，考虑到大规模扩展性方面的要求，数据物理位置可能得不到保证。如果企业需要遵守业务交易及相关数据方面的国家或国际法规，则用户可能会觉得不放心。

（2）数据访问和存储模型

无论是 Amazon 的 S3 和 SimpleDB 服务，还是 Microsoft Azure 的数据服务，其提供的存储模型都需要适应不同的使用场景。因此，它们可能偏向采用基于二进制大对象的简单存储模型或简单的层次模型。这虽然带来了显著的灵活性，却给解释不同数据元素之间的关系增加了负担。许多依赖关系型数据库结构的事务型应用程序就不适合这种数据存储模型。

（3）缺乏标准

大多数厂商都定义了基于标准的机制来访问及使用其服务。不过，在云计算环境开发服务方面的标准才刚刚兴起，而且可移植性差。比如，使用 Google 的 AppEngine 开发应用程序的方式与在 Microsoft Azure 或 Force.com 上开发应用程序的方式截然不同。使用某厂商的编程模型开发的应用程序要移植到另一家厂商的平台上并非易事。

（4）故障处理

考虑到云计算应用程序具有大规模分布式的特性，当出现故障时，故障类型判定、故障位置确定是麻烦的事情。因此，开发应用程序时要把处理故障当作正常执行流程，而不是例外情况来处理。

（5）经济模型

按需付费的模型具有某些优势，但如果使用量一直很高，则这种模式的经济性就不再存在。特别是事务密集型应用如果要使用云计算，厂商就要考虑对付费实行最高限额。

（6）离线世界

云的实现以网络为基础，脱离了网络，云计算将变得无能为力。这也是云计算需要解决的问题。因此，对于云计算而言，端的作用方式仍需要研究。

3.6 云计算的基本类型

根据目前主流云计算服务商和服务商提供的服务，一般将云计算分为基础设施即服务（IaaS）、平台即服务（PaaS）和软件即服务（SaaS）三大类型，如图3.30所示。

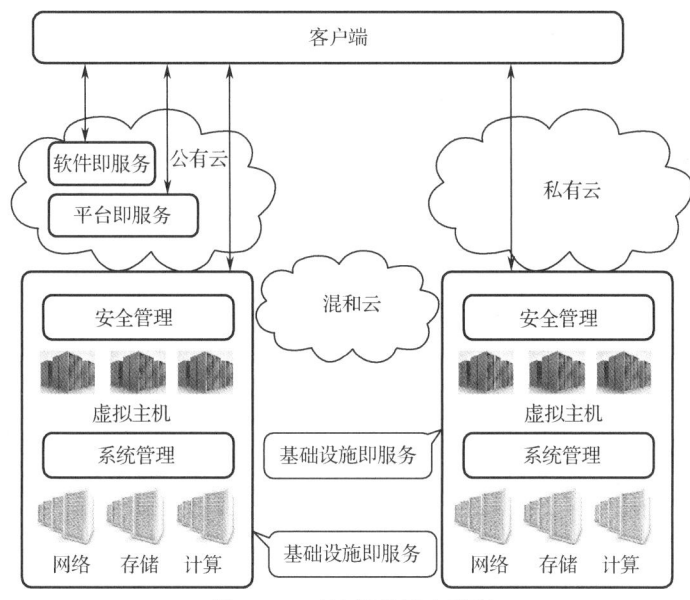

图 3.30 云计算的基本类型

3.6.1 基础设施即服务（IaaS）

基础设施即服务（Infrastructure as a Service，IaaS）指服务商通过Internet为用户提供计算机基础设施服务，如虚拟服务器、存储设备等。提供给用户的服务是对所有计算基础设施的利用，包括CPU、内存、存储、网络和其他基本的计算资源，用户能够部署和运行任意软件，包括操作系统和应用程序。用户不管理或控制任何云计算基础设施，但能控制操作系统的选择、存储空间及部署应用，也有可能获得有限制的网络组件（如路由器、防火墙、负载均衡器等）控制。

IaaS类型的云服务产品主要有Amazon's EC2、Go Grid's Cloud Servers和Joyent。

1．IaaS的技术特征

（1）拆分技术

拆分技术能将一台物理设备划分为多台独立的虚拟设备，各个虚拟设备之间可进行有效的资源隔离和数据隔离。由于多个虚拟设备共享一台物理设备的物理资源，所以能够充分复用物理设备的计算资源，提高资源利用率。

（2）合并技术

合并技术能将多个物理设备资源形成对用户透明的统一资源池，并能按照用户需求生成和分配不同性能配置的虚拟设备，提高资源分配的效率和精确性。

（3）弹性技术

IaaS 具有良好的可扩展性和可靠性，一方面能够弹性地进行扩容，另一方面能够为用户按需提供资源，并能够对资源配置进行适时修改和变更。

（4）智能技术

IaaS 能实现资源的自动监控和分配、业务的自动部署，能够将设备资源和用户需求更紧密地集合。

2．IaaS 的业务特征

（1）用户获得的是 IT 资源服务

用户能够租赁具有完整功能的计算机和存储设备，并获得相关的计算资源和存储资源服务。这是 IaaS 区别于平台即服务（PaaS）和软件即服务（SaaS）的特点。

IaaS 获取和使用服务都需要通过网络进行，网络成为连接云计算运营商和使用者的纽带。同时，在云服务广泛存在的情况下，IaaS 服务的运营商也会是服务的使用者，这不单是指支撑 IaaS 运营商服务的应用系统运行在云端，同时 IaaS 运营商还可能通过网络获取其他合作伙伴提供的各种云服务，以丰富自身的产品目录。

（2）用户通过网络获得服务

资源服务和用户之间的渠道是网络，当 IaaS 作为内部资源整合优化时，用户可以通过企业 Intranet 获得弹性资源。当 IaaS 作为一种对外业务时，用户可以通过互联网获得资源服务。

（3）用户能够自助服务

用户通过 Web 页面等网络访问方式，能够自助定制所需的资源类型和配置、资源使用的时间和访问方式，能够在线支付费用，能够实时查询资源使用情况和计费信息。

（4）按需计费

不论是公有云还是私有云，服务的使用者与运营商之间都会对服务的质量和内容有一个约定（SLA，Service Level Agreement，服务水平协议。为保证约定的达成，运营商需要对提供的服务进行度量和评价，以便对所提供的服务进行调度、改进与计费。所以，IaaS 服务应该是可计量的，所有资源的使用都能被监管和计量，并以此作为运营商的收费依据。IaaS 按照用户对资源的使用情况提供多种灵活的计费方式。

- 能够按照使用时长进行收费，如按月租和按小时收费。
- 能按照使用的资源类型和数量进行收费，如按照存储空间大小、CPU 处理能力进行收费。

3．IaaS 的资源层次

IaaS 的资源类型可分为 3 个层次。

（1）资源层

资源层是 IaaS 提供服务的物理基础，主要包括计算资源、存储资源和网络资源，以及必要的电力资源、IP 资源等。这一层主要通过规模采购和资源复用的模式来获得利润，利润不高。

（2）产品层

产品层是 IaaS 的核心，IaaS 运营商根据客户的各种不同需求，在资源层的基础上开发出各种各样的产品，如存储产品、消息产品、内容分发网络（Content Delivery Network，CDN）产品、监控产品。每一种产品又会根据场景和需求的不同，进行针对性的改造与优化，形成特定类型的产品。产品层是不同 IaaS 竞争力体现之处，也是 IaaS 利润的主要来源。像国内的阿里云就提供了云主机和负载均衡、云监控等产品。Ucloud 提供了块设备存储的 UDisk、云数据库的 UDB 等产品。

（3）服务层

服务层在产品层之上，IaaS 运营商还会根据用户的需求提供更多的增值服务，如为用户提供数据快递服务、安全服务等。这部分从商业角度看利润不高，但却是用户使用 IaaS 的重要条件。

3.6.2 平台即服务（PaaS）

1. PaaS 的概念

平台即服务（Platform as a Service，PaaS）是指将研发的软件平台作为一种服务，平台通常包括操作系统、编程语言的运行环境、数据库和 Web 服务器。用户或者企业基于 PaaS 平台可以快速开发自己所需要的应用和产品。同时，PaaS 平台开发的应用能更好地搭建基于 SOA（Service-Oriented Architecture，面向服务架构）的企业应用。

PaaS 作为一个完整的开发服务，提供从开发工具、中间件到数据库软件等开发者构建应用程序所需开发平台的所有功能。用户不需且不能管理和控制底层的基础设施，只能控制自己部署的应用。

PaaS 类型的云服务产品主要有 Google's App Engine、Microsoft's Azure、Amazon Web Services 和 Force.com。

2. PaaS 的特点

PaaS 能将现有各种业务能力进行整合，向下根据业务能力需要测算基础服务能力，通过 IaaS 提供的 API 调用硬件资源，向上提供业务调度中心服务，实时监控平台的各种资源，并将这些资源通过 API 开放给 SaaS 用户。

PaaS 主要有两个特点。

（1）PaaS 提供的是一个基础平台，而不是某种应用

在传统的观念中，平台是向外提供服务的基础。一般来说，平台作为应用系统部署的基础，由应用服务提供商搭建和维护。而在 PaaS 模式中，由专门的平台服务提供商搭建和运营该平台，并将该平台以服务的方式提供给应用系统运营商。

（2）PaaS 运营商提供基础平台的技术支持服务

PaaS 运营商所需提供的服务，不仅是单纯的基础平台，而且包括针对该平台的技术支持服务，甚至包括针对该平台而进行的应用系统开发、优化等服务。因为 PaaS 运营商了解其运营的基础平台，所以由 PaaS 运营商提出的对应用系统进行优化和改进的建议非常重要。在应用系统的开发过程中，PaaS 运营商的技术咨询和支持团队的介入也是保证应用系统在以后运营中得以长期、稳定运行的重要因素。

3.6.3 软件即服务（SaaS）

软件即服务（Software as a Service，SaaS）是一种通过 Internet 提供软件的模式，用户无须购买软件，而是向提供商租用基于 Web 的软件来管理企业经营活动。云提供商在云端安装和运行应用软件，云用户通过云客户端使用软件。在 SaaS 模式中，云用户不能管理应用软件运行的基础设施和平台，只能进行有限的应用程序设置。

SaaS 类型的云服务产品有主要有 Yahoo 邮箱、Google Apps、Saleforce.com、WebEx 和 Microsoft Office Live。

SaaS 的服务模式类似于传统 ASP（Application Service Provider Model，应用服务提供商）模式，服务商提供软件，基础设施及工作人员为客户提供个性化的 IT 解决方案。两者的共同点都是为终端用户免去烦琐的安装过程，提供一站式的服务。不同的是，在 ASP 模式下，IT 基础设施和应用是专属于用户的。而在 SaaS 模式下，用户之间的应用和 IT 基础设施则是相互共享的。

1. SaaS 的两大类型

SaaS 企业管理软件分成两大阵营：平台型 SaaS 和傻瓜式 SaaS。平台型 SaaS 和傻瓜式 SaaS 的共同点是都能租赁使用。但是，无论是平台型 SaaS 还是傻瓜式 SaaS，SaaS 服务提供商都必须有自己的知识产权，所以企业在选择 SaaS 产品时应当了解服务商是否有自己的知识产权。

（1）平台型 SaaS

平台型 SaaS 是把传统企业管理软件的强大功能通过 SaaS 模式交付给客户，该类型的平台有强大的自定制功能。一般而言，因为平台型 SaaS 具有强大的自定制功能而更能满足企业的应用需求。当然，并非所有 SaaS 服务提供商的产品都具有自定制功能，所以企业在选择产品时要先考察清楚。

（2）傻瓜式 SaaS

傻瓜式 SaaS 提供固定功能和模块，简单易懂，但无法升级和不能自定制在线应用，用户也是按月付费。傻瓜式 SaaS 的功能是固定的，在某个阶段能适应企业的发展，一旦企业有了新的发展，只能"二次购买"所需服务。

2. SaaS 的优缺点

（1）优点

对企业来说，SaaS 的优点表现在以下几个方面。

① 技术方面。

SaaS 是简单的部署，不需要购买任何硬件，企业无须配备 IT 方面的专业技术人员，同时又能得到最新的技术应用，满足企业对信息管理的需求。

② 投资方面。

企业只以相对低廉的"月费"方式投资，不用一次性投资，不占用过多的运营资金，从而缓解企业资金不足的压力。同时，也不用考虑折旧问题，并能及时获得最新硬件平台及最佳解决方案。

③ 维护和管理方面。

由于企业采取租用的方式来进行业务管理，不需要专门的维护和管理人员，能缓解企业在人力、财力上的压力，使其能够集中资金有效地运营核心业务。

（2）缺点

① 安全性方面。

大型企业不愿使用 SaaS 是因为安全问题，他们要保护他们的核心数据，不希望这些核心数据由第三方来负责。

② 标准化方面。

SaaS 解决方案缺乏标准化。这个行业刚刚起步，没有明确的解决办法，每家公司都可以设计一个解决方案。

3.6.4 三种云计算类型的关系

1. 云计算同传统 IT 服务模式的区别

云计算同传统 IT 服务模式的区别如表 3.1 所示。

表 3.1　云计算同传统 IT 服务模式的区别

云计算	服务内容	服务对象	使用模式	和传统 IT 的区别	典型系统
IaaS	IT 基础设施	需要硬件资源的用户	上传数据、程序和环境配置	相比于传统的服务器、存储设备： • 无限和按需获得资源； • 初始投资小； • 按需付费	• Amazon's EC2； • Go Grid's Cloud Servers； • Joyent
PaaS	提供应用程序开发环境	系统开发者	上传数据、程序	相比于传统的数据库、中间件、Web 服务器和其他软件： • 无限和按需获得资源； • 初始投资小； • 按需付费； • 兼容性； • 集成全生命周期开发环境	• Google's App Engine； • Microsoft's Azure； • Amazon Web Services； • Force.com
SaaS	提供基于互联网的应用服务	企业和个人用户	上传数据	相比于传统的 ASP 模式： • 无限和按需获得资源； • 初始投资小； • 按需付费； • 兼容性、灵活性； • 稳定可靠； • 共享的应用和基础设施	• Yahoo 邮箱； • Google Apps； • Saleforce.com； • WebEx； • Microsoft Office Live

2. 三种模式的关系

虽然云计算具有三种服务模式，但在使用过程中并不需要严格地对其进行区分。底层的基础服务和高层的平台和软件服务之间的界限并不绝对。

随着技术的发展，三种模式的服务在使用过程中并不是相互独立的。

① 底层（IaaS）的云服务商提供最基本的 IT 架构服务，SaaS 层和 PaaS 层的用户既可以是 IaaS 云服务商的用户，也可以是最终端用户的云服务提供者。

② PaaS 层的用户同样也可能是 SaaS 层用户的云服务提供者。

从 IaaS 到 PaaS 再到 SaaS，不同层的用户之间互相支持，同时扮演多重角色。并且，企业根据不同的使用目的同时采用云计算三层服务的情况也很常见。

3.7　主流云计算技术介绍

3.7.1　常见的云解决方案

当前，各大云计算厂商采用各自的云计算方案，常见的有 Google 云计算技术、Amazon 的 AWS、Amazon 的 AWS、开源的 Hadoop、Microsoft 的 Windows Azure、基于应用虚拟化的云计算技术等。

1. Google 云计算技术

Google 采用由若干个相互独立又紧密结合在一起的系统组成云计算基础架构，主要包括 4 个系统：建立在集群之上的文件系统（Google File System）、针对 Google 应用程序特点提出的 Map/Reduce 分布式计算系统、分布式锁服务系统（Chubby）和大规模分布式数据库系统（BigTable）。

Google 的云可以看成利用虚拟化实现的云计算基础架构（硬件架构）加上基于云的文件系统和数据库及相应的开发应用环境，用户通过浏览器就可以使用分布在云上的 Google Docs

等应用,如图 3.31 所示。

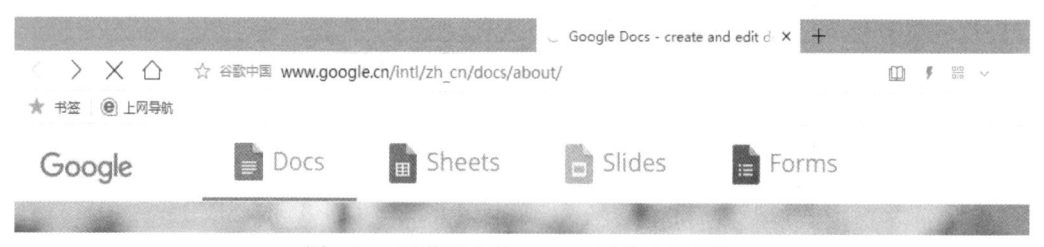

图 3.31　浏览器上的 Google 开发应用环境

2. Amazon 的 AWS

AWS(Amazon Web Service)基于云的基础架构如图 3.32 所示。AWS 提供基于 SOAP 的 Web Service 接口,在这之上建立基于云的 Web 2.0 服务,对最终用户来说,只需浏览器就可以使用。

图 3.32　AWS 基于云的基础架构

AWS 是一组服务,它们允许通过程序访问 Amazon 的计算基础设施。这些服务包括存储、计算、消息传递和数据集,具体见表 3.2。

表 3.2　AWS 的基本服务

基本服务	说明
存储:Amazon Simple Storage Service (S3)	所有应用程序都需要存储文件、文档,供用户下载或备份。可以把应用程序需要的任何东西存储在其中,从而实现可伸缩、可靠、高可用、低成本的存储
计算:Amazon Elastic Compute Cloud (EC2)	能够根据需要扩展或收缩计算资源,非常方便地提供新的服务器实例
消息传递:Amazon Simple Queue Service (SQS)	提供不受限制的可靠的消息传递,可以使用它消除应用程序组件之间的耦合
数据集:Amazon SimpleDB (SDB)	提供可伸缩、包含索引且无须维护的数据集存储,以及处理和查询功能

3. 开源的 Hadoop

Hadoop 是 Apache 软件基金会研发的开放源码并行运算编程工具和分布式文件系统,与 Map/Reduce 和 Google 文件系统类似,是用于在大型集群廉价硬件设备上运行应用程序的框架,提供高效、高容错性、稳定的分布式运行接口和存储。基于 Hadoop 的云计算环境能提供云计算能力和云存储能力的在线服务,最终用户可以通过浏览器使用这些服务。

图 3.33 描述了 Hadoop 项目的基础架构。其核心组件包括分布式文件系统 HDFS、分布式计算框架 MapReduce 等。

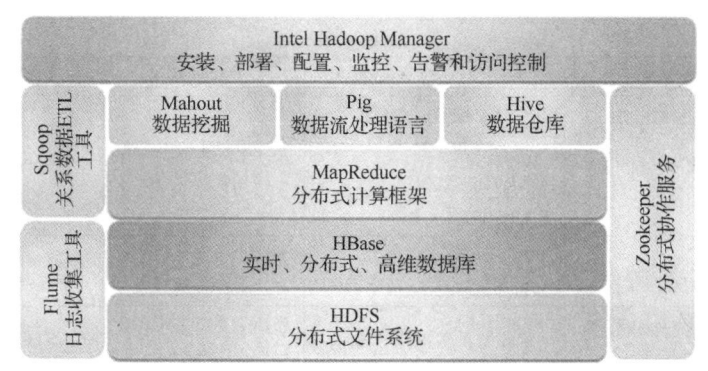

图 3.33　Hadoop 项目的基础架构

4．Microsoft 的 Windows Azure

Microsoft 的 Windows Azure 是构建在 Microsoft 数据中心基础上能够提供云计算的一个应用程序平台，包含云操作系统、基于 Web 的关系型数据库（SQL Azure）和基于.NET 的开发环境。开发环境与 Visual Studio 集成，开发人员能使用集成开发环境来开发与部署要挂载在 Azure 上的应用程序。Microsoft 倡导的云计算是"云+端计算"，终端是操作系统加上桌面软件的方式。

基于 Windows Azure 的云存储和 Web Service 接口建立的在线服务，对于最终用户来说是桌面软件的形态，使用的终端主要是 PC、笔记本，仍旧要依赖 Microsoft 的操作系统，软件的计算仍旧依赖终端的处理能力。

5．基于应用虚拟化的云计算技术

基于应用虚拟化的云计算技术，能按需提供服务，运行、存储都在云端，可以通过应用虚拟化实现 SaaS 云平台。2009 年，Amazon EC2（弹性计算云）已经与应用虚拟化产品的主要厂商 Citrix（思杰）合作推出商用云平台 Citrix C3 Lab。由于对终端的计算能力要求很低，用户甚至可以使用手机按使用传统软件的方式使用基于云的服务。

基于应用虚拟化的云计算通过应用虚拟化架构把表示层做成应用虚拟化引擎。该引擎可以放在计算系统的操作系统和应用层之间，隔绝重要应用，这是应用虚拟化技术的核心思想。应用虚拟化在后端服务与终端之间增加一个虚拟层，应用运行在虚拟层，而将应用运行的屏幕界面推送到终端上显示，即"应用交付"的概念。

通过应用虚拟化技术，用户可以远程访问程序，就好像它们在最终用户的本地计算机上运行一样。这些程序称为虚拟化程序。虚拟化程序与客户端的桌面集成在一起，而不是在服务器的桌面上向用户显示。虚拟化程序在自己的可调整大小的窗口中运行，可以在多个显示器之间拖动，并且在任务栏中有自己的条目。当用户在同一个服务器上运行多个虚拟化程序时，虚拟化程序将共享同一个远程会话。

3.7.2　基本云计算的技术对比

表 3.3 简明描述了常见云计算的技术比较。

表 3.3　常见云计算的技术比较

厂家	技术特性	核心技术	企业服务	开发语言	开源情况
Microsoft	整合其所用软件及数据服务	大型应用软件开发技术	Azure 平台	.NET	不开源

续表

厂家	技术特性	核心技术	企业服务	开发语言	开源情况
Google	存储及运算扩充能力	并行分散技术； • MapReduce 技术； • BigTable 技术； • GFS 技术	• Google App Engine； • 应用代管服务	Python、Java	不开源
IBM	整合其所有硬件及软件	• 网格技术； • 分布式存储	• 虚拟资源池提供； • 企业云计算整合		不开源
Oracle	软硬件弹性平台	• Oracle 的数据存储技术； • Sun 的开源技术	• EC2 上的数据库； • OracleVM； • SunxVM		部分开源
Amazon	弹性虚拟平台	虚拟化技术 Xen	• EC2； • S3； • SimpleDB； • SQS		开源
Saleforce	弹性可定制商务软件	平台整合技术	Force.com	Java、Apex	不开源
EMC	信息存储技术及虚拟化技术	Vmware 的虚拟化技术	• Atoms 云存储系统； • 私有云解决方案		不开源
阿里巴巴	弹性可定制商务软件	平台整合技术	• 软件互联平台； • 云电子商务平台		不开源
中国移动	丰富宽带资源	• 底层集群部署技术； • 资源池虚拟技术	BigCloud		不开源

3.8 知识扩展

3.8.1 华为的星闪技术

华为的星闪技术也称为 NearLink，是华为在面临美国制裁后被迫退出蓝牙技术联盟时开始研发的一种先进的无线短距离通信技术，它综合了蓝牙和 Wi-Fi 的优势，并引入了 5G 技术的元素，旨在提供低时延、高速率、高可靠性及低功耗的通信解决方案。

华为的星闪技术在性能上的全面提升，使其在多种应用场景中展现出巨大的优势，尤其是在智能设备和物联网的快速发展背景下，具有重要应用价值。

1. 技术架构

星闪技术采用了一种分层的系统架构，包括基础应用层、基础服务层和星闪接入层。其中，星闪接入层提供了 SLB（SparkLink Basic，基础接入）和 SLE（SparkLink Low Energy，低功率接入）两种通信接口，分别对标 Wi-Fi 和蓝牙，以满足不同场景下的通信需求。

2. 技术性能

星闪技术在性能上有了显著提升。SLB 接口采用超短帧、多点同步等技术，拥有更快速度、更低时延（20μs），支持更快的数据传输速率，适用于低时延、高可靠性、精同步、高并发和高安全等传输需求的业务场景。而 SLE 接口则采用 Polar 信道编码等技术，支持更低的功耗，满足低功耗、高可靠性的场景需求。

据华为官方介绍，星闪技术的峰值传输速率可以达到 8Gbps，远超现有蓝牙的速率。这一技术特别适用于对数据传输速度有极高要求的场景，如高清视频传输、虚拟现实（VR）和增强现实（AR）应用，以及高速数据同步等。

蓝牙技术是一种广泛使用的无线通信标准，主要用于短距离设备之间的通信，如手机、耳机、智能手表等。截至 2025 年 3 月，蓝牙技术的最新版本为蓝牙 5.4。蓝牙 5.4 的数据传输速度相较于之前的版本有所提升。尽管蓝牙 5.4 同样支持 2 Mbps 的数据传输速率，但由于采用了更高效的编码方式和更优化的数据传输协议，所以实际传输速度更快、延迟更低。这意味着在使用蓝牙 5.4 的设备时，用户可以感受到更短的等待时间，尤其是在传输大文件、玩游戏或观看高清视频时，体验会更加流畅。此外，蓝牙 5.4 还在连接稳定性、功耗控制以新特性上有所增强和优化。

3. 应用场景

星闪技术被广泛应用于智能汽车、智能终端、智能家居、智能制造等快速发展的产业链上下游及新场景应用。例如，在智能汽车领域，星闪技术支持实时的 360°无线环视，优化有线线束的使用，减轻车重；在智能终端方面，星闪技术已应用于华为的 Mate 60 系列、Mate 70 系列直板手机，Mate X6 折叠屏手机，MatePad 系列平板电脑。

3.8.2 Google 的云计算技术构架分析

日常使用的 Google Search、Google Earth、Google Map、Google Gmail、Google Doc 等业务都是 Google 基于云计算平台提供的。从 Google 的整体的技术构架来看，Google 计算系统依然是边进行科学研究，边进行商业部署，依靠系统冗余和良好的软件构架实现庞大系统的低成本运作。Google 在应对互联网海量数据处理的压力下，充分借鉴大量开源代码及其他研究机构和专家的思路，构架自己的有创新性的计算平台。

1. Google 的整体技术构架

大型的并行计算、超大规模的 IDC（Internet Data Center，Internet 数据中心）快速部署、通过系统构架来使廉价 PC 服务器具有超过大型机的稳定性都已经成为互联网时代、IT 企业获得核心竞争力发展的基石。

Google 最大的优势在于它建造出能承受极高负载的高性价比的系统。因此，Google 认为自己与竞争对手，如亚马逊网站（Amazon）、电子港湾（eBay）、微软（Microsoft）和雅虎（Yahoo）等公司相比，具有更大的成本优势。其 IT 系统运营成本约为其他互联网公司的 60%左右。同时，Google 已经开发出了一整套专用于支持大规模并行系统编程的定制软件库，所以 Google 程序员的效率比其他 Web 公司的同行们高出 50%～100%。

Google 云计算技术架构如图 3.34 所示。从整体来看，Google 的计算平台包括如下几个方面。

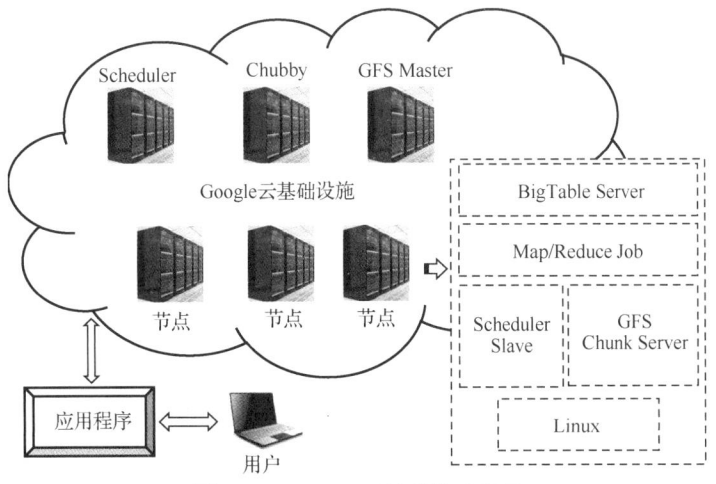

图 3.34　Google 云计算技术架构

（1）网络系统

网络系统包括外部网络（Exterior Network，简称外网）和内部网络（Interior Network，简称内网），这里的外部网络并不是指运营商自己的骨干网，而是指在 Google 计算服务器中心以外，由 Google 自己搭建的用于不同地区/国家、不同应用之间的负载平衡的数据交换网络。内部网络是指连接各个 Google 自建的数据中心之间的网络系统。

（2）硬件系统

硬件系统包括单个服务器，以及整合了多服务器机架和存放、连接各个服务器机架的数据中心（IDC）。

（3）软件系统

软件系统包括每个服务器上安装的 Red Hat Linux，以及 Google 计算底层软件系统（文件系统 GFS、并行计算处理算法 Map/Reduce、并行数据库 BigTable、并行锁服务 ChubbyLock、计算消息队列 GWQ）等。

（4）Google 内部使用的软件开发工具

这种工具包括 Python、Java、C++等。

（5）Google 自己开发的应用软件

这种软件包括 Google Search、Google Email、Google Earth 等。

2．Google 的外部网络系统

当一个互联网用户输入 www.google.com 的时候，这个 URL 请求就会被发到 Google 的 DNS 解析服务器。Google 的 DNS 解析服务器会根据用户的 IP 地址来判断用户请求是来自哪个国家、哪个地区的；根据不同用户的 IP 地址信息，解析到不同的 Google 的数据中心。

然后，用户请求进入第一级防火墙，这级防火墙主要任务是根据不同端口来判断应用，过滤相应的流量。如果仅接受浏览器应用的访问，一般只会开放 80 端口 HTTP 和 443 端口 HTTPS（通过 SSL 加密）。放弃来自互联网上的非 IPv4/IPv6 非 80/443 端口的请求，避免遭受互联网上大量的 DOS 攻击。

Google 使用 Citrix 的 NetScaler 应用交换机实现 Web 应用的优化。NetScaler 使用高级优化技术（如动态缓存时），可以大大提升 Web HTTP 性能，有效降低后端 Web 应用服务器的处理和连接压力。同时，Google 使用反向代理技术，屏蔽内部服务器差异。反向代理方式是指以代理服务器来接受 Internet 上的连接请求，然后将请求转发给内部网络上的服务器，并将从服务器得到的结果返回给 Internet 上请求连接的客户端，此时代理服务器对外就表现为一个服务器。

3．Google 的内部网络架构

Google 已经建设了跨国的光纤网络，连接跨地区、跨国家的高速光纤网络。内部网络采用 IPv6 协议。在每个服务器机架内部，服务器之间的连接网络是 100M 以太网，服务器机架之间的连接网络是 1000M 以太网。

在每个服务器机架内，通过 IP 虚拟服务器（IP Virtual Server，IPVS）的方式实现传输层负载平衡，这个就是所谓四层 LAN 交换。IPVS 使一个服务器机架中的众多服务成为基于 Linux 内核的虚拟服务器。这就像在若干服务器前安装一个负载均衡的服务器一样，当收到 TCP/UDP 的请求时，使某个服务器可以使用一个单一的 IP 地址来对外提供相关的服务支撑。

4．Google 的大规模 IDC 部署

海量信息的存储、处理需要大量的服务器，为了满足不断增长的计算需求，Google 很早就进行了全球的 IDC 部署。IDC 的选择面临电力供应、大量服务器运行后的降温排热、足够

的网络带宽支持等关键问题。因此，Google 在部署 IDC 的时候，是根据互联网骨干带宽和电力网的核心节点部署的。

目前，Google 已在全球部署了 38 个大型的 IDC、300 多个 GFSII 服务器集、80 多万台计算机。目前，Google 在中国的北京和香港建设了 IDC。Google 设计了创新的集装箱式服务器，IDC 以货柜为单位，标准的 Google 模块化集装箱装有 30 个机架、1160 台集装箱式服务器，每台服务器的功耗是 250kW。这种标准的集装箱式服务器部署和安装策略使 Google 能快速地部署一个超大型 IDC，从而大大降低对于机房基建的需求。

5. Google 的 PC 服务器刀片

Google 的核心技术之一是，Google 所拥有的 80 多万台服务器都是自己设计的，Google 的硬件设计人员直接和芯片厂商及主板厂商协作。从 2009 年开始，Google 开始大量使用 2U 的低成本解决方案，每个服务器刀片自带 12V 的电池来保证在短期没有外部电源的情况下可以保持服务器刀片正常运行，自带电池方式的效率比传统 UPS 方式的效率更高。

6. Google 服务器的操作系统

Google 服务器使用的操作系统是基于 Red Hat Linux 2.6 内核的修改版。它修改了 GNUC 函数库和远程过程调用（RPC），开发了自己的 IPvs；修改了文件系统，形成了自己的 GFSII；修改了 Linux 内核和相关的子系统，使其支持 IPv6；采用了 Python 作为主要的脚本语言。

7. Google 云计算的文件系统 GFS/GFSII

GFS（Google File System，Google 文件系统）是 Google 设计的由大量安装有 Linux 操作系统的普通 PC 构成的分布式文件系统。整个集群系统由一台 Master（通常有几台备份）和若干台 Chunk Server 构成。

在 GFS 中，文件备份成固定大小的 Chunk，分别存储在不同的 Chunk Server 上；每个 Chunk 有多份拷贝，也存储在不同的 Chunk Server 上。Master 负责维护 GFS 中的 Metadata（元数据），即文件名及其 Chunk 信息。客户端先从 Master 上得到文件的 Metadata，根据要读取的数据在文件中的位置与相应的 Chunk Server 通信，获取文件数据。GFS 为 Google 云计算提供海量存储，并且与 Chubby、Map/Reduce 及 BigTable 等技术紧密结合，处于所有核心技术的底层。

在实际中，GFS 块存储服务器上的存储空间以 64MB 为单位分成很多的存储块，由主服务器来进行存储内容的调度和分配。每份数据都是一式三份，将同样的数据分布存储在不同的服务器集中，以保证数据的安全性和吞吐率。当需要存储文件、数据的时候，应用程序将需求发给主服务器，主服务器根据所管理的块存储服务器的情况，将需要存储的内容进行分配（使用哪些块存储服务器和哪些地址空间）然后，由 GFS 接口将文件和数据直接存储到相应的块存储服务器中。

在块存储服务器中，数据经过压缩后存储，压缩采用 BMDiff 和 Zippy 算法。BMDiff 使用最长公共子序列进行压缩，压缩速度为 100MBps，解压缩速度约为 1000MBps。

8. Google 并行计算构架 Map/Reduce

Google 设计并实现了一套大规模数据处理的编程规范 Map/Reduce 系统。这样，非分布式专业的应用程序编写人员在不用顾虑集群可靠性、可扩展性等问题的基础上也能够为大规模集群编写应用程序。应用程序编写人员只需要将精力放在应用程序本身上，而关于集群的处理问题则交由平台来处理。

Map/Reduce 通过 Map（映射）和 Reduce（化简）这样两个简单的概念来参加运算，用户只需要提供自己的 Map 函数及 Reduce 函数就可以在集群上进行大规模的分布式数据处理。

Google 的文本索引方法（即搜索引擎的核心部分）已经通过 Map/Reduce 的方法进行了改写，获得了更加清晰的程序架构。

与传统的分布式程序设计相比，Map/Reduce 封装了并行处理、容错处理、本地化计算、负载均衡等细节；同时，还提供了一个简单而强大的接口，通过这个接口可以把计算自动地并发和分布执行，从而使编程变得非常容易。不仅如此，通过 Map/Reduce 还可以由普通 PC 构成巨大集群来达到极高的性能。另外，Map/Reduce 也具有较好的通用性，大量的不同问题都可以简单地通过 Map/Reduce 来解决。

（1）映射和化简

简单地说，一个映射函数就是对由一些独立元素组成的概念上的列表（例如一个测试成绩的列表）的每个元素进行指定的操作（比如，有人发现成绩列表中所有学生的成绩都被高估了一分，他可以定义一个"减一"的映射函数，用来修正这个错误）。事实上，每个元素都是被独立操作的，但原始列表没有被更改，因为这里创建了一个新的列表来保存新的答案。也就是说，Map 操作是可以高度并行的，这对高性能要求的应用及并行计算领域的需求非常有用。

化简操作是指对一个列表的元素进行适当的合并（例如，有人想知道班级的平均分，他可以定义一个化简函数，通过让列表中的元素与自己的相邻元素相加的方式把列表减半，如此递归运算直到列表只剩下一个元素，然后用这个元素除以人数，就得到了平均分）。虽然化简函数不如映射函数那么并行，但因为化简总是有一个简单的答案，大规模的运算相对独立，所以化简函数在高度并行环境下也很有用。

（2）分布和可靠性

Map/Reduce 通过把数据集分发给网络上的每个节点实现可靠性，每个节点会周期性地返回其所完成的工作和最新的状态。如果一个节点保持沉默超过一个预设的时间，主节点（类同 GFS 中的主服务器）则把这个节点标记为死亡状态，并把分配给这个节点的数据发到其他节点。

每个操作使用命名文件的原子操作以确保不会发生并行线程间的冲突。当文件被改名时，系统可能会把它们复制到任务名以外的另一个名字上去。由于化简操作的并行能力较差，主节点会尽量把化简操作调度在一个节点上，或者调度到离待操作数据尽可能近的节点上。

在 Google 中，Map/Reduce 应用非常广泛，包括分布 grep、分布排序、Web 连接图反转、每台机器的词矢量、Web 访问日志分析、反向索引构建、文档聚类、机器学习、基于统计的机器翻译等。值得注意的是，Map/Reduce 会生成大量的临时文件，为了提高效率，它利用 GFS 来管理和访问这些临时文件。

9. Google 并行计算数据库

BigTable 是 Google 开发的基于 GFS 和 Chubby 的分布式存储系统。Google 的很多数据，包括 Web 索引、卫星图像数据等在内的海量结构化和半结构化数据都存储在 BigTable 中。从实现上来看，BigTable 并没有什么全新的技术，但如何选择合适的技术并将这些技术高效地结合在一起恰恰是最大的难点。Google 的工程师通过研究及大量实践实现了相关技术的选择与融合。

BigTable 在很多方面和数据库类似，但它并不是真正意义上的数据库。BigTable 建立在 GFS、Scheduler、Lock Service 和 Map/Reduce 之上。每个 Table 都是一个多维的稀疏图（Sparse Map）。Table 由行和列组成，表中的数据通过一个行关键字（Row Key）、一个列关键字（Column Key）及一个时间戳（Time Stamp）进行索引。BigTable 对存储在其中的数据不做任何解析，一律看成字符串，具体数据结构的实现需要用户自行处理。

在不同的时间对同一个存储单元 cell 有多份拷贝，这样就可以记录数据的变动情况。

BigTable 的存储逻辑可以表示为：(row：string, column：string, time：int64)→string。BigTable 数据的存储格式如图 3.35 所示。

为了管理大的 Table，把 Table 按行分割，这些分割后的数据统称为 Tablets。每个 Tablets 大概有 100～200MB，每个机器存储 100 个左右的 Tablets。底层的架构是 GFS。由于 GFS 是一种分布式文件系统，采用 Tablets 的机制后，可以获得很好的负载均衡。比如，可以把经常响应的表移动到其他空闲机器上，然后快速重建。Tablets 在系统中的存储方式是不可修改的 immutable 的 SSTables，一台机器一个日志文件。BigTable 中最重要的选择是将数据存储分为两部分：主体部分是不可变的，以 SSTable 的格式存储在 GFS 中；最近的更新则存储在内存（称为 memtable）中。读操作需要根据 SSTable 和 memtable 综合决定要读取的数据的值。

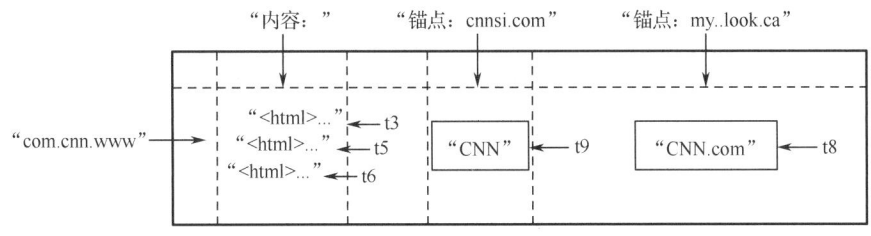

图 3.35 BigTable 数据的存储格式

Google 的 BigTable 不支持事务，只保证对单条记录的原子性。BigTable 的开发者通过调研后发现只要保证对单条记录更新的原子性就可以了。这样，为了支持事务所要考虑的串行化、事务的回滚、死锁检测（一般认为，分布式环境中的死锁检测是不可能的，一般都用超时解决）等复杂问题都可不予考虑，系统实现进一步简化。

10．Google 并行锁服务 Chubbylock

Chubby 是 Google 设计的提供粗粒度锁服务的一个文件系统，它基于松耦合分布式系统，解决了分布的一致性问题。通过使用 Chubby 的锁服务，用户可以确保数据操作过程中的一致性。需要注意的是，这种锁只是一种建议性锁（Advisory Lock），而不是强制性锁（Mandatory Lock），如此选择的目的是使系统具有更大的灵活性。

GFS 使用 Chubby 来选取一个 GFS 主服务器，BigTable 使用 Chubby 指定一个主服务器并发现、控制与其相关的子表服务器。除了最常用的锁服务，Chubby 还可以作为一个稳定的存储系统存储包括元数据在内的小数据。同时，Google 内部还使用 Chubby 进行名字服务（Name Server）。

Chubby 被划分成两个部分：客户端和服务器端，客户端和服务器端之间通过远程过程调用（RPC）来连接。在客户端，每个客户应用程序都有一个 Chubby 程序库（Chubby Library），客户端的所有应用都是通过调用这个库中的相关函数来完成。服务器一端称为 Chubby 单元，一般是由五个称为副本（Replica）的服务器组成，这五个副本在配置上完全一致，并且在系统刚开始时处于对等地位。这些副本通过 Quorum 机制选举产生一个主服务器（Master），并保证在一定的时间内有且仅有一个主服务器，这个时间就称为主服务器租约期（Master Lease）。如果某个服务器被连续推举为主服务器，则这个租约期就会不断地被更新。在租约期内，所有的客户请求都由主服务器来处理。客户端如果需要确定主服务器的位置，则可以向 DNS 发送一个主服务器定位请求，非主服务器的副本将对该请求做出回应，客户端通过这种方式能够快速、准确地对主服务器做出定位。Chubby 的基本架构如图 3.36 所示。

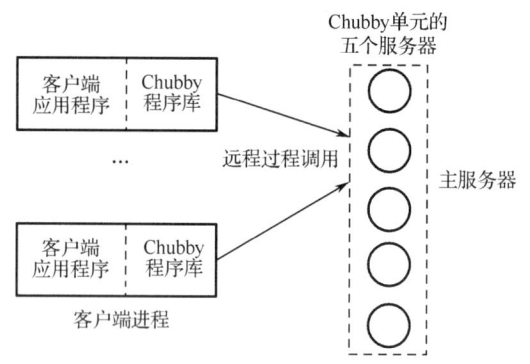

图 3.36　Chubby 的基本架构

11．Google 的工作队列（GWQ）系统

GWQ（Google Work Queue，Google 工作队列）系统负责将 Map/Reduce 的工作任务安排给各个计算单位。GWQ 系统可以同时管理数万台服务器。可以通过 API 接口和命令行调用 GWQ。

12．Google 的开发工具

除了传统的 C++和 Java，Google 开始大量使用 Python。在 Google 内部，很多项目使用 C++编写性能要求极高的部分，然后用 Python 调用相应的模块。

3.8.3　我国云服务的发展

随着全球数字化转型的加速，云计算作为重要的基础设施和服务模式，在中国经历了从萌芽到成熟的多个发展阶段，并持续推动着经济社会的数字化转型。

自 2006 年以来，中国云计算行业经历了形成期（2006—2010 年）、发展期（2010—2015 年）、应用期（2015—2020 年）和成熟期（2020—2025 年/2030 年）四个阶段。这一过程不仅展现了技术的不断进步，也反映了市场需求和政策支持的推动作用。

1．阿里云

阿里云隶属于阿里巴巴集团。自 2009 年成立以来，阿里云在技术创新、市场拓展和国际合作方面取得了显著成就，成为数字化转型的重要推动者。阿里云不仅在中国市场占有率高，还积极扩展国际市场，在全球多个国家和地区建立数据中心。例如，阿里云在印尼的数据中心是当地唯一的全球化公共云服务商。

（1）核心产品与服务

① 基础设施与服务。

阿里云提供广泛的云计算服务，包括基础设施即服务（IaaS）、平台即服务（PaaS）和软件即服务（SaaS）。其自主研发的飞天操作系统和分布式架构技术已达国际领先水平。

② 数据库与存储。

阿里云提供多种数据库和存储解决方案，如 PolarDB（云原生数据库）、OSS（Object Storage Service，对象存储服务）及分布式数据库服务等，帮助企业灵活管理数据。

③ 人工智能与大数据。

阿里云在人工智能与大数据领域也有深厚积累，推出多款人工智能产品和服务，如通义千问、机器学习平台 PAI 等。

（2）技术创新与成就

① 计算能力与效率。

阿里云在 Sort Benchmark 竞赛中多次打破世界纪录，利用自研的分布式计算平台 ODPS

高效完成数据排序任务。

② 防御能力。

2014年，阿里云成功抵御了当时全球互联网史上最大的DDoS攻击，峰值流量达到453.8Gbps。

③ 价格优势。

阿里云通过不断优化其服务和价格策略，在全球范围内降价，提高了市场竞争力。

（3）应用场景与合作伙伴

阿里云服务涵盖制造、金融、政务、交通、医疗等多个领域，为大型企业和互联网公司提供支持。例如，阿里云帮助中国一汽打造大模型应用，提升智能决策水平。

2. 天翼云

天翼云是中国电信推出的云计算服务品牌，旨在为用户提供云网融合、安全可信的专属定制云服务。天翼云不断扩展其产品线和服务范围，从最初的基础设施即服务（IaaS）逐步发展到平台即服务（PaaS）和软件即服务（SaaS），形成了全面的云服务产品体系。

（1）核心产品与服务

① 基础设施与服务。

天翼云提供丰富的云计算服务，包括弹性云主机、云电脑、物理机、对象存储等，满足不同规模企业的上云需求。

② 数据库与存储。

天翼云提供关系型数据库MySQL版、分布式数据库、云硬盘备份等服务，帮助企业灵活管理数据并确保数据安全。

③ 人工智能与大数据。

天翼云在人工智能与大数据领域也积极布局，推出了天翼云诸葛AI平台，为企业提供数据分析、机器学习等智能服务。

（2）技术创新与成就

① 云网融合技术。

天翼云致力于实现云与网络的深度融合，通过全球分布的数据中心和高速网络连接，为用户提供低延时、高可用的云服务体验。

② 安全与信任。

天翼云通过了多项国内外安全认证，如ISO 27001信息安全管理体系认证、CSA STAR云安全认证等，确保用户数据的安全和隐私。

（3）应用场景与合作伙伴

天翼云的服务已广泛应用于政府、金融、教育、医疗等多个行业，支持了无数企业和机构的数字化转型。天翼云积极构建开放的云生态，与众多技术合作伙伴和开发者共同开发创新应用，推动整个行业的技术进步。

3. 华为云

华为云是华为公司提供的云计算服务，它提供了丰富的云产品和服务，帮助企业和个人进行数字化转型。

（1）云服务器

在云服务器方面，华为云提供的弹性云服务器ECS，可以自动获取和弹性伸缩，适合各种计算需求。对于希望获得更高性能的用户，华为云的Flexus云服务器X实例能提供柔性算力和旗舰级体验。针对特定工作负载，如GPU加速云服务器GACS和FPGA加速云服务器

FACS，它们分别提供优秀的浮点计算能力和 FPGA 计算资源。

（2）存储服务

在存储服务上，华为云的对象存储服务 OBS 能够存储任意数量和形式的非结构化数据，而云硬盘 EVS 为计算服务提供持久性块存储的服务。对于需要备份数据的用户，云备份 CBR 可以为云服务器、云硬盘等提供备份服务。另外，数据快递服务 DES 支持将从 TB 到 PB 级的海量数据传输到华为云。

（3）网络产品

在网络产品方面，虚拟私有云 VPC 提供隔离的、私密的虚拟网络环境。全球加速 GA 提供 SLA 稳定的加速传输。CDN 与智能边缘服务则改善网络拥挤状况，提高用户访问速度。

（4）数据库服务

华为云的数据库服务也非常全面。关系型数据库服务包括云数据库 GaussDB for MySQL、RDS for MySQL 等，它们都兼容相应的数据库引擎，提供稳定可靠、安全运行和弹性伸缩的能力。非关系型数据库服务如文档数据库服务 DDS、云数据库 GeminiDB 等也提供不同的数据存储方案。

（5）人工智能服务

人工智能服务是华为云的另一大特色。盘古大模型打造行业大模型，重塑千行百业。AI 开发平台 ModelArts 面向 AI 开发者提供一站式开发平台。图像识别、文字识别 OCR、自然语言处理等基础 AI 服务以及智能问答机器人等预集成解决方案满足了不同用户的需求。

（6）安全与合规服务

安全与合规服务保护应用服务和云工作负载。DDoS 防护 AAD 防御大规模流量攻击，Web 应用防火墙 WAF 识别恶意请求特征并防御未知威胁。云防火墙 CFW 进行网络流量管控与入侵安全防护。数据库安全服务 DBSS、数据加密服务 DEW、云证书管理服务 CCM 等进一步保护用户的数据资产。

习题 3

一、填空题

1．计算机网络一般由三部分组成：组网计算机、（　　）、网络软件。
2．组网计算机根据其作用和功能不同，可分为（　　）和客户机两类。
3．（　　）是一种利用光在玻璃或塑料制成的纤维中的全反射原理而制成的光传导工具。
4．（　　）用于实现联网计算机和网络电缆之间的物理连接。
5．（　　）是互联网的主要节点设备，通过路由选择决定数据的转发。
6．计算机网络中常用的两种有线通信介质是（　　）和光纤。
7．（　　）从根本上改变了局域网共享介质的结构，大大提升了局域网的性能。
8．不同的网络拓扑结构对网络性能、（　　）和通信费用的影响不同。
9．WWW 上的每个网页都有一个独立的地址，这些地址称为（　　）。
10．网络层的主要协议是（　　），它是建造大规模异构网络的关键协议。
11．密码体制可分为（　　）和非对称密码体制两种类型。
12．在网络环境中，通常使用（　　）来模拟日常生活中的亲笔签名。
13．（　　）是指证实被认证对象是否属实和是否有效的一个过程。
14．云计算通过（　　）将共享资源整合形成庞大的计算与存储网络。
15．根据目前主流云计算服务商和服务商提供的服务，一般将云计算分为基础设施即服务、平台即服务和（　　　）三大类型。

16. AWS 提供基于云的基础架构，并提供基于 SOAP 的（　　　）接口，对最终用户来说，只需有浏览器就可以使用。

17. Hadoop 是 Apache 软件基金会研发的开放源码并行运算编程工具和（　　　）。

18. 用户能够租赁具有完整功能的计算机和（　　　），并获得相关的计算资源和存储资源服务，这是 IaaS 区别于 PaaS 和 SaaS 的特点。

二、选择题

1. 最先出现的计算机网络是（　　　）。
   A．ARPAnet   B．Ethernet   C．BitNet   D．Internet
2. 计算机组网的目的是（　　　）。
   A．提高计算机运行速度   B．连接多台计算机
   C．共享软、硬件和数据资源   D．实现分布处理
3. 电子邮件能传送的信息（　　　）。
   A．只能是压缩的文字和图像信息   B．只能是文本格式的文件
   C．只能是标准 ASCII 字符   D．可以是文字、声音和图形图像信息
4. 目前，以太网的拓扑结构是（　　　）结构。
   A．星状   B．总线状   C．环状   D．网状
5. IP 地址是（　　　）。
   A．接入 Internet 的计算机地址   B．Internet 中网络资源的地理位置
   C．Internet 中的子网地址   D．接入 Internet 的局域网编号
6. 网络中各个节点相互连接的形式叫作网络的（　　　）。
   A．拓扑结构   B．协议   C．分层结构   D．分组结构
7. TCP/IP 是一组（　　　）。
   A．局域网技术
   B．广域技术
   C．支持同一种计算机（网络）互联的通信协议
   D．支持异种计算机（网络）互联的通信协议
8. 在下列四项中，合法的 IP 地址是（　　　）。
   A．210.45.233   B．202.38.64.4
   C．101.3.305.77   D．115,123,20,245
9. 局域网传输介质一般采用（　　　）。
   A．光纤   B．双绞线   C．电话线   D．普通电线
10. 网络协议是（　　　）。
    A．用户使用网络资源时必须遵守的规定   B．网络中计算机之间进行通信的规则
    C．网络操作系统   D．编写通信软件的程序设计语言
11. 域名是（　　　）。
    A．IP 地址的 ASCII 码表示形式
    B．按接入 Internet 的局域网所规定的名称
    C．按接入 Internet 的局域网的大小所规定的名称
    D．按分层的方法为 Internet 中的计算机所取的字符串名字

12. 某公司申请到一个C类网络，由于有地理位置上的考虑，必须划分成5个子网，子网掩码要设为（　　）。
    A．255.255.255.224　　　　　　　　B．255.255.255.192
    C．255.255.255.254　　　　　　　　D．255.225.255.248
13. 在IP地址方案中，159.226.181.1是一个（　　）。
    A．A类地址　　B．B类地址　　C．C类地址　　D．D类地址
14. "www.nwu.edu.cn"是Internet中主机的（　　）。
    A．硬件编码　　B．密码　　　C．软件编码　　D．域名
15. 为了防御网络监听，最常用的方法是（　　）。
    A．采用物理传输　B．信息加密　　C．无线网　　D．使用专线传输
16. 防火墙是一种（　　）网络安全措施。
    A．被动的　　　　　　　　　　　　B．主动的
    C．能够防止内部犯罪的　　　　　　D．能够解决所有问题的
17. 防止他人对传输的文件进行破坏需要（　　）。
    A．数字签字及验证　　　　　　　　B．对文件进行加密
    C．身份认证　　　　　　　　　　　D．时间戳
18. 以下关于数字签名的说法中正确的是（　　）。
    A．数字签名是在所传输的数据后附加上一段和传输数据毫无关系的数字信息
    B．数字签名能够解决数据的加密传输，即安全传输问题
    C．数字签名一般采用对称加密机制
    D．数字签名能够解决篡改、伪造等安全性问题
19. 云计算是对（　　）技术的发展与运用。
    A．并行计算　　B．网格计算　　C．分布式计算　　D．三个选项都是
20. 从研究现状上看，下面选项中不属于云计算特点的是（　　）。
    A．超大规模　　B．虚拟化　　　C．私有化　　　D．高可靠性
21. 与网络计算相比，不属于云计算特征的是（　　）。
    A．资源高度共享　　　　　　　　　B．适合紧耦合科学计算
    C．支持虚拟机　　　　　　　　　　D．适用于商业领域
22. 微软的云平台是（　　）。
    A．Google App Engine　　　　　　B．蓝云
    C．Azure　　　　　　　　　　　　D．EC2
23. 将平台作为服务的云计算服务类型是（　　）。
    A．IaaS　　　　B．PaaS　　　　C．SaaS　　　　D．三个选项都不是
24. 将基础设施作为服务的云计算服务类型是（　　）。
    A．IaaS　　　　B．PaaS　　　　C．SaaS　　　　D．三个选项都不是
25. 下列不属于Google云计算平台技术架构的是（　　）。
    A．并行数据处理Map/Reduce　　　　B．分布式锁Chubby
    C．结构化数据表BigTable　　　　　D．弹性云计算EC2

三、简答题

1. 什么是计算机网络？计算机网络由哪几部分组成？
2. 什么是网络的拓扑结构？常用网络的拓扑结构有几种？

3. 简述电子邮件的收发过程，以及所要遵守的协议。
4. 简述对称加密算法的加密和解密的基本原理。
5. 计算机病毒有哪些特点？如何预防病毒？
6. 简述云和云计算的区别。
7. 云计算的常见类型有哪些？它们之间有什么关系？
8. IaaS 具有哪些技术特征？
9. 云计算和传统的 IT 服务有哪些不同之处？

第4章 大数据管理

大数据技术作为一种新兴的信息技术，正逐渐成为社会和产业发展的关键驱动力。大数据的应用影响深远，涉及社会、科学、政府管理及个人生活等方面。大数据能够为社会的各个层面带来变革，促进经济发展，加速科学研究，改善社会管理，以及提高个人生活质量。

4.1 大数据概述

大数据在以云计算为代表的技术创新基础上将原本很难收集和使用的数据利用起来，通过不断创新，为人类创造更多的价值。可以说，大数据是互联网发展到一定阶段的必然结果。

4.1.1 大数据的概念和特征

1．大数据的概念

大数据（Big Data）是指数据集的规模和复杂度超出了传统数据处理软件工具的能力范围，这些数据集在捕获、存储、管理、分析和可视化方面具有显著的挑战。大数据的大，不仅体现在数据量上，还体现在数据的多样性、速度及价值密度上。

大数据可分成大数据技术、大数据工程、大数据科学和大数据应用等领域。目前，人们谈论最多的是大数据技术和大数据应用。

大数据的工程和科学问题尚未被重视。大数据工程指大数据的规划、建设、运营、管理的系统工程。大数据科学关注大数据网络发展和运营过程中发现、验证大数据的规律及其与自然和社会活动之间的关系。

2．大数据的特征

关于大数据的特征，可以用很多词语来表示。比较有代表性的为"4V"特征。"4V"是指规模性（Volume）、高速性（Velocity）、多样性（Variety）和价值性（Value）。"4V"特征主要体现在以下方面。

（1）规模性（Volume）

规模性指数据的巨大量及其规模的完整性。数据的存储从 TB 扩大到 ZB，数据加工处理技术的提高、网络宽带的成倍增加、社交网络技术的迅速发展，使得数据产生量和存储量成倍增长。从某种程度上讲，数据量级的大小并不重要，重要的是数据要具有完整性。

（2）高速性（Velocity）

高速性主要表现为数据流和大数据的移动性，在现实中体现在对数据的实时性需求。随着移动网络的发展，人们对数据的实时应用需求更加普遍，比如通过手持终端设备关注天气、交通、物流等信息。

高速性要求具有时间敏感性和决策性的分析，即要求能在第一时间抓住重要事件发生的信息。比如，当有大量的数据输入时（需要排除一些无用的数据）或者需要马上做出决定的情况。例如，一天之内需要审查 100 万起潜在的贸易欺诈案件；需要分析 10 亿条日实时呼叫的详细记录，以预测客户的流失率。

（3）多样性（Variety）

多样性指数据的来源有多种途径（关系型和非关系型数据）。这也意味着要在海量、种类繁多的数据间发现其内在关联。互联网时代，各种设备通过网络连成了一个整体。进入以互动为特征的网络时代，个人计算机用户不仅可以通过网络获取信息，还成为信息的制造者和传播者。在这个阶段，不仅数据量开始爆炸式增长，数据种类也变得繁多。除简单的文本分析外，还可以对传感器数据、音频、视频、日志文件、点击流及其他任何可用的信息进行处理。比如，在客户数据库中不仅要关注名称和地址，还要关注客户的职业、兴趣爱好、社会关系等。利用大数据多样性的原理是：保留一切需要的、有用的信息，舍弃那些不需要的；发现那些有关联的数据，加以收集、分析、加工，使得其变为可用的信息。

（4）价值性（Value）

价值性体现大数据运用的稀缺性、不确定性和多样性。从某种程度上说，大数据是数据分析的前沿技术。简言之，大数据技术就是从各种各样类型的数据中，快速获得有价值信息的能力。

4.1.2　大数据的价值

如果把大数据比作一种产业，那么这种产业实现盈利的关键在于提高对数据的加工能力，通过加工实现数据的增值。基于大数据形成决策的模式已经为不少的企业带来了效益。从大数据的价值链条分析，有以下几种大数据利用模式。

（1）拥有大数据，但没有利用好

比较典型的是某些金融机构、电信行业、政府机构等。

（2）没有数据，但知道如何帮助有数据的人利用它

比较典型的是 IT 咨询和服务企业，比如 IBM、Oracle 等。

（3）既有数据，又有大数据思维

比较典型的是 Google、Amazon、Mastercard 等。

未来在大数据领域最具有价值的拥有大数据思维的人，可以将大数据的潜在价值转化为实际利益。在各行各业，探求数据价值取决于把握数据的人，关键是人的数据思维。与其说是大数据创造了价值，不如说是大数据思维触发了新的价值增长。

1. 当前的价值

拥有大数据处理能力，即善于聚合信息并有效利用数据，将会带来层出不穷的创新，从某种意义上说，大数据处理能力代表着一种生产力。

（1）大数据将带来 IT 的技术革命

为解决日益增长的海量数据、数据多样性、数据处理时效性等问题，一定会在存储器、数据仓库、系统架构、人工智能、数据挖掘分析及信息通信等方面不断涌现突破性技术。

（2）大数据将在各行各业引发创新模式

随着大数据的发展，行业渐进融合，以前认为不相关的行业通过大数据技术有了相通的渠道。大数据将会产生新的生产模式、商业模式、管理模式，这些新模式对经济社会发展带来深刻影响。

（3）大数据将给生活带来深刻的变化

大数据技术进步将惠及日常生活的方方面面。家里的智能管家可提升生活质量；外出购物时，商家会根据消费习惯将购物信息通过无线互联网推送给消费者；外出就餐时，车载语音助手会帮助消费者挑选餐厅并实时报告周边情况和停车状况。

（4）大数据将提升电子政务和政府治理社会的效率

大数据的包容性将打通政府各部门间、政府与市民间的信息边界，信息孤岛现象大幅消

减，数据共享成为可能，政府各机构协同办公效率将显著提高。同时，大数据将极大地提升政府的社会治理能力和公共服务能力。从根本上说，大数据能够通过改进政府机构和整个政府的决策，使政府机构的工作效率明显提高。另外，政府部门利用各种渠道的数据，将显著改进政府的各项关键政策和工作。

2．未来的价值

在未来，大数据的身影必将无处不在，当物联网发展到达一定规模时，借助条形码、二维码、RFID 等能够唯一标识产品，传感器、可穿戴设备、智能感知、视频采集、增强现实等技术可实现实时的信息采集和分析，这些数据能够有效地支撑智慧城市、智慧交通、智慧能源，智慧医疗、智慧环保。未来的大数据除了将更好地解决社会问题、商业营销问题、科学技术问题，还有一个可预见的趋势是以人为本的大数据方针。大部分的数据都与人类有关，可通过大数据解决人的问题。

比如，建立个人的数据中心，将每个人的日常生活习惯、身体体征、社会网络、知识能力、爱好性、疾病嗜好、情绪波动等除思维外的一切数据都存储下来，这些数据可以被充分地利用；医疗机构将实时地监测用户的身体健康状况；教育机构更有针对性地制定用户喜欢的教育培训计划；服务行业为用户提供即时健康的符合用户生活习惯的食物和其他服务；社交网络能为用户提供合适的交友对象，并为志同道合的人群组织各种聚会活动；政府能在用户的心理健康出现问题时进行有效的干预；金融机构能帮助用户进行有效的理财管理，为用户的资金提供更有效的使用建议和规划；道路交通、汽车租赁及运输行业可以为用户提供更合适的出行线路和路途服务安排，等等。

3．大数据的用户隐私问题

用户隐私问题一直是大数据应用难以绕开的一个问题。目前，中国并没有专门的法律法规来界定用户隐私，处理相关问题时多采用其他相关法规条例来解释。但随着民众的保护个人隐私意识的日益增强，合法、合规地获取数据、分析数据和应用数据是大数据分析时必须遵循的原则。

4.1.3　大数据技术

大数据技术涉及一系列复杂的技术和工具，旨在处理海量、高速、多样化的数据集。这些技术旨在从数据中提取价值，支持决策制定、趋势分析和模式识别。大数据技术主要包含以下基本内容。

1．数据采集

数据采集是大数据流程的第一步，涉及从各种来源，包括传感器、社交媒体、交易系统、日志文件等收集数据。数据采集工具应能处理大量数据，同时确保数据质量和完整性。

2．数据清洗和预处理

由于大数据的多样性，数据往往包含噪声和不一致性。数据清洗和预处理是确保数据质量的关键步骤，包括去除重复项、处理缺失值、数据标准化和格式化。

3．数据存储

大数据存储技术必须能够处理 PB 级的数据量。这通常涉及分布式文件系统（如 Hadoop 的 HDFS）、NoSQL 数据库（如 MongoDB、Cassandra）、数据仓库（如 Amazon Redshift、Google BigQuery），以及数据湖（如 Apache Hadoop、Spark 支持的数据湖）。

4．数据处理

大数据处理框架，如 Apache Hadoop 的 Map/Reduce、Apache Spark，提供了分布式计算

能力，能够并行处理大规模数据集。这些框架支持批处理、流处理和复杂的数据分析任务。

5．数据分析

大数据分析包括描述性分析（理解历史数据）、预测性分析（预测未来趋势）、诊断性分析（理解事件的原因）和规范性分析（建议最佳行动）。数据分析工具包括统计分析、机器学习、数据挖掘和人工智能技术。

6．数据可视化

将复杂的数据转化为易于理解的图表、图形和仪表板，可帮助决策者快速获取洞察信息。数据可视化工具（如 Tableau、Power BI、Qlik）提供了交互式和动态的数据展示能力。

4.2 大数据采集

大数据采集作为大数据技术体系中的第一环节，其重要性不言而喻。随着技术的发展和应用场景的不断扩展，大数据采集的方法和技术也将持续进化，以满足日益增长的数据处理需求。

4.2.1 大数据采集的概念

大数据采集是指利用多种技术手段从不同的数据源获取大量数据的过程。这些数据源包括结构化数据和非结构化数据，如网站数据、社交媒体数据、电子邮件、日志文件、传感器和企业应用程序等。

作为大数据处理的起点，采集工作直接关系到后续分析的质量和价值。有效的大数据采集能够确保数据的完整性、准确性，并为最终的分析结果提供坚实的基础。

大数据采集涉及的数据类型主要包括结构化数据、半结构化数据和非结构化数据。其中，结构化数据主要指存储于数据库中的数据等，半结构化数据指 XML、JSON 文档等，非结构化数据则包括图片、视频、音频等。

常见的大数据采集方式有直接从数据源采集原始数据、采用 ETL（Extract-Transform-Load，提取、转换、加载）工具进行数据抽取、转换和加载，以及使用网络爬虫技术从网页获取数据等。

4.2.2 八爪鱼简介

八爪鱼是一款功能强大的数据采集软件，它能够从多种网页中精确采集用户所需的数据，生成规整的数据格式。它的功能主要包括数据采集、自动化操作、智能识别、多种输出格式等。图 4.1 展示了八爪鱼的主要产品。

图 4.1 八爪鱼的主要产品

1．数据采集

（1）金融数据监控

八爪鱼可以自动采集金融数据，如季报、年报、财务报告及每日最新净值，为金融分析师和投资者提供及时的市场信息。

（2）新闻实时监控

通过监控各大新闻门户网站，八爪鱼能够自动更新并上传最新发布的新闻内容，帮助媒体机构和研究人员实时跟踪热点事件。

（3）电商信息同步

八爪鱼可以在各大电商平台之间同步商品信息，实现在一个平台发布，其他平台自动更新，极大提高了电商运营效率。

2．自动化操作

（1）自动化流程设计

用户可以通过设计工作流程实现八爪鱼采集器的自动化采集操作，从而快速对网页数据进行收集和整合。

（2）智能识别技术

八爪鱼具备智能识别功能，能够自动识别网页上的数据并进行采集，无须人工干预。

（3）模板采集

八爪鱼内置 300 多个主流网站的采集模板，用户只需简单设置参数即可获取网站公开数据，简化了操作流程。

3．智能识别

（1）规整数据生成

八爪鱼生成的自定义、规整的数据格式方便用户进行数据分析和处理。

（2）灵活的自定义规则

八爪鱼支持灵活的自定义采集规则设置，用户可以根据需求进行参数配置，以获取所需数据。

4．多种输出格式

八爪鱼采集器支持将采集到的数据以多种格式输出，包括 Excel、CSV、JSON 等，满足不同用户的数据处理需求。

八爪鱼拥有 5000 台云服务器支持 7 天×24 小时的高效稳定采集，日均采集能力达 10 亿+数据无错漏，确保数据的连续性和完整性。

4.2.3　Content Grabber

Content Grabber 是一款功能强大的 Web 抓取工具，主要面向具有高级编程技能的用户。它提供了丰富的脚本编辑和调试界面，允许用户通过编写正则表达式来精确抓取网页数据。Content Grabber 采集器有很多优点，其中最重要的是它能够为用户快速获取网页上的内容，而不需要花费大量的时间和精力，还能够快速准确地抓取信息，而无须手动复制和粘贴。此外，Content Grabber 采集器还能够根据用户的要求进行自动化采集，并能够根据用户的要求生成文件以便于后期使用。

例如，使用 Python 编写的爬取数据的程序：

```
import requests
from bs4 import BeautifulSoup
def fetch_content(url):
```

```
    response = requests.get(url)
    if response.status_code == 200:
        soup = BeautifulSoup(response.text, 'html.parser')
        return soup.get_text()
    else:
        return "Error fetching the URL"
# 使用方法
url = "http://****.****.***"
content = fetch_content(url)
print(content)
```

1. 强大的脚本编辑

Content Grabber 为用户提供了一个强大的脚本编辑器，使得用户能够编写复杂的正则表达式和其他脚本代码，以实现高度定制化的数据采集。这对于需要精细控制抓取过程的专业人士尤其有用。

2. 灵活的参数选择

除基本的 GUI 操作外，Content Grabber 还允许用户通过参数文件进行详细的设置。这意味着用户可以精确地调整抓取的各个方面，如请求头、Cookies、重定向规则等。

3. 多种数据导出格式

Content Grabber 支持多种数据导出格式，包括 CSV、JSON、SQL Server、MySQL 等，满足不同用户的数据处理需求。这使得采集到的数据可以轻松导入各种分析工具完成进一步处理。

4. 自动化抓取调度

用户可以设定定时任务，让 Content Grabber 自动在特定时间开始采集数据。这对于需要定期获取更新内容的用户，例如自媒体创作者或者新闻监控机构来说非常有用。

5. 模板编辑功能

Content Grabber 具有强大的模板编辑功能，用户可以通过定义模板来精确抓取所需数据，并支持数据的实时更新。这使得用户可以针对特定网站进行深度定制，确保每次抓取都准确无误。

6. 免编程抓取模式

对于初学者或者非技术用户，Content Grabber 提供了免编程抓取模式。用户只需通过简单的点选操作即可完成数据采集任务，大大降低了学习门槛。

4.2.4 RapidMiner

RapidMiner 是一款适合开发人员使用的可视化数据挖掘工具。RapidMiner 内置预测性分析、数据建模、验证等，能够满足数据处理中各个流程所需。RapidMiner 还内置了上千种学习算法和函数库，几乎可以为任意的数据类型构建出预测模型。

RapidMiner 提供了一个集成的环境，通过可视化界面和拖放操作，使无编程背景的用户也能轻松进行数据分析。该环境覆盖了汽车、银行、保险、生命科学、制造业、石油和天然气、零售业及快消行业、通信业及公用事业等各个领域。

RapidMiner 的核心功能包括数据清洗、数据转换、数据可视化、模型训练、模型评估和模型部署。它支持多种机器学习算法，如决策树、支持向量机、随机森林和神经网络等。

RapidMiner 的操作流程主要通过其图形用户界面进行，用户可以在一个直观的环境中设计和执行数据挖掘任务。这种设计不仅降低了数据分析的门槛，还提高了工作效率。同时，RapidMiner 也支持与 Python、R、Hadoop 等技术集成，增强了其处理复杂数据挖掘任务的能力。

RapidMiner 的功能均是通过连接各类算子（Operataor）形成流程（Process）来实现的，整个流程可以看成工厂车间的生产线，输入原始数据，输入出模型结果。算子可以看成执行某种具体功能的函数，不同算子有不同的输入/输出特性。

1. RapidMiner 界面介绍

RapidMiner 界面如图 4.2 所示。

图 4.2　RapidMiner 界面

在 Design 视图中，界面主要分为五个部分。

① Repository 窗口。

Repository 窗口用于管理和组织数据、模型和其他项目，指明数据和 Process 的存储机制。最佳做法是使用 Repository 进行数据存储，而不是直接从文件或数据库中读取数据。如果使用 Read Operator，元数据将不可用于 RapidMiner，从而限制可用功能。

② Operators 窗口。

Operators 窗口提供了各种数据处理和建模的工具,用于创建 RapidMiner Process。Operator 有输入和输出端口；对输入执行操作形成最终提供给输出的内容。Operator 的参数用来控制这些操作。RapidMiner 提供了超过 1500 个可用的 Operator。

③ Process 窗口。

在 Process 窗口中，通过一组由相互连接的 Operator 表示的工作流设计，每个 Operator 用以操纵数据。例如，一个 Process 可能会加载数据集、转换数据、计算模型，并将该模型应用到另一个数据集。

④ Parameters 窗口。

Parameters 的值决定了 Operator 的特征或行为。Parameters 分为常规参数和专家参数。专家参数以斜体名称表示，通过单击参数窗口底部的 Show advanced parameters 链接来显示或隐藏"。

⑤ Help 窗口。

在 Help 窗中，可以详细查看每个 Operator。

2．RapidMiner 的使用

（1）数据预处理

① 新建流程。

用户可以通过"新建"按钮开启一个新的流程设计，这为后续的数据导入和处理提供了基础。

② 导入数据。

RapidMiner 支持多种数据来源，包括本地文件和数据库，方便用户从不同渠道获取数据。

③ 数据清洗。

通过替换缺失值、过滤实例和选择属性等操作，用户可以对数据进行预处理，确保分析的准确性。

（2）建模过程

RapidMiner 内置了多种机器学习算法，如决策树、支持向量机、随机森林和神经网络等，以满足不同的分析需求。

① 流程设计。

用户可以通过拖放操作符来设计和调整分析流程，实现从数据预处理到模型训练的全流程管理。

② 参数设置。

每个操作符都有详细的参数设置界面，使得用户能够精确控制分析的各个环节。

（3）数据分析

① 关联分析。

通过关联规则分析，可找出数据中的频繁模式和关联关系，例如商品捆绑销售的推荐逻辑。

② 聚类分类。

提供 K-means 聚类、决策树分类等多种分析方法，帮助用户深入挖掘数据背后的信息。

③ 模型评估。

使用混淆矩阵、ROC 曲线等指标评估模型的性能，可确保分析结果的可靠性。

（4）结果展示

① 数据可视化。

RapidMiner 提供了强大的可视化工具，包括散点图、柱状图、线图等多种图表类型，可帮助用户直观展示分析结果。

② 报告生成。

用户可以将分析流程和结果导出为报告，便于分享和存档。

③ 结果导出。

支持多种数据导出格式，如 CSV、Excel、SQL 数据库等，方便用户在不同系统中应用分析结果。

4.3 大数据存储与分析

大数据存储技术通过分布式系统、NoSQL 数据库和云数据库等多种方法，有效解决了传统存储方式面临的问题，为企业提供了灵活、高效和可靠的数据管理解决方案。对于需要处理海量数据的用户来说，了解和选择合适的存储技术至关重要。大数据分析在实际应用中也展现了广泛的前景。对于企业和研究机构而言，掌握和应用好大数据分析技术，是实现数据驱动和智能化管理的关键步骤。

4.3.1 大数据存储与分析综述

1. 大数据存储

大数据存储是涉及分布式系统、NoSQL 数据库和云数据库等技术，用于高效管理海量数据的方法。这些技术能够解决传统单机存储系统在面对大规模数据集时遇到的容量、性能和管理问题。

（1）分布式系统

分布式系统由多台服务器组成，每台服务器分别负责系统的不同业务模块，共同协作完成任务。通过分散任务到多个节点，可以显著提高数据处理速度和系统容错能力。例如，Hadoop 的 Map/Reduce 模型就是典型的分布式计算方案，它将大任务分解为小任务并分布到不同节点上并行处理。

（2）NoSQL 数据库

NoSQL（Not Only SQL，并非仅是 SQL）数据库是一类可以存储结构化、非结构化和半结构化数据的数据库。相比关系型数据库，NoSQL 数据库更加灵活，适用于快速读/写、高并发和可扩展性需求的场景。常见的 NoSQL 数据库包括键值存储（如 Redis）、文档存储（如 MongoDB）和列存储（如 Cassandra）。

（3）云数据库

云数据库是一种基于云计算技术的数据库，提供在线、弹性、按需分配的数据库资源，具备低成本、高可用性、易于扩展和维护等优点。Amazon RDS、Google Cloud SQL 等都是广泛使用的云数据库。

（4）分布式文件系统

分布式文件系统允许文件通过网络在多台主机上共享，典型的有 HDFS（Hadoop Distributed File System，Hadoop 分布式文件系统）。通过数据分片和多副本机制，实现数据的冗余存储和高可用性，同时提高文件读取效率。HDFS 常用于大规模数据存储和处理，支持对大文件的高效读/写操作。

2. 大数据分析

大数据分析是一个涉及多个领域的复杂过程，旨在从海量数据中提取有价值的信息，并通过理论、算法和实践经验的结合来进行深入分析和应用。大数据分析的主要目的是辅助企业决策、提升工作效率，并且帮助企业在信息化时代中把握发展趋势。

（1）大数据分析的数据类型

大数据分析的数据类型主要有以下四大类。

① 交易数据。

大数据平台能够获取时间跨度更大、更海量的结构化交易数据，这样就可以对更广泛的交易数据类型进行分析，这些数据不仅包括 POS 或电子商务购物数据，还包括行为交易数据，例如 Web 服务器记录的互联网点击流数据日志。

② 人为数据。

人为的非结构数据广泛存在于电子邮件、文档、图片、音频、视频，以及通过博客、维基，尤其是社交媒体产生的数据流。这些数据为使用文本分析功能进行分析提供了丰富的数据源泉。

③ 移动数据。

智能手机等移动设备上的 App 能够追踪很多事件，包含从 App 内的交易数据（如搜索产品的记录事件）到个人信息资料或状态报告事件（如地点变更即报告一个新的地理编码）等海量信息。

④ 机器和传感器数据。

机器和传感器数据在物联网中广泛应用，来自物联网的数据可以用于构建分析模型，连续监测预测性行为（如当传感器值表示有问题时进行识别），提供规定的指令（如警示技术人员在真正出问题之前检查设备）。

机器和传感器数据包括功能设备，例如智能电表、智能温度控制器、工厂机器和连接互联网的家用电器创建或生成的数据。这些设备可以与互联网络中的其他节点通信，还可以自动向服务器传输数据，这样就可以对数据进行分析。

（2）大数据分析的5个方面

① 可视化分析。

使用大数据分析结果的人不仅有大数据分析专家，同时还有普通用户。二者对于大数据分析的最基本要求就是可视化分析，因为可视化分析能够直观地呈现大数据特点，易于为用户所接受。

② 数据挖掘。

大数据分析的理论核心就是数据挖掘。各种数据挖掘算法基于不同的数据类型和格式，科学地呈现数据本身具备的特点，深入数据内部，挖掘出公认的价值。

③ 预测性分析能力。

大数据分析最重要的应用领域之一就是预测性分析。它从大数据中挖掘出特点，通过建立科学的预测模型，之后便可以通过模型带入新的数据，从而预测未来。

④ 语义引擎。

大数据分析广泛应用于网络数据挖掘，可从用户的搜索关键词、标签关键词、其他输入语义中分析、判断用户需求，从而实现更好的用户体验和广告匹配。

⑤ 数据质量和数据管理。

大数据分析离不开数据质量和数据管理。高质量的数据和有效的数据管理，无论是在学术研究还是在商业应用领域，都能够保证分析结果的真实性和价值性。

4.3.2 Hadoop

Hadoop是一个开源的分布式存储和计算框架，具有存储和分析海量数据的能力，它的核心组件包括分布式文件系统HDFS、分布式运算编程框架Map/Reduce和资源调度和集群资源管理系统YARN。这些组件共同协作，为大规模数据集的处理提供了高效、可靠和可扩展的解决方案。Hadoop以其强大的数据处理能力、灵活的配置方式和广泛的应用场景，成为企业处理大规模数据集的理想选择。

1. Hadoop的优点

Hadoop是一个能够对大量数据进行分布式处理的软件框架。Hadoop以一种可靠、高效、可伸缩的方式对大数据进行可靠处理，它假设计算元素和存储会失败，因此维护多个工作数据副本，以确保能够针对失败的节点重新分布处理。

Hadoop依赖于社区服务器，其成本比较低，是一个能够让用户轻松架构和使用的分布式计算平台。用户可以轻松地在Hadoop上开发和运行处理海量数据的应用程序。它主要有以下几个优点。

① 高可靠性。

Hadoop 按位存储和处理数据的能力值得信赖。

② 高扩展性。

Hadoop 在可用的计算机集簇间分配数据并完成计算任务,这些集簇可以方便地扩展到数以千计的节点中。

③ 高效性。

Hadoop 通过并行处理加快处理速度,同时还能够在节点之间动态地移动数据,并保证各个节点的动态平衡,因此处理速度非常快。

④ 高容错性。

Hadoop 能够自动保存数据的多个副本,并且能够自动重新分配失败的任务。

⑤ 易用性。

Hadoop 带有用 Java 语言编写的框架,因此运行在 Linux 平台上非常理想。Hadoop 上的应用程序也可以使用其他语言,比如 C++编写。

2．HDFS

HDFS 是 Hadoop 体系中数据存储和管理的基础。它是一个高度容错的系统,能够检测和应对硬件故障,适合部署在低成本的通用硬件上。HDFS 采用主从架构,一个 HDFS 集群包括一个名称节点(NameNode)和多个数据节点(DataNode)。名称节点负责管理文件系统的命名空间及客户端对文件的访问,而数据节点则存储实际的数据块并汇报存储信息给名称节点。

(1) HDFS 的设计特点

① 大数据文件。

非常适用于 T 级别的大文件或者很多大数据文件的存储。

② 文件分块存储。

HDFS 会将一个完整的大文件平均分块存储到不同主机上,它的意义在于读取文件时可以同时从多个主机读取不同区块的文件,多主机读取效率比单主机读取效率更高。

③ 流式数据访问。

一次写入多次读写这种模式与传统文件不同,它不支持动态改变文件内容,而是要求文件一次写入就不改变,只能在文件末添加内容。

④ 支持廉价硬件。

HDFS 可以应用在普通 PC 上,这种机制能让一些公司用几十个廉价的计算机就构建起一个大数据集群。

⑤ 防止硬件故障。

HDFS 认为所有计算机都可能出问题,为了防止因某个主机失效而读取不到该主机的块文件,它将同一个文件块副本分配到其他几个主机上,如果其中一个主机失效,则可以迅速从另一个主机上的同一个文件块副本中读取文件。

(2) HDFS 的关键元素

① Block(块)。

将一个文件进行分块,每个块通常是 64MB。

② NameNode。

NameNode 保存整个文件系统的目录信息、文件信息及分块信息。最初,由一个主机专门保存,如果这个主机出错,NameNode 就会失效。Hadoop2.*以上的版本都支持 activity-standy 模式,即主机 NameNode 失效,启动备用主机运行 NameNode。

③ DataNode。

DataNode 分布在廉价的计算机上，用于存储 Block 文件。

HDFS 的文件存储如图 4.3 所示。

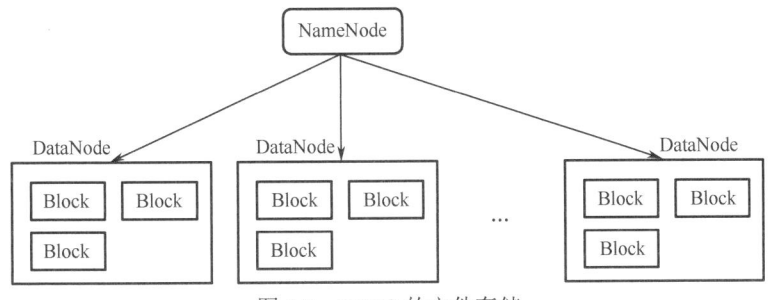

图 4.3 HDFS 的文件存储

3. Map/Reduce

Map/Reduce 是 Hadoop 框架中的一种编程模型，用于处理和生成大规模数据集。它通过将大数据处理任务分解为一系列"Map"和"Reduce"操作来实现，从而能够在大量计算节点上并行处理数据。这种模型不仅简化了大规模数据处理的编程复杂性，还提高了数据处理的效率和速度。

（1）Map 阶段和 Reduce 阶段的任务

① Map 阶段。

在 Map 阶段，原始数据集被分割成多个块，然后这些数据块被并行处理。每个 Map 任务读取输入数据的一部分，对数据进行处理，并生成一系列的键值对（key-value pairs）。Map 任务将输出这些键值对，然后通过一个中间过程进行排序和分组，以便为 Reduce 阶段做准备。

② Reduce 阶段。

在 Reduce 阶段，键值对被分组并发送到多个 Reduce 任务中。每个 Reduce 任务处理一组相同的键相关的所有值，并执行聚合操作，如求和、计数或平均等，以产生最终的输出结果。Reduce 任务的输出通常是一个更小的键值对集合，这些结果可以被存储或进一步处理。

Map/Reduce 模型的一个关键优点是其可扩展性，可以很容易地在大量计算节点上运行，处理 PB 级别的数据。然而，对于某些类型的数据处理任务，如迭代算法或实时数据流处理，Map/Reduce 可能不是最佳选择，这时可以考虑使用 Spark、Flink 等更现代的大数据处理框架。

（2）Map/Reduce 的工作流程

① 数据分割。

原始数据被分割成多个块，每个块被发送到一个 Map 任务。

② Map 任务。

每个 Map 任务读取数据块，执行 Map 函数，生成键值对。

③ 中间处理。

键值对被排序和分组，准备发送到 Reduce 任务。

④ Reduce 任务。

Reduce 任务接收分组后的键值对，执行 Reduce 函数，生成最终结果。

⑤ 输出结果存储。

最终的输出结果被存储到 Hadoop 分布式文件系统（HDFS）或其他存储系统中。

下面以一个计算海量数据最大值为例：假定某个银行有上亿个储户，银行希望找到存储金额最高的金额是多少，按照传统的计算方式，会编写如下 Java 代码。

```
Long moneys[]
Long max = 0L;
for(int i=0;i<moneys.length;i++){
if(moneys[i]>max){
max=moneys[i];
}
}
```

如果计算的数组长度短，则不会出问题，但面对海量数据时就会出问题。

如果采用 Map/Reduce 方式，则这样做：首先数字是分布存储在不同块中的，以某几个块为一个 Map，计算出 Map 中最大的值，然后将每个 Map 中的最大值进行 Reduce 操作，Reduce 再取最大值给用户，如图 4.4 所示。

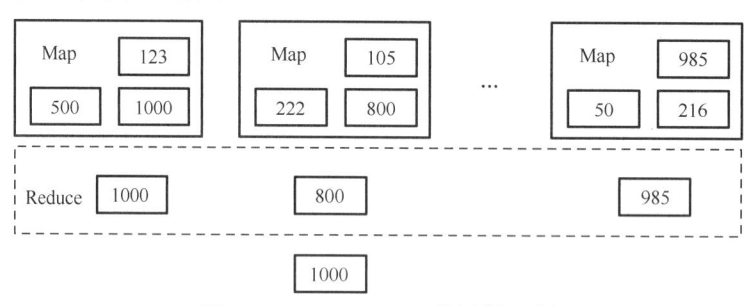

图 4.4 Map/Reduce 工作过程示意

HDFS 与 Map/Reduce 的结合使得系统的运行更为稳健。在处理大数据的过程中，当 Hadoop 集群中的服务器出现错误时，整个计算过程并不会终止。同时，HFDS 可保障在整个集群中发生故障错误时的数据冗余。当计算完成时，将结果写入 HFDS 的一个节点中，HDFS 对存储的数据格式并无苛刻的要求，数据可以是非结构化的或其他类别。开发人员编写代码的责任是使数据有意义，Hadoop、Map/Reduce 级的编程利用 Java APIs，并可手动加载数据文件到 HDFS 中。

4．YARN

YARN（Yet Another Resource Negotiator，另一种资源协调者）是 Hadoop 生态系统中的一个重要组件，主要负责资源管理和任务调度。它包括 ResourceManager（全局资源管理器）、NodeManager（运行在每个节点上的进程）和 ApplicationMaster（应用级别进程，负责申请资源和监控应用）。

（1）资源管理

YARN 将多台机器的资源进行整合，构建成一个整体的资源池，实现整个集群中所有资源的分配。通过 ResourceManager（RM）和 NodeManager（NM）的协作，YARN 能够有效地管理和调度集群中的计算资源。RM 作为主节点，负责全局的资源管理和任务调度；而 NM 作为从节点，负责单个节点的资源管理和任务执行。

（2）任务调度

当用户提交一个应用程序后，YARN 会为该应用程序分配一个 ApplicationMaster（AM），AM 负责向 RM 申请资源并要求 NM 启动占用一定资源的任务。整个过程包括资源的申请、任务的启动、监控和反馈，以确保任务按照预定计划顺利执行。

（3）分布式计算平台

YARN 本质上是一个分布式计算运行平台，提供了分布式资源来实现分布式程序的运行。通过分离资源管理和作业调度/监控功能，YARN 不仅提高了系统的灵活性和可扩展性，还优化了资源利用率和任务执行效率。

5. Pig 和 Hive

对于开发人员，直接使用 Java APIs 可能会出错，同时也限制了 Java 程序员在 Hadoop 上编程的灵活性。于是，Hadoop 提供了两个解决方案：Pig 和 Hive，使 Hadoop 编程变得更加容易。

（1）Pig

Pig 是一个用于处理和分析大数据集的工具，包括两部分：一是用于描述数据流的语言，称为 Pig Latin；二是用于运行 Pig Latin 程序的执行环境。Pig 简化了 Hadoop 常见的工作任务，可加载数据、表达转换数据及存储最终结果。

Pig 提供了一种称为 Pig Latin 的高级语言，用于编写数据分析程序。Pig Latin 语法与 SQL 类似，但有一些独特之处。例如，导入文件数据、查询固定行数据、查询指定列数据、给列取别名、按某列排序、条件查询、内连接、左连接、右连接、全连接、交叉查询多个表及分组统计等操作都有对应的 Pig Latin 语句。这些操作使 Pig 能够灵活地处理各种数据分析任务。

Pig 内置的操作使半结构化数据变得有意义（如日志文件）。同时，Pig 可扩展使用 Java 中添加的自定义数据类型并支持数据转换。Pig 赋予开发人员更多的灵活性，并允许开发简洁的脚本用于转换数据流，以便嵌入较大的应用程序。

（2）Hive

Hive 是一个基于 Hadoop 的数据仓库工具，用于处理和分析大规模数据集。Hive 提供了一种称为 HiveQL 的类 SQL 查询语言，通过将 HiveQL 语句转换为 Map/Reduce 任务在 Hadoop 集群上执行，简化了数据分析任务。除了 Map/Reduce，Hive 还支持 Tez 和 Spark 等多种计算引擎，可根据不同场景选择合适的计算引擎。

① 数据存储和查询。

Hive 支持多种文件格式，包括 TextFile、SequenceFile、RCFile 和 ORCFile 等。其中，TextFile 为默认格式。所有 Hive 数据均存储在 Hadoop 分布式文件系统（HDFS）中。

用户可以通过 HiveQL 对数据进行 ETL（提取、转换、加载）、报表和数据分析操作。

② 架构和组件。

在客户端，用户可以通过 CLI（命令行接口）、JDBC/ODBC 或 WebUI 与 Hive 交互，提交 HiveQL 语句并获取查询结果。

Hive 的元数据，如表名、列信息和数据目录等，通常存储在关系型数据库（如 MySQL）中，而不是自带的 Derby 数据库，以支持并发操作和高效管理。

Hive 的驱动器包括解析器（将 HiveQL 语句转换为抽象语法树 AST）、编译器（生成逻辑执行计划）、优化器（优化执行计划）和执行器（将优化后的计划提交给 Hadoop 的 YARN 执行），负责解析、编译、优化和执行 HiveQL 语句。

③ 数据处理和分析。

Hive 适用于联机分析处理（OLAP），适合大规模数据集的统计分析，但不适用于需要低延迟的应用，如联机事务处理（OLTP）。

④ 扩展性和容错性。

由于基于 Hadoop，Hive 具有良好的扩展性，可以自由扩展集群规模而无须重启服务。

即使某个数据节点出现问题，HiveQL 语句仍可完成执行，保障了系统的高可用性。

⑤ 不足之处。

Hive 的 HQL 表达能力有限，无法实现迭代算法和高效的数据挖掘算法，同时不支持记录级别的增删改操作。

4.3.3 Spark

Spark 是一个通用、快速且大规模数据处理系统，广泛应用于工业界和学术界，具有出色的性能和灵活性。它相比于 Hadoop Map/Reduce 有更快的计算速度，特别适用于机器学习和数据挖掘。Spark 以其高性能、灵活的数据处理能力和丰富的功能模块，成为大数据处理领域的重要工具。

1. 核心组件

Spark 的核心组件包括 Spark Core、Spark SQL、Spark Streaming、MLlib 和 GraphX 等组件。这些组件紧密集成，共同构成了 Spark 强大的数据处理能力，使其成为目前最流行的大数据处理框架之一。

（1）Spark Core

Spark Core 是 Spark 的基础组件，提供任务调度、内存管理、错误恢复和与存储系统交互等基本功能。

RDD 是 Spark Core 中最重要的数据结构，它是只读的分区记录集合，只能基于稳定存储中的数据集或其他已有 RDD 进行确定性操作来创建。

（2）Spark SQL

Spark SQL 主要用于处理结构化数据。通过 Spark SQL，用户可以使用 SQL 或 HQL 查询数据。Spark SQL 支持多种数据源，如 Hive 表、Parquet 和 JSON 等。Spark SQL 不仅提供了 SQL 接口，还允许开发者在应用程序中融合使用 SQL 语句和复杂的数据分析操作，无论是使用 Python、Java 还是 Scala。

（3）Spark Streaming

Spark Streaming 用于实时数据的流式计算，提供丰富的处理数据流的 API。这些 API 与 Spark Core 的操作相对应，使得熟悉 Spark 核心概念的开发者能够轻松编写 Spark Streaming 应用程序。在设计上，Spark Streaming 支持与 Spark Core 同级别的容错性、吞吐量及可伸缩性，适用于需要高吞吐量和低延迟的实时数据处理场景。

（4）MLlib

MLlib 是 Spark 提供的机器学习算法库，包含多种常见的机器学习算法，主要有分类、回归、聚类和协同过滤等。MLlib 的设计初衷是：让开发者无须过多学习成本就能进行机器学习开发，只需了解基本的机器学习算法知识即可利用 MLlib 进行开发。

（5）GraphX

GraphX 是 Spark 面向图计算提供的框架与算法库，它提出了弹性分布式属性图的概念，并在此基础上实现了图视图与表视图的结合。GraphX 提供了丰富的图数据处理操作，如取子图操作 subgraph、顶点属性操作 mapVertices 和边属性操作 mapEdges 等；并且可以直接使用一些常用图算法，如 PageRank 和三角形计数。

（6）Cluster Manager

Cluster Manager 负责在集群上获取外部资源，常用的资源管理器有 Spark 原生的 Cluster Manager、YARN 的 ResourceManager 和 Mesos 的 Master。Spark 可以部署在 Apache Hadoop YARN 和 Kubernetes 等常见环境中，并能以不同模式运行，这为 Spark 提供了极大的灵活性和适应性。

（7）Worker Node

集群中任何可以运行 Application 代码的节点都是 Worker Node，每个节点可以视为一台独立的计算机，Worker Node 负责控制计算节点，启动 Executor，并在其上执行计算任务。

2．应用场景

Spark 的应用场景包括大规模数据处理、机器学习、实时流处理和图计算等。Spark 作为一个高效的大数据处理引擎，应用广泛。

（1）大规模数据处理

Spark 可以处理 PB 级别的数据，尤其适用于需要对大量数据进行快速处理的场景。通过其底层的弹性分布式数据集（RDD），Spark 能够高效地进行数据加载、转换和存储操作。

在需要处理海量数据能力的场景下，如大规模的离线跑批任务，Spark 比 Hadoop Map/Reduce 具有更快的处理速度。官方数据显示，如果数据由磁盘读取，则速度是 Hadoop Map/Reduce 的 10 倍以上。

（2）机器学习

Spark 提供机器学习库 MLlib，支持常见的机器学习算法，如分类、回归、聚类和推荐等。MLlib 还提供底层优化原语和高层流水线 API，有助于开发和调试机器学习流水线。对需要进行反复迭代计算的场景，如广告点击预测和推荐系统，Spark 能够大幅度提升计算效率。

（3）实时流处理

Spark Streaming 用于实时数据的流式计算,能够处理数千至数万条记录每秒的输入数据。该模块将流数据分割成微小批处理，按时间顺序快速执行。Spark Streaming 支持与 Spark Core 同级别的容错性、吞吐量及可伸缩性，因此适用于需要高吞吐量和低延迟的实时数据处理场景。

（4）图计算

通过 GraphX 库，Spark 能够处理大规模的图数据，如社交网络和知识图谱。GraphX 提供丰富的图数据处理操作，如取子图、顶点属性操作和边属性操作等。在需要分析和构建大规模知识图谱的应用中，Spark 可以利用其分布式计算优势高效处理图数据，找出隐藏的模式和关系。

（5）交互式查询

Spark SQL 模块允许用户使用 SQL 或 HQL 查询数据。这使得用户能够在大规模数据集上进行交互式查询，而无须长时间等待。Spark SQL 在查询性能上普遍比 Map/Reduce 高出多倍。利用内存计算和内存表的特性，性能至少可以提高 10 倍以上。

（6）数据挖掘

Spark 可以通过处理海量数据进行数据挖掘，找出隐藏的模式和规律。例如，在电商平台上，可以通过分析用户行为日志挖掘用户喜好，从而提供个性化推荐服务。由于 Spark 生态系统的多样性，它可以应用于多种数据挖掘场景，从简单的数据清洗和分析到复杂的算法模型训练，都能高效完成。

3．优点与不足

Spark 是一个流行的大数据处理框架，它提供了快速的数据处理能力、多语言支持，以及多种类型的数据处理组件（如批处理、交互式查询、流处理、机器学习和图计算）。

（1）优点

① 高性能。

Spark 主要基于内存计算，这极大地提高了数据处理速度。Spark 使用 DAG（有向无环图）执行引擎来优化任务执行计划，减少不必要的计算步骤，从而提高整体性能。

② 易用性。

Spark 支持 Java、Scala、Python 和 R 等多种编程语言，这使得不同背景的开发者都可以方便地使用 Spark 进行大数据处理。Spark 提供 80 多个高级别的操作符，允许在 Shell 中进行交互式查询，使得代码开发更加便捷。

③ 通用性。

Spark 提供一个统一的平台，能够处理批处理、交互式查询（Spark SQL）、实时流处理（Spark Streaming）、机器学习（Spark MLlib）和图计算（GraphX）等任务。这种一体化设计减少了开发和维护成本。Spark 可以独立运行，也可以部署在 EC2、Hadoop YARN 或 Apache Mesos 上，并访问 HDFS、Cassandra、HBase、Hive 等多种数据源。

④ 随处运行。

Spark 支持多种运行模式，包括 Standalone 模式、Hadoop YARN 模式和 Apache Mesos 模式，这增加了其灵活性和适应性。可以从任何 Hadoop 数据源读取数据，如 HDFS、HBase、Hive 等，方便用户迁移和应用。

⑤ 代码简洁。

相比 MapReduce 的低级别 API，Spark 的 RDD 抽象大大简化了代码实现。很多复杂的计算在 Spark 中只需要使用一两行代码就可以完成。

（2）不足

① 内存依赖。

由于 Spark 依赖于内存计算，JVM 的内存开销较大，有时 1G 数据需要 5G 内存，这在处理大规模数据时可能导致内存不足。在某些情况下，数据的 Partition（数据分区）会导致计算任务分配不均匀，影响整体性能。

② 稳定性问题。

虽然 Spark 提供了高效的计算能力，但由于代码质量问题，长时间运行的任务可能会出现错误。当大量数据缓存在 RAM 中时，Java 垃圾回收效率低下，可能导致性能不稳定。

③ 复杂 SQL 支持不足。

尽管 Spark SQL 提供了大量的功能，但在一些复杂的统计分析场景中，其 SQL 功能仍然不如传统的关系型数据库。

④ 资源管理不足。

Spark 自身的任务调度功能不够完善，尤其是在资源分配和任务优先级管理方面还有待提高。

4.3.4 HBase

HBase 是一个高可靠性、高性能、可伸缩的分布式存储系统，它基于 Google BigTable 的设计思想，专注于提供海量数据的实时读/写服务。HBase 构建在 Hadoop 和 HDFS 之上的分布式数据库，适用于高吞吐量的随机读/写访问。

HBase 作为一款广受欢迎的分布式 KV（键值）数据库系统，在互联网行业和其他传统 IT 行业中都有广泛的应用。其高可靠、易扩展、高性能的特性使其成为众多企业的首选底层数据存储服务。例如，阿里巴巴、小米、京东等大型企业都使用 HBase 来存储海量数据，服务于各种在线和离线分析系统。

1．基本功能

HBase 专注于提供海量数据的实时读/写服务，作为一个分布式列式数据库，不仅提供了强大的数据存储和访问能力，还通过其高可靠、易扩展的设计，满足了大规模数据处理的需求。在实际应用中，企业和开发者可以根据具体需求选择适当的接口和工具，以优化其数据存储和分析流程。

（1）数据模型和存储结构

HBase 是一个面向列的数据库，数据以列族（Column Family）的形式进行组织。每个列族可以包含多个列，而在物理存储上，同一列族的数据存储在一起，这种结构有助于优化磁盘 I/O 和提高数据查询的效率。

HBase 使用行键（RowKey）来唯一标识每行数据，类似于关系型数据库中的主键。数据按照 RowKey 排序并存储在不同的 Region 中，这使得基于 RowKey 的范围查询变得非常高效。

HBase 支持多版本数据，通过时间戳（Timestamp）来区分同一行键（RowKey）下的不同数据版本。在写入数据时，如果没有指定时间戳，则 HBase 会自动使用当前服务器时间作为时间戳。

（2）数据访问与管理

HBase 支持多种数据访问方式，包括 Native Java API、HBase Shell、REST Gateway 和 Thrift Gateway 等。这些接口适应不同的开发需求和操作环境，使得 HBase 可以轻松集成到各种应用中。

HBase 通过 Region 的自动分片和负载均衡机制来实现扩展性和高性能。一个大表会根据 RowKey 的不同范围被分成多个 Region，分散存储在不同的 RegionServer 上。当一个 Region 的数据量增长到一定阈值时，它会自动分裂成两个新的 Region，实现数据的负载均衡。

（3）写操作与数据一致性

为了确保数据在写入过程中的一致性和可靠性，HBase 采用了写前日志（Write Ahead Log，WAL）技术。所有的写操作首先会被记录在 WAL 中，然后再写入 MemStore，通过这种方式，即使 RegionServer 出现故障，也可以通过 WAL 来恢复数据，从而避免数据丢失。

为了提高读操作的效率，HBase 采用了 BlockCache 作为读缓存。而所有的写操作首先写入 MemStore，达到一定大小或时间后，再从 MemStore 刷新（Flush）到磁盘上的 HFile 文件中，这样既提高了写的性能，也保证了数据的持久化存储。

（4）系统架构与协调

HBase 使用 ZooKeeper 来进行元数据和状态信息的存储和管理。ZooKeeper 存储了 ROOT 表的地址、HMaster 的地址及 RegionServer 的状态信息，从而实现了整个集群的协调和管理。HMaster 负责监控 RegionServer 的健康状况，处理 Region 的分配和负载均衡。各个 RegionServer 则负责实际的数据读/写操作和维护本地的 Region 数据。

2．应用场景

HBase 的应用场景包括对象存储、时序数据、用户画像、时空数据、CubeDB OLAP 等，HBase 在处理大规模、高并发、实时数据方面的卓越能力。

（1）对象存储

① 文件存储。

许多新闻、媒体公司将图片和文章内容存储在 HBase 中，利用其高吞吐量写入能力，快速处理大量的图像和文本数据。

② 病毒库存储。

一些安全公司使用 HBase 来存储庞大的病毒特征库，这些数据量通常非常巨大，需要频繁更新，HBase 的高并发写入能力可以有效支持这种需求。

（2）时序数据

① 监控系统。

例如，OpenTSDB 是一个基于 HBase 的时间序列数据库，广泛用于大规模集群参数的监控和存储。它可以从数千台机器中采集数据，支持上亿个数据点的存储和检索。

② 日志信息。

很多企业使用 HBase 来存储网站、应用程序的日志数据，这些数据随着时间不断累积，但通过 HBase 的高效写入和查询能力，可以轻松管理这些增量数据。

（3）用户画像

用户画像通常是非常稀疏的数据模型，在 HBase 中，空值不会占用存储空间，这极大地节省了存储并提高了查询性能。例如，蚂蚁金服的风控系统就构建在 HBase 之上，用来存储和处理大量的用户画像数据。

（4）时空数据

① 轨迹数据。

某打车软件使用 HBase 存储大量的轨迹数据，这些数据包含时间戳和位置信息，用于优化调度和导航。

② 车联网。

很多车联网企业也选择 HBase 来存储车辆的运行数据，这些数据量庞大且需要实时处理，HBase 的高扩展性能够很好地满足这一需求。

（5）CubeDB OLAP

Kylin 是一个基于 HBase 的 OLAP 工具，它可以将数据存储在 HBase 中进行高速的多维分析，适用于在线报表查询。

（6）消息服务

Facebook 的 Social Inbox 系统使用 HBase 作为消息服务的基础存储设施，每月处理几千亿条消息，显示出 HBase 在处理高并发、大量消息数据方面的优势。

（7）广告效果监控

互联网公司如淘宝使用 HBase 来存储和分析用户的广告点击数据，这些数据不仅量大而且需要实时处理，以实现精准的广告投放和效果监测。

3. 优点与不足

HBase 的优点和不足都基于其架构和设计特性。HBase 在处理海量数据和实时读/写需求方面表现出色。然而，其在一致性、复杂性及 API 等方面存在局限性。

（1）优点

① 可扩展性。

HBase 可以通过增加 RegionServer 节点来实现水平扩展，当数据量增长时，HMaster 能够自动将 Region 划分为更小的单元并分配到新的节点上。这种设计使得 HBase 能够无缝适应数据量的急剧增长，保持系统性能的稳定。

② 高可用性。

通过 ZooKeeper 的协调机制，HBase 实现了自动故障恢复。当一个 RegionServer 发生故障时，HMaster 会将其管理的 Region 重新分配到其他健康的 RegionServer 上。写前日志（WAL）确保了在系统故障时数据的一致性和可靠性，所有的写操作都会先记录在 WAL 中，再写入 MemStore，即使出现故障也可以通过 WAL 来恢复数据。

③ 高性能。

HBase 的设计使其能处理数十亿条记录的存储，支持高并发的读/写请求。列式存储结构使得 HBase 在执行读取操作时只加载需要的列，减少了不必要的磁盘 I/O，从而提高查询效率。实际性能测试显示，HBase 的写性能可达到 70000+ops/sec，读性能可以达到 26000+ops/sec。

④ 灵活性。

HBase 的表结构非常灵活，可以随意增加列，而在列数据为空时不会占用存储空间；通过时间戳支持同一数据行的多版本存储，用户可以根据需要选择不同的数据版本。

⑤ 结合 Hadoop 生态。

HBase 基于 Hadoop 分布式文件系统（HDFS）构建，可以与 Hadoop 生态系统中的其他组件（如 Hive、MapReduce）无缝整合，为用户提供完整的大数据处理解决方案。

（2）不足

① 一致性限制。

虽然 HBase 提供了强一致性保证，但对于某些需要更高级别数据一致性的场景，可能还需要用额外的逻辑来确保。由于 WAL 和 MemStore 的使用，在某些情况下可能会引入微小的读/写延迟。

② 复杂性。

HBase 的架构和特性相对复杂，初学者可能需用较长的时间来掌握其使用方法和优化技巧。作为一个分布式系统，HBase 的部署和维护需要由专业的技术团队进行，增加了使用成本。

③ SQL 不支持。

HBase 不直接支持标准 SQL 语法，这可能会影响习惯使用 SQL 进行数据库操作的用户。对于从关系型数据库迁移到 HBase 的场景，用户可能需要对原有业务逻辑进行调整和改造。

④ API 局限。

尽管 HBase 提供了丰富的 API 用于数据操作，但相比关系型数据库，其接口仍然较为底层，使用起来可能不太方便。虽然 HBase 支持 Apache Avro、REST 和 Thrift 等接口，但在多语言环境下的支持仍不如一些关系型数据库完善。

⑤ 写入性能瓶颈。

由于其 LSM 树结构和 WAL 机制，HBase 在处理大量随机写入操作时的性能较差，可能需要更多的优化才能满足高并发写入需求。

4.4 知识扩展

大数据可视化是将大量的数据信息通过图形化手段展现出来的一种技术手段，使得数据更直观、易于理解和分析。在当前大数据时代，数据可视化已经成为不可或缺的一环。

4.4.1 大数据可视化的重要性

大数据可视化的重要性体现在以下方面。

1. 提高数据可读性

人类大脑对视觉信息的加工能力远超文字信息，大数据可视化可以将复杂的数据集转换成直观的图表和图形，使非专业人士也能快速理解数据内容。

2. 支持数据分析

现代数据可视化工具提供了强大的分析功能，如聚类分析、相关性分析等，通过将多维度的数据在图表中展现，可以更容易地发现数据之间的关联和模式。

3．支持决策制定

在商业决策和科学研究中，通过可视化结果的直观展示，决策者可以更快地理解问题并做出选择。

4．提升工作效率

许多数据可视化工具与其他业务流程密切结合，使用数据可视化工具，可以自动化生成各类报告和仪表盘，节省大量手工制作报告的时间。

5．促进知识共享

现代可视化工具通常支持多人在线协作，团队成员可以在同一平台上共同讨论和分析数据。通过将数据可视化并分享给不同部门，可以促进组织内部的信息流通和知识共享。

6．提升企业竞争力

通过可视化技术，企业可以更好地了解客户需求和行为模式。企业可以基于数据制定更为精准的战略，进而提供更加个性化和满意的服务，提升市场竞争力。

7．支持教育科研

在教育领域，数据可视化可以通过生动的图表和模型帮助学生更好地理解复杂概念。在科研工作中，通过可视化手段可以更有效地进行数据分析，加速科研进程。

4.4.2 Tableau

Tableau 是一款功能强大的数据可视化软件，其基本功能包括数据连接、数据处理、可视化设计、高级分析等。

1．基本功能

Tableau 作为一个强大的数据可视化工具，不仅提供了丰富的数据连接和处理能力，还通过其灵活的可视化设计和高级分析功能帮助用户深入挖掘数据背后的信息。

（1）数据连接

Tableau 能够连接到多种类型的数据源，如 Excel、文本、JSON、Access 数据库、PDF 和空间文件。这种广泛的支持使得用户可以轻松地从不同来源获取数据进行下一步的分析处理。Tableau 还支持与主流数据库的连接，包括 MySQL、Oracle、Hadoop 和 MongoDB。这些数据库连接能力极大地扩展了 Tableau 在大数据环境中的使用范围。

（2）数据处理

Tableau 支持多种数据类型，包括字符串、日期/时间、数字和布尔类型。对于地理数据，Tableau 提供地球图标来表示地理值，用于创建地图。在数据源界面，用户可以对数据源进行一般的修改，如排序、隐藏字段、创建新字段及设置别名。这些功能使得用户在开始复杂的数据分析之前，能够对数据进行必要的预处理。

（3）可视化设计

Tableau 提供多种图表类型，如条形图、甘特图、散点图、地图等。用户可以根据需要选择最合适的图表来展示数据。例如，为条形图的末端添加颜色可以突出重点数据，同时保持图表简洁明了。工作簿界面是 Tableau 中实际操作最多的界面，左侧有一个维度和度量区域，用户可以方便地将数据字段拖动到这些区域进行配置。

（4）高级分析

Tableau 支持多种运算符（如算术、逻辑和比较运算符）及基础函数，类似于 Excel 中的函数。这些工具使得用户能够进行复杂的计算和数据分析。

2．安装与配置

下载与安装：访问 Tableau 官方网站，选择"Products"下的"Tableau Desktop"，然后选择适合的版本（如 Professional、Creator 或试用版），并单击"Download"下载软件。按照安装向导完成安装。

配置环境：配置 Tableau Desktop、系统环境等。

3．Tableau 的使用

Tableau 通过其直观的用户界面和强大的数据处理能力，使数据分析和数据可视化变得更加简单和高效，无论是数据分析师、业务用户还是高层管理者，都能够通过 Tableau 获得洞察信息，做出更明智的决策。

（1）数据连接

连接数据源：Tableau 支持连接各种数据源，包括 Excel、CSV 文件、SQL 数据库、Hadoop、Spark、云数据仓库如 Amazon Redshift、Google BigQuery 等。

数据融合：可以将多个数据源进行连接和融合，创建更复杂的数据视图。

（2）数据准备

数据清洗：在 Tableau 中可以直接进行数据清洗，包括去除重复值、填充空值、转换数据类型等。

数据建模：使用 Tableau Prep 或 Tableau Data Management 进行数据建模，包括创建计算字段、数据类型转换、数据聚合等。

（3）数据分析

创建工作表：在工作表中拖放字段，选择不同的图表类型，如条形图、折线图、散点图、地图等，进行数据分析。

使用计算字段：可以创建计算字段，使用 Tableau 内置的函数或自定义函数，进行复杂的数据计算。

参数和过滤器：使用参数和过滤器进行动态数据筛选，提高数据探索的灵活性。

（4）数据可视化

创建仪表板：将多个工作表组合到一个仪表板中，创建一个综合的数据视图。

故事板：使用故事板讲述数据故事，通过一系列的工作表和仪表板，展示数据分析的逻辑和结果。

（5）分享和协作

发布到 Tableau Server 或 Tableau Online：将工作表、仪表板和数据源发布到 Tableau Server 或 Tableau Online，与团队成员共享。

协作和评论：在 Tableau Server 或 Tableau Online 中，可以进行协作和评论，提高团队的数据分析效率。

（6）移动端支持

移动设备查看：支持在手机和平板等移动设备上查看和交互仪表板，适应移动办公需求。

（7）安全与管理

权限管理：设置数据和仪表板的访问权限，保证数据安全。

数据刷新：定期或实时更新数据源，确保数据的时效性。

4.4.3 FineBI

FineBI 是一款强大的国产商业智能分析软件，主要用于数据分析和报表生成。它提供了丰富的数据可视化功能和便捷的操作界面，使企业和组织能够轻松地进行大数据分析，并据此做出更明智的决策。

1．基本功能

FineBI 作为一款功能强大的商业智能分析工具，在数据处理、可视化、报表生成、高级分析、协作共享及安全性等方面展现出色的表现。

（1）数据处理能力

FineBI 支持多种数据源，包括 Excel、CSV、SQL 数据库等，这使得用户可以轻松地从不同来源获取数据进行分析；通过内置的数据清洗和预处理功能，用户可以在 FineBI 中直接进行数据整理、过滤和转换，大大提升了数据分析的效率和准确性。

（2）可视化功能

FineBI 提供多种图表类型，包括柱状图、折线图、饼图、散点图等，能够满足不同用户的需求。这些图表不仅直观美观，而且具备高度定制性，用户可以根据需要调整颜色、字体和样式。另外，FineBI 支持动态可视化，用户可以通过交互式控件实时调整图表参数，从而即时查看数据变化。这种动态性使得数据分析更具互动性和探索性。

（3）报表与仪表板

FineBI 的操作界面简洁直观，支持拖放操作，用户无编程知识也可创建复杂的报表和仪表板。这种便捷性使得非技术用户也能快速上手。FineBI 提供多种预设模板，同时支持用户自定义模板，以满足不同行业和场景的需求。这些模板极大地简化了报表设计和生成过程。

（4）高级分析功能

FineBI 内置丰富的统计分析功能，如回归分析、聚类分析等，帮助用户深入挖掘数据背后的统计特性。FineBI 集成多种机器学习算法，用户可以利用这些算法进行预测分析和模式识别，从而发现数据中的深层次信息。

（5）安全性与权限管理

FineBI 重视数据安全，提供了多重保护机制，如数据加密和访问控制，确保用户数据的安全性。而且，FineBI 支持细粒度的权限管理，管理员可以针对不同用户分配不同的数据访问和操作权限，以满足企业对数据权限管理的严格要求。

2．安装与配置

（1）下载 FineBI

访问官方网站：首先，访问 FineBI 的官方网站。

选择下载版本：在网站上找到下载选项，FineBI 提供多个版本，包括企业版和社区版，用户可根据需求选择合适的版本进行下载。

下载后安装。

（2）配置 FineBI

配置数据库连接、配置服务器、配置安全和权限。

3．FineBI 的使用

FineBI 是一款功能强大的商业智能分析工具，它提供数据连接、数据处理、数据可视化、仪表板创建和分享等功能。以下是使用 FineBI 进行数据分析的基本步骤。

（1）数据连接

添加数据源：在 FineBI 中，首先需要添加数据源，支持多种数据库类型，包括 MySQL、Oracle、SQL Server、PostgreSQL 等，以及 Excel 文件、CSV 文件等。

配置数据连接：输入数据库的 URL、用户名、密码等信息，完成数据源的配置。

（2）数据处理

数据建模：在数据源的基础上，可以进行数据建模，定义数据字段、计算字段、数据过滤等，以满足分析需求。

数据预览：在数据处理过程中，可以预览数据，检查数据质量和处理结果。

（3）数据分析

创建分析：在"分析"模块中，选择需要分析的数据源，开始创建分析。

选择字段和图表类型：拖字段到分析区，选择合适的图表类型，如条形图、折线图、饼图、散点图等。

数据筛选和分组：可以使用过滤器和分组功能，对数据进行筛选和分组，深入分析数据。

（4）仪表板创建

创建仪表板：在"仪表板"模块中，可以创建新的仪表板，将多个分析和图表组合在一起，形成综合的视图。

布局和样式设置：调整仪表板的布局，设置图表的样式，使仪表板更加美观和直观。

（5）分享和协作

保存和分享：保存创建的分析和仪表板，可以分享给团队成员或外部用户，支持多种分享方式，如链接分享、邮件分享等。

权限设置：可以设置不同用户的访问权限，控制谁可以查看、编辑或下载分析和仪表板。

（6）移动端支持

移动端查看：FineBI 支持在手机和平板等移动设备上查看仪表板，适应移动办公需求。

4.4.4 FineReport

FineReport 是一款专业的报表设计和数据分析工具，由帆软软件有限公司开发，主要用于企业级报表设计、数据填报、数据分析和数据可视化。FineReport 提供了强大的报表设计功能，支持多种数据源。这些功能使得用户能够轻松构建灵活的数据分析和报表系统，从而辅助企业进行有效的数据分析和管理决策。

1．基本功能

（1）大屏

FineReport 支持大屏展示功能，可以将关键数据以大屏幕的形式动态展示，适用于监控中心和指挥中心等场景。

（2）传统报表

传统报表功能使用户可以创建复杂的报表，满足各种业务需求。

（3）数据填报

FineReport 提供填报功能，允许用户录入数据，并进行多级汇总填报。

（4）数据随行

FineReport 支持移动端，可以随时查看数据，适应移动办公的需求。

（5）权限划分

FineReport 具备完善的权限管理功能，可以根据需要对不同用户分配不同的数据访问和操作权限。

（6）移动报表

FineReport 支持在手机、平板等移动设备上查看和填报报表，适应移动办公需求。

（7）集成与扩展

系统集成：可以与 OA、ERP、CRM 等系统集成，实现数据的无缝对接。

二次开发：提供丰富的 API 和插件，支持二次开发，满足定制化需求。

2．安装与配置

下载与安装：从官方网站下载 FineReport 软件，按照安装向导完成安装。

服务器部署：如果是服务器部署，则需要在服务器上安装 FineReport 服务器端，配置数据库连接等环境。

3．FineReport 的使用

（1）报表设计

① 新建报表。

在设计器中创建新的报表，可以选择报表的类型，如普通报表、聚合报表、决策报表等。

② 数据连接。

配置数据源，支持多种数据库，如 Oracle、MySQL、SQL Server 等，也可以连接 Excel、CSV 等文件。

③ 设计界面。

使用拖动方式添加字段、图表、文本等元素，进行布局和样式设计。

④ 公式和函数。

使用公式和函数进行数据计算和处理，实现复杂的数据逻辑。

⑤ 单元格样式。

设置单元格的字体、颜色、边框等样式，以及单元格的合并、拆分等。

（2）数据填报

① 数据录入。

支持在报表中直接录入数据，可以设置数据验证规则，保证数据质量。

② 批量填报。

支持批量数据填报，提高数据录入效率。

（3）数据分析

① 图表展示。

支持多种图表类型，如柱状图、折线图、饼图等，用于数据可视化。

② 数据透视表。

使用数据透视表进行数据聚合和分析，支持动态筛选和排序。

（4）报表发布与管理

① 报表发布。

将设计好的报表发布到服务器，供用户查看和使用。

② 权限管理。

设置报表的访问权限，保证数据安全。

③ 定时任务。

设置报表的定时执行，自动进行数据更新和报表生成。

4.4.5　Apache Kylin

Apache Kylin 是一款分布式分析型数据仓库，其基本功能包括 SQL 查询接口、多维分析（OLAP）能力、亚秒级查询响应、BI 工具集成等。

1. 基本功能

（1）SQL 查询接口

Apache Kylin 为 Hadoop 提供标准 SQL 支持，覆盖大部分查询功能。这种接口使得用户可以使用标准的 SQL 语言进行数据查询和操作，从而降低了学习难度。Apache Kylin 能够处理超大数据集，在 eBay 的生产环境中已经支持百亿条记录的秒级查询。

（2）多维分析（OLAP）能力

Apache Kylin 允许用户定义数据模型并构建立方体，以支持百亿级以上数据集的多维分析。这种多维分析能力使得用户可以从多个维度对数据进行深入分析和探索。Apache Kylin 的核心思想是，预计算、通过计算可能用到的度量并将其保存成 Cube 存储到 HBase 中。这种以空间换时间的策略大大提升了查询速度。

（3）亚秒级查询响应

Apache Kylin 拥有优异的查询响应速度，许多复杂的计算如连接和聚合在离线的预计算过程中已完成，因此在线查询时的计算量大大减少。这使得用户能够在亚秒级别获得查询结果。单节点 Apache Kylin 可实现 70 个查询每秒，还可以搭建 Apache Kylin 集群来进一步提升性能。

（4）BI 工具集成

Apache Kylin 提供与多种 BI 工具，如 Tableau、PowerBI、Excel、QlikSense 等的整合能力。这种整合能力使得用户可以使用熟悉的 BI 工具进行数据分析和可视化。Apache Kylin 支持 ODBC 和 JDBC 接口，并与 Tableau、Excel、PowerBI 等工具通过 ODBC 集成，同时与 Saiku、BIRT 等 Java 工具通过 JDBC 集成。

（5）压缩与编码

为了减小存储代价，Apache Kylin 会对维度和度量进行编码处理。这种压缩和编码技术不仅优化了存储空间，还提高了 I/O 性能。

（6）安全与管理

Apache Kylin 提供友好的 Web 界面，方便用户进行管理、监控和使用立方体。这个 Web 界面不仅直观易用，而且提供了丰富的管理功能。Apache Kylin 支持项目及表级别的访问控制安全，确保数据的安全性。这种细粒度的权限管理满足了企业对数据安全的严格要求。

Apache Kylin 是一个开源的分布式分析引擎，特别适用于处理大规模数据的实时分析场景。

2. 安装与配置

下载与安装：从 Apache 官方网站下载 Apache Kylin 的二进制包或源码，按照官方文档进行安装。

配置环境：配置 Hadoop、Hive、Zookeeper 等依赖环境，确保 Apache Kylin 能够正常运行。

初始化：运行初始化脚本，创建必要的数据库和表结构。

3. Apache Kylin 的使用

（1）创建数据模型

模型设计：在 Apache Kylin 中设计数据模型，包括数据源、维度、度量和粒度等信息。

构建 Cube：根据模型定义构建 Cube，Cube 是预计算的数据立方体，用于加速查询。

（2）数据加载

数据导入：将数据从 Hive、HDFS 或其他数据源导入 Apache Kylin。

数据更新：支持实时数据流的增量更新，以及定期的全量数据更新。
（3）查询与分析
SQL 查询：使用标准 SQL 语句查询数据，Apache Kylin 能够快速返回结果，即使在 PB 级别的数据集上。
多维分析：支持多维分析，如钻取、切片、聚合等操作，方便进行数据分析和报表制作。
（4）集成与扩展
集成 BI 工具：可以与 Tableau、PowerBI、FineReport 等 BI 工具集成，提供丰富的数据可视化功能。
API 接口：提供 RESTful API，支持自定义开发和集成。
（5）监控与管理
监控工具：使用 Apache Kylin 的监控工具或集成的监控系统，如 Grafana，监控查询性能和系统状态。
权限管理：配置用户和角色，管理对数据和模型的访问权限。
（6）性能优化
Cube 优化：通过调整 Cube 的粒度、分区策略等，优化查询性能。
索引优化：使用列式存储和索引技术，提高数据检索速度。

4.4.6 Echarts

Echarts 的全称为 Enterprise-charts，是百度开源的一个纯 JavaScript 的图表库，专为数据可视化设计，支持多种图表类型，包括折线图、柱状图、饼图、散点图、K 线图、地图、热力图、树图、漏斗图等，以及自定义图表。Echarts 作为一款开源的 JavaScript 图表库，凭借其丰富的功能、易用性和高度个性化的定制能力，在数据可视化领域得到了广泛应用。

1. 基本功能

Echarts 的基本功能包括丰富的图表类型、多种数据格式支持、千万级别数据量展现能力、跨平台渲染方案和深度的交互探索等。这些功能使得 Echarts 能够在各种数据可视化需求中广泛应用，从简单的柱状图到复杂的关系图，Echarts 提供了强大的工具和接口，满足用户在不同场景下的数据展示需求。

（1）丰富的图表类型

Echarts 提供多种常用的图表类型，如折线图、柱状图、散点图、饼图和雷达图。这些基本图表可以满足大部分日常数据分析和展示需求。

除了常用图表，Echarts 还提供 K 线图、盒形图、热力图、地图、关系图、树图、旭日图等多种特殊图表。这些图表在特定场景下展现了其独特的优势，如热力图用于地理数据可视化，K 线图常用于股票市场分析。

（2）多种数据格式支持

从 4.0 版本开始，Echarts 内置了 dataset 属性，支持二维表、key-value 等多种格式的数据源。这使得用户无须转换数据格式，即可直接使用。

Echarts 还支持 TypedArray 格式的数据输入，进一步增强了其在处理大规模数据集时的能力。

（3）千万级别数据量展现能力

通过增量渲染技术，Echarts 能够平稳地展现千万级别数据量。这种优化确保了在大量数据情况下的图表性能和稳定性。

Echarts 在细节上进行了多种优化，确保在大数据量下依然能够高效渲染和交互。

（4）跨平台渲染方案

Echarts 支持以 Canvas、SVG 和 VML 的形式渲染图表。这种多渲染方案使得 Echarts 可以在不同平台和设备上一致工作。

Echarts 兼容当前绝大部分浏览器，如 IE8/9/10/11、Chrome、Firefox 和 Safari，同时适用于多种设备。

（5）深度的交互探索

Echarts 提供图例、视觉映射、数据区域缩放、Tooltip 和数据刷选等开箱即用的交互组件。这些组件使得用户能够对数据进行多维度筛选和探索。

对于传统的散点图等，Echarts 支持多个维度的数据输入，进一步丰富了数据的展示和分析能力。

（6）动态数据变化

Echarts 支持动态数据变化，数据变化会即时反映在图表展示上。这种响应速度使得 Echarts 能够应用于实时数据监控和分析场景。

针对线数据和点数据，Echarts 提供多种吸引眼球的特效，增强了数据可视化的呈现效果。

2．Echarts 的使用

（1）引入 Echarts 库

在 HTML 文件中，通过<script>标签引入 Echarts 的 JS 文件。可以从 CDN 直接引入，或者从本地文件系统引入。例如：

```html
<!-- 引入 Echarts 的 JS 文件 -->
<script src="https://cdn.bootcdn.net/ajax/libs/echarts/5.3.2/echarts.min.js"></script>
```

（2）创建容器元素

在 HTML 中，创建一个用于放置图表的容器元素，通常是一个<div>元素，并设置其 id 和 style。

```html
<!-- 创建用于放置图表的容器 -->
<div id="main" style="width: 600px;height:400px;"></div>
```

（3）初始化图表实例

使用 JavaScript 代码初始化 Echarts 实例，指定图表容器的 id。

```javascript
// 基于准备好的 dom，初始化 Echarts 实例
var myChart = echarts.init(document.getElementById('main'));
```

（4）设置图表的配置项

指定图表的配置项，包括标题、图例、数据系列、工具箱等，然后使用 setOption 方法将配置项应用到图表实例上。

```javascript
// 指定图表的配置项
var option = {
    title: {
        text: 'Echarts 示例'
    },
    tooltip: {},
    legend: {
        data: ['销量']
    },
    xAxis: {
        data: ["衬衫","羊毛衫","雪纺衫","裤子","高跟鞋","袜子"]
    },
    yAxis: {},
    series: [{
```

```
            name: '销量',
            type: 'bar',
            data: [5, 20, 36, 10, 10, 20]
        }]
    };
    // 使用刚指定的配置项和数据显示图表
    myChart.setOption(option);
```

（5）事件监听

可以为图表添加事件监听器，如鼠标悬停、点击等，以便于与用户交互。

```
myChart.on('click', function(params) {
    console.log('用户点击了图表中的数据点', params);
});
```

（6）动态更新图表

在数据发生变化时，可以通过调用 setOption 方法更新图表配置，实现动态数据展示。

```
var newData = [10, 30, 20, 5, 15, 25];
option.series[0].data = newData;
myChart.setOption(option);
```

（7）保存和分享图表

Echarts 提供了工具箱功能，可以保存图表为图片，或以链接形式分享图表。

3．优点与不足

Echarts 是一款开源的 JavaScript 图表库，提供丰富的数据可视化类型和高度个性化定制的能力。

（1）Echarts 的优点

① 开源免费。

作为开源项目，Echarts 可以免费使用，无须支付任何费用。

② 功能丰富。

Echarts 支持多种图表类型，包括折线图、柱状图、散点图、饼图等，能够满足不同场景下的数据可视化需求。并且，Echarts 还提供了上百种图表示例，几乎涵盖了所有常见的数据展示需求。

③ 社区活跃。

Echarts 拥有活跃的开发者社区，用户可以轻松找到问题解答和示例代码，这为开发者提供了极大的便利。

④ 数据支持广泛。

Echarts 能够支持常见的 key-value 数据格式、二维表及 TypedArray 格式的数据，这使得其能够适用于各种数据源。

⑤ 流数据支持。

对于大规模的数据集，Echarts 提供了增量渲染技术。它能够动态渲染流数据，仅渲染变化的数据，从而提升系统资源利用率。

⑥ 移动端优化。

Echarts 对移动端进行了深度优化，确保在各种设备上都能流畅运行。

⑦ 良好的兼容性。

Echarts 可以在各种主流浏览器上运行，包括 IE6+、Chrome、Firefox 等。

⑧ 高度定制化。

Echarts 提供了丰富的配置项，用户可以对图表样式、数据、交互方式进行灵活定制，制作出符合个性需求的图表。

⑨ 数据驱动。

通过数据驱动的方式，Echarts 将数据和图表分离，用户只需提供数据即可自动绘制相应的图表，简化了操作步骤。

⑩ 多维度数据展示。

Echarts 支持多个维度和度量的数据展示，帮助用户全面了解数据。

（2）Echarts 的不足

① 可定制性差。

虽然 Echarts 提供了许多配置项，但在一些特殊需求下，它的可定制性相对较弱，可能无法满足某些复杂的定制需求。

② 学习曲线。

对于初学者来说，面对丰富的配置项和图表类型，可能会感到学习压力较大。

③ 官方文档有待完善。

尽管 Echarts 提供了详细的官方文档，但在某些特定功能上，用户可能需要更清晰的说明和示例。

④ 性能优化。

虽然 Echarts 已经进行了诸多性能优化，但在处理超大规模数据时，仍有进一步提升的空间。

习题 4

一、填空题

1．大数据可分成_____、大数据工程、大数据科学和大数据应用等领域。

2．大数据的_____指的是数据的巨大数据量及其规模的完整性。

3．_____是大数据流程的第一步，涉及从各种来源收集数据。

4．_____是确保数据质量的关键步骤，包括去除重复项、处理缺失值、数据标准化和格式化。

5．八爪鱼是一款功能强大的数据采集软件，它能够从多种_____中精确采集用户所需的数据，生成规整的数据格式。

6．RapidMiner 是一款适用于开发人员使用的可视化_____。

7．大数据存储涉及_____、NoSQL 数据库和云数据库等技术。

8．Hadoop 是一个开源的分布式存储和计算框架，核心组件包括_____、Map/Reduce 和 YARN。

9．HBase 是一款专注于提供海量数据的实时读/写服务的_____数据库。

10．大数据可视化是将大量的数据信息通过_____展现出来的一种技术手段。

11．Echarts 是百度开源的一个纯_____的图表库。

二、选择题

1．下列（　　）选项不属于大数据的"4V"特征。
　　A．Volume（规模性）　　　　　　B．Velocity（高速性）
　　C．Value（价值性）　　　　　　　D．Veracity（真实性）

2．Hadoop 的核心组件不包括（　　）。
　　A．HDFS　　　　B．Map/Reduce　　C．Spark　　　　D．YARN

3．下列（　　）选项不是数据清洗的常见操作。

　　　　A．去重　　　　　B．缺失值填充　　C．数据转换　　D．数据加密
4．下列（　　）选项框架主要用于机器学习和数据挖掘。
　　　　A．Hadoop　　　　B．Spark　　　　C．Kafka　　　　D．Cassandra
5．下列（　　）选项是用于大数据分析的分布式文件系统。
　　　　A．MySQL　　　　B．HDFS　　　　C．PostgreSQL　　D．MongoDB
6．下列（　　）选项工具主要用于数据的实时处理。
　　　　A．Hadoop　　　　　　　　　　　B．Spark Streaming
　　　　C．Hive　　　　　　　　　　　　　D．Pig
7．下列（　　）选项是大数据分析中常用的数据可视化工具。
　　　　A．Tableau　　　　B．Python　　　C．Java　　　　　D．C++
8．下列（　　）选项是数据仓库和大数据处理的共同点。
　　　　A．都使用 SQL 作为查询语言　　　B．都支持实时数据处理
　　　　C．都可以处理 PB 级数据　　　　　D．都用于存储非结构化数据
9．下列（　　）选项不是大数据面临的挑战。
　　　　A．数据隐私和安全　　　　　　　B．数据存储和管理
　　　　C．数据可视化　　　　　　　　　D．数据分析和挖掘
10．下列（　　）选项不是大数据的典型应用。
　　　　A．个性化推荐　　　　　　　　　B．社交媒体分析
　　　　C．传统数据库管理　　　　　　　D．智能交通系统
11．下列（　　）选项是大数据分析中常用的统计软件。
　　　　A．R　　　　　　　B．Python　　　C．Java　　　　　D．C++
12．下列（　　）选项不是大数据分析中的关键步骤。
　　　　A．数据采集　　　　B．数据清洗　　C．数据可视化　　D．数据加密
13．与开源云计算系统 Hadoop HDFS 相对应的商用云计算软件系统是（　　）。
　　　　A．Google GFS　　　　　　　　　B．Google MapReduce
　　　　C．Google BigTable　　　　　　　D．Google Chubby
14．Google 提出的用于处理海量数据的并行编程模式和大规模数据集的并行运算的软件架构是（　　）。
　　　　A．GFS　　　　　　B．MapReduce　　C．Chubby　　　D．BitTable
15．下列关于 Map/Reduce 模型的 Map 函数与 Reduce 函数的描述中正确的是（　　）。
　　　　A．一个 Map 函数是对一部分原始数据进行指定的操作
　　　　B．一个 Map 操作是对每个 Reduce 所产生的一部分中间结果进行合并的操作
　　　　C．Map 与 Map 之间不是相互独立的
　　　　D．Reduce 与 Reduce 之间不是相互独立的
16．MapReduce 的 Map 函数会产生很多的（　　）。
　　　　A．key　　　　　　B．value　　　　C．<key,value>　　D．Hash
17．当前大数据技术的基础是由（　　）首先提出的。
　　　　A．微软　　　　　　B．百度　　　　C．谷歌　　　　　D．阿里巴巴
18．根据不同的业务需求来建立数据模型，抽取最有意义的向量，决定选取哪种方法的数据分析角色人员是（　　）。
　　　　A．数据管理人员　　　　　　　　B．数据分析员

C．研究科学家　　　　　　　D．软件开发工程师
19．智能健康手环的应用开发，体现了（　　）的数据采集技术的应用。
A．统计报表　　B．网络爬虫　　C．API 接口　　D．传感器
20．在大数据时代，数据使用的关键是（　　）。
A．数据收集　　B．数据存储　　C．数据分析　　D．数据再利用

三、简答题

1．什么是大数据？
2．简述大数据的基本特征。
3．简述大数据的应用价值。
4．在使用大数据时，应注意哪些隐私问题？
5．大数据分析包括哪几个方面？
6．常见的大数据分析工具有哪些？
7．常见的大数据可视化工具有哪些？
8．Hadoop 是什么？
9．MapReduce 的原理是什么？
10．大数据分析的目的是什么？
11．Hadoop 的 HDFS 是如何工作的？
12．Spark 相比 MapReduce 有哪些优势？

第5章　机器学习与深度学习

人工智能（Aritificial Intelligence，AI）是一门研究如何让计算机模拟、扩展和辅助人类智能的学科，旨在使计算机能够理解、推理、学习、计划和感知等，以实现类似人类的智能行为。人工智能的重要性及其在各个领域的应用正逐渐改变现代社会的工作方式和生活质量。机器学习和深度学习是人工智能领域的两个核心概念，它们通过数据驱动的方法使计算机能够学习和解决问题。这两个领域虽然紧密相关，但各有其独特的特点、优势和应用范围。

5.1 人工智能的产生及其流派

5.1.1 人工智能的产生和发展

1. 概念

人工智能是计算机科学的一个分支，它企图了解智能的实质，并生产出一种能以与人类智能相似的方式做出反应的智能机器。人工智能是对人的意识、思维的信息过程的模拟。目前，该领域的研究方向主要包括机器人、语言识别、图像识别、自然语言处理（Natural Language Processing，NLP）和专家系统，用来替代人类实现识别、认知、分类和决策等多种功能。人工智能的研究领域、应用领域及三大流派如图5.1所示。

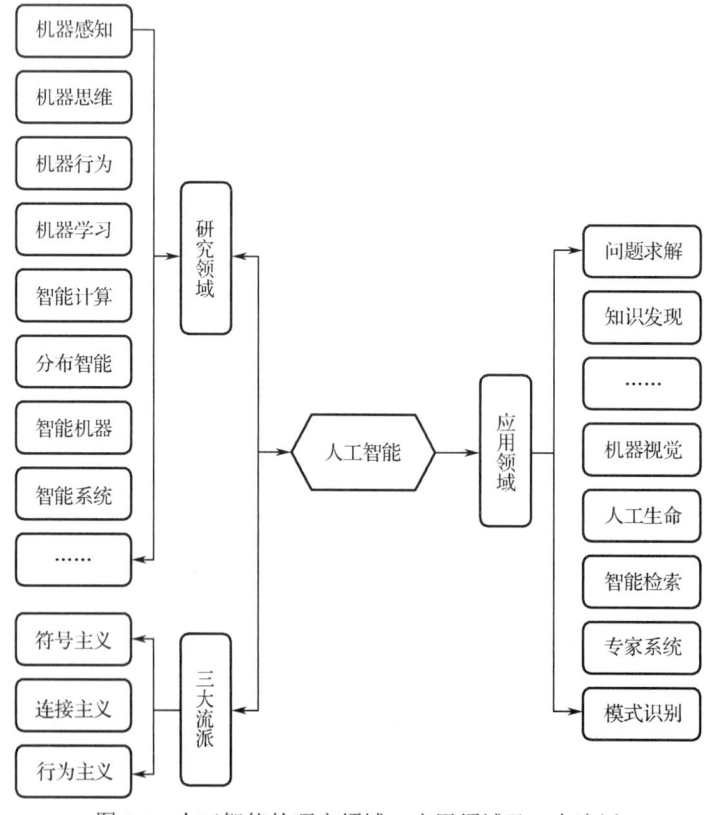

图5.1　人工智能的研究领域、应用领域及三大流派

2. 产生和发展

2015 年 3 月，机器人 AlphaGo 在围棋比赛中获胜，使人工智能又一次成为热门话题。然而，人工智能的历史远比 AlphaGo 悠久得多，其经历了"三起两落"。

（1）人工智能的诞生（1943—1956 年）

20 世纪 40 年代至 50 年代，来自数学、心理学、工程学、经济学和政治学等不同领域的一批科学家开始探讨制造人工大脑的可能性。1956 年夏天，香农和一群年轻的学者在达特茅斯学院举行了一次头脑风暴式研讨会，纽厄尔和西蒙在会上提出了"逻辑理论家"的概念，而麦卡锡提出使用"人工智能"作为这一领域的名称。在这次会议上，人工智能的名称和任务得以确定，标志着人工智能的诞生。

（2）黄金年代（1956—1974 年）

达特茅斯会议之后的近 20 年是人工智能迅速发展的阶段。这一阶段开发出的程序具备一些新的特点，例如，计算机可以解决代数应用题、可以证明几何定理、可以学习和使用英语等。

当时，大多数人无法相信计算机能够如此"智能"，研究者认为具有完全智能的计算机将在 20 年内出现。同时，ARPA（Advanced Research Projects Agency，美国国防部高级研究计划署）等政府机构向这一新兴领域投入了大笔资金。然而，早期人工智能使用传统的人工智能方法进行研究。传统的人工智能方法简单地说，就是首先了解人类是如何产生智能的，然后让计算机按照人的思路去做。因此，在语音识别、机器翻译等领域长时间得不到突破，人工智能研究随后陷入低谷。

（3）第一次低谷（1974—1980 年）

20 世纪 70 年代，由于人工智能的研究者对项目难度评估不足，新的研究项目基本以失败告终，人工智能研究遭遇瓶颈，人们当初的乐观期望遭到了严重打击。

例如，康奈尔大学的教授弗雷德·贾里尼克于 1972 年在 IBM 进行语音识别时采用了新的语音识别模型。在这之前，人们在语音识别领域已进行 20 多年的研究，主流的研究方法有两个特点：一是让计算机尽可能地模拟人的发音特点和听觉特征；二是让计算机尽可能地理解人所讲的完整语句。传统的语音识别主要采用的技术是基于规则和语义的传统人工智能方法。

贾里尼克认为人的大脑是一个信息源，从思考到找到合适的语句再通过发音说出来是一个编码的过程，经过媒介传播到耳朵是一个解码的过程。这是一个典型的通信问题，可以用解决通信的方法来解决。为此，贾里尼克用两种数据模型分别描述信源和信道（马尔可夫模型）。然后使用大量的语音数据来进行训练。最后，贾里尼克团队花费了 4 年时间，将语音识别的准确率从过去的 70%提高到 90%。

后来，研究者尝试使用此方法来解决其他智能问题，但因为缺少训练样本，结果都不太理想。例如，今天已经比较常见的计算机视觉功能在当时就不可能找到一个足够大的数据库来支撑程序去学习，计算机无法通过足够的数据量来学习，自然也就谈不上视觉方面的智能化。再加上计算复杂性的指数级增长、数据量缺失、计算机性能的瓶颈等问题，使众多人工智能研究项目基本以失败告终，导致人工智能研究进入第一次低谷。

（4）第一次繁荣（1980—1987 年）

20 世纪 80 年代，一套被称为"专家系统"的具备人工智能思想的程序开始被一些大公司使用。专家系统是一套程序，其能力来自存储的专业知识。专家系统能够依据一组从专门知识中推演出的逻辑规则回答或解决某一特定领域的问题。专家系统仅限于一个很小的知识领域，其简单的设计使它易于编程实现。

此时，知识库系统和知识工程成为研究者研究的主要方向，再加上新型神经网络和反向传播（BP）算法的提出使连接主义重获新生。这时，某些国家的政府部门开始投入大量资金供研究人员进行人工智能项目的研究。例如，日本经济产业省于1981年拨款近9亿美元支持第五代计算机项目。其目标是制造出能够与人对话、翻译语言、解释图像且能像人一样进行推理的计算机。这时，其他国家的政府部门也纷纷向人工智能和信息技术的大规模项目提供资助，人工智能研究又迎来了大发展。

（5）第二次低谷（1987—1993年）

从20世纪80年代末到90年代初，人工智能又遭遇了一系列财政问题。首先是在1987年，人工智能硬件市场需求突然下跌。同时，专家系统的缺点也展现出来：难以升级、健壮性差、维护费高且实用性仅局限于某些特定领域。20世纪80年代末期，政府部门对人工智能研究的资助大幅减少。截至1991年，人们发现日本在10年前提出的宏伟的"第五代计算机项目"并没有实现。事实上，其中一些目标，比如"与人对话"，到了2010年也没有实现。人工智能研究再一次进入低谷。

（6）走在正确的路上（1993—2005年）

经过50余年的不断探索，在20世纪90年代，人工智能终于实现了它最初的一些目标并被成功地用在技术产业中，这些成就有些归功于计算机性能的提升，有些则是在特定领域有所突破。

第一次让人们感受到计算机智能水平得到质的飞跃是1996年IBM的超级计算机深蓝大战国际象棋冠军卡斯帕罗夫的时刻。虽然卡斯帕罗夫最后以4∶2战胜了计算机深蓝，但时隔一年后，改进后的计算机深蓝以3.5∶2.5战胜了卡斯帕罗夫。1997年以后，在国际象棋人机对弈领域，计算机已经可以完胜人类。计算机深蓝学习了世界上几百位国际大师的对弈棋谱，也会考虑卡斯帕罗夫的可能走法，并对不同的状态给出可能性评估，然后根据对方下一步走法对盘面的影响，找到一个最有利自己的状态，并走出这步棋。可以发现，计算机深蓝团队其实是把一个机器智能问题变成了一个大数据和大量计算的问题。

越来越多的人工智能研究者开始开发和使用复杂的数学工具。这是因为研究者广泛地认识到，许多人工智能需要解决的问题已经成为数学、经济学和运筹学领域的研究课题。这时，大量的新工具被应用到人工智能中，包括贝叶斯网络、隐马尔可夫模型、信息论、随机模型和经典优化理论，以及针对神经网络和进化算法等计算智能范式的精确数学描述也得到了应用。

（7）大数据时代（2005年至今）

从某种意义上讲，2005年是大数据元年，虽然大部分人感受不到数据带来的变化，但一项科研成果让全世界从事机器翻译的人感到震惊，那就是Google以巨大的优势打败了全世界所有的机器翻译研究团队。

Google聘请机器翻译专家弗朗兹·奥科博士进行机器翻译研究。奥科使用大量数据来训练系统，最终训练出一个六元模型，而当时大部分研究团队的数据量只够训练三元模型。简单地讲，一个好的三元模型可以准确地构造英语句子中的短语和简单的句子成分之间的搭配，而六元模型则可以构造整个从句和复杂的句子成分之间的搭配，相当于实现了将这些片段从一种语言到另一种语言的直接对译。可以想象，如果一个系统对大部分句子在很长的片段上进行直译，那么其准确性相比那些在词组单元进行翻译的系统要高得多。

互联网的出现，使得可用的数据量剧增，各个领域的数据不断向外扩展，逐渐形成数据交叉，各个维度的数据从点和线逐渐连成了网，或者说，数据之间的关联性极大增强，在这样的背景下，大数据应运而生。

大数据是一种思维方式的改变。在以前，计算机并不擅长解决智能问题，但是今天智能问题逐渐变为了数据问题。由此，全世界开始了新一轮的技术革命——智能革命。

5.1.2 人工智能的主要流派

人工智能在发展过程中逐渐形成了多个思维学派，主要包括符号主义、连接主义、行为主义，如图5.2所示。

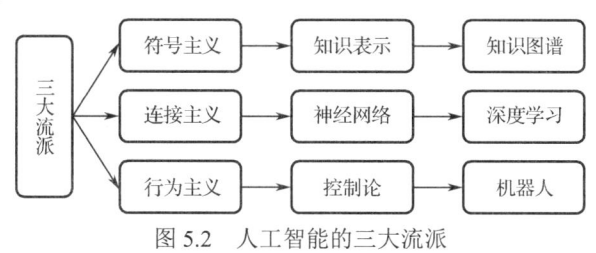

图 5.2 人工智能的三大流派

1. 符号主义

符号主义又称为逻辑主义、心理学派或计算机学派，其原理主要为物理符号系统假设和有限合理性。

符号主义认为人工智能源于数理逻辑。数理逻辑从19世纪末开始迅速发展，到20世纪30年代开始用于描述智能行为，后来又在计算机上实现了逻辑演绎系统。其有代表性的成果为启发式程序逻辑理论家，证明了38条数学定理，表明可以应用计算机研究人的思维，模拟人类智能活动。后来又发展了启发式算法、专家系统、知识工程理论与技术，并在20世纪80年代得到很大发展。

符号主义认为人类认知和思维的基本单元是符号，而认知过程就是符号表示上的一种运算。人是一个物理符号系统，计算机也是一个物理符号系统，因此就能够用计算机来模拟人的智能行为，即用计算机的符号操作来模拟人的认知过程。这种方法的实质是模拟人的左脑抽象逻辑思维，通过研究人类认知系统的功能机理，用某种符号来描述人类的认知过程，并把这种符号输入能处理符号的计算机中，模拟人类的认知过程，实现人工智能。

专家系统的成功开发与应用，对人工智能走向工程应用和实现理论联系实际具有重要的意义。目前，以基于规则的系统为代表的符号主义，正向以神经网络、统计学习为代表的连接主义转变，同时以符号表示的表象主义也在向嵌入、进化、生成论方向发展。

2. 连接主义

连接主义又称为仿生学派或生理学派，是一种基于神经网络及网络间的连接机制与学习算法的智能模拟方法。这一学派认为人工智能源于仿生学，特别是对于人脑模型的研究。它的代表性成果是在1943年由生理学家麦卡洛克和数理逻辑学家皮茨创立的脑模型（MP模型），其开创了用电子装置模仿人脑结构和功能的新途径。

1959年，研究者在麻醉的猫的视觉中枢上插入了微电极，然后在猫的眼前投影各种简单模式，观察猫的视觉神经元的反应。他们发现，在猫的视觉中枢中，一些神经元对于某种方向的直线敏感，另一些神经元对于另一种方向的直线敏感；一些初级的神经元对于简单模式敏感，另一些高级的神经元对于复杂模式敏感，并且其敏感度和复杂模式的位置与定向无关。这证明了视觉中枢系统具有由简单模式构成复杂模式的功能。受视觉神经元的启发，计算机科学家发明了人工神经网络（简称神经网络）。

也就是说，连接主义从神经生理学和认知科学的研究成果出发，把人的智能归结为人脑高层活动的结果,强调智能活动是由大量简单的单元通过复杂的相互连接后并行运行的结果。人工神经网络是连接主义的代表性技术。所以,连接主义的思想也可简单地称为"神经计算"。连接主义认为神经元不仅是大脑神经系统的基本单元,而且是行为反应的基本单元。研究者认为任何思维和认知功能都不是由少数神经元决定的,而是通过大量突触相互动态联系的神经元协同作用来完成的。

实质上,基于神经网络的智能模拟方法是以工程技术手段模拟人脑神经系统的结构和功能的,通过大量非线性并行处理器来模拟人脑中众多的神经细胞(神经元),用处理器的复杂连接关系来模拟人脑中众多神经元之间的突触行为。这种方法在一定程度上能实现人脑形象思维的功能,即实现了人的右脑形象抽象思维功能的模拟。

1984年,美国物理学家霍普菲尔特提出连续的神经网络模型,使神经网络可以用电子线路来仿真,开拓了神经网络应用于计算机的新途径。1986年,鲁梅尔哈特等提出了多层网络中的反向传播算法,这一技术在图像处理、模式识别等领域取得了重要突破,为实现连接主义的智能模拟创造了条件。此后,从模型到算法,从理论分析到工程实现,神经网络研究都取得了重要进展。

3. 行为主义

行为主义又称为进化主义或控制论学派,是一种基于"感知-行动"行为的智能模拟方法。这一学派认为人工智能源于控制论,认为智能取决于人的感知和行为,取决于人们对外界复杂环境的感受,而不是表示和推理,不同的行为表现出不同的功能和不同的控制结构。

控制论把神经系统的工作原理与信息理论、控制理论、逻辑及计算机联系起来。早期的研究重点是模拟人在控制过程中的智能行为和作用,以及对自寻优、自适应、自校正、自镇定、自组织和自学习等控制论系统的研究,并在20世纪80年代诞生了智能控制和智能机器人系统。

行为主义的主要观点如下。

① 知识的形式化表示和模型化方法是人工智能的重要障碍之一。
② 应该直接用机器对环境发出作用后,环境对作用者的响应作为原型。
③ 所建造的智能系统在现实世界中应具有行动和感知的能力。
④ 智能系统的能力应该分阶段逐渐增强,在每个阶段都应是一个完整的系统。

行为主义的杰出代表布鲁克斯教授提出了无须知识表示和无须推理的智能行为观点。布鲁克斯从自然界中生物体的智能进化过程出发,提出人工智能系统的建立应采用对自然智能进化过程仿真的方法。他认为智能只是在与环境的交互作用中表现出来的,任何一种"表达"都不能完整地代表客观世界的真实概念。

布鲁克斯这种基于行为的观点开辟了人工智能的新途径。布鲁克斯的代表性成果是他研制的6足机器虫。这是一个由150个传感器和23个执行器构成的像蝗虫一样能进行6足行走的机器人试验系统。这个机器人虽然不具有像人那样的推理、规划能力,但其应对复杂环境的能力大大超过了原有的机器人,在自然环境下,具有灵活的防碰撞和漫游行为。

5.1.3 人工智能的研究领域

人工智能的研究领域从低到高可以分为5层,如图5.3所示。

第一层为基础设置,包含大数据和硬件/计算能力两部分,数据越大,人工智能的能力越强。第二层为算法,如卷积神经网络(Convolutional Neural Networks,CNN)、LSTM(Long Short-Term Memory,长短期记忆)序列学习、Q-Learning、深度学习等算法,这些都是机器学习的算法。第三层为技术方向，主要涉及重要的技术方向，如计算机视觉、语音处理、自然语言处理等，还有一些类似决策系统，或类似一些大数据分析的统计系统，这些都能在机器学习算法上产生。第四层为具体技术，如图像识别、语音识别、机器翻译等。第五层为行业解决方案，如人工智能在金融、医疗、安防、交通和游戏等领域的应用，这是人工智能在社会价值上的体现。

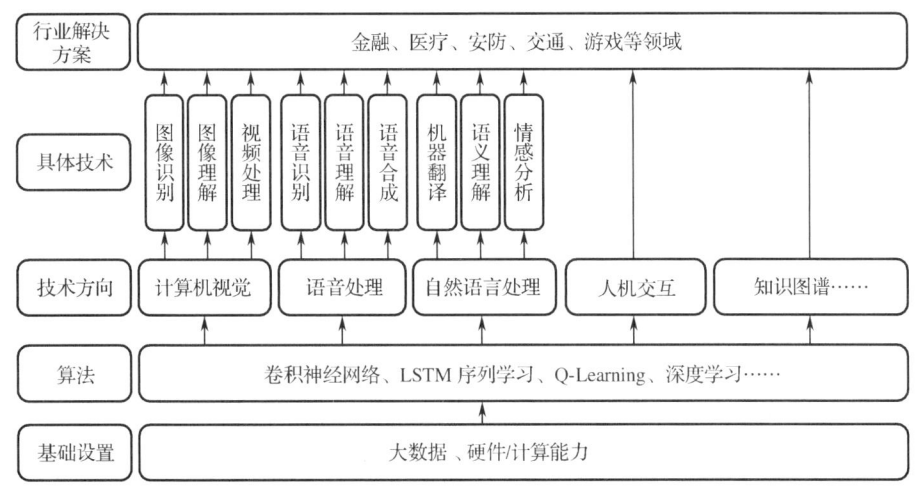

图 5.3 人工智能研究领域的层次结构

值得注意的是，机器学习与深度学习之间还是有所区别的，机器学习是指计算机的算法能够像人一样，从数据中找到信息，从而学习一些规律。虽然深度学习是机器学习的一种，但深度学习是以大数据为基础的，利用深度神经网络将模型处理得更加复杂，从而使模型对数据的理解更加深入。

经过几十年的不断探索，人工智能已经逐渐形成一门庞大的技术体系。其中，计算机视觉、机器学习、自然语言处理、人机交互和知识图谱是其主要的技术方向。

1．计算机视觉

计算机视觉是使用计算机模仿人类视觉系统的学科，其目的是让计算机拥有类似人类提取、处理、理解和分析图像及图像序列的能力。在自动驾驶、机器人、智能医疗等领域均需要通过计算机视觉技术从视觉信号中提取并处理信息。

近年来，随着深度学习的发展，图像预处理、特征提取与识别渐渐融合，形成了端到端的人工智能算法技术。根据解决的问题不同，计算机视觉大致可分为计算成像学、图像理解、三维视觉、动态视觉和视频编/解码五大类。

（1）计算成像学

计算成像学是探索人眼结构、相机成像原理及其延伸应用的科学。在相机成像原理方面，计算成像学不断促进可见光相机的发展，使得现代相机更加轻便、适用范围更广。同时，计算成像学也推动着新型相机的产生，使相机可以摆脱可见光的限制。在相机应用科学方面，计算成像学通过图像去噪、去模糊、暗光增强、去雾霾等后续算法处理，使得在受限条件下拍摄的图像更加完美。

（2）图像理解

图像理解是通过用计算机系统解释图像，实现类似人类视觉系统理解外部世界的一门科学。通常，根据理解信息的抽象程度可分为三个层次：浅层理解（包括图像边缘、图像特征点、纹理元素等）、中层理解（包括物体边界、区域与平面等）和深层理解（根据需要抽取的高层语义信息，可大致分为识别、检测、分割、姿态估计等）。目前，深层图像理解已广泛应用于人工智能系统，如刷脸支付、智慧安防、图像搜索等。

（3）三维视觉

三维视觉是研究如何通过视觉获取三维信息及如何理解所获取的三维信息的科学。三维视觉广泛应用于机器人、无人驾驶、智慧工厂、虚拟现实等领域。三维信息理解可分为浅层理解、中层理解和深层理解。浅层理解包括角点理解、边缘理解、法向量理解等；中层理解包括平面理解、立方体理解等；深层理解包括物体检测、识别、分割等。

（4）动态视觉

动态视觉是分析视频或图像序列，模拟人处理时序图像的科学。在通常情况下，动态视觉问题可以定义为寻找图像元素（如像素、区域、物体在时序上的对应）及提取其语义信息的问题。动态视觉研究被广泛应用于视频分析及人机交互等方面。

（5）视频编/解码

视频编/解码是通过特定的压缩技术来压缩视频流的技术。视频流传输中最为重要的编/解码标准有ITU-T制定的H.261、H.263、H.264、H.265、M-JPEG和MPEG系列。

计算机视觉技术目前已具备初步的产业规模，但仍面临着一些挑战：一是如何在不同的应用领域与其他技术紧密结合，计算机视觉在解决某些问题时通过利用大数据进行训练，已经逐渐成熟并超过人类水平，而在某些问题上精度较差；二是如何降低计算机视觉算法的开发时间和人力成本，要达到应用领域要求的精度与耗时，计算机视觉算法通常需要大量的数据并需要人工进行标注，研发周期较长；三是如何加快新型算法的设计开发速度，随着新的成像硬件与人工智能芯片的出现，设计开发针对不同芯片与数据采集设备的计算机视觉算法也是挑战之一。

2．机器学习

机器学习通过研究计算机怎样模拟或实现人类的学习行为，以获取新的知识或技能，通过知识结构的不断完善与更新来提升机器自身的性能。机器学习是一门多领域交叉学科，涉及统计学、系统辨识、逼近理论、神经网络、优化理论、计算机科学、脑科学等领域。

基于数据的机器学习从观测数据（样本）出发寻找规律，并利用这些规律对未来数据或趋势进行预测。AlphaGo就是机器学习的一个成功体现。

机器学习的一般处理过程如图5.4所示。

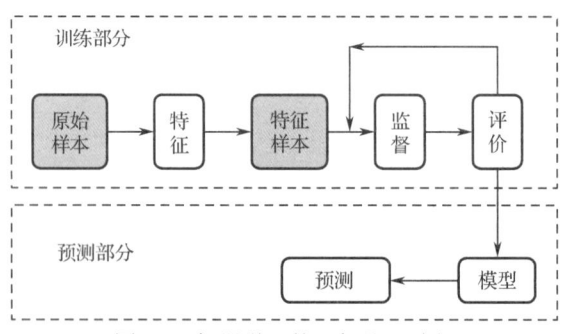

图5.4　机器学习的一般处理过程

根据学习模式可以将机器学习分为监督学习、无监督学习和强化学习。根据学习方法可以将机器学习分为传统机器学习和深度学习。

（1）传统机器学习

传统机器学习从一些观测（训练）样本出发，试图发现不能通过原理分析获得的规律，实现对未来数据或趋势的准确预测。相关的算法包括逻辑回归、隐马尔可夫、支持向量机、K 近邻、三层人工神经网络、贝叶斯及决策树等。传统机器学习平衡了学习结果的有效性与学习模型的可解释性,为解决有限样本的学习问题提供了一种框架。所以,传统机器学习主要用于有限样本情况下的模式分类、回归分析、概率密度估计等,在自然语言处理、语音识别、图像识别、信息检索和生物信息等许多计算机领域有广泛应用。

(2) 深度学习

深度学习是建立深层结构模型的学习方法,又称为深度神经网络(层数超过三层的神经网络),由 Hinton 等人在 2006 年提出。深度学习既可以是监督学习(需要人工干预来培训基本模型的演进),也可以是无监督学习(通过自我评估自动改进模型)。

深度学习源于多层神经网络,其实质是给出一种将特征表示和学习合二为一的方式。深度学习放弃了可解释性,单纯追求学习的有效性。目前,存在诸多深度神经网络模型,其中卷积神经网络、循环神经网络是两类典型的模型。卷积神经网络常被应用于处理空间性分布数据;循环神经网络在神经网络中引入了记忆和反馈处理,常被应用于处理时间性分布数据。

深度学习的基本原理如下。

① 构建一个网络并且随机初始化所有连接的权重。
② 将大量的数据输入这个网络中。
③ 通过网络处理这些数据并进行学习。
④ 如果某个数据符合指定的动作,则会增加权重;如果不符合,则会降低权重。
⑤ 系统通过上述步骤来调整权重。
⑥ 在经过成千上万次的学习之后,深度学习模型在某些方面具有超过人类的表现。

3. 自然语言处理

自然语言处理主要研究实现人与计算机之间用自然语言进行有效通信的各种理论和方法。自然语言处理的主要技术如图 5.5 所示。

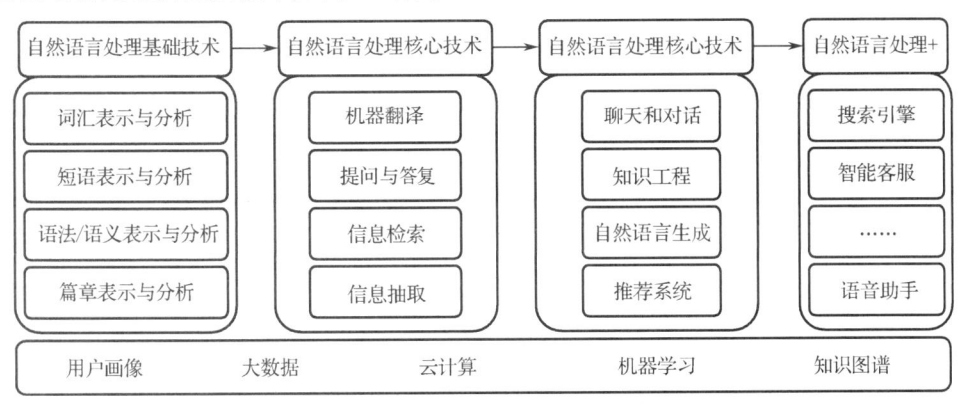

图 5.5 自然语言处理的主要技术

自然语言处理技术及其应用是以相关技术或者大数据为支撑的。用户画像、大数据、云计算、机器学习及知识图谱等构成了自然语言处理的技术平台和支撑平台。

① 自然语言处理基础技术。它包括词汇表示与分析、短语表示与分析、语法/语义表示与分析和篇章表示与分析,比如词的多维向量表示、句子的多维向量表示,以及分词、词性标记、句法分析和篇章分析。

② 自然语言处理核心技术。它包括机器翻译、提问与答复、信息检索、信息抽取、聊天和对话、知识工程、自然语言生成和推荐系统等。

③ 自然语言处理+，即自然语言处理的应用领域，包括搜索引擎、智能客服、商业智能、语音助手等，也包括银行、金融、交通、教育、医疗等垂直领域。

总体而言，自然语言处理主要涉及机器翻译、语义理解和问答系统等领域。

（1）机器翻译

机器翻译是指利用计算机技术实现从一种自然语言到另一种自然语言的翻译过程。基于统计的机器翻译方法突破了之前基于规则和实例的翻译方法的局限性，翻译性能得到巨大提升。基于深度神经网络的机器翻译在日常口语等场景已得到成功应用。随着上下文的语境表征和知识逻辑推理能力的发展，自然语言知识图谱不断扩充，机器翻译将会在多轮对话翻译及篇章翻译等领域取得更大进展。

目前，在非限定领域机器翻译中性能较佳的是统计机器翻译，其包括训练及解码两个阶段，由预处理、词对齐、短语抽取、短语概率计算、最大熵调序等步骤组成。训练阶段的目标是获得模型参数，解码阶段的目标是利用所估计的模型参数和给定的优化目标获取待翻译语句的最佳翻译结果。

基于神经网络的端到端机器翻译方法不需要专门针对句子设计特征模型，而是直接把源语言句子的词串送入神经网络模型，经过神经网络的运算，得到目标语言句子的翻译结果。在基于神经网络的端到端机器翻译方法中，通常采用递归神经网络或卷积神经网络对句子进行表征建模，从海量训练数据中抽取语义信息。与基于短语的统计翻译方法相比，基于神经网络的端到端机器翻译方法的翻译结果更加流畅、自然，在实际应用中具有较好的效果。

（2）语义理解

语义理解是指利用计算机技术实现对文本篇章的理解，并且回答与篇章有关问题的过程。语义理解更注重对上下文的理解及对答案精准程度的把控。随着 MCTest 数据集的发布，语义理解受到了更多关注，相关数据集和对应的神经网络模型层出不穷。语义理解技术将在智能客服、产品自动问答等相关领域发挥重要作用，进一步提高问答与对话系统的精度。

在数据采集方面，语义理解通过自动构造数据方法和自动构造填空型问题的方法来有效扩充数据资源。当前主流的模型是利用神经网络技术对篇章、问题进行建模，以及对答案的开始和终止位置进行预测，抽取出篇章片段。对于进一步泛化的答案，处理难度将进一步提升，目前的语义理解技术仍有较大的提升空间。

（3）问答系统

问答系统是指让计算机像人类一样用自然语言与人进行交流的技术，分为开放领域的对话系统和特定领域的问答系统。人们可以向问答系统提交用自然语言表达的问题，系统会返回关联性较高的答案。尽管问答系统已有不少应用产品，但大多应用于实际信息服务系统和智能手机助手等领域。问答系统在稳定性方面仍然存在着问题和挑战。

尽管自然语言处理技术得到了长足的发展，但仍面临着一些挑战。

① 在词法、句法、语义、语用和语音等不同层面存在不确定性。

② 新的词汇、术语、语义和语法导致未知语言现象的不可预测性。

③ 数据资源的不充分使其难以覆盖复杂的语言现象。

④ 语义知识的模糊性和错综复杂的关联性难以用简单的数学模型描述，语义计算需要参数庞大的非线性计算。

4．人机交互

人机交互主要研究人和计算机之间的信息交换问题，主要包括人到计算机和计算机到人的两部分信息交换，是人工智能领域重要的外围技术。人机交互是与认知心理学、人机工程学、多媒体技术、虚拟现实技术等密切相关的综合学科。

传统的人机交互主要依靠交互设备进行，主要包括键盘、鼠标、操纵杆、数据服装、眼动跟踪器、位置跟踪器、数据手套、压力笔等输入设备，以及打印机、绘图仪、显示器、头盔式显示器、音箱等输出设备。而非传统的人机交互包括语音交互、情感交互、体感交互及脑机交互等。

（1）语音交互

语音交互是一种高效的人机交互方式，是人类以自然语音或机器合成语音同计算机进行交互的综合性技术，其结合了语言学、心理学、工程和计算机技术等领域的知识。语音交互不仅要研究语音识别和语音合成，还要研究人在语音通道下的交互机理、行为方式等。

语音交互过程包括4部分：语音采集、语音识别、语义理解和语音合成。

① 语音采集主要完成音频的录入、采样及编码工作。
② 语音识别主要完成语音信息到机器可识别文本信息的转化工作。
③ 语义理解根据语音识别转换后的文本字符或命令完成相应的操作。
④ 语音合成主要完成文本信息到声音信息的转换工作。

（2）情感交互

情感是一种高层次的信息传递，而情感交互在传递信息的同时还能传递情感。传统的人机交互无法理解和适应人的情绪或心境，缺乏情感理解和表达能力，计算机就难以具有类似于人的智能，也难以通过人机交互做到真正的和谐与自然。

情感交互的目的是赋予计算机类似于人的观察、理解和生成各种情感的能力，最终使计算机像人一样能与人类进行自然、亲切和生动的交互。但情感交互面临着诸多挑战，包括情感交互信息的处理方式、情感的描述方式、情感数据的获取和处理过程及情感的表达方式。

（3）体感交互

体感交互是指个体不需要借助任何复杂的控制系统，以体感技术为基础，直接通过肢体动作与周边数字设备装置和环境进行自然的交互。根据体感交互方式与原理的不同，体感交互主要分为三类：惯性感测、光学感测及光学联合感测。体感交互通常需要运动追踪、手势识别、运动捕捉、面部表情识别等一系列技术的支撑。目前，体感交互无论是在硬件还是在软件方面都有了较大的提升，交互设备正在向小型化、便携化、使用方便化等方向发展，大大降低了对用户的约束，交互过程变得更加自然。

体感交互在游戏娱乐、医疗辅助与康复、全自动三维建模、辅助购物、眼动仪等领域有着较为广泛的应用。

（4）脑机交互

脑机交互又称为脑机接口，是指不依赖于外围神经和肌肉等神经通道，直接实现大脑与外界信息传递的通路。脑机交互系统检测中枢神经系统活动，并将其转化为人工输出指令，替代、修复、增强、补充或者改善中枢神经系统的正常输出，从而改善中枢神经系统与内外环境之间的交互。

由于脑机交互要通过对神经信号进行解码，实现脑信号到机器指令的转化，因此一般包括信号采集、特征提取和命令输出三个模块。

5. 知识图谱

知识图谱以符号形式描述物理世界中的概念及其相互关系，其基本组成单元是"实体-关系-实体"，以及实体及其相关"属性-值"对。不同实体之间通过关系相互连接，构成网状的知识结构。

知识图谱本质上是结构化的语义知识库，是一种由节点和边组成的图状结构。在知识图谱中，每个节点表示现实世界的"实体"，每条边为实体与实体之间的"关系"。通俗地讲，知识图谱就是把所有不同种类的信息连接在一起而得到的一个关系网络，提供了从"关系"的角度去分析问题的能力。

知识图谱以知识工程中的语义网络作为理论基础，用构化语义描述来表现真实世界中存在的各种实体或概念。

知识图谱对于人工智能的重要价值在于让机器具备认知能力。这是因为知识是人工智能的基石，机器可以模仿人类的视觉、听觉等感知能力，但这种感知能力不是人类的专属。而认知语言是人区别于其他动物的能力，同时，知识也使人不断地进步，传承知识是推动人类不断进步的重要基础。

目前，知识图谱主要存在于非结构化的文本数据、大量半结构化的表格和网页及生产系统的结构化数据中。构建知识图谱的主要目的是获取大量的计算机可识别的知识。

从感知到认知的跨越过程中，构建大规模高质量知识图谱是一个重要环节，当人工智能可以通过更结构化的表示去理解人类知识并进行连接时，才有可能让机器真正实现推理、联想等认知功能。构建知识图谱是一个系统工程，其技术体系如图5.6所示。

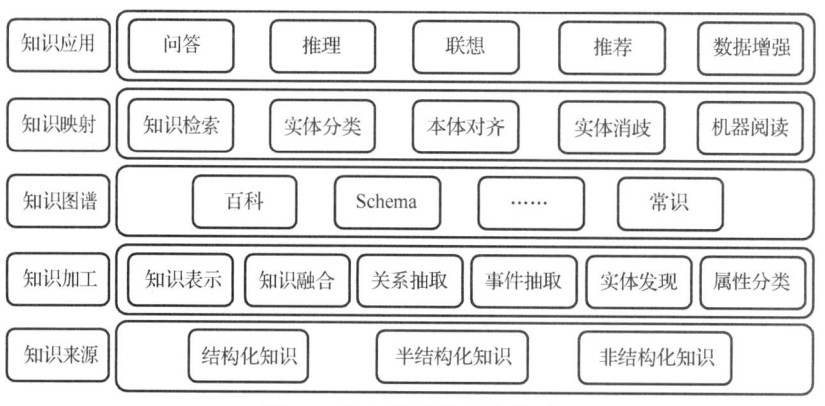

知识应用	问答	推理	联想	推荐	数据增强
知识映射	知识检索	实体分类	本体对齐	实体消歧	机器阅读
知识图谱	百科	Schema	……	常识	
知识加工	知识表示	知识融合	关系抽取	事件抽取	实体发现	属性分类
知识来源	结构化知识	半结构化知识	非结构化知识		

图5.6 知识图谱的技术体系

针对不同场景，知识图谱的构建策略分为自上而下和自下而上两种。

① 自上而下的策略为专家驱动。根据应用场景和领域，人类利用经验知识为知识图谱定义数据模式，在定义本体的过程中，首先从顶层的概念开始，然后逐步进行细化，形成结构良好的分类分层结构；在定义好数据模式后，再将实体逐个对应到概念中。

② 自下而上的策略为数据驱动。从数据源开始，针对不同类型的数据，对其包含的实体和知识进行归纳和组织，形成底层的概念，然后逐步往上抽象，形成顶层的概念，并对应到具体的应用场景中。

在应用过程中，知识图谱的技术流程如图5.7所示。

基于知识图谱的人工智能主要包含三部分：知识获取、数据融合和知识计算及应用。

（1）知识获取

知识获取主要解决从非结构化、半结构化及结构化数据中获取知识的问题。

常见的非结构化数据主要是文本类的文章，在处理非结构化数据时，需要通过自然语言处理技术识别文章中的实体。常见的实体识别方法有两种：一种是用户本身有一个知识库，可以使用实体连接到用户的知识库上；另一种是用户没有知识库，则需要命名实体识别技术识别文章中的实体。当用户获得实体后，需要关注实体间的关系，即实体关系识别。有些实体关系识别的方法会利用句法结构来确定两个实体间的关系,因此有些算法中会利用依存分析或者语义解析。如果用户不仅要获取实体间的关系,还要获取一个事件的详细内容,则需要确定事件的触发词并获取事件相应描述的句子,同时识别事件描述句子中实体对应事件的角色。

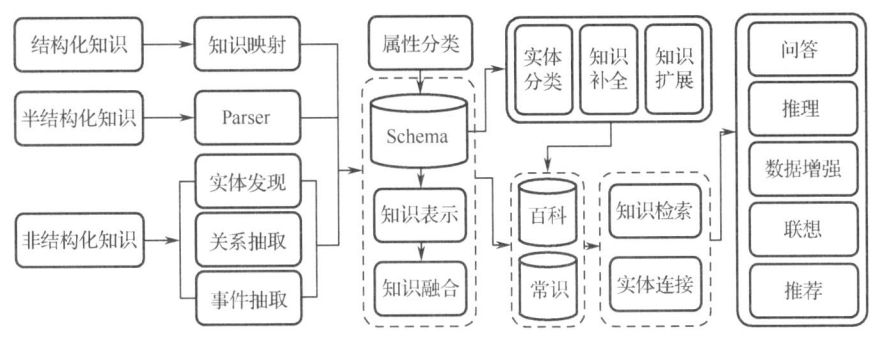

图 5.7 知识图谱的技术流程

在处理半结构化数据时,知识获取主要的工作是通过包装器学习半结构化数据的抽取规则。由于半结构化数据具有大量的重复性结构,因此只要对数据进行少量的标注,就可以让机器学习出一定的规则,进而使用规则对同类型或者符合某种关系的数据进行抽取。

结构化数据主要存储在用户生产系统的数据库中,所以还需要对用户生产系统的数据库中的数据进行重新组织、清洗、检测等操作,最后得到符合用户需求的数据。

(2)知识融合

知识融合主要解决如何将从不同数据源获取的知识进行融合,并构建数据之间的关联。对于从各个数据源获取的知识,系统还需要通过统一的术语将其融合成一个庞大的知识库。提供统一术语的结构或者数据称为本体,本体不仅提供了统一的术语字典,还描述了各个术语间的关系及限制。通过使用本体可以让用户非常方便和灵活地根据自己的业务建立或者修改数据模型。

通过数据映射技术建立本体中的术语和从不同数据源抽取的知识中的词汇的映射,进而将不同数据源的数据融合在一起。同时,不同数据源的实体可能会指向现实世界的同一个客体,这时,还需要使用实体匹配将不同数据源中相同实体的数据进行融合。另外,不同本体间也会存在某些术语描述同一类数据的情况,那么对这些本体则需要通过本体融合技术实现不同的本体融合。

最后融合而成的知识库需要一个存储和管理的解决方案。知识存储和管理的解决方案会根据用户查询场景的不同采用不同的存储架构,如 NoSQL 或关系型数据库。同时,大规模的知识库也符合大数据的特征,因此还需要传统的大数据平台(如 Spark 或 Hadoop)提供高性能计算能力以支持快速运算。

(3)知识计算及应用

知识计算主要根据知识图谱提供的信息得到更多隐含的知识,例如,通过本体或者规则推理技术可以获取数据中存在的隐含知识;超链接预测可预测实体间隐含的关系;相关算法通过在知识网络上计算来获取知识图谱上存在的社区,提供知识间关联的路径;通过不一致检测技术发现数据中的噪声和缺陷。

知识图谱具有广泛的应用,通过知识计算,知识图谱可以产生大量的智能应用,例如,可以为精确营销系统提供精确的画像,从而使其挖掘潜在的客户;可以为专家系统提供领域知识，作为其决策数据，给律师、医生、CEO 等提供辅助决策的意见；可以提供更智能的检索方式，用户可以通过自然语言进行搜索。当然，知识图谱也是问答系统必不可少的重要构成部分。知识图谱还可用于反欺诈、不一致性验证、组团欺诈等公共安全保障领域。

尽管如此，知识图谱的发展还面临着巨大的挑战，还有一系列关键技术需要突破，如数据的噪声问题，即数据本身有错误或者数据存在冗余。

5.2 机器学习基础

5.2.1 机器学习的概念和特征

机器学习是实现人工智能的一个重要途径，即以机器学习为手段解决人工智能中的问题，其涉及概率论、统计学、逼近论、凸分析、计算复杂性理论等多门学科。机器学习理论主要是设计和分析一些让计算机可以自动"学习"的算法。这类算法能从数据中自动分析获得规律，并利用规律对未知数据进行预测。学习算法中涉及了大量的统计学理论，机器学习与推断统计学的联系尤为密切，所以，机器学习也称为统计学习理论。

1．机器学习的特征

机器学习具有以下特征。

① 机器学习是一门人工智能的学科，该领域的主要研究对象是人工智能，研究的重点是如何在经验学习中改善算法的性能。

② 机器学习是研究能通过经验自动改进的计算机算法。

③ 机器学习是用数据或以往的经验来优化计算机程序的性能标准。

机器学习研究的是计算机怎样模拟人类的学习行为，以获取新的知识或技能，并重新组织已有的知识结构使之不断改善自身。简单地说，就是计算机从数据中学习出规律和模式，最后用于对新数据的预测。近年来，互联网数据呈现指数级增长，数据的丰富度和覆盖面远远超出人工可以观察和处理的范畴，而机器学习算法则可以很好地指引计算机在海量数据中挖掘出有价值的信息。

2．机器学习关注的问题

尽管机器学习已得到长足的发展，但并非所有问题都适合用机器学习来解决（很多逻辑清晰的问题用规则就能高效和准确地处理），而且也没有一个机器学习算法可以通用于所有问题。从功能的角度进行分类，机器学习可以解决下列问题。

（1）分类问题

根据从数据样本上抽取的特征，判定其属于有限类别中的哪一个。比如，垃圾邮件识别（垃圾邮件、正常邮件）；文本情感褒贬分析（褒、贬）；图像内容识别（喵星人、汪星人、人类、都不是）；等等。

（2）回归问题

根据从数据样本上抽取的特征，预测一个连续值的结果。比如，《流浪地球》的票房；某城市 2 个月后的房价；隔壁小孩每月去几次游乐场，喜欢哪些玩具；等等。

（3）聚类问题

根据从数据样本上抽取的特征，将物理或抽象对象的集合分成由类似的对象组成的多个类。由聚类所生成的簇是一组数据对象的集合，这些对象与同一个簇中的对象彼此相似，与其他簇中的对象相异。

例如，在商务上，聚类能帮助市场分析人员从客户基本库中发现不同的客户群，并且用购买模式来刻画不同客户群的特征；在生物学上，聚类能帮助研究者推导植物和动物的特征，由此对基因进行分类，并获得对种群中固有结构的认识。聚类也能用于对 Web 上的文档进行分类。

根据这些常见问题，机器学习可以分为监督学习和非监督学习。

监督学习指标明一些数据是对的，另一些数据是错的，然后让程序预测新的数据是对的还是错的。所以，监督学习中的数据必须是有标签的。无监督学习指不对数据进行标明，让机器自动去判断哪些数据比较像，然后归到一类。分类与回归问题需要用已知结果的数据进行训练，属于监督学习。而聚类问题不需要有已知标签，属于非监督学习。

5.2.2 机器学习的数学基础

机器学习将数学、算法理论和工程实践紧密结合，需要具备扎实的理论基础帮助研究者进行数据分析与模型优化，也需要具备相应的工程开发能力去高效地训练和部署模型和服务。所以，数学基础、典型机器学习算法和编程基础是机器学习的基础。

机器学习相对于其他开发工作更有门槛的根本原因是需要开发人员具备数学基础，常见的机器学习算法需要具备的数学基础主要集中在微积分、线性代数和概率与统计方面。

1. 微积分

微积分作为初等数学和高等数学的分水岭，在现代科学中有着极其重要的作用。最初，牛顿应用微积分学及微分方程从万有引力定律导出了开普勒行星运动三定律。此后，微积分学极大地推动了数学的发展，也极大地推动了天文学、力学、物理学、化学、生物学、工程学、经济学等自然科学、社会科学及应用科学各个分支的发展，并在这些学科中有越来越广泛的应用，特别是计算机的出现更有助于这些应用的不断发展。

微积分的内容主要包括函数、极限、微分学、积分学及其应用。微分学包括求导运算，是一套关于变化率的理论。它使得函数、速度、加速度和曲线的斜率等均可用一套通用的符号表示。积分学包括求积分的运算，为定义和计算面积、体积等提供了一套通用的方法。

微分的计算及其几何、物理含义是机器学习中大多数算法求解过程的核心。比如，在算法中运用到梯度下降算法、牛顿法等。如果对其几何意义有充分的理解，就能理解"梯度下降算法是用平面来逼近局部的，而牛顿法是用曲面来逼近局部的"。

2. 线性代数

线性代数是数学的一个分支，它的研究对象是向量、向量空间（或称线性空间）、线性变换和有限维的线性方程组。向量空间是现代数学的一个重要课题，因此线性代数被广泛地应用于抽象代数和泛函分析。通过解析几何，线性代数得以被具体表示。线性代数的理论已被泛化为算子理论。科学研究中的非线性模型通常可以被近似为线性模型，使得线性代数被广泛地应用于自然科学和社会科学。

大多数机器学习的算法要依赖于高效的计算，在这种要求下，需要将循环操作转化成矩阵之间的乘法运算，这就和线性代数有了密切联系。同时，向量的内积运算、矩阵乘法与分解在机器学习中被广泛使用。

3. 概率与统计

在日常生活中，随机现象普遍存在，比如，每期福利彩票的中奖号码。概率论是指根据大量同类随机现象的统计规律，对随机现象出现某一结果的可能性做出一种客观的科学判断，并进行数量上的描述，比较这些可能性的大小。数理统计是指应用概率的理论研究大量随机现象的规律性，通过安排一定数量的科学实验所得到的统计方法给出严格的理论证明，并判定各种方法应用的条件，以及方法、公式、结论的可靠程度和局限性，使人们从一组样本判定能否以相当大的概率来保证某一判断是正确的，并可以控制发生错误的概率。

机器学习中的很多任务和统计层面数据分析与发掘隐藏的模式非常类似。极大似然思想、贝叶斯模型是理论基础，朴素贝叶斯、语言模型、隐马尔可夫、隐变量混合概率模型是它们的高级形态。

5.2.3 机器学习的常用算法

绝大多数问题使用机器学习的常用算法都能得到解决，下面简单介绍机器学习的常用算法。

1. 处理分类问题的常用算法

分类问题是监督学习的一个核心问题。在监督学习中，当输出变量取有限个离散值时，预测问题便成为分类问题。监督学习从数据中学习一个分类决策函数或分类模型（称为分类器）。分类器对新的输入进行输出的预测，这个过程称为分类。分类问题包括学习与分类两个过程。在学习过程中，根据已知的训练样本数据集利用有效的学习方法学习一个分类器；在分类过程中，利用学习的分类器对新的输入实例进行分类。

处理分类问题的常用算法包括逻辑回归（常用于工业界中）、支持向量机（SVM）、随机森林、朴素贝叶斯（常用于 NLP 中）、深度神经网络（在视频、图片、语音等多媒体数据中使用）。

（1）逻辑回归

逻辑回归是一种与线性回归非常类似的算法，但从本质上讲，线性回归处理的问题类型与逻辑回归不一致。线性回归处理的是数值问题，也就是最后预测出的结果是数字，如房价。而逻辑回归属于分类算法，也就是说，逻辑回归的预测结果是离散的分类，例如，判断这封邮件是否为垃圾邮件，以及用户是否会单击此广告等。所以，逻辑回归是一种经典的二分类算法。

在实现方面，逻辑回归只是对线性回归的计算结果加上了一个 Sigmoid 函数，将数值结果转化为 0~1 的概率值（Sigmoid 函数的图像一般来说并不直观，通常是数值越大，函数越逼近 1，数值越小，函数越逼近 0），然后根据这个概率值进行预测，例如，概率值大于 0.5，则这封邮件就是垃圾邮件。从直观上来说，逻辑回归画出了一条分类线。

（2）支持向量机

支持向量机主要用于解决分类问题，应用于字符识别、面部识别、行人检测、文本分类等领域。支持向量机一般用于解决二元分类问题，对于多元分类问题，通常先将其分解为多个二元分类问题，再进行分类。其基本模型为定义在特征空间上的间隔最大的线性分类器，支持向量机还包括核技巧（核技巧由 Cortes 和 Vapnik 于 1995 年提出，用于对数据进行分类。它是一种二分类模型训练方法，基本模型是定义在特征空间上的间隔最大的线性分类器），使它成为实质上的非线性分类器。支持向量机的学习策略就是间隔最大化，等价于正则化或业务损失函数的最小化问题。

（3）随机森林

随机森林是一种监督学习算法，主要应用于回归和分类这两种场景，但更侧重于分类。随机森林是利用多棵决策树对样本数据进行训练、分类并预测的一种算法。它在对数据进行分类的同时，还可以给出各个变量（基因）的重要性评分，评估各个变量在分类中所起的作用。

随机森林的构建过程：首先利用 Bootstrap 方法有放回地从原始训练集中随机抽取 n 个样

本，并构建 n 棵决策树；然后假设在训练样本中有 m 个特征，那么每次分裂时选择最好的特征进行分裂，每棵树都一直这样分裂下去，直到该节点的所有训练样本都属于同一类；接着让每棵决策树在不做任何修剪的前提下最大限度地生长；最后将生成的多棵分类树组成随机森林，用随机森林分类器对新的数据进行分类与回归。对于分类问题，由多棵树分类器投票决定最终分类结果；而对于回归问题，则由多棵树预测值的均值决定最终预测结果。

（4）朴素贝叶斯

在所有的机器学习分类算法中，朴素贝叶斯和其他绝大多数的分类算法都不同。朴素贝叶斯属于监督学习的生成模型，实现简单，没有迭代，并有坚实的数学理论（即贝叶斯定理）作为支撑，在大样本下会有较好的表现；但不适用于输入向量的特征条件有关联的场景。

大多数的分类算法，比如决策树、逻辑回归、支持向量机等都是判别算法，也就是直接学习出特征输出 Y 和特征 X 之间的关系，要么是决策函数 $Y=f(X)$，要么是条件分布 $P(Y|X)$。但朴素贝叶斯是生成算法，在统计资料的基础上，依据某些特征计算各个类别的概率，从而实现分类，也就是直接找出特征输出 Y 和特征 X 的联合分布 $P(X,Y)$，然后用 $P(Y|X)= P(X,Y)/P(X)$ 得出结果。

（5）深度神经网络

深度神经网络的概念源于人工神经网络的研究，包含多个中间层的多层感知器就是一种深度学习结构。深度学习通过组合低层特征来形成更加抽象的高层用于表示属性类别或特征，以发现数据的分布式特征。一般而言，将包含两个或两个以上中间层的网络称为深度神经网络。相反，只有一个中间层的网络通常被称为浅度神经网络。

通用逼近理论表明，一个浅度神经网络可以逼近任何函数，也就是说，浅度神经网络在原则上可以学习任何东西，因此可以逼近许多非线性激励函数，包括现在深度神经网络广泛使用的 ReLU 函数。在一般情况下，浅度神经网络的神经元数量将随着任务复杂度的提升呈现几何级数增长，因此浅度神经网络要发挥作用，参数将呈现指数级增长，训练过程的运算量也将呈现指数级增长。而深度神经网络则通过增加中间层的级数来达到减少参数的目的。

2. 处理回归问题的常用算法

回归实际上就是根据统计数据建立一个能描述不同变量之间的关系的方程。

处理回归问题的常用算法包括线性回归、普通最小二乘回归（Ordinary Least Squares Regression）、逐步回归（Stepwise Regression）、多元自适应回归样条（Multivariate Adaptive Regression Splines）。

（1）线性回归

线性回归是利用数理统计中的回归分析来确定两种或两种以上变量间相互依赖的定量关系的一种统计分析方法。它的表达式为 $y = w'x+e$，其中，e 为误差，服从均值为零的正态分布。在回归分析中，只包括一个自变量和一个因变量，且二者的关系可用一条直线近似表示，这种回归分析称为一元线性回归分析。如果在回归分析中包括两个或两个以上的自变量，且因变量和自变量之间是线性关系，则这种回归分析称为多元线性回归分析。

线性回归能够用一条直线较为精确地描述数据之间的关系。当出现新的数据时，就能够预测出一个简单的值。通过线性回归构造出来的函数一般称为线性回归模型。通过线性回归算法，可能会得到多种线性回归模型，但不同的模型对于数据的拟合或描述能力是不一样的。我们的最终目的是找到一个能够最精确地描述数据之间关系的线性回归模型。这时就需要使用代价函数。代价函数用于描述线性回归模型与实际数据之间的差异问题，如果两者完全没有差异，则说明此线性回归模型完全描述了数据之间的关系。如果需要找到最佳拟合的线性回归模型，则需要使对应的代价函数值最小。

（2）普通最小二乘回归

最小二乘的思想是，使观测点和估计点的距离的平方和达到最小。这里的"二乘"是指用平方来度量观测点与估计点的距离（古汉语中的平方称为二乘），"最小"是指参数的估计值要保证各个观测点与估计点的距离的平方和达到最小。

普通最小二乘回归经常会引起欠拟合现象，因为普通最小二乘回归将所有的序列值设置为相同的权重；但是在实际中，对于一个时间序列，最近发生的应该比先前发生的更加重要，所以应该将最近发生的赋予更大的权重，对先前发生的赋予小一点的权重，这就变成了加权最小二乘回归。对于普通最小二乘回归，因为种种原因，残差项要满足多个条件，如同方差性，但是因为现实中的数据可能达不到这种要求，所以这个时候就出现了广义最小二乘回归。

简言之，如果存在外部协方差，即协方差矩阵不是对角矩阵，则是广义最小二乘回归；如果协方差矩阵是对角矩阵，且对角线各不相等，则是加权最小二乘回归；如果协方差矩阵是对角矩阵，且对角线相同，则是普通最小二乘回归。

（3）逐步回归

逐步回归能自动地选取合适的变量来建立回归方程。从某种意义上讲，逐步回归是一种回归辅助手段，是帮助线性回归、非线性回归或其他回归方法确定最优回归方程的方法。其核心内容有两点：①根本目的是确定最优回归方程；②关键内容是变量选择。

变量选择有三种常见方法。

① 向前选择法。向前选择法，即一个一个地将变量加入回归方程中。这种方法的缺点是，它不能反映后来变化的情况。因为对于某个自变量，它可能开始是显著的，这时将其引入回归方程中，但是，随着以后其他自变量的引入，它可能又变为不显著的，而此时并没有将其及时从回归方程中剔除。也就是说，向前选择法只考虑引入而不考虑剔除。

② 向后消去法。向后消去法，即先将全部变量加入回归方程中，然后根据选择标准逐一进行剔除。这种方法的缺点是，一开始将全部变量引入回归方程中，会导致计算量增大。若一开始就不引入那些不重要的变量，则可以减少一些计算量。

③ 逐步筛选法。逐步筛选法是前两种方法的结合。该方法在向前选择法的基础上，引进向后消去法的思想，即随着每个自变量对回归方程贡献的变化随时地引入或剔除模型，使得最终回归方程中的变量对 y 的影响都是显著的，而回归方程外的变量对 y 的影响都是不显著的。

（4）多元自适应回归样条

多元自适应回归样条以样条函数的张量积作为基函数，分为前向过程、后向剪枝过程与模型选取三个步骤。在前向过程中，通过自适应地选取节点对数据进行分割，每选取一个节点就生成两个新的基函数，前向过程结束后生成一个过拟合的模型。在后向剪枝过程中，在保证模型准确度的前提下删除过拟合模型中对模型贡献度小的基函数，最后选取一个最优的模型作为回归模型。

分类与回归既有联系也有区别。

- 分类预测建模问题与回归预测建模问题不同。

分类和回归的区别在于输出变量的类型。定量输出称为回归，或者说是连续变量预测；定性输出称为分类，或者说是离散变量预测。

- 分类和回归算法之间存在一些重叠。

分类算法可以预测连续值，但连续值是类标签的概率的形式；回归算法可以预测离散值，但是以整数的形式预测离散值的。一些算法只需进行很少的修改，既可用于分类又可用于回归，例如，决策树和人工神经网络。还有一些算法不能或不易既用于分类又用于回归，例如，用于回归预测建模的线性回归和用于分类预测建模的逻辑回归。

3. 处理聚类问题的常用算法

类是指具有相似性的集合。聚类是指将数据集划分为若干类，使得类内的数据最为相似，各类之间的数据相似度差别尽可能大。聚类分析以相似性为基础，对数据集进行聚类划分，属于无监督学习。

处理聚类问题的常用算法包括 K 均值、基于密度的聚类、层次聚类。

（1）K 均值

K 均值是一种简单的迭代型聚类算法，采用距离作为相似性指标，从而发现给定数据集中的 K 个类，且每个类的中心是根据类中所有值的均值得到的，每个类用聚类中心来描述。对于给定的一个包含 n 个 d 维数据点的数据集 X 及要分得的类别 K，选取欧式距离作为相似度指标，聚类的目标是使得各类的聚类平方和最小。

K 均值聚类算法是先随机选取 K 个对象作为初始的聚类中心，然后计算每个对象与各个种子聚类中心之间的距离，把每个对象分配给距离它最近的聚类中心。聚类中心及分配给它们的对象就代表一个聚类。一旦全部对象被分配完，每个聚类的聚类中心就会根据聚类中现有的对象被重新计算。这个过程将不断重复直到满足某个终止条件为止。终止条件既可以是没有（或最小数目）对象被重新分配给不同的聚类，也可以是没有（或最小数目）聚类中心再发生变化，误差平方和局部最小。

（2）基于密度的聚类

由于聚类属于无监督学习，因此不同的聚类算法基于不同的假设和数据类型。相比其他的聚类算法，基于密度的聚类算法可以在有噪声的数据中发现各种形状和各种大小的簇。

基本思想：不同类数据之间的类内间距大，同类数据之间的类内间距小。

聚类中心的选取原则是：聚类中心处的密度最大，聚类中心之间的间距最大。先发现密度较高的点，然后把相近的高密度点逐步连成一片，进而生成各种簇。

基于密度的聚类算法通过设计合适的密度函数与距离函数来实现无监督聚类。该算法不需要事先提供聚类中心的数目，能够自适应地选取聚类中心的数目。

（3）层次聚类

层次聚类算法实际上分为两类：自上而下和自下而上。自下而上的算法在一开始就将每个数据点视为单一的聚类，然后依次合并（或聚集）类，直到所有类合并成一个包含所有数据点的单一聚类。因此，自下而上的层次聚类称为合成聚类或 HAC（Hierarchical Cluster Analysis，层次聚类分析)。聚类的层次结构用一棵树（或树状结构）表示。树的根是收集所有样本的唯一聚类，而叶子是只有一个样本的聚类。

HAC 的具体过程如下。

① 假设集群内的每个样本都是一个单独的类，然后选择一种距离度量方式，计算任意两个类之间的距离。比如，使用平均距离法计算两个类之间的距离，然后取第一个簇内样本点和第二个簇内样本点之间的平均距离。

② 在每次迭代过程中都会将两个簇合并为一个簇。

重复执行第②步，直至所有样本点被合并到一个簇内，即只有一个顶点。

层次聚类算法不要求指定聚类的数量。此外，该算法对距离度量的选择不敏感，而对于其他聚类算法，距离度量的选择是至关重要的。层次聚类算法的一个特别好的用例是，当底层数据具有层次结构时，就可以恢复层次结构，而其他的聚类算法无法做到这一点。层次聚类算法的这一优点是以降低效率为代价的。

4. 处理降维问题的常用算法

降维是机器学习中很重要的一种思想。在机器学习中经常会碰到一些高维的数据集，而在高维数据情形下会出现数据样本稀疏、距离计算等困难，这类问题是所有机器学习算法共同面临的严重问题，称为"维度灾难"。另外，在高维特征中容易出现特征之间的线性相关，这也就意味着有的特征是冗余存在的。基于这些问题，则需要进行降维处理。

解决降维问题的常用算法包括奇异值分解（Singular Value Decomposition，SVD）、主成分分析（Principal Component Analysis，PCA）、线性判断分析（Linear Discriminant Analysis，LDA）。

（1）奇异值分解

奇异值分解不仅可以用于降维算法中的特征分解，还可以用于推荐系统、自然语言处理等领域，是很多机器学习算法的基石。

奇异值分解是一种能适用于任意矩阵，以及有着很明显的物理意义的算法。它可以将一个比较复杂的矩阵用更小、更简单的几个子矩阵的相乘来表示，这些小矩阵描述的是矩阵的重要的特性。

奇异值与特征分解中的特征值类似，它在奇异值矩阵中也是按照从大到小的顺序进行排列的，而且奇异值减少得特别快，在很多情况下，前 10%甚至 1%的奇异值的和就占了全部奇异值之和的 99%以上的比例。也就是说，也可以用最大的 K 个奇异值和对应的左右奇异向量来近似描述矩阵。基于这个重要的性质，奇异值分解可以用于 PCA 降维，实现数据压缩和去噪处理；也可以用于推荐算法，将用户和其喜好对应的矩阵进行特征分解，进而得到隐含的用户需求来进行推荐。

（2）主成分分析

主成分分析是最常用的算法，在数据压缩、消除冗余等领域有着广泛的应用。

在解决实际问题中，往往需要研究多个特征，而这些特征就有一定的相关性。将多个特征综合为少数几个代表性特征，组合后的特征既能够代表原始特征的绝大部分信息，又互不相关。这种提取原始特征的主成分的方法称为主成分分析。

主成分分析将高维的特征向量合并为低维的特征属性，是一种无监督的降维方法。

主成分分析的目标是通过某种线性投影，将高维的数据映射到低维的空间中来表示，并且期望在所投影的维度上数据的方差最大（最大方差理论），以此使用较少的数据维度来同时保留较多的原始数据点的特性。

事实上，在数据量很大时，先求协方差矩阵，然后进行特征分解是一个很慢的过程，而主成分分析是借助奇异值分解来完成的，只要求得奇异值分解中的左奇异向量或右奇异向量中的一个即可。

（3）线性判断分析

线性判断分析是一种基于分类模型进行特征属性合并的操作，是一种监督学习的降维方法。线性判断分析的原理是：将带上标签的数据（点）通过投影的方法，投影到维度更低的空间中，使得投影后的数据形成按类别区分一簇一簇的情况，相同类别的数据将会在投影后的空间中更接近。也就是说，投影后的类内方差最小、类间方差最大。

5.2.4 使用机器学习解决问题的基本流程

使用机器学习解决问题的基本流程如下。

1．问题的抽象

明确问题是进行机器学习的第一步。机器学习的训练通常是一件耗时的事情，无目标尝试的时间成本会非常高。抽象成数学问题指要明确可以获得什么样的数据，目标是什么问题，如是一个分类，还是回归，或者是聚类的问题等。

2．获取数据

数据决定了机器学习结果的上限，而算法只是尽可能逼近这个上限。

数据要有代表性，否则必然会过拟合。对于分类问题，数据偏斜不能过于严重，不同类别的数据量不要有数量级的差距。此外还要对数量级有一个评估，多少个样本、多少个特征，以估算出其对内存的消耗程度，判断训练过程中内存是否够用，若不够用，则应考虑改进算法或者进行降维。如果数据量实在太大，则应考虑分布式处理。

3．特征预处理与特征选择

良好的数据需要提取出良好的特征才能真正发挥效力。特征预处理、数据清洗是非常关键的步骤，往往能够显著提高算法的效果和性能。数据挖掘过程中的很多时间就花费在归一化、离散化、因子化、缺失值处理、去除共线性等方面。

筛选出显著特征、摒弃非显著特征，需要机器学习工程师反复理解业务。这对很多结果有决定性的影响。若特征选择正确，则即使使用非常简单的算法也能得出良好、稳定的结果。这需要运用特征有效性分析的相关技术，如相关系数、卡方检验、平均互信息、条件熵、后验概率、逻辑回归权重等。

4．训练模型与调优

直到这一步才使用算法进行训练。现在，很多算法都已经封装成黑盒供人使用。但真正困难的是调整这些算法的参数，使得结果变得更加优良。这需要对算法的原理有深入的理解。理解越深入，就越能发现问题的症结，提出良好的调优方案。

5．模型诊断

若要确定模型调优的方向与思路，则需要对模型进行诊断。

过拟合、欠拟合判断是模型诊断中至关重要的一步。常见的方法有交叉验证、绘制学习曲线等。过拟合的基本调优思路是增加数据量，降低模型复杂度。欠拟合的基本调优思路是提高特征数量和质量，增加模型复杂度。

误差分析也是机器学习至关重要的步骤。通过观察误差样本，全面分析产生误差的原因：是参数的问题还是算法选择的问题，是特征的问题还是数据本身的问题等。

对诊断后的模型要进行调优，对调优后的新模型要重新进行诊断，这是一个不断反复迭代、不断逼近的过程，需要不断地尝试，进而达到最优状态。

6．模型融合

一般来说，通过模型融合能够提升效果。工程上，提升算法准确度的方法是，分别在模型的前端（特征清洗和预处理，不同的采样模式）与后端（模型融合）进行改进。因为它们的比较标准可复制，效果比较稳定。

7．上线运行

这一部分内容与工程实现的相关性较大。工程是结果导向，模型在线上运行的效果直接决定模型的成败。不仅包括其准确程度、误差等情况，还包括其运行的速度（时间复杂度）、资源消耗程度（空间复杂度）、稳定性是否可接受等。

5.3 人工神经网络简介

5.3.1 人工神经网络的发展

1. 概念

神经网络的基本分类如图 5.8 所示。

广义的神经网络包括两类：一类是用计算机的方式去模拟人脑，这就是我们常说的人工神经网络（Artificial Neural Network，ANN）；另一类是生物神经网络。在人工智能领域，研究的是人工神经网络。

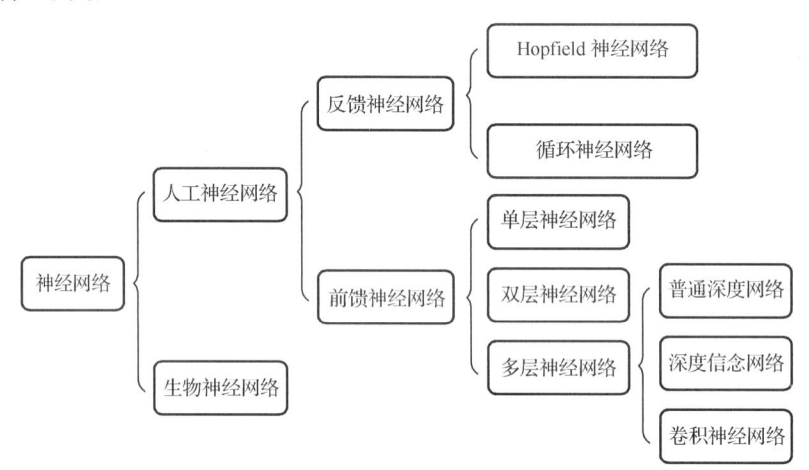

图 5.8 神经网络的基本分类

人工神经网络又分为前馈神经网络和反馈神经网络两种。

前馈神经网络是一种最简单的神经网络，如图 5.9 所示，各神经元分层排列，每个神经元只与前一层的神经元连接，接收前一层的输出，并输出给下一层，数据正向流动，输出仅由当前的输入和网络权值决定，各层之间没有反馈。反馈神经网络又称自联想记忆网络，输出不仅与当前的输入和网络权值有关，还和网络之前的输入有关。

从某种意义上讲，前馈神经网络和反馈神经网络的区别是它们的结构图。如果把结构图看作一个有向图，其中神经元代表顶点，连接代表有向边。在前馈神经网络中，这个有向图是没有回路的；而在反馈神经网络中，这个有向图是有回路的。例如，深度学习中的循环神经网络是一种反馈神经网络。

Hopfield 神经网络是一种常见的反馈神经网络，如图 5.10 所示。在网络结构上，Hopfield 神经网络是一种单层互相全连接的反馈神经网络。每个神经元既是输入也是输出，网络中的每个神经元都将自己的输出通过连接传送给所有其他神经元，同时又都接收所有其他神经元传递过来的信息，即网络中的神经元在 t 时刻的输出状态实际上间接地与自己在 $t-1$ 时刻的输出状态有关。因为 Hopfield 神经网络的神经元之间相互连接，所以得到的权重矩阵将是对称矩阵。

常见的前馈神经网络有三类：单层神经网络、双层神经网络及多层神经网络。深度学习中的卷积神经网络属于一种特殊的多层神经网络。另外，BP（Back Propagation，反向传播）神经网络是使用了反向传播算法的双层前馈神经网络，也是一种普遍的双层神经网络。

人工神经网络是机器学习中的一个重要的算法。人工神经网络是受到人类大脑的生理结构——互相交叉相连的神经元启发而创造出来的，但与人类大脑中一个神经元可以连接一定距离内的任意神经元不同，人工神经网络具有离散的层、连接和数据传播的方向。

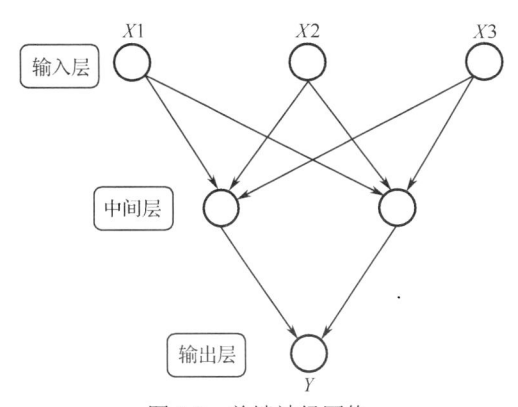

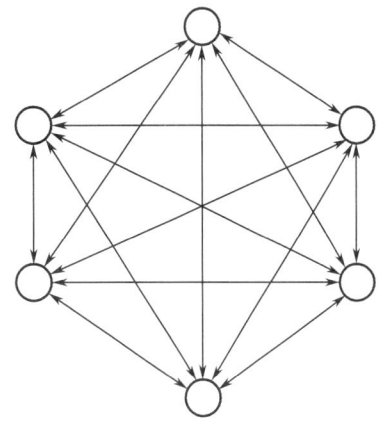

图 5.9　前馈神经网络　　　　　图 5.10　Hopfield 神经网络

例如，我们可以把一幅图像切分成图像块，输入人工神经网络的第一层。第一层中的每个神经元都把数据传递到第二层，第二层中的神经元完成类似的工作，把数据传递到第三层，以此类推，直到传递到最后一层，然后生成结果。

每个神经元都为它的输入分配权重，这个权重的正确与否与其执行的任务直接相关。最终的输出由这些权重加总而定。

在人工智能的早期，人工神经网络就已经存在，由于早期的计算机难以满足人工神经网络算法的运算需求，因此当时人工神经网络的"智能"性很差。直到 GPU 被广泛应用后，人工神经网络的准确性才有了稳步提高。

以停止标志识别牌为例，人工神经网络需要通过几百万张图片来进行训练，直到神经元的输入权值都被调整得十分精确，即无论天气如何，每次都能得到正确的结果，才可以说人工神经网络成功地自学到一个停止标志识别牌的样子。

现在，经过深度学习训练的图像识别，在动物识别、辨别血液中癌症的早期成分、识别核磁共振成像中的肿瘤等特定场景中可以比人做得更好。

2．构成

人工神经网络是一种模仿生物神经网络（动物的中枢神经系统，特别是大脑）的结构和功能的数学模型或计算模型，人工神经网络由大量的人工神经元连接起来进行计算。在多数情况下，人工神经网络（简称神经网络）能够根据外界信息的变化改变内部结构，是一种自适应系统。

现代神经网络是一种非线性统计性数据建模工具，典型的神经网络包含 3 部分。

（1）结构

结构指定了网络中的变量和它们的拓扑关系。例如，神经网络中的变量可以是神经元连接的权重和神经元的激励值。

（2）激励函数

大部分神经网络模型具有一个短时间尺度的动力学规则，用来定义神经元如何根据其他神经元的活动来改变自己的激励值。一般激励函数依赖于网络中的权重（即该网络的参数）。

（3）学习规则

学习规则指定了网络中的权重如何随着时间的推进而进行调整。在一般情况下，学习规则依赖于神经元的激励值，也可能依赖于监督者提供的目标值和当前的权值。

一个典型的神经网络如图 5.11 所示，其包含三部分，分别是输入层、输出层和中间层（也叫隐藏层）。输入层有 3 个单元，中间层有 4 个单元，输出层有 3 个单元。

图 5.11 一个典型的神经网络

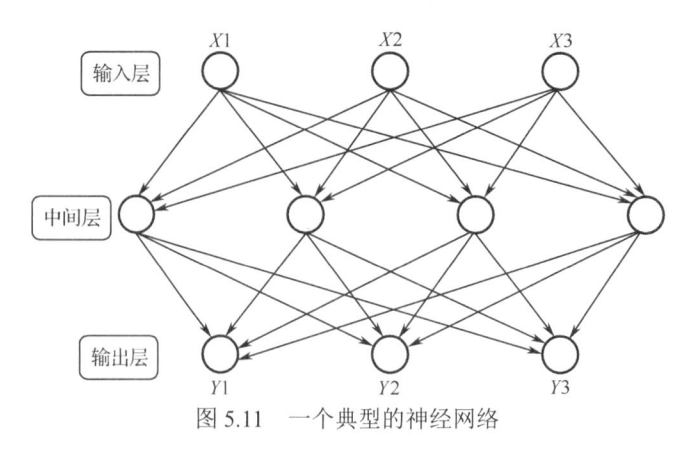

关于神经网络,读者需要注意以下几点。

① 在设计一个神经网络时,输入层与输出层的节点数往往是固定的,中间层则可以自由指定。

② 神经网络结构图中的拓扑与箭头代表预测过程中数据的流向,与训练时的数据流有一定的区别。

③ 对于中间层第 j 个神经元,其输入定义为 $a_j = \sum_{i=0}^{M} v_{ij} x_i$,其中,$v_{ij}$ 表示输入层第 i 个神经元 x_i 到中间层第 j 个神经元连接线的权值。对于输出层第 j 个神经元,其输入定义为 $b_j = \sum_{i=0}^{M} w_{ij} m_i$,其中,$w_{ij}$ 表示中间层第 i 个神经元 m_i 到输出层第 j 个神经元连接线的权值。

④ 图 5.11 中的圆圈(代表神经元)不是关键,而连接线(代表神经元之间的连接)才是关键,每个连接线对应不同的权重(其值称为权值),这些权值需要通过训练得到。

5.3.2 神经元模型

1. 神经元的构成

对于神经元的研究由来已久,生物学家在 1904 年就已经开始了解神经元的构成。其神经元的构成示意图如图 5.12 所示。

一个神经元通常具有多个树突,主要用来接收传入的信息;而轴突只有一条,用于传递信息;轴突尾端有许多轴突末梢可以给其他多个神经元传递信息,轴突末梢与其他神经元的树突产生连接,从而传递信号。

2. 抽象的神经元模型

1943 年,心理学家 McCulloch 和数学家 Pitts 参考生物神经元的结构,发布了抽象的神经元模型(McCulloch-Pitts Model,MP 模型)。该神经元模型是一个包含输入、输出与计算功能的模型。输入可以类比为神经元的树突,而输出可以类比为神经元的轴突,计算功能则可以类比为细胞核。

一个典型的神经元模型如图 5.13 所示:包含 3 个输入、1 个输出,以及 2 个计算功能。连接线称为连接,每个连接上都有一个权重。

(1)权重

连接是神经元模型中最重要的概念,每个连接上都有一个权重。一个神经网络的训练算法就是让权值调整到最佳,以使得整个网络的预测效果最好。如果用 a 来表示输入,则用 w 来表示权重。一个表示连接的有向箭头可以这样理解:在初端,传递的信号大小仍然是 a,

端中间有权重 w，经过加权后的信号会变成 $a×w$，因此在连接的末端，信号的大小就变成了 $a×w$。

训练后的神经网络对某个输入赋予了较高的权重，则认为与其他输入相比，该输入更为重要。权值为零则表示特定的特征是微不足道的。

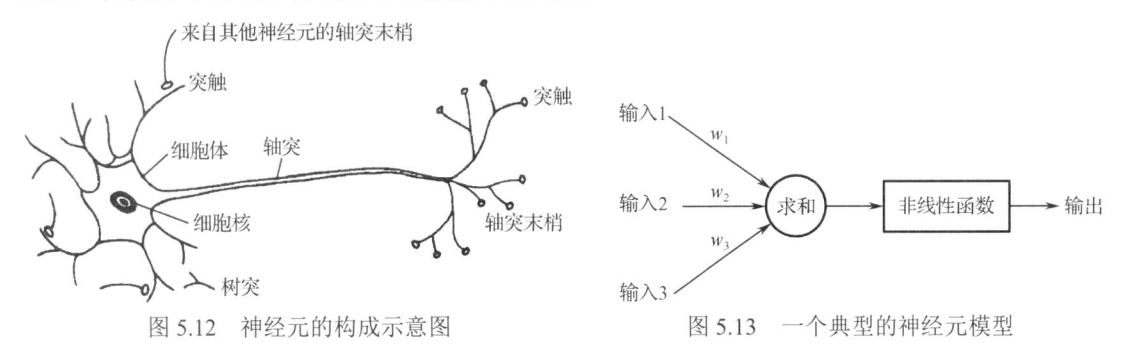

图 5.12 神经元的构成示意图

图 5.13 一个典型的神经元模型

（2）常见的激励函数

激励函数将输入信号转换为输出信号。只有一个输入的神经元模型，应用激励函数后的输出可表示为 $f(a.w_1+b_1)$，其中，$f()$ 函数就是激励函数，b_1 为偏差。除权重外，另一个被应用于输入的线性分量称为偏差，它被加到权重与输入相乘的结果中。添加偏差的目的是改变权重与输入相乘所得结果的范围。

具有 n 个输入神经元的模型的输出可表示为 $f(\sum_{i=0}^{M}(a_i.w_i + b_i))$。

常用的激励函数有 3 个，分别是 Sigmoid 函数、ReLU 函数和 Softmax 函数。

① Sigmoid 函数。

Sigmoid 函数是最常用的激励函数，其函数曲线如图 5.14 所示。

由于任何概率的取值都在 0～1 范围内，而 Sigmoid 函数的输出值为 0～1，因此它特别适用于输出概率的模型。该函数是可微的，所以可以得到曲线上任意两点之间的斜率。

② ReLU 函数。

ReLU 函数常用来处理中间层，定义如下。

当 $x>0$ 时，函数的输出值为 x；当 $x≤0$ 时，函数的输出值为 0。ReLU 函数的函数曲线如图 5.15 所示。

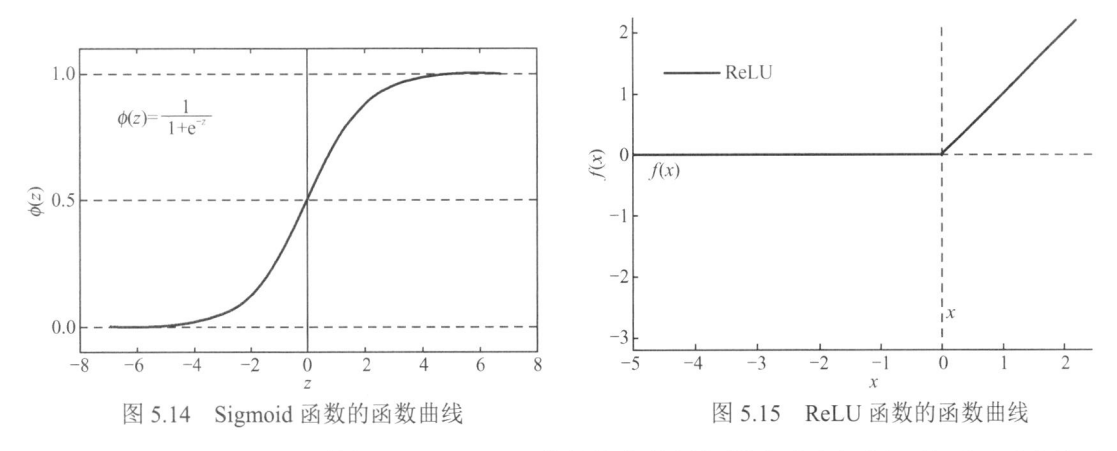

图 5.14 Sigmoid 函数的函数曲线

图 5.15 ReLU 函数的函数曲线

与传统的 Sigmoid 函数相比，ReLU 函数能够有效缓解梯度消失问题，从而可以直接以监督的方式训练深度神经网络模型,无须依赖无监督的逐层预训练方法。当 x>0 时,导数为 1,所以 ReLU 函数能够在 x>0 时保持梯度不衰减,从而缓解梯度消失问题。但随着训练的推进,部分输入会落入硬饱和区,导致对应权重无法更新,这种现象称为"神经元死亡"。ReLU 函数还有一个缺点就是输出具有偏移现象,即输出均值恒大于零。偏移现象和神经元死亡会共同影响网络的收敛性。

③ Softmax 函数。

Softmax 函数也称为归一化指数函数,实际上是有限项离散概率分布的梯度对数归一化。因此,Softmax 函数在包括多项逻辑回归、多项线性判别分析、朴素贝叶斯分类器和人工神经网络等多种基于概率的多分类问题方法中有着广泛应用,尤其是在多项逻辑回归和多项线性判别分析中,函数的输入是从 K 个不同的线性函数中得到的结果,而样本向量 x 属于第 j 个分类的概率为

$$P(y=j) = \frac{\mathbf{e}^{x^\mathrm{T} W_j}}{\sum_{k=1}^{K} \mathbf{e}^{x^\mathrm{T} W_k}}$$

这可以被视作 K 个线性函数的 Softmax 函数的复合。Softmax 回归模型是解决多类回归问题的算法,在深度学习中经常用作分类器,并常与交叉熵损失函数联合使用。

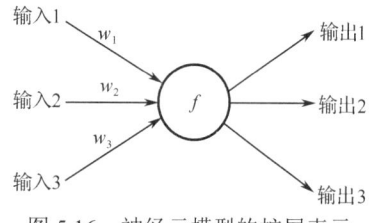

3. 神经元模型的扩展表示

神经元模型的扩展表示如图 5.16 所示。

首先,将 sum 函数与 sgn 函数合并到一个圆圈中,代表神经元的内部计算。其次,一个神经元可以引出多个代表输出的有向箭头,但权值都是一样的。最后,神经元可以看作一个计算与存储单元。计算是指神经元对其输入进行计算的功能。存储是指神经元会暂存计算结果,并传递到下一层。

图 5.16 神经元模型的扩展表示

当通过多个"神经元"组成网络以后,描述网络中的某个"神经元"时,更多地称其为"单元"。同时,由于神经网络的表现形式是一个有向图,因此有时也用"节点"来表达同样的意思。

1943 年发布的 MP 模型较简单且权值都是预先设置好的,因此不具备学习功能。1949 年,心理学家 Hebb 提出了 Hebb 学习规则,认为人脑神经细胞的突触(也就是连接)上的强度是可以发生变化的。于是,人们开始考虑通过使用调整权值的方法来让机器进行学习。

Hebb 学习规则是一个无监督学习规则,这种学习的结果是使网络能够提取训练集的统计特性,从而把输入信息按照它们的相似程度划分为若干类。这一点与人类观察和认识世界的过程非常吻合,因为人类观察和认识世界在相当程度上就是在根据事物的统计特征进行分类的。Hebb 学习规则只根据神经元连接间的激活水平改变权值,因此这种方法又称为相关学习或并联学习。

5.3.3 单层神经网络

1958 年,研究者提出了由单层神经元组成的神经网络,并命名为感知器。感知器是当时第一个可以学习的人工神经网络。感知器包含两个层次:输入层和输出层。输入层中的输入单元只负责传输数据,不进行计算。输出层中的输出单元需要对前一层的输入数据进行计算。单层神经网络的结构如图 5.17 所示。

人们把需要进行计算的层称为计算层,并把拥有一个计算层的网络称为单层神经网络。如果要预测的目标不是一个值,而是一个向量,则可以在输出层上再增加一个输出单元。

则有

$$y_1 = x_1.w_{1,1} + x_2.w_{1,2} + x_3.w_{1,3}$$
$$y_2 = x_1.w_{2,1} + x_2.w_{2,2} + x_3.w_{2,3}$$
$$y_3 = x_1.w_{3,1} + x_2.w_{3,2} + x_3.w_{3,3}$$
$$y_4 = x_1.w_{4,1} + x_2.w_{4,2} + x_3.w_{4,3}$$

其中,$w_{i,j}$ 表示一个权值,下标中的 i 表示后一层神经元的序号,j 表示前一层神经元的序号。例如,$w_{1,2}$ 表示输出层的第 1 个神经元与输入层的第 2 个神经元连接的权值。

与神经元模型不同,感知器中的权值是通过训练得到的。因此,感知器类似一个逻辑回归模型,可以执行线性分类任务。而感知器只能执行简单的线性分类任务,图 5.18 显示了在二维平面中画出决策分界的效果,也就是感知器的分类效果。

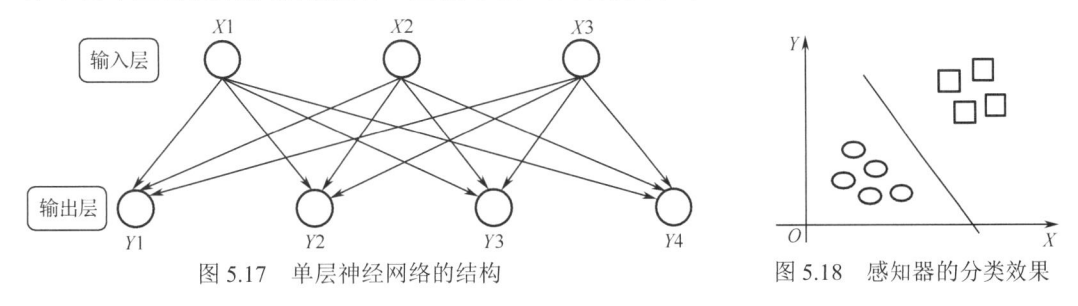

图 5.17 单层神经网络的结构

图 5.18 感知器的分类效果

5.3.4 双层神经网络

单层神经网络无法解决异或问题。当单层神经网络增加一个计算层以后,便构成了双层神经网络。双层神经网络不仅可以解决异或问题,而且具有良好的非线性分类功能,反向传播算法的使用则解决了双层神经网络存在的复杂计算量的问题。

1. 双层神经网络模型

双层神经网络除了包含一个输入层和一个输出层,还增加了一个中间层,如图 5.19 所示。此时,中间层和输出层都是计算层。图 5.19 中使用向量和矩阵来表示层次中的变量,**A**、**B**、**Z** 是分别代表输入层、中间层和输出层的向量,**W**(1) 和 **W**(2) 是网络的参数矩阵。

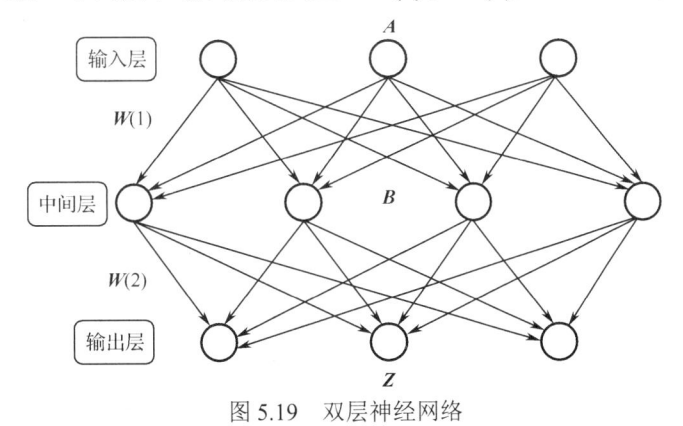

图 5.19 双层神经网络

整个计算公式可使用矩阵运算来表达,形式如下:

$$g(A \times W(1)) = B$$

$$g(B \times W(2)) = Z$$

在双层神经网络中，一般使用平滑函数 Sigmoid 作为激励函数。

使用矩阵运算描述神经网络简洁明了，而且不会受到节点数增多的影响（无论有多少个节点参与运算，乘法两端都只有一个变量）。因此，神经网络基本使用矩阵运算来进行描述。

在神经网络中，一般都会默认存在偏置节点（Bias Unit）。偏置节点本质上是一个只包含存储功能且存储值永远为 1 的单元。在神经网络中，除输出层外，其余每个层次都会包含一个偏置节点。包含偏置节点的双层神经网络如图 5.20 所示。

在考虑偏置节点以后，神经网络的矩阵运算如下：

$$g(A \times W(1) + Y(1)) = B$$
$$g(B \times W(2) + Y(2)) = Z$$

其中，$Y(1)$ 为输入层偏置节点的参数矩阵，$Y(2)$ 为中间层偏置节点的参数矩阵。

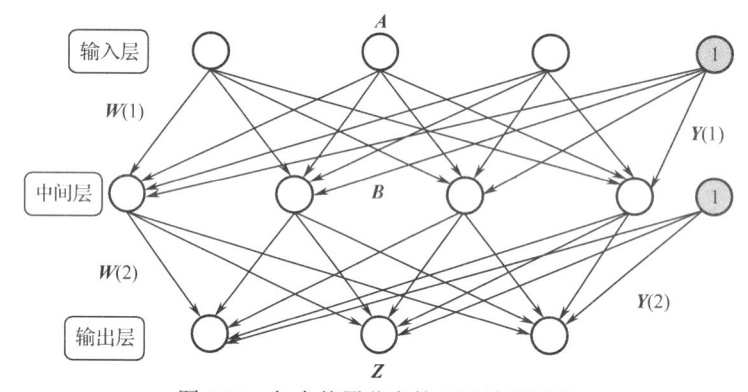

图 5.20 包含偏置节点的双层神经网络

神经网络的本质就是通过参数与激励函数来拟合特征与目标之间的真实函数关系。单层神经网络只能执行线性分类任务，而双层神经网络通过中间层和输出层两个线性分类任务的结合，可执行非线性分类任务。

双层神经网络通过双层的线性模型模拟了数据内真实的非线性函数。面对复杂的非线性分类任务，双层神经网络可以达到很好的分类效果。因此，双层神经网络的本质就是进行更复杂的函数拟合。

2. 模型训练

模型训练的目的是使得参数尽可能地与真实的模型逼近。模型训练的具体做法如下。

首先给所有参数赋予随机值，然后使用这些随机值来预测训练数据中的样本。设样本的预测目标为 T_1，真实目标为 T。那么，定义一个损失值 loss，loss = $(T_1 - T)^2$。

训练的目标就是使所有训练数据的损失和尽可能小。损失最终可以表示为关于参数的函数，这个函数称为损失函数。现在的问题变为如何优化参数，使损失函数的值最小，也就是说，此问题被转化为一个优化问题。

在神经网络中，解决优化问题经常使用梯度下降算法。梯度下降算法每次先计算参数当前的梯度，然后让参数向着梯度的反方向前进一段距离，不断重复，直到梯度接近零为止。一般在这个时候，所有的参数会使损失函数达到最低值的状态。

在神经网络模型中，使用反向传播算法计算梯度。反向传播算法利用神经网络的结构进行计算。反向传播算法的基本思想为：计算输出层的梯度；计算第二个参数矩阵的梯度；计算中间层的梯度；计算第一个参数矩阵的梯度；计算输入层的梯度。计算结束以后，就可以得到两个参数矩阵的梯度。

优化问题只是训练中的一部分，机器学习不仅要求数据在训练集上求得一个较小的误差，而且还要求在测试集上有好的表现，因为模型最终要被部署到真实场景中。

5.4 深度学习基础

深度学习是在多层神经网络上运用各种机器学习算法解决图像、文本等各种问题的算法集合。深度学习从大类上可以归入神经网络，不过在具体实现上有许多变化。深度学习的核心是特征学习，旨在通过分层网络获取分层的特征信息，从而解决以往需要人工设计特征的重要难题。

5.4.1 深度学习的概念和特征

深度学习试图使用包含复杂结构或由多重非线性变换构成的多个处理层对数据进行高层抽象。深度学习是机器学习中的一种基于对数据进行表征学习的算法。观测值（如一幅图像）可以使用多种方式来表示，如每个像素强度值的向量，或者更抽象地表示成一系列边、特定形状的区域等。而使用某些特定的表示方法更容易从实例中学习任务（如人脸识别）。深度学习的好处是用非监督或半监督的特征学习和分层特征提取高效算法来替代手动获取特征。

1. 传统机器学习和深度学习的区别

传统机器学习分为两个阶段。

① 训练阶段。使用一个数据集，包括大量图像及其对应的类别标签。

在训练阶段，图像的分类包括两个过程：一是特征提取，这个过程需要我们用领域相关的知识，提取机器学习所需要的特征；二是模型训练，用从上一个过程中提取的特征加上其对应的标签，训练出模型。

② 预测阶段。用未使用过的图像检验训练出来的模型。

在预测阶段，使用训练阶段得出的特征处理新图像，再把得到的特征传给模型来获取最终的预测结果。

传统机器学习和深度学习的区别在于特征提取的过程。在传统机器学习中，需要事先人为地定义一些特征，而在深度学习中，特征是由算法自身通过学习得到的。特征的定义并不容易，需要专家知识，又耗费时间，所以相比之下，深度学习在特征提取方面更有优势。

2. 深度学习的特点

深度学习的特点如下。

（1）通过自动学习得到特征

良好的特征可以提高模式识别系统的性能。深度学习与传统模式识别方法的最大不同是，它所采用的特征是从大数据中自动学习得到的，而非手动设计的。手动设计主要依靠设计者的先验知识，很难利用大数据的优势。由于依赖手动调整参数，因此在特征的设计中所允许出现的参数数量有限。深度学习可以从大数据中自动学习特征的表示，可以包含大量参数，而且深度学习可以针对新的应用从训练数据中很快学习到新的、有效的特征表示。

（2）实现特征表示和分类器的联合优化

一个传统模式识别系统包括特征和分类器两部分。在传统模式识别方法中，特征和分类器的优化是分开的。而在神经网络的框架下，特征和分类器是联合进行优化的，从而深度学习可以最大限度地发挥二者联合协作的性能。

（3）结构更深、表达能力更强

深度学习模型意味着神经网络的结构更深。虽然三层神经网络模型可以近似任何分类函数，但研究表明，针对特定的任务，如果模型的深度不够，则其所需要的计算单元会呈现指数级增长，即虽然浅层模型可以表达相同的分类函数，但其需要的参数和训练样本更多。这是因为浅层模型提供局部表达，它将高维图像空间分成若干个局部区域，每个局部区域至少存储一个从训练数据中获得的模板。浅层模型将一个测试样本和这些模板逐一进行匹配，根据匹配的结果预测其类别。随着分类问题复杂度的增加，需要将高维图像空间划分成越来越多的局部区域，因而需要越来越多的参数和训练样本。

深度学习模型通过重复利用中间层的计算单元来减少参数的数量。以人脸识别为例，深度学习可以对人脸图像实现分层特征表达：底层从原始像素开始学习滤波器，刻画局部的边缘和纹理特征；中层滤波器通过将各种边缘滤波器进行组合来描述不同类型的人脸器官；顶层描述的是整个人脸的全局特征。与浅层模型相比，深度学习模型的表达能力更强、效率更高。因此，浅层模型要达到深度学习模型的数据拟合效果，则需要拥有超出几个数量级的参数。

（4）具有提取全局特征和上下文信息的能力

深度学习模型具有强大的学习能力和高效的特征表达能力。例如，在图像识别领域，深度学习模型能从像素级原始数据到抽象的语义概念，逐层提取信息，在提取图像的全局特征和上下文信息方面具有突出的优势。

以人脸的图像分割为例，为了预测哪个像素属于哪个脸部器官，通常的做法是在该像素周围取一个小区域，提取纹理特征，再基于该特征利用支持向量机等浅层模型进行分类。因为局部区域包含的信息量有限，往往会产生分类错误，因此要对分割后的图像加入平滑和形状先验等约束。

人眼即使在局部遮挡的情况下也可根据脸部其他区域的信息估计出被遮挡部分。因此，图像分割可以被看作一个高维数据转换的问题来解决。模型在高维数据转换过程中隐式地加入了形状先验。所以，全局和上下文信息对于局部的判断非常重要，而基于局部特征的方法在最初阶段就将这些信息丢弃了。

在理想情况下，模型应该将整幅图像作为输入，有效地捕捉全局特征，直接预测整幅分割图，但浅层模型很难实现，而深度学习模型可以很好地解决该问题。

5.4.2 普通多层神经网络

本节只讨论普通多层神经网络。在双层神经网络的输出层后面继续添加层就可以设计出一个多层神经网络，原来的输出层变成中间层，新加入的层成为新的输出层。

1. 多层神经网络的基本结构

三层神经网络如图 5.21 所示，以此类推，就可以得到更多层的多层神经网络。

若输入为 $A(1)$，参数矩阵为 $W(1)$、$W(2)$、$W(3)$，则输出 Z 的推导公式如下：

$$g(A(1) \times W(1)) = A(2)$$
$$g(A(2) \times W(2)) = A(3)$$
$$g(A(3) \times W(3)) = Z$$

从图 5.21 中可以看出，$W(1)$ 中有 12 个参数，$W(2)$ 中有 16 个参数，$W(3)$ 中有 12 个参数，所以整个神经网络的参数共有 40 个。

在多层神经网络中，计算从输入层开始，计算出所有单元的值以后，再继续计算下一层。只有当前层所有单元的值都计算完毕以后，才会计算下一层。

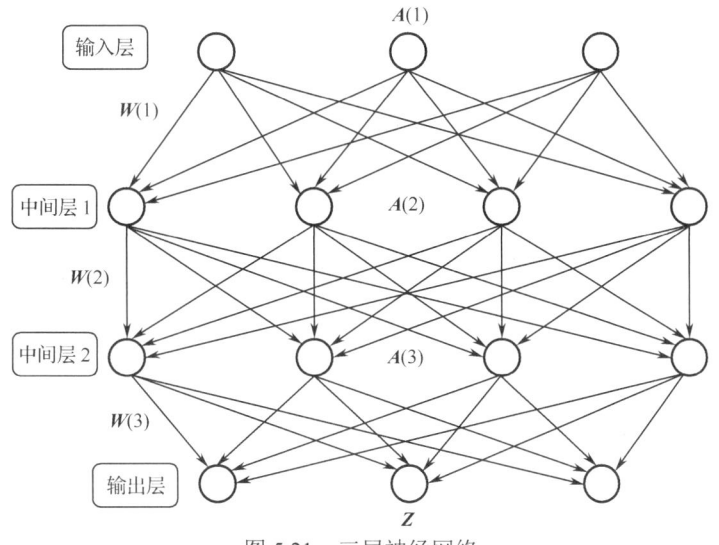

图 5.21 三层神经网络

2．多层神经网络的模型调整

多层神经网络模型可以根据实际需求调整中间层的节点数。例如，将图 5.21 描述的神经网络结构的中间层 1 调整为 5 个节点，将中间层 2 调整为 5 个节点。经过调整以后，整个网络的参数变成了 55 个，如图 5.22 所示。虽然层数保持不变，但是图 5.22 描述的神经网络的参数数量要比调整之前的神经网络多，从而带来了更好的表示能力。表示能力是多层神经网络的一个重要性质。

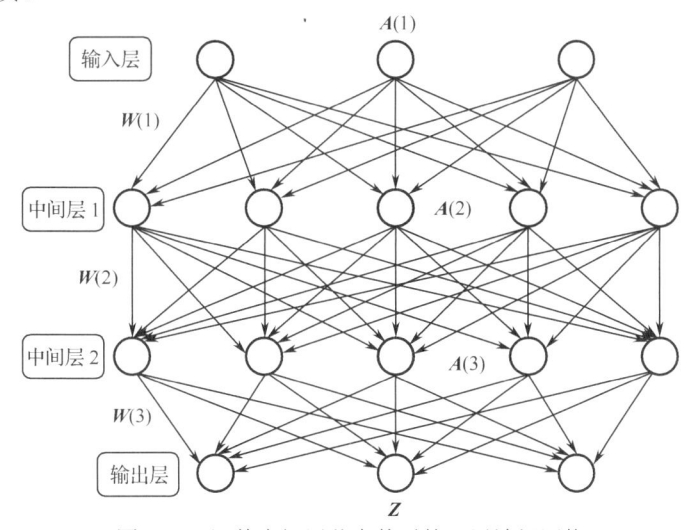

图 5.22 调整中间层节点数后的三层神经网络

当然，我们也可以在参数基本不变的情况下，获得一个层数更多的网络，四层神经网络如图 5.23 所示。

在图 5.23 中，虽然参数数量为 12+16+12+9=49，但该神经网络有 3 个中间层，这意味着在参数量接近的情况下，可以用更深的层次来表达。

与双层神经网络不同，多层神经网络增加了中间层，能够更深入地表示特征，具有更强的函数模拟能力。这是因为随着网络层数的增加，每层对于前一层的抽象表示更深入。在神经网络中，每层神经元学习到的是前一层神经元值的更抽象的表示。例如，在四层神经网络中，第一个中间层学习到的是"边缘"特征，第二个中间层学习到的是由"边缘"组成的"形状"特征，第三个中间层学习到的是由"形状"组成的"图案"特征，最后的中间层学习到的是由"图案"组成的"目标"特征。

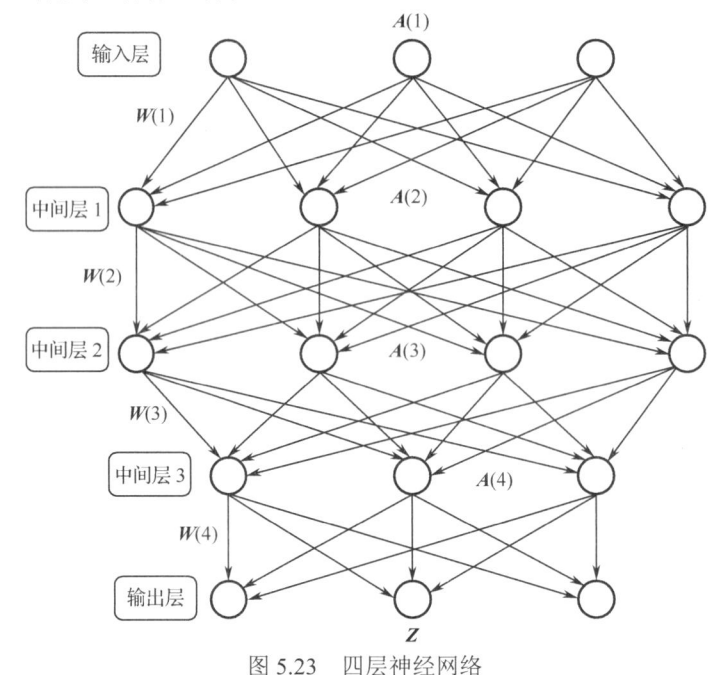

图 5.23　四层神经网络

通过抽取更抽象的特征来对事物进行区分，从而使神经网络获得更好的区分与分类能力。随着层数的增加，函数模拟能力变得更强，整个网络的参数也就越多。而神经网络的本质就是模拟特征与目标之间的真实函数关系，更多的参数意味着其模拟的函数可以更加复杂。

3．模型训练

单层神经网络使用的激励函数是 sgn 函数。双层神经网络使用的激励函数是 Sigmoid 函数。而到了多层神经网络，ReLU 函数更容易收敛，并且预测性能更好。因此，在深度学习中，最常见的激励函数是非线性函数：ReLU 函数。

在多层神经网络中，训练的主题仍然是优化和泛化。当使用足够强的计算芯片（如 GPU 图形加速卡）时，梯度下降算法及反向传播算法在多层神经网络的训练中可以很好地进行工作。在训练神经网络模型时，如果模型的参数太多，而训练样本又太少，则训练出来的模型很容易产生过拟合的现象。过拟合的具体表现为模型在训练数据上损失函数较小，预测准确率较高；但是在测试数据上损失函数比较大，预测准确率较低。

所以在深度学习中，泛化技术变得比以往更加重要。这主要是因为神经网络的层数增加导致了参数的增加，表示能力大幅度增强很容易出现过拟合现象。如果模型是过拟合的，那么得到的模型几乎不能用。为了解决过拟合问题，一般会采用模型集成的方法，即先训练多个模型然后进行组合。此时，训练模型的时间代价很大，不仅训练多个模型费时，测试多个模型也很费时。

Dropout 技术可以比较有效地解决过拟合问题，在一定程度上达到正则化的效果。Dropout 技术是指在深度学习网络的训练过程中，按照一定的概率将神经网络单元暂时从网络中丢弃。对于梯度下降算法来说，由于是随机丢弃，因此每个微匹配都在训练不同的网络。当某一部分神经元被置零后，整个网络看起来就像一个新的网络，之后每次 Dropout 又是另一个"新"

的网络被训练，最后，这些网络结合起来就相当于一种集成学习，每个网络既相互提升，又相互制约，使得最终结果的准确率有所提升。

在训练网络模型的过程中，神经元通过梯度指引来调整自身取值，使得整体损失值下降，这时某些神经元有可能因为要适应别的神经元，而调整自己已经接近或达到"正确取值"的参数，这种现象称为互适应。互适应会导致网络训练出现偏颇，因为尽管最终损失值降下去了，但得到的结果仅适用于训练数据，而不具备泛化能力，也就是说，训练的结果不能适用于环境。所以，随机使某些神经元置 0，可以阻止这种互适应的发生。比如 X 神经元已经接近"标准取值"，而 Y 神经元还需要优化，这时 X 神经元很有可能会迁就 Y 神经元，继续调整自身取值，从而导致过拟合；而此时如果将 Y 神经元隐去，X 神经元会认为网络已经足够优化，就会保持自身的值不变，这样就可以抑制互适应现象的发生。

5.4.3 卷积神经网络

传统的神经网络并不适用于图像领域，因为图像是由一个个像素点构成的，每个像素点有三条通道，分别代表 RGB 颜色。如果一个图像的尺寸是 28 像素×28 像素（图像的长宽均为 28 像素），使用全连接的神经网络结构（见图 5.24），即网络中的神经元与相邻层上的每个神经元均连接，则意味着输入层有 28×28=784 个神经元，中间层有 15 个神经元，输出层有 10 个神经元，需要的参数个数为 784×15×10+15+10=117 625 个。

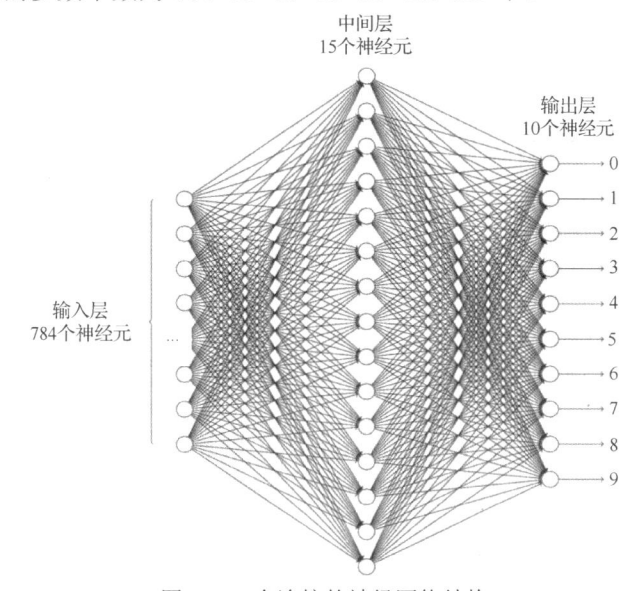

图 5.24　全连接的神经网络结构

之所以需要这么多的神经元和参数，是因为图像由像素点组成，28 像素×28 像素的像素矩阵需要 28×28=784 个输入神经元，中间层有 15 个神经元，就有 784×15=11 760 个权重 w。输出层有 10 个神经元，中间层和最后的输出层的 10 个神经元连接，就有 11 760×10=117 600 个权重 w，再加上中间层的偏置项 15 个和输出层的偏置项 10 个，就是 117 625 个参数。

如果对这么多的参数进行一次反向传播，则计算量巨大。

1．卷积神经网络的概念

卷积神经网络模仿生物的视觉机制构建，是一类包含卷积计算且具有深度结构的前馈神经网络。由于卷积神经网络能够进行平移不变分类，因此它也被称为平移不变人工神经网络。

卷积神经网络本质上是一个多层感知器，其成功的关键原因是：它所采用的局部连接和共享权值的方式，一方面减少了参数的数量而使网络易于优化，另一方面降低了过拟合的风险。卷积神经网络是神经网络中的一种，它采用的权值共享网络结构使之更类似于生物神经网络，降低了网络模型的复杂度，极大地减少了训练网络的参数。该优点在网络的输入是多维图像时表现得更为明显，使图像可以直接作为网络的输入，避免了传统识别算法中复杂的特征提取和数据重建过程。它在处理二维图像上有众多优势，如网络能自行抽取包括颜色、纹理、形状及图像的图像特征的拓扑结构；在处理二维图像上，特别是识别位移、缩放及扭曲不变形的应用上具有良好的健壮性和运算效率等。

卷积神经网络常用的库有以下几种。

（1）Caffe（Convolutional Architecture for Fast Feature Embedding，快速特征嵌入式卷积架构）

- 源于 Berkeley 的主流 CV 工具包，支持 C++、Python、Matlab。
- Model Zoo（Caffe 的构成部分）中有大量预训练好的模型供用户使用。

（2）Torch

- Facebook 使用的卷积神经网络工具包。
- 提供通过时域卷积的本地接口，便于使用。
- 定义新网络层的方法简单。

（3）TensorFlow

- TensorFlow 是 Google 的深度学习库。
- TensorBoard 可方便实现数据可视化。
- 数据和模型并行化好，速度快。

2．卷积神经网络的构成

卷积神经网络的人工神经元可以响应一部分覆盖范围内的周围单元，对于大型图像处理有出色表现。由于卷积神经网络的特征检测层通过训练数据进行学习，因此在使用卷积神经网络时，避免了显式的特征抽取过程，而可以隐式地从训练数据中进行学习；另外，由于同一特征映射面上的神经元权值相同，因此网络可以并行学习，这也是卷积神经网络相对于全连接神经网络的一大优势。

卷积神经网络一般包括三部分：输入层、中间层和输出层。图 5.25 描述了 AlexNet 卷积神经网络的基本结构。

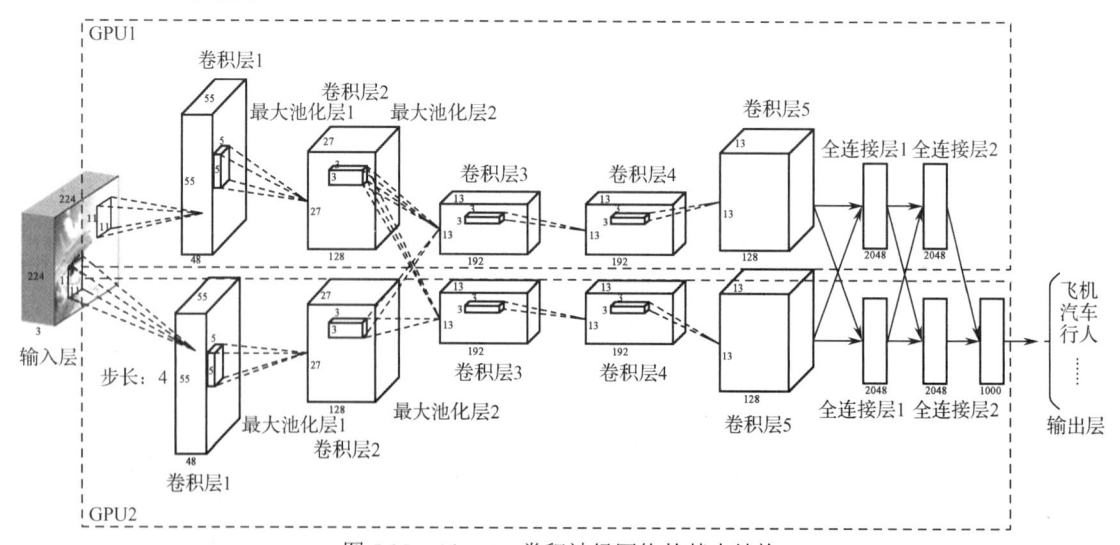

图 5.25 AlexNet 卷积神经网络的基本结构

（1）输入层

卷积神经网络的输入层可以处理多维数据，一维卷积神经网络的输入层接收一维或二维数组，其中，一维数组通常为时间或频谱采样，二维数组可能包含多个通道；二维卷积神经网络的输入层接收二维或三维数组；三维卷积神经网络的输入层接收四维数组。

由于卷积神经网络在计算机视觉领域有广泛应用，因此许多研究者在介绍其结构时预先假设了三维输入数据，即平面上的二维像素点和 RGB 通道。与其他神经网络算法类似，卷积神经网络使用梯度下降算法进行学习，所以输入数据需要进行标准化处理。输入层对原始图像的预处理操作主要包括以下内容。

① 去均值。

去均值是指把输入数据的各个维度都中心化为 0，目的是把样本的中心拉回坐标系原点上。

② 归一化。

归一化是指将幅度归一化到同样的范围内，这样可以减少因不同维度数据取值范围的差异而带来的干扰。比如，有特征 A 和特征 B，A 的数据范围是 0～50，而 B 的数据范围是 0～30 000，如果直接使用这两个特征则缺乏可比性。好的做法是进行归一化，即将 A 和 B 的数据范围都变为 0～1。

③ 主成分分析及白化。

主成分分析是一种降维和去除相关性的方法，它通过方差来评价特征的价值，认为方差大的特征包含信息多，应予以保留。主成分分析通过抛弃携带信息量较少的维度来提升无监督特征学习的速度，从而加速机器学习进程。白化是指对数据各个特征轴上的幅度进行归一化。

（2）中间层

卷积神经网络的中间层一般包含卷积层、池化层和全连接层三部分。

① 卷积层。

卷积层是卷积神经网络最重要的一个层次，也是卷积神经网络的名字来源。

传统的三层神经网络需要大量的参数，原因在于每个神经元都和相邻层的神经元相连。但对于图像而言，其局部特性使得全连接失去了意义。对于一幅图像，往往通过典型的局部特征就可以完成分类。而通过卷积运算可以方便地提取局部特征。卷积的本质是加权叠加。对于线性时不变系统，如果知道该系统的单位响应，将单位响应和输入信号求卷积，就相当于把输入信号的各个时间点的单位响应加权叠加，直接可以得到输出信号。

● 卷积核。卷积层的功能是对输入数据进行特征提取，其包含多个卷积核。

卷积是一种积分运算，用来求两条曲线重叠区域的面积，可以看作加权求和，也就是把一个点的像素值用它周围的点的像素值的加权平均代替。卷积可以用来消除噪声、增强特征。对于图像而言，当用一个卷积核和一幅图像进行卷积运算时，让卷积核的原点和图像上的一个点重合，然后将模板上的点和图像上对应的点相乘，最后相加各点的积，就得到了该点的卷积值。卷积核在工作时，会有规律地扫过输入特征，对图像上的每个点都进行卷积处理。

例如，现在有一个 4 像素×4 像素的原始图像、2 个卷积核，原始图像与卷积核进行卷积运算后的结果如图 5.26 所示。

原始图像是一个灰度图像，每个位置表示的是像素值，0 表示白色、1 表示黑色、(0,1) 区间的数值表示灰色。将 2 个 2 像素×2 像素的卷积核与 4 像素×4 像素的图像进行卷积运算。设定步长为 1，即每次以 2 像素×2 像素的固定窗口向右滑动一个单位。

以第 1 个卷积核 Filter1 为例，计算过程如下：

$$\text{feature\_map1}(1,1) = 1\times1 + 0\times(-1) + 1\times1 + 1\times(-1) = 1$$

$$\text{feature\_map1}(1,2) = 0×1 + 1×(-1) + 1×1 + 1×(-1) = -1$$

......

$$\text{feature\_map1}(3,3) = 1×1 + 0×(-1) + 1×1 + 0×(-1) = 2$$

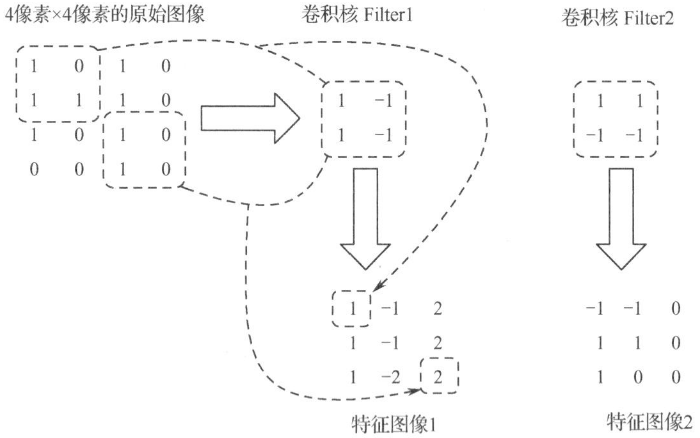

图 5.26 原始图像与卷积核进行卷积运算后的结果

feature_map1(1,1)表示使用第 1 个卷积核 Filter1 与原始图像进行卷积运算得到的特征图像 1 的第 1 行第 1 列的值，随着卷积核的窗口不断滑动（从左向右，从上到下每次移动一个像素），可以得到一个 3 像素×3 像素的特征图像 1；同理，可以使用第 2 个卷积核 Filter2 与原始图像进行卷积运算得到特征图像 2。其中，特征图像的大小为[(原始图像尺寸-卷积核尺寸)/步长]+1。

如果使用多个卷积核分别进行卷积运算，则最终会得到多个特征图像。用户不仅可以对原始输入进行卷积运算，对卷积之后得到的特征图像也可以继续进行卷积运算，从而得到更高层次的特征图像。可以这样认为：第 1 次卷积运算可以提取出低层次的特征；第 2 次卷积运算可以提取出中层次的特征；第 3 次卷积运算可以提取出高层次的特征。通过进行多次卷积运算，不断地进行特征提取和压缩，可以得到更高层次的特征，最终利用最后一层特征完成诸如分类、回归等任务。

在卷积过程中，有一个非常重要的特性就是权值共享。所谓的权值共享，就是用一个卷积核去扫描一个图，图中每个位置使用相同的卷积核，所以权值是一样的。

在卷积层中每个神经元（神经元就是图像处理中的滤波器）只关注一个特性，比如垂直边缘、水平边缘、颜色、纹理等，所有神经元共同完成整幅图像的特征提取。

- 卷积层参数。卷积层参数包括卷积核大小、步长和填充，三者共同决定了卷积层输出特征图像的尺寸，是卷积神经网络的超参数。其中，卷积核大小可以指定为小于输入图像尺寸的任意值，卷积核越大，可提取的输入特征越复杂。

卷积核步长定义了卷积核相邻两次扫过特征图像时的位置的距离，当卷积核步长为 1 时，卷积核会逐个扫过特征图像的元素；当卷积核步长为 n 时，卷积核会在下一次扫描时跳过 $n-1$ 个像素。

由卷积核的交叉计算可知，随着卷积层的堆叠，特征图像的尺寸会逐步减小，例如，大小为 16 像素×16 像素的输入图像在经过单位步长、无填充的 5 像素×5 像素的卷积运算后，会输出 12 像素×12 像素的特征图像。若要使特征图像保持原始图像的尺寸，则需要采取方法，在进行卷积运算之前通过填充数据来解决计算中尺寸的收缩问题。常见的填充方法为按 0 填充和重复边界值填充。

- 激励函数。卷积层中包含激励函数以协助表达复杂特征，通过激励函数可以实现卷积结果的非线性映射。卷积神经网络采用的激励函数一般为 ReLU 函数，它的特点是收敛快、求梯度简单，但较脆弱。若 ReLU 函数失效，则可以使用 Leaky ReLU 函数或者 Maxout 函数，在某些情况下也可以使用 tanh 函数。

激励函数的操作通常在卷积运算之后，但一些使用预激励技术的算法将激励函数置于卷积运算之前，在一些早期的卷积神经网络（如 LeNet-5）中，则将激励函数放在池化之后。

② 池化层。

在卷积层进行特征提取后，输出的特征图像会被传递至池化层进行特征选择和信息过滤。池化层包含预设定的池化函数，其功能是将特征图中单个点的结果替换为其相邻区域的特征图统计量。池化层选取池化区域与卷积核扫描特征图像的步骤相同，由池化大小、步长和填充控制。池化层一般夹在连续的卷积层中间，由于池化可以对特征图进行特征压缩，因此，池化也称为下采样。

在池化层中使用的方法有 Max pooling 和 Average pooling，用得较多的是 Max pooling。

池化层具有如下特点。

- 特征不变性。特征不变性也就是在图像处理中经常提到的特征的尺度不变性，池化操作去掉的是一些无关紧要的信息，而留下的信息则最能表达图像的尺度不变性特征。
- 特征降维。一个图像含有的信息量很大，特征也很多，但有些信息对于任务意义不大或者是重复的，可以把这类冗余信息去除，把最重要的特征抽取出来。
- 在一定程度上可以防止过拟合，更方便优化。

Max pooling 的基本思想如图 5.27 所示。

在每个 2 像素×2 像素的窗口中选出最大的数作为输出矩阵的相应元素的值，比如输入矩阵第 1 个 2 像素×2 像素窗口中最大的数是 6，那么输出矩阵的第 1 个元素就是 6，以此类推。

Average pooling 的基本思想如图 5.28 所示。

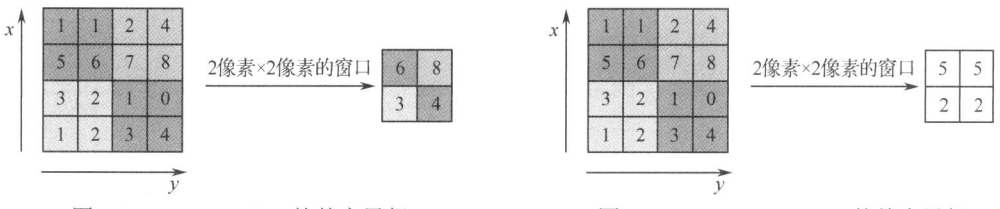

图 5.27　Max pooling 的基本思想　　　　　　图 5.28　Average pooling 的基本思想

③ 全连接层。

卷积神经网络中的全连接层等价于传统前馈神经网络中的中间层。全连接层通常搭建在卷积神经网络的中间层的最后部分，并只向其他全连接层传递信号。

在卷积神经网络结构中，多个卷积层和池化层的后面是一个或一个以上的全连接层。全连接层中的每个神经元与其前一层的所有神经元进行全连接。全连接层可以整合卷积层或池化层中具有类别区分性的局部信息。为了提升卷积神经网络的性能，全连接层中的每个神经元的激励函数一般采用 ReLU 函数。

例如，卷积神经网络 VGG16 就包含 13 个卷积层和 3 个全连接层，对于一个 224 像素×244 像素的 RGB 图像，经过 13 层卷积和池化之后，数据变成了 512×7×7，将数据拉平成向量，则对应的一维数据量为 512×7×7=25 088，然后是 3 个全连接层，全连接层中每层有 4096 个神经元。

上一层有 25 088 个神经元，则第 1 个全连接层需要输入 4096×25 088 个参数，从而需要很大的内存的计算量，如图 5.29 所示。

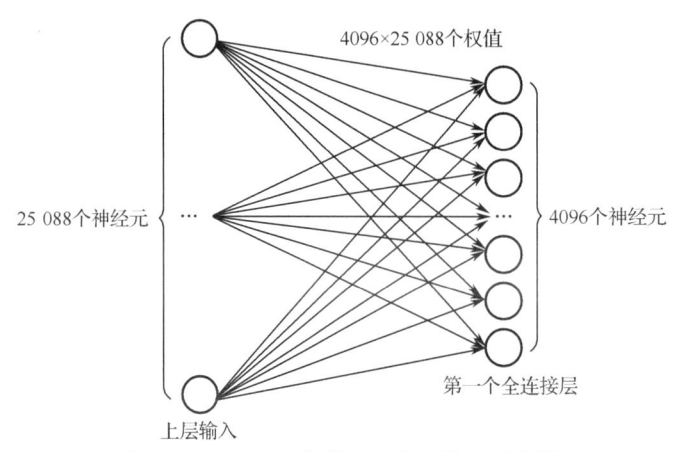

图 5.29　VGG16 的第 1 个全连接层示意图

（3）输出层

卷积神经网络的输出层通常和全连接层相连，因此其结构和工作原理与传统前馈神经网络中的输出层相同。对于图像分类问题，输出层使用逻辑函数或归一化指数函数输出分类标签。在物体识别问题中，输出层可设计为输出物体的中心坐标、大小和分类。在图像语义分割中，输出层直接输出每个像素的分类结果。

3．卷积神经网络的训练

卷积神经网络执行的是监督训练，所以其样本集是由<输入向量，理想输出向量>的向量对构成的。所有这些向量对都应该是从实际运行系统中采集而来的。

和全连接神经网络相比，卷积神经网络的训练要复杂一些，但它们训练的原理是一样的：利用链式求导计算损失函数对每个权重的偏导数（梯度），然后根据梯度下降公式更新权重。训练算法依然使用的是反向传播算法。

卷积神经网络的训练过程分为两个阶段：①数据由低层次向高层次传播的阶段，即前向传播阶段；②当前向传播阶段得出的结果与预期结果不相符时，将误差从高层次向低层次进行传播训练的阶段，即反向传播阶段。

训练过程如下。

① 网络进行权值的初始化。

② 输入数据经过卷积层、池化层、全连接层的前向传播得到输出值。

③ 求出网络的输出值与目标值之间的误差。

④ 当误差大于期望值时，将误差传回网络中，依次求得全连接层、池化层、卷积层的误差。各层的误差可以理解为对于网络的总误差，当误差等于或小于期望值时，结束训练。

⑤ 根据求得的误差进行权值更新，然后进入第②步。

4．卷积神经网络的优缺点

卷积神经网络通过尽可能保留重要的参数，去掉大量不重要的参数来达到更好的学习效果。

（1）卷积神经网络的优点

卷积神经网络具有以下优点。

① 局部连接，权值共享。每个神经元不再和上一层的所有神经元相连，而只和一小部分神经元相连；一组连接可以共享同一个权重，而不是每个连接有一个不同的权重，这样可

以减少很多参数。

② 无须手动选取特征，训练好权重，即可得到特征，分类效果好。

③ 下采样。池化层利用图像局部相关性的原理，对图像进行抽样，可以减少数据处理量并保留有用信息。通过去掉 Feature Map 中不重要的样本，进一步减少参数量。

（2）卷积神经网络的缺点

卷积神经网络虽然在机器学习、语音识别、文档分析、语言检测和图像识别等领域有着广泛应用，但也存在一些缺点。

① 实现比较复杂，训练所需时间比较长。

② 不是单一算法，不同的任务需要单独进行训练。

③ 物理含义不明确，也就是说，操作者并不知道每个卷积层到底提取的是什么特征，其物理意义是什么，而且神经网络本身就是一种黑箱模型。

5. 使用卷积神经网络的注意事项

（1）数据集的大小和分块

数据驱动的模型一般依赖于数据集的大小，卷积神经网络和其他经验模型一样，能够使用任意大小的数据集，但用于训练的数据集应该足够大，能够覆盖问题域中所有已知可能出现的问题。

在设计卷积神经网络时，数据集应包含三个子集：训练集、测试集和验证集。

- 训练集：包含问题域中的所有数据，并在训练阶段用来调整网络的权重。
- 测试集：在训练的过程中用于测试网络对训练集中未出现的数据的分类性能，根据网络在测试集上的性能情况，网络的结构可能需要做出调整，或者增加训练循环次数。
- 验证集：验证集中应该包含在测试集和训练集中没有出现过的数据，用于在网络确定之后测试和衡量网络的性能。

（2）数据预处理

为了加快训练算法的收敛速度，一般都会采用数据预处理技术，其中包括去除噪声、输入数据降维、删除无关数据等。

数据的平衡化在分类问题中异常重要，一般认为训练集中的数据应该相对于标签类别近似平均分布，也就是每个标签类别所对应的数据集在训练集中是基本相等的，以避免网络过于倾向表现某些分类的特点。为了平衡数据集，应该移除一些分类中过度富余的数据，并相应补充一些分类中样例相对稀少的数据。

（3）反向传播算法的学习速率

如果学习速率选取得较大，则会在训练过程中较大幅度地调整权重 w，从而加快网络的训练速度，但会造成网络在误差曲面搜索过程中频繁抖动，且有可能使得训练过程不能收敛。如果学习速率选取得较小，虽然能够稳定地使网络逼近于全局最优点，但也可能陷入一些局部最优，并且参数更新速度较慢。采用自适应学习速率会有较好的效果。

（4）样例训练方式

逐个样例训练（EET）和批量样例训练（BT）是样例训练的两种基本方式，既可以单独使用也可将两者结合使用。

在 EET 中，先将第一个训练样例提供给网络，并开始应用反向传播算法训练网络，直到训练误差降低到一个可以接受的范围，或者降低到指定步骤的训练次数，然后将第二个样例提供给网络进行训练。

EET 的优点是：相对于反向传播算法只需要占用很少的存储空间，并且有更好的随机搜索能力，防止训练过程陷入局部最小区域。EET 的缺点是：如果网络接收到的第一个样例就是劣质数据（可能是噪声数据或者特征不明显的数据），则可能使得网络训练过程朝着全局误差最小化的反方向进行搜索。

BT 方法是在所有训练样例都经过网络传播后才更新一次权值，因此每次学习周期包含了所有的训练样例数据。BT 方法的缺点也很明显：需要占用大量的存储空间，而且相比 EET 其更容易陷入局部最小区域。

而随机训练（ST）则是相对于 EET 和 BT 的一种折中的方法，ST 和 EET 一样也是一次只接收一个训练样例，但只进行一次反向传播算法并更新权值，然后接收下一个样例重复同样的步骤计算并更新权值，并且在接收训练集中的最后一个样例后，重新回到第一个样例进行计算。

和 EET 相比，ST 保留了随机搜索的能力，同时又避免了训练样例中劣质数据对训练过程产生的不良影响。

5.5　知识扩展

在深度学习发展初期，每个深度学习研究者都需要编写大量的代码。为了提高工作效率，研究者就将这些代码写成了一个库放到共享资源库中让人们共享。随着时间的推移，逐渐形成了多种不同的库。

深度学习库是进行深度学习的基础底层库，一般包含主流的神经网络算法模型，提供稳定的深度学习 API，支持训练模型在服务器和 GPU、TPU 之间的分布式学习，部分库还具备在包括移动设备、云平台在内的多种平台上运行的移植能力。

通过深度学习库，使用者将不再需要从复杂的神经网络开始编写代码，可根据需要选择已有的模型，通过训练得到模型参数，也可以在已有模型的基础上增加自己的中间层，或者选择自己需要的分类器和优化算法（如常用的梯度下降算法）。

不同库适用的领域不完全一致，深度学习库提供了一些深度学习的组件（提供通用算法），若需要使用新的算法，用户则自己去定义，然后调用深度学习库的函数接口来使用自定义的新算法。

下面简单介绍目前主流的开源算法库，读者可通过搜索官网或在 GitHub 搜索下载。

1. Theano

Theano 是一个高性能的符号计算及深度学习库。Theano 因出现时间早，一度被认为是深度学习研究和应用的重要标准之一。Theano 的核心是一个专门为处理大规模神经网络训练模型而设计的数学表达式编译器。它可以将用户定义的各种计算编译为高效的底层代码，并连接各种可以加速的库，如 BLAS、CUDA 等。Theano 允许用户定义、优化和评估包含多维数组的数学表达式，它支持用户将计算装载到 GPU 上。

（1）Theano 的特点

Theano 是一个完全基于 Python（C++/CUDA 代码也被打包为 Python 字符串）的符号计算库。Theano 可以自动求导，避免了研究者手动写神经网络反向传播算法的麻烦，研究者也不需要像 Caffe 一样为 Layer 写 C++或 CUDA 代码。

Theano 能够很好地支持卷积神经网络，同时它的符号计算 API 支持循环控制（内部名为 scan），让循环神经网络的实现非常简单且高效。Theano 还派生出了大量基于它的深度学习库，包括一系列的上层封装，如 Keras 和 Lasagne。

- Keras 对神经网络抽象得非常合适，以至于可以随意切换执行计算的后端（目前同时支持 Theano 和 TensorFlow）。Keras 比较适合在探索阶段快速地尝试不同的网络结构，组件都是可插拔的模块，只需要将一个个组件（如卷积层、激励函数等）连接起来即可。但是，如果使用者要设计新模块或者新的 Layer 则比较麻烦。

- Lasagne 也是 Theano 的上层封装，它对神经网络的每层的定义都非常严谨。另外，还有 scikit-neuralnetwork 和 nolearn 两个基于 Lasagne 的上层封装，它们将神经网络抽象为兼容 scikit-learn 接口的 classifier 和 regressor，这样，操作者就可以方便地使用 scikit-learn 中经典的 fit、transform、score 等进行操作。
- 除此之外，Theano 的上层封装还有 blocks、deepy、pylearn2 和 scikit-theano。

（2）Theano 的主要优势

在 Theano 深度学习库中有许多高质量的文档和教程，用户可以方便地查找 Theano 的各种 FAQ，如如何保存模型、如何运行模型等。不过，Theano 通常被当作一个研究工具，而不是产品来使用。Theano 主要具有如下优势。

- 集成 NumPy，可以直接使用 NumPy 的 ndarray，API 接口的学习成本低。
- 计算稳定性好，可以精准地计算输出值很小的函数，如 $log(1+x)$。
- 能动态地生成 C 语言或者 CUDA 代码，用于编译成高效的机器代码。

（3）Theano 的不足

虽然 Theano 非常重要，但是直接使用 Theano 设计大型的神经网络还是比较烦琐的。

虽然 Theano 支持 Linux、macOS 和 Windows，但是没有底层 C++的接口，因此模型的部署非常不方便。它依赖于各种 Python 库，并且不支持移动设备，所以几乎在工业生产环境中没有得到应用。同时，Theano 在生产环境中使用训练好的模型进行预测时性能比较差，因为预测通常使用服务器 CPU（生产环境服务器一般没有 GPU，而且 GPU 预测单条样本延迟高反而不如 CPU），但是 Theano 在 CPU 上的执行性能比较差。

Theano 在单个 GPU 上的执行效率不错，性能和其他库类似，但是运算时需要将用户的 Python 代码转换成 CUDA 代码，再编译为二进制可执行文件，编译复杂模型比较费时。

此外，Theano 导入速度比较慢，而且一旦设定了选择模块 GPU，就无法切换到其他设备。

2．TensorFlow

TensorFlow 拥有产品级的高质量代码，其整体架构设计非常优秀。相比于 Theano，TensorFlow 更成熟、更完善。

（1）TensorFlow

TensorFlow 是相对高阶的机器学习库，用户可以方便地使用它设计神经网络结构。它和 Theano 一样都支持自动求导，用户不需要再通过反向传播算法求解梯度。其核心代码用 C++ 编写，简化了线上部署的复杂度，并能让手机运行复杂模型（Python 比较消耗资源，并且执行效率不高）。除了核心代码使用的 C++接口，TensorFlow 还有官方的通过 SWIG（Simplified Wrapper and Interface Generator，简化封装和接口生成器）实现的 Python、Go 和 Java 接口，这样用户就可以在一个硬件配置较好的机器中用 Python 进行实验，并可以在资源比较紧张的嵌入式环境或低延迟的环境中用 C++部署模型。

同时，TensorFlow 不仅局限于神经网络，其数据流图支持非常自由的算法表达，也可以轻松实现深度学习以外的机器学习算法。事实上，只要将计算表示成计算图的形式，就可以使用 TensorFlow。

用户可以写内层循环代码控制计算图的分支计算，TensorFlow 会自动将相关的分支转为子图并执行迭代运算。TensorFlow 也可以将计算图中的各个节点分配到不同的设备执行，从而充分利用硬件资源。定义新的节点只需要写一个 Python 函数，但如果没有对应的底层运算核，则可能需要编写 C++或者 CUDA 代码实现运算操作。

在数据并行模式上，TensorFlow 主要面向内存足以装载模型参数的环境，这样可以最大化计算效率。TensorFlow 的另一个重要特点是具有灵活的移植性，可以将同一段代码几乎不经过修改就轻松地部署到有任意数量 CPU 或 GPU 的 PC、服务器或移动设备上。相比于 Theano，TensorFlow 还有一个优势就是编译速度很快，在定义新网络结构时，Theano 通常需要长时间的编译，而 TensorFlow 完全没有这个问题。TensorFlow 还有功能强大的可视化组件 TensorBoard，可以可视化网络结构和训练过程，对于观察复杂的网络结构和监控长时间、大规模的训练很有帮助。

除了支持常见的卷积神经网络和循环神经网络，TensorFlow 还支持深度强化学习乃至其他计算密集的科学计算（如偏微分方程求解等）。TensorFlow 的异构性让它能够全面地支持各种硬件和操作系统。

大规模深度学习包含巨大的数据量，使得单机很难在有限的时间完成训练。这时需要使用 GPU 集群乃至 TPU 集群并行计算，共同训练出一个模型，所以库的分布式性能至关重要。TensorFlow 的分布式版本的分布式效率很高，使用 16 个 GPU 可达到单个 GPU 的 15 倍提速，使用 50 个 GPU 时可达到 40 倍提速。不过，目前 TensorFlow 的设计对不同设备之间的通信优化不是很好，其分布式性能还没有达到最优。

（2）TensorBoard

TensorBoard 是 TensorFlow 的一组 Web 应用，用来监控 TensorFlow 的运行过程或可视化 Computation Graph。TensorBoard 目前支持 5 种可视化：标量（Scalars）、图片（Images）、音频（Audio）、直方图（Histograms）和计算图（Computation Graph）。

TensorBoard 的 Events Dashboard 可以用来持续地监控运行时的关键指标，比如损失值、学习速率（Learning Rate）或验证集上的准确率（Accuracy）；Image Dashboard 则可以展示在训练过程中用户设定保存的图片，比如某个训练中间结果用 Matplotlib 等绘制出来的图片；Graph Explorer 则可以完全展示一个 TensorFlow 的计算图，并且支持缩放、拖曳和查看节点属性操作。

3．Torch

Torch 是 Facebook 开源的库。Torch 的定位为 LuaJIT 上的一个高效的科学计算库，支持大量的机器学习算法，同时以 GPU 上的计算优先。

在 Facebook 开源了其深度学习的组件之后，Google、Twitter（现改名为 X）、NYU、IDIAP、Purdue 等组织都开始大量使用 Torch。Torch 的目标是使设计科学计算算法变得便捷，它包含了大量的机器学习、计算机视觉、信号处理、并行运算、图像、视频、音频、网络处理学习库，同时和 Caffe 类似，Torch 拥有大量的训练好的深度学习模型。它可以支持设计非常复杂的神经网络的拓扑结构，再并行化到 CPU 或 GPU 上。在 Torch 上设计新的 Layer 是比较简单的工作。

和 TensorFlow 一样，Torch 使用了底层 C++加上层脚本语言调用的方式，只不过 Torch 使用的是性能非常优秀的 Lua。Lua 经常被用来开发游戏，常见的代码可以通过透明的 JIT 优化达到 C 语言性能的 80%；Lua 的语法简单易读，易于掌握，比写 C/C++简洁很多；同时，Lua 拥有一个直接调用 C 语言程序的接口，可以简便地使用大量基于 C 语言的库，因为底层核心是使用 C 语言编写的，因此也可以方便地移植到各种环境中。Lua 支持 Linux、macOS，还支持各种嵌入式系统（如 iOS、Android、FPGA 等），只不过运行时必须有 LuaJIT 环境的支持，所以与 Caffe 和 TensorFlow 相比，Torch 在工业生产环境中的使用相对较少。

Torch 因为使用了 LuaJIT，因此用户在 Lua 中进行数据预处理时可以随意使用循环等操作，而不必像在 Python 中那样担心性能问题，也不需要学习 Python 中的各种加速运算库。不过，Lua 相比 Python 还不是很主流，所以将增加大多数用户的学习成本。

与 Python 相比，LuaJIT 具有以下优点。
- LuaJIT 的通用计算性能远胜于 Python，而且可以直接在 LuaJIT 中调用 C 函数。
- LuaJIT 的 FFI 拓展接口易学，可以方便地连接其他库到 Torch 中。

Torch 还专门设计了 N-Dimension array type 的对象 Tensor，Torch 中的 Tensor 是一块内存的视图，同时一块内存可能有多个视图（Tensor）指向它，这样的设计兼顾了性能（直接面向内存）和便利性。

Torch 还提供了不少相关的库，包括线性代数、卷积、傅里叶变换、绘图和统计等。Torch 的 nn 库支持神经网络、自编码器、线性回归、卷积网络、循环神经网络等，同时支持定制的损失函数及梯度计算。

Torch 有很多第三方的扩展可以支持循环神经网络，使得 Torch 基本支持所有主流神经网络。和 Caffe 类似，Torch 主要是基于 Layer 的连接来定义网络的。Torch 中的新 Layer 依然需要用户自己实现，不过定义新 Layer 和定义网络的方式一样简便。同时，Torch 属于命令式编程模式，而 Theano、TensorFlow 属于声明式编程模式（计算图是预定义的静态结构），所以用 Torch 实现某些复杂操作（如 beam search）比用 Theano 和 TensorFlow 更方便。

4．Caffe

Caffe 是一个被人们广泛使用的开源深度学习库。在 TensorFlow 出现之前，Caffe 一直是深度学习领域 GitHub Star 数量最多的项目。

Caffe 的主要优势包括如下几点。
- 容易上手，网络结构都是以配置文件形式定义的，不需要用代码设计网络。
- 训练速度快，能够训练 state-of-the-art 的模型与大规模的数据。
- 提供模块化组件，可以方便地拓展到新的模型和学习任务上。

（1）Caffe 的特点

Caffe 的核心概念是 Layer，每个神经网络的模块都是一个 Layer。Layer 用于接收输入数据，同时经过内部计算产生输出数据。当设计网络结构时，用户只需通过编写 protobuf 配置文件把各个 Layer 拼接在一起，便可以构成完整的网络。

比如卷积 Layer，它的输入就是图片的全部像素点，内部进行的操作是各种像素值与 Layer 参数的卷积操作，最后输出的是所有卷积核的卷积结果。每个 Layer 需要定义两种运算：一种是正向的运算，即从输入数据计算输出结果，也就是模型的预测过程；另一种是反向的运算，即反向传播算法，也就是模型的训练过程。

Caffe 的一大优势是拥有大量的训练好的经典模型（如 AlexNet、VGG、Inception）乃至其他 state-of-the-art（ResNet 等）的模型。Caffe 被广泛地应用于前沿的工业界和学术界。在计算机视觉领域，Caffe 可以用于人脸识别、图片分类、位置检测、目标追踪等领域。虽然 Caffe 主要是面向学术界的，但它的程序运行稳定，代码质量比较高，所以适用于对稳定性要求严格的生产环境，可以算是第一个主流的工业级深度学习库。因为 Caffe 的底层是基于 C++ 的，因此可以在各种硬件环境中编译并具有良好的可移植性，支持 Linux、macOS 和 Windows，也可以被编译部署到移动设备系统（如 Android 和 iOS）上。

和其他主流深度学习库类似，Caffe 也提供了 Python 接口 pycaffe，在接触新任务、设计新网络时可以使用其 Python 接口简化操作。不过，用户通常先使用 protobuf 配置文件定义神经网络结构，再使用命令行进行训练或者预测。Caffe 的配置文件是一个 JSON 格式的.prototxt 文件，使用许多顺序连接的 Layer 来描述神经网络结构。Caffe 的二进制可执行程序会提取这些.prototxt 文件并按其定义来训练神经网络。理论上，Caffe 的用户可以不编写代码，只要定义网络结构就可以完成模型训练。

（2）Caffe 的不足

Caffe 完成训练之后，用户可以把模型文件打包制作成简单、易用的接口，比如可以封装成 Python 或 Matlab 的 API。不过，在.prototxt 文件内部设计网络结构不是很方便，更重要的是，Caffe 的配置文件不能用编程的方式来调整超参数。

Caffe 在 GPU 上训练的性能很好（在使用单个 GTX 1080 训练 AlexNet 时，一天可以训练上百万张图片），但是目前仅支持单机多 GPU 的训练，没有原生支持分布式的训练。现在有很多第三方的支持，比如 Yahoo 开源的 CaffeOnSpark，可以借助其分布式框架实现 Caffe 的大规模分布式训练。

当要实现新 Layer 时，用户需要自己编写 C++或者 CUDA（当需要运行在 GPU 上时）代码实现正向和反向两种运算，对于普通用户来说难以使用。

Caffe 的最初设计目标只针对图像处理，没有考虑文本、语音或者时间序列的数据，因此 Caffe 对卷积神经网络的支持非常好，但对时间序列 RNN、LSTM 等的支持不是特别充分。同时，基于 Layer 的模式对 RNN 不是非常友好，定义 RNN 结构时比较麻烦。在模型结构非常复杂时，用户可能需要编写冗长的配置文件才能设计好网络，而且阅读也比较费力。

（3）DIGITS（Deep Learning GPU Training System，深度学习 GPU 训练系统）

从严格意义上讲，DIGITS 不是一个标准的深度学习库，而是一个 Caffe 的高级封装（或 Caffe 的 Web 版培训系统）。

DIGITS 封装得非常好，所以用户不需要（也不能）在其中编写代码，即可实现一个深度学习的图片识别模型。在 Caffe 中，定义模型结构、预处理数据、进行训练并监控训练的过程是比较烦琐的，DIGITS 把所有这些操作都简化为在浏览器中执行。计算机视觉的研究者或者工程师可以非常方便地设计深度学习模型、测试准确率，以及调试各种超参数，也可以生成数据和训练结果的可视化统计报表，甚至是网络的可视化结构图。训练好的 Caffe 模型可以被 DIGITS 直接使用，用户上传图片到服务器或者输入 URL 即可对图片进行分类。

5. Keras

Keras 是一个使用 Python 实现的崇尚极简、高度模块化的神经网络库，可以同时运行在 TensorFlow 和 Theano 上。它旨在让用户进行最快速的原型实验。

Keras 提供了方便的 API，用户只需要将高级的模块拼接在一起，就可以设计神经网络，从而大大降低了编程开销。它同时支持卷积神经网络和循环神经网络，支持级联模型或任意的图形结构模型，可以让某些数据跳过某些 Layer 和后面的 Layer 进行对接，使得创建 Inception 等复杂网络变得容易。

因为 Keras 底层使用 Theano 或 TensorFlow，所以用 Keras 训练模型相比于 Theano 或 TensorFlow 基本没有什么性能损耗（还可以享受 Theano 或 TensorFlow 持续开发带来的性能提升），而且简化了编程的复杂度，节约了尝试新网络结构的时间。可以说模型越复杂，使用 Keras 就越方便，尤其是在高度依赖权值共享、多模型组合、多任务学习等模型上，Keras 表现得非常突出。

Keras 所有的模块简洁、易懂且完全可配置，并且基本上没有任何使用限制，神经网络、损失函数、优化器、初始化方法、激励函数和正则化等模块都可以自由组合。

Keras 包括 Adam、RMSProp、Batch Normalization、PReLU、ELU、LeakyReLU 等。新的模块也容易被添加，这让 Keras 非常适合于最前沿的研究。Keras 中的模型也都是在 Python 中定义的，用户不需要使用额外的文件来定义模型，这样就可以通过编程的方式调试模型结构和各种超参数。

在 Keras 中，只需要编写几行代码就能实现一个 MLP，或者编写十几行代码就能实现一个 AlexNet，这是其他深度学习库所不可比拟的。

Keras 的不足是目前无法直接使用多 GPU，所以对大规模数据的处理速度没有其他支持多 GPU 和分布式处理的库快。

Keras 构建在 Python 上，有一套完整的科学计算工具链，无论是从社区人数还是活跃度来看，Keras 目前的增长速度都已经远远超过 Torch。

6．MXNet

MXNet 是 DMLC（Distributed Machine Learning Community，分布式机器学习社区）开发的一款开源、轻量级、可移植、灵活的深度学习库。用户可以混合使用符号编程模式和指令式编程模式来最大化效率和灵活性。MXNet 是 AWS 官方推荐的深度学习库。

MXNet 的系统架构如图 5.30 所示。最下面为硬件及操作系统层，逐层向上为越来越抽象的接口。

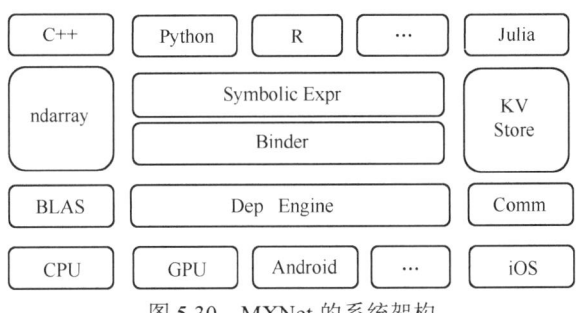

图 5.30　MXNet 的系统架构

MXNet 是最先支持多 GPU 和分布式处理的深度学习库，其分布式性能也非常高。MXNet 的核心是一个动态的依赖调度器，支持自动将计算任务并行化到多个 GPU 或分布式集群（支持 AWS、Azure、Yarn 等）中。它上层的计算图优化算法可以让符号计算快速执行，且节约内存，如果开启 mirror 模式则更节约内存，甚至可以在某些小内存 GPU 上训练其他因内存不够而训练不了的深度学习模型，也可以在移动设备（Android、iOS）上执行基于深度学习的图像识别等任务。

MXNet 的一个重要优点是支持主流的脚本语言，如 C++、Python、R、Julia、Scala、Go、Matlab 和 JavaScript 等。在 MXNet 中构建一个网络需要的时间可能比 Keras、Torch 等高度封装的库要长，但是比直接用 Theano 等的速度要快。

7．CNTK

CNTK（Computational Network Toolkit，计算网络工具包）是 Microsoft 研究院（MSR）研发的开源深度学习库，目前已经发展成一个通用的、跨平台的深度学习系统，在语音识别领域被广泛使用。

CNTK 通过一个有向图将神经网络描述为一系列的运算操作，有向图中的子节点代表输入或网络参数,其他节点代表各种矩阵运算。CNTK支持各种前馈神经网络,包括MLP、CNN、RNN、LSTM、Sequence-to-Sequence模型等,也支持自动求解梯度。CNTK具有丰富的、细粒度的神经网络组件,用户不需要编写底层的C++或CUDA代码,只要组合这些组件就可以设计新的、复杂的Layer。CNTK拥有产品级的代码质量,支持多机、多GPU的分布式训练。

CNTK是以性能为导向的,在CPU、单GPU、多GPU及GPU集群上都有非常优异的表现。同时Microsoft公司推出的1-bit压缩技术大大降低了通信开销,使大规模并行训练的效率得到了较大的提升。

CNTK和Caffe一样,也是通过配置文件定义网络结构,再通过命令行程序执行训练的,支持构建任意的计算图,且支持AdaGrad、RmsProp等优化算法。CNTK除了内置的大量运算核,还允许用户定义自己的计算节点,支持高度的定制化。

CNTK支持其他语言的绑定,包括Python、C++和C#,这样用户就可以通过编程的方式设计网络结构。在多GPU方面,CNTK相对于其他的深度学习库表现得更突出,它实现了1-bit SGD和自适应的mini-batching。

8. Deeplearning4J

Deeplearning4J(简称DL4J)是一个基于Java和Scala的开源分布式深度学习库,其核心目标是创建一个即插即用的解决方案原型。

埃森哲(Accenture)、雪佛兰(Chevrolet)、博斯(Booz)和IBM等都是DL4J的客户。DL4J拥有一个多用途的n-dimensional array类,可以方便地对数据进行各种操作;拥有多种后端计算核心,用以支持CPU及GPU加速,在图像识别等训练任务上的性能与Caffe相当;可以与Hadoop及Spark自动整合;可以方便地在现有集群(包括但不限于AWS、Azure)上进行扩展。

DL4J的并行化是根据集群的节点和连接自动进行优化的,不像其他深度学习库那样可能需要用户手动调整。DL4J选择Java作为其主要语言,这是因为目前基于Java的分布式计算、云计算、大数据的生态非常庞大。用户可能拥有大量基于Hadoop及Spark的集群,因此在这类集群上搭建深度学习平台的需求便很容易被DL4J满足。

9. 大模型安全风险

与大模型技术的突飞猛进形成鲜明对照的是,大模型仍面临诸多潜在的安全风险。大模型在应用的过程中,可能会产生与人类价值观不一致的输出,如歧视言论、辱骂、违背伦理道德的内容等,这种潜在的安全风险普遍存在于文本、图像、语音和视频等诸多应用场景中,并会随着模型的大规模部署带来日益严重的安全隐患,使得用户无法信赖人工智能系统做出的决策。更为重要的是,大模型较为脆弱,对安全风险的防范能力不足,容易受到指令攻击、提示注入和后门攻击等恶意攻击。尤其是在政治、军事、金融、医疗等关键的涉密应用领域,任何形式的恶意攻击都可能给国家社会的稳定及人民的生命财产安全带来严重的后果。

1)大模型安全风险的具体表现

随着大模型在各领域的广泛应用,大模型安全风险的影响范围逐渐扩大,社会秩序受到的冲击愈发严重。其安全风险具体表现包含从大模型自身的安全风险、大模型在应用中衍生的安全风险。

(1)大模型自身的安全风险

大模型自身的安全风险源于其开发技术与实现方式。由于这些模型通常采用大量数据进行训练,它们不仅从数据中学习知识和信息,还可能从中吸收和反映数据中存在的不当、偏见或歧视性内容。这些数据可能来源于互联网或其他公开来源,其中包含的多样性和复杂性导致模型很难完全准确地反映人类的价值观和伦理标准。此外，大模型在处理或生成内容时，可能会无意中扩大或放大某些固有的社会偏见。例如，模型可能会偏向某种文化、性别、种族或宗教的观点，从而产生偏见、歧视或误导性的输出，这不仅可能导致特定群体的不适，而且可能破坏社会的和谐与稳定。下面列出典型的风险类型。

① 辱骂仇恨。

模型生成带有辱骂、脏字脏话、仇恨言论等不当内容。

② 偏见歧视。

模型生成对个人或群体的偏见和歧视性内容，通常与种族、性别、宗教、外貌等因素有关。

③ 违法犯罪。

模型生成的内容涉及违法、犯罪的观点、行为或动机，包括怂恿犯罪、诈骗、造谣等内容。

④ 敏感话题。

对于一些敏感和具有争议性的话题，模型输出具有偏向、误导性和不准确的信息，例如，支持某个特定政治立场的倾向的言论会导致对其他政治观点的歧视或排斥。

⑤ 身体伤害。

模型生成与身体健康相关的不安全的信息，引导和鼓励用户伤害自身和他人的身体，如提供误导性的医学信息或错误的药品使用建议等，对用户的身体健康造成潜在的风险。

⑥ 心理伤害。

模型输出与心理健康相关的不安全的信息，包括鼓励自杀、引发恐慌或焦虑等内容，影响用户的心理健康。

⑦ 隐私财产。

模型生成涉及暴露用户或第三方的隐私和财产信息或者提供重大的建议如投资等。在处理这些信息时，模型应遵循相关法律和隐私规定，保障用户的权益，避免信息泄露和滥用。

⑧ 伦理道德。

在处理一些涉及伦理和道德的话题时，模型需要遵循相关的伦理原则和道德规范，和人类价值观保持一致。此外，语言模型的意识形态已成为 AI 安全的核心考量因素。模型在训练过程中不可避免地受训练数据中的文化与价值观影响，从而决定了其形成的意识形态。以 ChatGPT 为例，其训练数据以西方价值观为主。尽管其主张政治中立，但输出内容仍可能偏向西方主流价值观。为确保模型准确反映并传递文化和价值观，应深化安全对齐技术，并针对各国文化背景对模型的意识形态进行特定的调整。

（2）大模型在应用中衍生的安全风险

随着大模型应用的广泛性和复杂性，不当使用和恶意使用等行为也随之增加，这为大模型带来了前所未有的安全挑战。

① 用户过度依赖大模型的生成内容。

大模型通过学习大量数据获得强大的生成能力，但由于数据的复杂性，模型会产生看似真实却实质上错误的信息，这被称为"幻觉"问题。若用户盲目信任模型，会误以为这些"幻觉"输出是可信的，从而导致决策时遗漏关键信息，缺少批判性思考。在医学诊断、法律意见等需要高准确度的领域，这种盲目信赖会带来巨大风险。

② 恶意攻击下的安全风险。

大模型面临着模型窃取攻击、数据重构攻击、指令攻击等多种恶意攻击。模型窃取攻击允许攻击者获取模型的结构和关键参数，此攻击方式不仅使攻击者免去使用模型的费用，还可能带来其他利益。如果攻击者完全掌握模型，可能会实施更危险的"白盒攻击"。数据重构攻击使攻击者能恢复模型的训练数据，包括其中的敏感信息如个人医疗记录，对个人隐私和数据所有权构成威胁。而指令攻击则利用模型对措辞的高度敏感性，诱导其产生违规或偏见内容，违反原安全设定。

③ 后门攻击带来的恶意输出。

后门攻击是一种针对深度学习模型的新型攻击方式，其在训练过程中对模型植入隐秘后门。后门未被激活时，模型可正常工作，但一旦被激活，模型将输出攻击者预设的恶意标签。由于模型的黑箱特性，难以检测这种攻击。比如在 ChatGPT 的强化学习阶段，在奖励模型中植入后门，使攻击者能够通过控制后门来控制 ChatGPT 输出。此外，后门攻击具有可迁移性。通过利用 ChatGPT 产生有效的后门触发器，并将其植入其他大模型，这为攻击者创造了新的攻击途径。因此，迫切需要研究健壮的分类器和其他防御策略来对抗此类攻击。

④ 大模型访问外部资源时引发的安全漏洞。

大模型与外部数据、API 或其他敏感系统的交互往往涉及诸多安全挑战。首先，当大模型从外部资源获取信息时，若二者之间的连接未经适当安全措施保护，则未经过滤或验证的信息会导致模型生成不安全和不可靠的反馈。以自主智能体 AutoGPT 为例，其结合了众多功能，表现出高度的自主性和复杂性。这种设计使其在缺乏人工监管时展现出无法预测的行为模式，甚至在某些极端情况下编写潜在的毁灭性计划。因此，对于大模型与外部资源的交互，需要特别关注并采取严格的安全策略。

2）大模型安全研究关键技术

随着大模型安全问题的日益凸显，全球众多知名的科研机构已将此作为核心研究领域，致力于探索模型的潜在薄弱点和安全风险，并寻求如何增强其在训练和部署时的安全性。

大模型暴露的安全风险，与其开发技术密不可分。当下主流的大模型训练过程可分为预训练、有监督微调和基于人类反馈的强化学习三个阶段。以 ChatGPT 为例，在预训练阶段，模型在大量的互联网文本上学习，吸收其中的语言模式和知识，在这个过程中，模型可能会无意间学习并模仿数据中的价值观。在有监督微调（Supervised Fine-Tuning）阶段，模型在特定的监督数据集上进一步微调，以理解更具体的任务要求并调整其输出，使之更接近人类对特定任务的期望。基于人类反馈的强化学习（Reinforcement Learning from Human Feedback，RLHF）阶段的目标是，让模型的输出与人类价值观尽可能一致，提高其有用性、真实性和无害性。

针对大模型开发过程中产生的安全风险，安全对齐研究可从提升训练数据的安全性、优化安全对齐训练算法两个方面展开，以实现更有用、诚实和无害的安全大模型。安全对齐的大模型通常是指经过充分检验、具备高可信度和健壮性、与人类价值观对齐的大型机器学习模型。这些模型的设计和训练过程严格遵循伦理准则，具备透明度、可解释性和可审计性，使用户能够理解其行为和决策过程。同时，安全对齐大模型也需注重隐私和安全，确保在使用过程中不会泄露敏感信息或被恶意攻击。

（1）大模型的训练数据安全

训练数据的安全性是构建安全大模型的基石。训练数据安全是指数据集的来源和质量都是可靠的，数据中蕴含的知识是准确的，数据集内容符合正确的价值观。

以下是提高训练数据安全性的一些关键要点。

① 数据的来源与预处理。

应确保训练数据来自可信的、可靠的来源。数据应该从权威机构、专业组织、可验证的数据仓库或其他公认的数据提供者获得。在数据标注时，应确保标注的准确性和一致性。标注过程应该由经过培训的专业人员进行，并且需要进行验证和审核，以确保标注的正确性。此外，需要进行数据清洗以去除重复项、噪声数据和错误数据。

② 数据的敏感信息去除。

在大模型中，保护数据的敏感信息至关重要，特别是当模型需要处理涉及个人隐私、敏感信息或商业机密等敏感数据时。数据的敏感信息去除是一种隐私保护措施，旨在确保数据在训练过程中不会泄露敏感信息。

（2）大模型的安全对齐训练

基于人类反馈的安全对齐技术已逐渐成为当下大模型安全研究的主流技术。其训练过程主要包括奖励模型训练和生成策略优化两个阶段。在奖励模型训练阶段中，人类对模型生成的多条不同回复进行评估，这些回复两两组合，由人类确定哪条更优，生成的人类偏好标签使奖励模型能学习并拟合人类的偏好。

在生成策略优化阶段，奖励模型根据生成回复的质量计算奖励，这个奖励作为强化学习框架中的反馈，并用于更新当前策略的模型参数，从而让模型的输出更符合人类的期望。

在训练的过程中，模型可通过两个方面增加可信度。

首先是对抗性训练，通过提升模型对输入扰动的健壮性增强模型可信度。对抗性样本针对大模型的输入做出微小改动，使得大模型的输出发生误判。对抗性训练通过在训练数据中引入这些样本，迫使大模型学习更具健壮性的特征，从而减少对抗性攻击的影响，并且提升大模型的泛化能力。

其次是知识融入训练，即利用知识引导模型训练从而降低模型出现幻觉的可能性。结合知识图谱的模型训练是典型的知识融入训练方法，通过在大模型训练时引入知识图谱，如将知识图谱中的三元组加入模型的训练过程中，用三元组中的知识引导模型的训练，促使大模型沿着具有正确知识的方向收敛，从而让大模型存储到高可信度的知识。

习题 5

一、填空题

1. 1956 年夏天，美国的一些年轻科学家在达特茅斯学院召开了一个夏季讨论会，在该次会议上，第一次提出了_____这一术语。

2. AI 研究的三种主要途径为符号主义、行为主义和_____。

3. 符号主义又称为_____、心理学派或计算机学派，其原理主要为物理符号系统假设和有限合理性。

4. 连接主义是一种基于_____及网络间的连接机制与学习算法的智能模拟方法。

5. 行为主义是一种基于"感知-行动"的行为智能模拟方法，认为人工智能源于_____。

6. _____是使用计算机模仿人类视觉系统的学科，其目的是让计算机拥有类似人类提取、处理、理解和分析图像及图像序列的能力。

7. _____的机器学习从观测数据（样本）出发寻找规律，利用这些规律对未来数据或无法观测的数据进行预测。

8. 深度学习既可以是监督学习，也可以是_____。

9. _____主要研究实现人与计算机之间用自然语言进行有效通信的各种理论和方法。

10. 人机交互主要研究人到计算机和_____的两部分信息交换。

11. 逻辑回归、支持向量机、随机森林是处理_____的常用算法。

12. 线性回归可以用来处理_____。

13. _____以相似性为基础，对数据集进行聚类划分，属于无监督学习。

14. 人工神经网络分为_____和反馈神经网络。

15. Hopfield 神经网络是一种单层互相全连接的_____。

16. 抽象的神经元模型（MP）是一个包含输入、输出与_____的模型。

17. 一个神经网络的训练算法就是让_____调整到最佳，以使得整个网络的预测效果最好。

18. 双层神经网络具有良好的非线性分类功能，_____的使用解决了双层神经网络存在的复杂计算量的问题。

19. 深度学习采用非监督或半监督的_____和分层特征提取高效算法来替代手动获取特征。

20. 多层神经网络增加了_____，能够更深入地表示特征，具有更强的函数模拟能力。

21. 卷积神经网络能够进行平移不变分类，因此它也被称为_____。

二、选择题

1. 人工智能的目的是让机器能够（　　），以实现某些人类脑力劳动的机械化。
   A．具有完全的智能　　　　　　B．和人脑一样考虑问题
   C．完全代替人　　　　　　　　D．模拟、延伸和扩展人的智能

2. 下列关于人工智能的叙述中不正确的是（　　）。
   A．人工智能技术与其他科学技术相结合极大地提高了应用技术的智能化水平
   B．人工智能是科学技术发展的趋势
   C．因为人工智能的系统研究是从 20 世纪 50 年代才开始的，非常新，所以十分重要
   D．人工智能有力地促进了社会的发展

3. 自然语言处理是人工智能的重要应用领域，在下列选项中，（　　）不是它要实现的目标。
   A．理解别人讲的话
   B．对自然语言表示的信息进行分析概括或编辑
   C．欣赏音乐
   D．机器翻译

4. 1997 年 5 月，计算机"深蓝"战胜了国际象棋世界冠军卡斯帕罗夫，这是（　　）。
   A．人工思维　　B．机器思维　　C．人工智能　　D．机器智能

5. 下列选项中，（　　）不属于人工智能应用。
   A．人工神经网络　　　　　　　B．自动控制
   C．自然语言学习　　　　　　　D．专家系统

6. 神经网络由许多神经元组成，每个神经元接收一个输入，处理它并给出一个输出，下列关于神经元的陈述中，（　　）是正确的。
   A．一个神经元只有一个输入和一个输出
   B．一个神经元有多个输入和一个输出
   C．一个神经元有一个输入和多个输出
   D．以上选项都正确

7. 在神经网络中，关于 Sigmoid、tanh、ReLU 等激励函数的说法中正确的是（　　）。
   A．只有在最后输出层才会用到　　B．总是输出 0 或 1
   C．其他说法都不正确　　　　　　D．加快反向传播时的梯度计算速度

8. 在一个神经网络中，知道每个神经元的权重和偏差是最重要的一步。如果以某种方式知道了神经元准确的权重和偏差，就可以近似任何函数。实现这个目标的最佳的办法是（　　）。

　　A．随机赋值，期待它们是正确的

　　B．搜索所有权重和偏差的组合，直到得到最佳值

　　C．赋予一个初始值，通过检查与最佳值的差值，然后迭代更新权重

　　D．以上选项都不正确

9. 梯度下降算法的正确步骤是（　　）。

　　（1）计算预测值和真实值之间的误差

　　（2）迭代更新，直到找到最佳权重

　　（3）把输入传入网络，得到输出值

　　（4）初始化随机权重和偏差

　　（5）对每个产生误差的神经元，改变相应的（权重）值以减小误差

　　A．（1）（2）（3）（4）（5）　　　B．（5）（4）（3）（2）（1）

　　C．（3）（2）（1）（5）（4）　　　D．（4）（3）（1）（5）（2）

10. 具备以下（　　）特征的神经网络模型被称为深度学习模型。

　　A．加入更多层，使神经网络的深度增加

　　B．有维度更高的数据

　　C．当这是一个图形识别的问题时

　　D．更多的标注数据

11. （　　）在神经网络中引入了非线性。

　　A．随机梯度下降算法　　　B．修正线性单元（ReLU）

　　C．卷积函数　　　　　　　D．以上选项都不正确

12. 下列关于模型能力（模型近似于复杂函数的能力）的描述中正确的是（　　）。

　　A．中间层层数增加，模型能力增加

　　B．Dropout 的比例增加，模型能力增加

　　C．学习率增加，模型能力增加

　　D．以上选项都不正确

13. 感知器的任务顺序是（　　）。

　　（1）初始化随机权重

　　（2）进入数据集的下一批（batch）

　　（3）如果预测值和输出不一致，则改变权重

　　（4）对一个输入样本，计算输出值

　　A．（1）（2）（3）（4）　　　B．（4）（3）（2）（1）

　　C．（3）（1）（2）（4）　　　D．（1）（4）（3）（2）

14. 神经网络中的"神经元死亡"现象是指（　　）。

　　A．在训练任何其他相邻单元时，不会更新的单元

　　B．没有完全响应任何训练模式的单元

　　C．产生最大平方误差的单元

　　D．以上选项都不正确

15. （　　）更适合解决图像识别问题（比如识别照片中的猫）。

A．多层感知器　　　　　　　　　B．卷积神经网络
C．循环神经网络　　　　　　　　D．感知器

16．（　　）是影响神经网络的深度选择的因素。
（1）神经网络的类型，如多层感知器、卷积神经网络
（2）输入数据
（3）计算能力，即硬件和软件能力
（4）学习率
（5）输出函数映射

A．（1）（2）（4）（5）　　　　　B．（2）（3）（4）（5）
C．（1）（3）（4）（5）　　　　　D．（1）（2）（3）（4）（5）

三、简答题

1．什么是机器学习？为什么要研究机器学习？
2．说明人工智能主要流派的技术特点。
3．简述机器学习系统的基本结构，并说明各部分的作用。
4．什么是监督学习和非监督学习？举例说明它们的区别。
5．举例说明分类和回归的区别。
6．处理分类问题，常会用到哪些算法？
7．处理聚类问题，常会用到哪些算法？
8．处理降维问题，常会用到哪些算法？
9．什么是机器学习的过拟合？如何避免过拟合？
10．目前，深度神经网络有哪些成功的应用？简述其适用原因。
11．说明神经网络的一般结构。
12．说明卷积神经网络的结构。
13．什么是深度学习库？常见的深度学习库有哪些？

第6章　人工智能应用

AI（人工智能）的应用广泛，覆盖了从日常生活到专业领域，从娱乐到工业的各个层面。这些应用不仅提高了效率和准确性，还创造了新的商业机会，改变了人们的生活和工作方式。本章主要介绍 AI 在 AIGC（Artificial Intelligence Generated Content，人工智能生成内容）、自动驾驶、人形机器人方面的应用。随着 AI 技术的不断发展，其应用领域和方式也将不断扩展和深化。

6.1　AIGC 简介

6.1.1　AIGC 的产生与发展

1．AIGC 的概念

AIGC 是指利用 AI 技术，通过已有数据寻找规律，并通过预训练大模型、生成式对抗网络（GAN）等方法，自动生成各种类型的内容，例如文章、视频、图片、音乐、代码等。

AIGC 代表着 AI 技术从感知、理解世界到生成、创造世界的跃迁，正推动 AI 迎来下一个时代。如果说过去传统的 AI 偏向于分析能力，那么 AIGC 则证明 AI 在生成全新的东西，实现 AI 从感知理解世界到生成创造世界的全面进化和蜕变。

（1）商业层面

从商业层面看，AIGC 本质上是一种 AI 赋能技术，能够通过其高通量、低门槛、高自由度的生成能力，广泛服务于各类内容的相关场景及生产者。AIGC 可以在创意、表现力、迭代、传播、个性化等方面，充分发挥技术优势，打造新的数字内容生成与交互形态。

（2）发展趋势

从发展趋势来看，2022 年被认为是 AIGC 发展速度惊人的一年——不仅被消费者追捧，而且备受投资界关注，更是被技术界和产业界竞相追逐。AIGC 生成内容的类型不断丰富、质量不断提升，也将有更多的企业积极拥抱 AIGC。

（3）技术层面

从技术层面看，AIGC 得益于算法技术进展，其中包含对抗网络、流生成模型、扩散模型等深度学习算法。而且在多模态技术支持下，目前预训练模型已经从单一的 NLP 或 CV 模型发展到多种语言文字、图像、音视频的多模态模型。进而形成了参数丰富、训练量大、生成内容稳定的高质量流水线，实用性大大提升。

（4）应用层面

从应用层面看，AIGC 已经让千行百业捕捉到新的技术与产业机会。目前，AIGC 的典型应用是利用自然语言描述作为输入生成各种模态的数据，包括文本、代码、图像、语音、视频、3D 模型、场景等，并衍生出各种各样丰富的应用场景。在 AIGC+新闻、AIGC+影视、AIGC+娱乐、AIGC+办公等产业链上，不仅带来降本增效的效果，更强势助力于个性化内容的生成。

2．AIGC 的特点

AIGC 是继 PGC（Professionally Generated Content，专业生成内容）和 UGC（User

Generated Content，用户生成内容）之后的新型内容创作方式，具有以下特点。

（1）自动化

AIGC 可以根据用户输入的关键词或要求自动地生成内容，无须人工干预或编辑。这样可以节省时间和成本，提高效率和效果。

（2）高效

AIGC 可以利用大数据和云计算等技术，快速地处理海量的信息，并生成高质量的内容。这样可以满足海量用户的内容需求，提高用户满意度和留存率。

（3）创意

AIGC 可以利用深度学习和强化学习等技术，不断地学习和优化内容生成的策略，并生成具有创意和个性化的内容。这样可以增加内容的吸引力和价值，提高用户参与度和转化率。

（4）互动

AIGC 可以利用自然语言处理和计算机视觉等技术，实现与用户的自然交流和反馈，并根据用户的喜好和行为，动态地调整内容生成的方式。这样可以增强内容的互动性和可用性，提高用户体验和忠诚度。

3．AIGC 的发展

AIGC 的发展可分为三阶段：早期萌芽阶段（20 世纪 50 年代至 90 年代中期）、沉淀累积阶段（20 世纪 90 年代至 21 世纪 10 年代中期）、快速发展阶段（21 世纪 10 年代中期至今）。

（1）早期萌芽阶段

在该阶段，由于技术限制，AIGC 仅限于小范围实验与应用。1957 年，出现首支由计算机创作的音乐作品，即弦乐四重奏《依利亚克组曲（*Illiac Suite*)》。20 世纪 80 年代末至 90 年代中，由于高成本及难以商业化，使资本投入有限导致 AIGC 进展缓慢。

（2）沉淀累积阶段

在该阶段，AIGC 从实验性转向实用性。2006 年，深度学习算法取得进展；同时 GPU、CPU 等算力设备日益精进，互联网快速发展，为各类人工智能算法提供海量数据进行训练。2007 年，首部人工智能装置完成的小说 *I The Road*（《在路上》）问世。2012 年，Microsoft 展示全自动同声传译系统，主要基于深度神经网络（Deep Neural Network，DNN）自动将英文讲话内容通过语音识别等技术生成中文。

（3）快速发展阶段

AIGC 的快速发展离不开深度学习模型的不断完善、开源模式的推动、大模型探索商业化的可能等因素。在该阶段，2014 年，深度学习算法"生成式对抗网络"（Generative Adversarial Network，GAN）推出并迭代更新，助力 AIGC 新发展。2017 年，Microsoft 人工智能少年"小冰"推出世界首部由人工智能写作的诗集《阳光失了玻璃窗》。2018 年，NVIDIA（英伟达）发布 StyleGAN 模型可自动生成图片。2019 年，DeepMind 发布 DVD-GAN 模型可生成连续视频。2021 年，Open AI 推出 DALL-E 并更新迭代版本 DALL-E-2，主要用于文本、图像的交互生成内容。

AIGC 目前呈现出内容类型不断丰富、内容质量不断提升、技术通用性和工业化水平越来越强等趋势，未来将进一步推动 AIGC 领域的蓬勃发展。

4．AIGC 的技术基础

AIGC 的大爆发不仅有赖于 AI 技术的突破创新，还离不开产业生态快速发展的支撑。在技术创新方面，生成算法、预训练模型、多模态技术等 AI 技术汇聚发展，为 AIGC 的爆发提供了技术基础。图 6.1 描述了 AICC 技术基础。

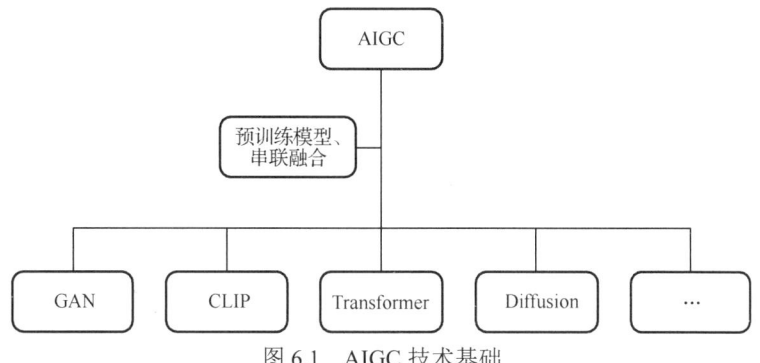

图 6.1　AIGC 技术基础

（1）基础的生成算法模型不断突破创新

为人熟知的 GAN、Transformer、扩散模型等的性能、稳定性、生成内容质量等不断提升。得益于生成算法的进步，AIGC 现在已经能够生成文字、代码、图像、语音、视频、3D 物体等各种类型的内容和数据。

（2）预训练模型引发 AIGC 技术能力的质变

虽然过去各类生成模型层出不穷，但是使用门槛高、训练成本高、内容生成简单、质量偏低，远远不能满足真实内容消费场景中的灵活多变、高精度、高质量等需求。而预训练模型能够满足多任务、多场景、多功能需求，能够解决以上问题。

预训练模型技术显著提升了 AIGC 模型的通用化能力和工业化水平，同一个 AIGC 模型可以高质量地完成多种多样的内容输出任务。正因如此，Google、Microsoft、OpenAI 等企业纷纷抢占先机，推动人工智能进入预训练模型时代。

（3）多模态技术推动 AIGC 的内容多样性

多模态技术使得语言文字、图像、音视频等多种类型数据可以互相转化和生成。比如 CLIP 模型，它能够将文字和图像进行关联，如将文字"狗"和狗的图像进行关联，并且关联的特征非常丰富。这为后续文生图、文生视频类的 AIGC 应用的爆发奠定了基础。

5. AIGC 系统的组成

AIGC 系统主要包括输入层、处理层和输出层三个核心部分。其中，处理层是 AIGC 技术中最关键的部分，通常包括自然语言处理（NLP）、计算机视觉（CV）、音频处理和视频处理等子领域，处理层所采用的不同神经网络模型决定了 AIGC 的具体应用场景和性能表现。

从技术架构上看，AIGC 系统通常基于大规模的预训练模型，这些模型在海量数据上进行训练，掌握了丰富的知识和技能。例如，OpenAI 的 GPT 模型就是一个典型的预训练模型，它能够自动生成各类文本，包括新闻报道、小说、代码等。

（1）输入层

这一层的主要任务是接收用户的指令或请求，并将其转化为机器可以理解的数据形式。例如，在文本生成中，用户的输入可能是一段描述文本或关键词；在图像生成中，输入可能是一个参考图或特定的风格描述。

（2）处理层

这一层是整个 AIGC 系统的核心，负责对输入数据进行深度处理和学习。根据不同的生成任务，处理层会采用不同的神经网络模型和技术路线，包括预训练模型、生成式对抗网络（GAN）、变分自编码器（VAE）、循环神经网络（RNN）、卷积神经网络（CNN）、注意力机制（Attention）、变换器（Transformer）等。

例如，在文本生成中，常用的技术有生成对抗网络、变分自编码器和 Transformer 等；在图像生成中，则主要依赖于卷积神经网络、生成对抗网络等模型。

（3）输出层

经过处理层的学习和生成后，输出层将合成好的内容返回给用户。这些内容可以是文本、图像、音频或视频等格式。为了提高生成质量，输出层还可能包括一些后处理模块，如图像的后期渲染、文本的润色等。

6．AIGC 和 ChatGPT 的区别

AIGC 和 ChatGPT 是两种不同的 AI 技术，前者是一种基于 AI 和数据中心基础设施的新型技术，后者则是一种基于自然语言处理的智能对话技术。虽然这两个技术看似没有直接联系，但它们都代表了 AI 技术发展的新趋势。

（1）AIGC 能够创建多种类型的内容，包括但不限于文本、图像、音频和视频。在很多情况下，这种生成的内容能达到人类创作的水准，且速度更快、规模更大。

例如，现在很火的绘画工具 stable diffusion 和 Midjourney 就是 AIGC 项目。同时，AI 还可以编写文章、报告或博客；创作音乐；生成视频内容。在某些应用中，AI 甚至可以用来生成虚构的人物或故事。

（2）GPT 是一种特定的 AI 模型，由 OpenAI 开发。GPT 专注于理解和生成人类语言，是 AIGC 领域的一个子集。GPT-4 是该系列模型的最新版，能够在接受特定指令后创作出高质量的、与人类撰写几乎无异的文章。

GPT 的应用是多样的，可以用于生成新闻报道、故事、诗歌等，也能进行更复杂的任务，如解答问题、进行对话等。然而，虽然 GPT 可以生成内容，但并不意味着所有的 AIGC 都是由 GPT 或类似的文本生成模型产生的。例如，一些 AIGC 可能是通过 AI 技术生成的图片或音频。

6.1.2　AIGC 的应用场景

AIGC 按内容生成类别可划分为文本、代码、图像、音频、视频五类。文本、代码生成有望得以成熟应用，其中文本生成可实现垂直领域文案的精确调整，达到科研论文精度；代码生成可覆盖多语种多垂直领域。图像、音视频生成的成熟度相对较低，目前尚处于生成基础初稿的阶段，2030 年有望得以成熟应用。

1．文本生成

文本交互成为未来发展方向。

（1）应用型文本

该文本大多为结构化写作，以客服类的聊天问答、新闻撰写等为核心场景。最为典型的是基于结构化数据或规范格式，在特定情景类型下的文本生成，如体育新闻、金融新闻、公司财报、重大灾害等简讯写作。Narrative Science 公司创始人曾预测，到 2030 年，90%以上的新闻将由机器人完成。

（2）创作型文本

该文本主要适用于剧情续写、营销文本等细分场景等，具有更高的文本开放度和自由度，需要一定的创意和个性化，对生成能力的技术要求更高。对于 AIGC 工具而言，生成的长篇幅文字的内部逻辑仍然存在较明显的问题、且生成稳定性不足，尚不适合直接进行实际使用。除本身的技术能力外，创作型文本还需要特别关注情感和语言表达艺术。

（3）辅助文本

辅助文本其实是目前国内供给及落地最为广泛的场景，主要为基于素材爬取的协助作用，例如定向采集信息素材、文本素材预处理、自动聚类去重，并根据创作者的需求提供相关素材。

（4）文本交互

文本交互指虚拟伴侣、游戏中的 NPC 个性化交互等。2022 年夏季上线的社交 AIGC 叙事平台 Hidden Door，以及基于 GPT-3 开发的文本探索类游戏 AIdungeon 均已获得了不错的消费者反馈。

2．代码生成

在软件开发过程中，AIGC 技术可协助开发人员自动创建和重构代码，以提高开发工作效率。利用 AIGC 技术进行自动化代码生成和重构的工具，能够通过对现有代码库进行学习和分析，生成符合特定需求的代码，并对现有代码进行重构及优化。这些工具利用了深度学习、机器学习等人工智能技术，可以识别代码模式、结构和规范，并根据这些信息生成新的代码。此外，这些工具还能发现代码质量问题，并提供相关建议和解决方案，帮助开发人员进行代码质量控制。

使用基于 AIGC 技术的自动化代码生成和重构工具，开发人员可以更快地编写代码，提高代码质量和可读性，降低错误和漏洞的风险，节省时间和成本。此外，这些工具还可提高软件开发迭代和测试速度，帮助开发团队更快地推出产品。

3．图像的属性编辑和部分编辑

（1）属性编辑

对于属性编辑，可以将其直观地理解为经 AI 降低门槛的 PhotoShop。用户可以通过简单的操作，对图像进行旋转、裁剪、缩放，调整色彩，添加滤镜、文字、水印等。例如，iLoveIMG1 就是一个提供多种图像编辑工具的在线平台，可以帮助用户快速处理图像文件。

（2）部分编辑

部分编辑是指对图像的局部区域进行修改或替换，如去除背景、去除物体、换脸、换衣等。这种编辑需要 AI 具有较强的图像理解和生成能力，以保证编辑后的图像自然和逼真。例如，Pixlr1 就是一个提供部分编辑功能的在线图像编辑器，可以让用户轻松地实现去除背景、去除物体、模糊面部等效果。

4．音频生成

AI 编曲将成为 AI 音频生成的重要应用。

（1）TTS（Text To Speech，从文本到语音）场景

TTS 广泛应用于客服及硬件机器人、有声读物制作、语音播报等任务。例如，倒映有声与音频客户端"云听"App 合作打造 AI 新闻主播，提供音频内容服务的一站式解决方案，以及喜马拉雅运用 TTS 技术重现历史类作品。这种场景为文字内容的有声化提供了规模化能力。随着内容媒体的变迁，短视频内容配音已成为重要场景。部分软件能够基于文档自动生成解说配音，代表软件有九锤配音、XAudioPro、加音、剪映等。

（2）乐曲/歌曲生成

AIGC 在词曲创作中的功能可被逐步拆解为作词（NLP 中的文本创作/续写）、作曲、编曲、人声录制和整体混音。就目前而言，AIGC 已经支持基于开头旋律、图片、文字描述、音乐类型、情绪类型等生成特定乐曲。通过这一功能，创作者即可得到 AI 创作的纯音乐或乐曲中的主旋律。2021 年末，贝多芬管弦乐团在波恩首演由 AI 谱写完成的贝多芬未完成的

《第十交响曲》，就是 AI 基于对贝多芬过往作品的大量学习进行自动续写的。

5．视频生成

视频生成是指通过 AI 训练，使其能够根据给定的文本、图像、视频等单模态或多模态数据，自动生成符合描述的、高保真的视频内容。从生成方式进行划分，当前 AI 视频生成可分为文生视频、图生视频、视频生视频。

图像生成和视频生成的底层技术框架较为相似，主要包括生成式对抗网络、自回归模型和扩散模型（Diffusion Model），其中扩散模型为当前主流图像生成模型。

（1）生成式对抗网络（Generative Adversarial Networks，GAN）

GAN 是扩散模型前的主流图像生成模型，通过生成器和判别器进行对抗训练来提升模型的图像生成能力和图像鉴别能力，使 GAN 的数据趋近真实数据、图像趋近真实图像。

相较于其他模型，GAN 的参数量小、较轻便，所以更加擅长对单个或多个对象类进行建模。但由于其训练过程的不稳定性，针对复杂数据集则极具挑战性，稳定性较差、生成图像缺乏多样性。这也导致其终被自回归模型和扩散模型所替代。

GAN 的常见模型结构有两种。

① 单级生成网络。

其代表有 DF-GAN 等。只使用一个生成器、一个鉴别器、一个预训练过的文本编码器，使用一系列包含仿射变换的 UPBlock 学习文本与图像之间的映射关系，由文本生成图像特征。

② 堆叠结构。

该结构是多阶段生成网络，其代表有 stackGAN++、GoGAN 等。GAN 对于高分辨率图像生成一直存在许多问题，层级结构的 GAN 通过逐层次、分阶段生成，一步步地提升图像的分辨率。在每个分支上，生成器捕获该尺度的图像分布，鉴别器分辨来自该尺度样本的真假，生成器接收上一阶段的生成图像，并不断对图像进行细化以提升分辨率，并且以交替方式对生成器和鉴别器进行训练。多阶段 GAN 相比二阶段表现出更稳定的训练行为。（一般来说，GAN 的训练是不稳定的，会发生模式倒塌的现象，即生成器结果为真但多样性不足。）

（2）自回归模型（Auto-regressive Model）

该模型采用 Transformer 进行自回归图像生成。Transformer 整体框架主要分为 Encoder 和 Decoder 两大部分，能够模拟像素和高级属性（纹理、语义和比例）之间的空间关系，利用多头自注意力机制进行编码和解码。

与 GAN 相比，自回归模型具有明确的密度建模和稳定的训练优势。自回归模型可以通过帧与帧之间的联系，生成更为连贯且自然视频。但是，自回归模型受制于计算资源、训练所需的数据、时间，模型本身的参数量通常比扩散模型大，对于计算资源和数据集的要求往往高于其他模型。

（3）扩散模型（Diffusion Model）

该模型通过定义一个扩散步骤的马尔可夫链，连续向数据添加随机噪声，直到得到一个纯高斯噪声数据，然后再学习逆扩散的过程，经过反向降噪推断来生成图像，通过系统地扰动数据中的分布，再恢复数据分布，逐步优化过程。目前，扩散模型已成为 AI 视频生成领域的主流技术路径。由于扩散模型在图像生成方面的成功，启发了基于扩散模型的视频生成的模型。Video Diffusion Model 的提出标志着扩散模型在视频生成领域的应用。

6.1.3 AIGC 的商业模式与面临的挑战

1. AIGC 的商业模式

AIGC 的商业模式主要有以下四种。

（1）平台模式

平台模式是指提供 AIGC 技术服务的平台，通过收取使用费或订阅费来盈利。这种模式的优势是可以覆盖多个领域和场景，为用户提供灵活和便捷的 AIGC 服务。例如，OpenAI 的 GPT-3 就是一个典型的平台模式，它提供了一个开放的 API，让用户可以根据自己的需求来生成各种类型的内容。另一个例子是无界 AI，它是一个专注于图像生成的平台，可以根据用户输入的文字或图片来生成高质量的图像。

（2）产品模式

产品模式是指针对特定领域或场景，开发出具有特色和价值的 AIGC 产品，通过销售产品或提供增值服务来盈利。这种模式可以深入挖掘用户需求，提供更加专业和个性化的 AIGC 体验。例如，小冰岛就是一个产品模式的 AIGC 应用，它是一个基于人工智能的社交平台，让用户可以创建自己的虚拟岛屿，并与人工智能个体进行对话和互动。另一个例子是 Jasper，它是一个基于 GPT-3 的邮件自动回复工具，可以帮助用户快速处理邮件事务。

（3）内容模式

内容模式是指利用 AIGC 技术来生产内容，并通过内容分发或广告等方式来盈利。这种模式的优势是可以大幅降低内容生产成本和时间，提高内容质量和效率。例如，倒映有声就是一个内容模式的 AIGC 应用，它利用 TTS 技术来生成高质量的音频内容，并与音频客户端"云听"合作，提供音频内容服务。另一个例子是 Narrative Science，它利用 NLP 技术来生成新闻报道和财务报告，并与多家媒体和企业合作，提供数据驱动的内容服务。

（4）模型训练费用

模型训练费用是指通过提供 AIGC 技术所需的数据和算力资源，收取相应的费用来盈利。这种模式的优势是可以为 AIGC 技术提供必要的支持和保障，降低技术门槛和成本。例如，Google 云平台就提供了多种数据和算力服务，帮助用户训练和部署 AIGC 模型。另一个例子是清华大学开源了其自研的大规模中文预训练语言模型 CPM-Generate，并收取一定的使用费用。

2. AIGC 的面临的挑战

AIGC 作为一种基于人工智能技术的内容生成方式，近年来在各个领域展现出了强大的应用潜力和商业价值，引发了社会各界的广泛关注和热议。然而，AIGC 的发展也面临着技术瓶颈、数据质量、伦理道德、版权保护等方面的挑战，需要持续创新和规范管理。同时，AIGC 也有望成为新型的内容生产和消费基础设施，塑造数字内容生产与交互新范式，持续推进数字文化产业创新。AIGC 面临的挑战主要包括以下几个方面。

（1）技术瓶颈

尽管 AIGC 技术在近年来取得了长足的进步，但仍然存在一些技术瓶颈，限制了 AIGC 的生成能力和应用范围，主要表现在以下几个方面。

① 数据依赖性。

AIGC 技术通常需要大量的数据训练模型，而数据的获取、清洗、标注等过程往往耗时耗力，且容易受到数据质量、数据偏差、数据隐私等因素的影响。此外，不同领域和场景的数据特征也有所差异，导致模型的泛化能力和迁移能力受到限制。

② 生成质量。

AIGC 技术虽然可以生成各种类型和风格的内容，但生成内容的质量仍然有待提高。主要问题包括生成内容存在逻辑错误、语法错误、语义不通、信息冗余、信息缺失、信息不一致等现象，以及生成内容缺乏创新性、多样性、个性化等特点。

③ 生成效率。

AIGC 技术虽然可以提高内容生产效率，但生成效率仍然受到模型复杂度、计算资源、用户需求等因素的制约。主要问题包括模型训练和推理需要消耗大量的算力和时间，以及用户对生成内容的反馈和修改需要多次迭代和交互。

（2）数据质量

数据是 AIGC 技术的重要基础，数据质量直接影响到模型性能和生成效果。然而，在实际应用中，数据质量往往存在以下几个方面的问题：

① 数据不足。

对于一些特定领域或场景下的内容生成任务，可能缺乏足够数量和类型的数据来支撑模型训练。例如，在医疗领域，由于医学知识的专业性和隐私性，获取医疗文本或图像等数据较为困难。

② 数据不平衡。

对于一些涉及多类别或多风格的内容生成任务，可能存在数据分布不均匀的情况，导致模型在某些类别或风格上表现不佳。例如，在音乐领域，由于不同音乐流派或风格的流行程度不同，获取相应音乐数据可能存在偏差。

③ 数据不准确。

对于一些需要高精度或高可信度的内容生成任务，可能存在数据错误或虚假的情况，导致模型学习到错误或误导性的信息。例如，在新闻领域，由于网络上存在大量的谣言或假新闻等信息，获取真实可靠的新闻数据较为困难。

（3）伦理道德

伦理道德是 AIGC 技术发展中不可忽视的一个方面，涉及人工智能与人类社会之间的价值观、道德观、法律观等问题，主要表现在以下几个方面。

① 人机关系。

AIGC 技术可以生成逼真且具有情感表达能力的内容，如聊天机器人、数字人等，可能影响到人类与机器之间的关系和互动方式。例如，在社交领域，用户可能对聊天机器人产生过度依赖或情感寄托等现象。

② 人类创造力。

AIGC 技术可以生成具有创造力和创新性的内容，如艺术作品、文学作品等，可能影响到人类自身创造力和创新力的发展和认知。例如，在文化领域，用户可能对人工智能生成的内容产生过度信赖或盲目崇拜等现象。

③ 人类责任。

AIGC 技术可以生成具有影响力和操纵力的内容，如新闻报道、广告宣传等，可能影响到人类社会中的公共利益和个人权益等问题。例如，在政治领域，用户可能对人工智能生成的内容产生过度信服或误导等现象。

④ 虚假信息问题。

AIGC 引发了关于虚假信息传播的争议。其强大的图像视频生成能力达到了以假乱真的程度，这不仅改变了人们"眼见为实"的传统观念，还可能带来一系列社会问题，如视频证据真实性和有效性的验证难题。尽管互联网平台已有针对特定类型虚假信息的检测机制，但对于复杂难辨的信息仍需加强深度分析和及时阻断。随着 AI 生成内容的激增，网络上的合成内容将大量存在，这要求不仅在技术上持续改进，还需建立更全面的治理体系来有效应对虚假信息的挑战。

（4）版权保护

版权保护是 AIGC 技术应用中一个亟待解决的问题，涉及人工智能与原创作者之间的知识产权归属、利益分配、责任追究等问题。主要表现在以下几个方面：

① 来源确定性。

AIGC 技术可以生成各种来源不明或来源混杂的内容，并且难以区分其真伪或原创性。例如，在教育领域，学生可能使用 AIGC 技术来生成作业或论文等。

② 归属确定性。

AIGC 技术可以生成各种无作者或多作者参与归属确定性。AIGC 技术可以生成各种无作者或多作者参与的内容，如 AI 绘画、AI 写作、AI 作曲等，这就导致了内容的归属难以确定。例如，如果一个人使用 AIGC 技术生成了一幅画，那么这幅画的作者是这个人，还是 AIGC 技术，还是 AIGC 技术背后的数据和算法？如果多个人使用同一个 AIGC 技术生成了类似的内容，那么这些内容的归属又如何划分？这些问题涉及知识产权的界定和保护，需要明确的法律规范和制度安排。

6.1.4 AIGC 领域的国外常见工具

AI 技术正逐渐渗透到各个领域中，AIGC 工具成为热门话题工具。这些工具不仅能够帮助我们提高效率，还能够创造出惊人的作品。

1. ChatGPT

ChatGPT 是一款由 OpenAI 开发的人工智能聊天机器人程序，于 2022 年 11 月 30 日发布，旨在通过自然语言处理技术实现与人类的流畅对话交流。ChatGPT 具有多种功能，其核心功能包括文本生成、问答系统、翻译、编写代码和脚本等。

（1）ChatGPT 的基本功能

ChatGPT 凭借其强大的自然语言处理和生成能力，不仅能进行日常对话，还能完成复杂任务，如编程、写作及翻译等。尽管在某些专业领域的表现仍需用户核查和监督，但它的功能多样性和易用性使其成为一款极具潜力和广泛应用场景的人工智能工具。

① 文本生成。

ChatGPT 能够根据输入的文本提示，生成连贯、自然的回应。这种能力使其可以撰写文章、故事、报告等各类文本内容。

② 问答系统。

ChatGPT 可以回答各种问题，无论是简单的事实查询还是复杂的解释性问题，它都能提供答案。

③ 翻译。

ChatGPT 具备多语种翻译能力，可以将不同语言的文本准确翻译为其他语言，尽管在某些细节上可能仍有改进空间。

④ 编写代码。

ChatGPT 能根据需求生成编程代码，帮助用户解决编程问题。然而，生成的代码可能存在一些安全隐患，需要用户在使用前进行仔细检查。

⑤ 脚本编写。

ChatGPT 可以协助编写视频脚本、广告文案等创意性文本，提升内容创作效率。

⑥ 支持多轮对话。

ChatGPT 可以在一个会话中持续互动，理解并回应上下文相关的信息，使得对话更加连贯和自然。

（2）ChatGPT 的使用

由于 ChatGPT 没有对国内用户开放使用权限，因此国内用户不能直接使用它。此时，可以通过使用国内版 ChatGPT 网站 bbai.us（支持 GPT-3.5 和 GPT-4.0）来作为替代。bbai.us 通过 API 调用的 openAI 官网的 GPT 语言模型，虽然与官网的入口不同，但是同样可以体验到 chatGPT 的强大功能。

图 6.2 为应用广场界面。

图 6.2　应用广场界面

图 6.3 为对话聊天界面。

图 6.3　对话聊天界面

下面通过对话聊天功能生成大学一年级学习计划。

大学一年级是适应大学生活、打好基础的关键时期。这份学习计划将涵盖学习、生活和个人发展等方面，帮助你顺利度过大学一年级。

学习方面：
- 专业课程：
  - 认真学习专业基础课程：大学一年级的课程通常是专业基础，为后续学习打下基础，务必认真对待。
  - 积极参与课堂互动：积极提问、参与讨论，能加深对知识的理解。
  - 做好笔记和复习：及时整理笔记，课后复习巩固所学内容。
  - 了解专业发展方向：多与学长、学姐交流，了解专业发展方向和就业前景。
- 通识课程：
  - 拓展知识面：选择感兴趣的通识课程，拓展知识面，培养多元化思维。
  - 提升综合素质：通识课程涵盖人文、社会、科学等多个领域，有助于提升综合素质。
- 学习方法：
  - 学会自主学习：大学学习更加自主，需要主动探索、积极思考。
  - 提高学习效率：合理安排学习时间，找到适合自己的学习方法。
  - 利用图书馆和网络资源：图书馆和网络上有丰富的学习资源，可以充分利用。

生活方面：
- 适应大学生活：
  - 熟悉校园环境：了解校园设施、周边环境，尽快适应新的生活环境。
  - 建立良好的人际关系：与同学、室友友好相处，建立良好的人际关系。
  - 学会独立生活：学习独立处理生活事务，例如洗衣、做饭等。
- 健康生活：
  - 保持规律作息：保证充足的睡眠，养成良好的作息习惯。
  - 均衡饮食：注意营养搭配，保持健康饮食。
  - 坚持锻炼身体：定期参加体育锻炼，增强体质。

个人发展方面：
- 探索兴趣爱好：
  - 参加社团活动：加入感兴趣的社团，拓展兴趣爱好，结识志同道合的朋友。
  - 尝试新的事物：大学是探索自我的好机会，可以尝试新的事物，发现自己的潜能。
- 职业规划：
  - 了解职业发展方向：参加职业规划讲座、咨询职业顾问，了解不同职业的发展方向。
  - 提升职业技能：利用课余时间学习一些职业技能，例如英语、计算机等。
- 个人提升：
  - 阅读书籍：阅读经典书籍，提升人文素养和思维能力。
  - 学习新技能：例如学习一门外语、学习一项乐器等。

其他建议：
- 制订合理的学习计划：根据自己的实际情况，制订合理的学习计划，并定期进行调整。
- 保持积极乐观的心态：面对挑战和困难，保持积极乐观的心态，勇于克服困难。
- 寻求帮助：遇到问题或困惑时，及时向老师、辅导员或同学寻求帮助。

大学一年级是人生新的起点，希望这份学习计划能帮助你度过充实而有意义的一年！

图 6.4 展示了汉译英结果。

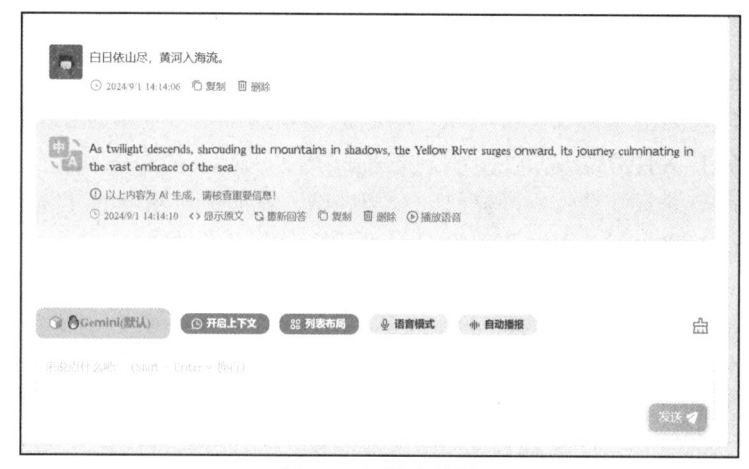

图 6.4　汉译英结果

图 6.5 展示了英译汉结果。

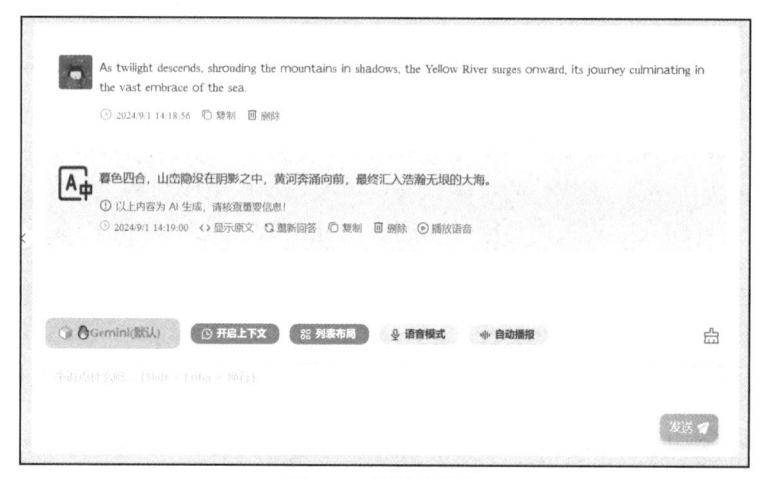

图 6.5　英译汉结果

2．IBM Watson

IBM Watson 是一个多功能的 AIGC 工具。它拥有强大的认知能力，能够理解和处理各种类型的数据。无论是自然语言处理、机器学习还是数据分析，IBM Watson 都能提供高效的解决方案。众多企业已经将 IBM Watson 应用于客户服务、医疗保健等领域，取得了显著的成果。

（1）IBM Watson 的基本服务

IBM Watson 提供一系列的 AI 服务和工具，旨在帮助企业和开发者构建、训练和部署自然语言处理（NLP）和机器学习模型。这些服务和工具包括 Watson Discovery、Watson Studio 等。通过这些服务，IBM Watson 能够支持企业和开发者从数据中提取洞察信息，优化决策过程，并提高运营效率。

IBM Watson 的多项服务组成了其强大的 AI 平台，每项服务都针对不同的使用场景进行优化和设计，以满足广泛的业务需求。理解这些服务的具体功能有助于企业选择适合自身需求的 Watson 产品，从而最大化地利用 AI 技术推动业务发展。IBM Watson 的主要服务如图 6.6 所示。

① Watson Assistant。

该服务帮助企业构建自主的虚拟助理，以提供客户服务和支持。它能够在各种应用程序、设备或通道中提供快速、一致且准确的响应，改善用户体验。通过自然语言理解（Natural Language Understanding，NLU）和机器学习技术，Watson Assistant 可以实现复杂查询的高效处理。

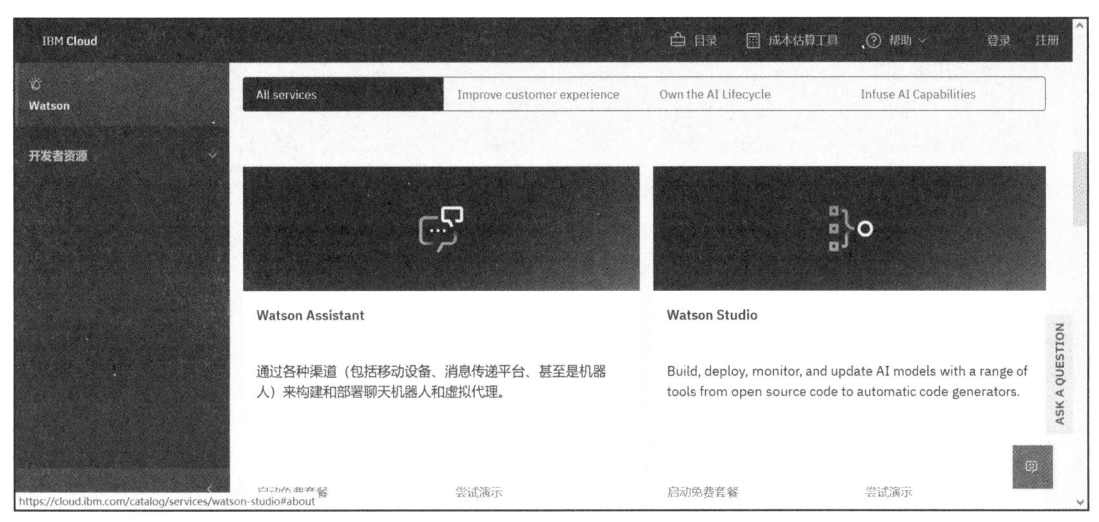

图 6.6　IBM Watson 的主要服务

② Watson Studio。

这是一个为数据科学家和人工智能开发者提供的工具，用于构建、训练和部署 AI 模型。Watson Studio 提供了一个交互式、基于 Web 的工作环境，支持项目管理、代码编写、模型训练等功能，使用户可以在一个平台上完成 AI 开发的全过程。

③ Watson Discovery。

此服务专注于帮助用户通过智能数据获取手段快速搜索和回答业务文档中的问题。Watson Discovery 通过自然语言处理技术解析大量文本数据，从而提供准确且丰富的答案。这种能力特别适用于需要处理大量非结构化数据的行业，如金融、法律和医疗。

④ Watson Code Assistant。

此服务是针对开发人员的一种工具，利用 AI 生成代码来提高开发效率。它通过理解程序员的需求自动生成代码段，显著减少手动编码的工作量，并帮助开发者快速实现应用现代化和 IT 自动化的目标。

⑤ Watson Natural Language Understanding。

此服务是一项强大的文本分析服务，能够从文本中提取关键实体、关系和情绪等意义。这项服务支持多种语言，能够帮助企业从社交媒体、客户反馈等渠道获取实时洞察信息，进而优化产品和服务。

⑥ Watson Visual Recognition。

此服务通过机器学习模型分析视觉内容，能够识别图片中的物体、场景和颜色等元素。Visual Recognition 广泛应用于零售、安防等行业，帮助企业自动化处理大量图像数据，并提供即时分析结果。

⑦ Watsonx.data。

这是 IBM 推出的湖仓一体数据解决方案，旨在提供一个统一的数据入口，支持企业扩展分析和 AI 工作负载。Watsonx.data 能够管理本地和云环境中的工作负载，并通过专用查询引擎优化数据查询和治理。

⑧ Watsonx.governance。

Watsonx.governance 提供了一套机制来指导和管理企业的 AI 活动，确保 AI 模型符合法律和伦理标准，并在部署过程中保持高度透明，这一治理工具包专注于实现可信任、透明和可解释的 AI 工作流程。

⑨ Watsonx.ai。

这是下一代企业级 AI 开发平台，提供基础模型和生成式 AI 功能，支持机器学习和多模态 AI 应用。Watsonx.ai 允许用户训练、验证、调整和部署各种 AI 模型，并为企业提供强大的基础模型库，这些模型经过大量精选的企业级数据训练，具备出色的性能和适应性。

（2）IBM Watson 的优缺点

IBM Watson 是一款强大的人工智能工具，具有以下优点和缺点。

IBM Watson 有以下优点。

① 强大的语言处理能力。

IBM Watson 能够处理自然语言，理解和解析复杂的文本，同时具备文本分析和情感分析的能力。这使得它在处理大规模文本数据时非常高效和准确。

② 多领域应用。

IBM Watson 拥有广泛的应用范围，适用于医疗、金融、客服等不同领域。它可以根据不同行业的需求进行定制，提供相关的解决方案和建议。

③ 强大的机器学习和深度学习能力。

IBM Watson 具备强大的机器学习和深度学习算法，可以通过分析大量数据进行模式识别和预测。这为企业决策提供了有力的支持。

IBM Watson 有以下缺点。

① 学习曲线陡峭。

使用 IBM Watson 需要一定的技术背景和专业知识，对非技术人员而言，上手有一定难度。

② 需要大量数据支持。

IBM Watson 的性能和准确性取决于训练它的数据质量和数量。对于某些行业或用途来说，获得足够的数据可能是个挑战。

③ 价格较高。

使用 IBM Watson 需要付费，对于中小企业来说，成本可能较高，可能需要考虑其他替代方案。

3．Amazon Rekognition

Amazon Rekognition 服务是亚马逊云服务（Amazon Web Services，AWS）的一部分，它允许开发者在其应用中轻松添加图像和视频分析功能。这项服务基于强大的深度学习模型，经过大量图像数据集的训练，使其能够精确地识别和分类图像内容。

Amazon Rekognition 的功能涵盖了多个维度，其主要功能如下。

（1）图像识别

该功能能够识别和标签定位在图像中的物体，如车辆、动物、建筑物等。这种功能适用于内容审查、自动标签应用和图像搜索等多种场景。

（2）人脸识别

该功能可以检测和分析人脸，提供人脸匹配和面部特征分析（如情绪、年龄、性别等）。这种功能广泛应用于安全监控、用户验证和社交媒体人脸标记等。

（3）场景检测

该功能能够识别背景或环境，如海滩、城市街道等，并分析场景中的主要元素。

（4）文本检测

该功能可从图像中识别和提取文字信息，常用于自动化文档处理和图像中文本信息的检索。

（5）活动检测

该功能可识别视频中的特定活动或动作，例如跑步、游泳等，这对于体育分析、安全监控等应用尤为重要。

（6）视频分析

该功能除了能进行活动检测，还能进行视频内容的实时分析，跟踪视频中的对象和人脸，为安全监控提供有力支持。

4．Midjourney

Midjourney 是一个前沿的 AI 绘图平台，它允许用户通过文字描述来生成高质量图像。Midjourney 通过使用最新的 AI 技术，尤其是深度学习和神经网络，来分析用户的文字提示并转换成图像，这一创新不仅为设计师和艺术家提供了新的工具，也为普通人提供了一种全新的创作方式。

Midjourney 的中文网站界面如图 6.7 所示。

图 6.7　Midjourney 的中文网站界面

（1）注册使用

用户需要注册一个 Discord 账号，并通过 Discord 平台接入 Midjourney 的服务。虽然 Discord 是一个聊天工具，但 Midjourney 利用其强大的社区和实时交互功能，使得用户可以在 Discord 服务器上提交自己的图像生成请求，并得到即时的反馈。

（2）操作流程

用户在 Midjourney 的 Discord 服务器中，通过特定的命令提交图像生成的需求。用户需要提供详细的文字描述，以帮助 AI 更准确地理解所需的图像内容和风格。这个过程不需要任何编程知识，而是依赖于用户对所需视觉效果的描述能力。

（3）应用场景

① 商业应用。

设计师和艺术家可以使用 Midjourney 快速生成高质量的概念艺术、产品原型图或任何需要视觉创作的场景。这不仅提升了工作效率，也极大地激发了创意灵感。

· 251 ·

② 个人使用。

对于非专业用户，Midjourney 提供了一个易于上手且富有趣味的平台，使他们能够将自己的想象转化为视觉图像，这对于教育、娱乐以及个人表达都是极具价值的。

（4）Midjourney 的优点

① 创造力激发。

Midjourney 可以通过生成各种图像和艺术作品来激发用户的创造力。它提供了一个简单易用的界面，让用户可以通过调整参数和样式来创建独特的艺术作品。

② 节省时间和努力。

使用传统的绘画或设计工具可能需要大量的时间和技能。而 Midjourney 可以帮助用户快速生成精美的图像，省去了烦琐的手工绘画的过程。

③ 多样化的艺术风格。

Midjourney 提供了多种不同的艺术风格和样式，用户可以根据自己的喜好选择适合的风格，从而创作出多样化的作品。

（5）Midjourney 的缺点

① 缺乏人类创造力。

尽管 Midjourney 能够生成各种图像和艺术作品，但它仍然是基于 AI 技术的算法生成的，缺乏真正的人类创造力和情感，这可能导致生成的作品缺乏独特性和深度。

② 生成结果的不确定性。

由于 AI 技术的局限性，Midjourney 在生成图像时可能会出现一些不确定性。生成的图像可能不符合用户的预期，需要用户进行调整或重新生成。

③ 依赖于算法的限制。

Midjourney 的生成结果受到算法的限制。如果算法本身存在缺陷或不完善的部分，生成的图像可能会受到限制或出现一些错误。

图 6.8、图 6.9、图 6.10 为使用 Midjourney 生成的图像。

图 6.8 为清明节海报，提示词为：清明节海报，春雨润山，绿树成荫，远山朦胧，传统服饰，手持鲜花，祭祖扫墓，樱花盛开，粉瓣飘落，纸鸢点缀，绿意盎然，阴天背景，偶有细雨，彩色线条平涂风格，绿色调为主，俯瞰视角，梵高画风，天空俯视。

图 6.8 清明节海报

图 6.9 为仓鼠吉祥物，提示词为：仓鼠吉祥物，多姿势表情，开心伤心生气，纯线插图，

纯色填充，圆胖可爱，简洁线条，明亮色彩，商业广告，卡通插画，品牌形象，动态捕捉，平面设计，柔和光线，温馨氛围，亲和力，活泼生动。

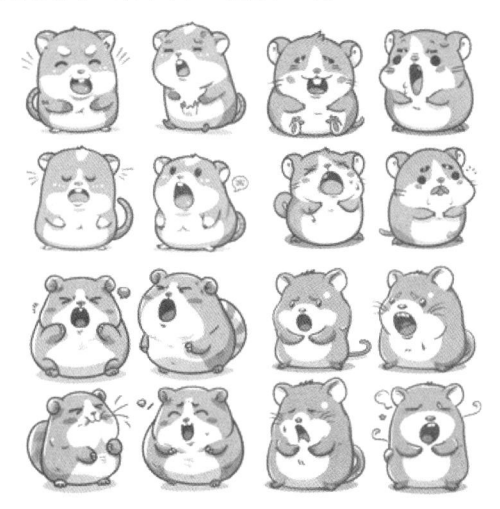

图 6.9 仓鼠吉祥物

图 6.10 为绿色草地，提示词为：地是平的，晴天，多云一望无际的草原和树林。

图 6.10 绿色草地

图片转素描的演示效果如图 6.11 所示。

图 6.11 图片转素描的演示效果

5. FaceApp

FaceApp 是一款功能强大的 AI 照片编辑软件,它允许用户通过简单的操作改变照片中的面部表情、发型、年龄和性别等特征。

(1) 基本功能

FaceApp 使用先进的 AI 技术来分析用户的照片,并通过机器学习模型对人脸进行识别和编辑,这一过程几乎可以在瞬间完成。

① 性别变换。

FaceApp 提供性别变换的功能,用户可以轻松地在照片中看到自己或他人在相反性别下的样貌。

② 年龄变化。

该应用可以让人们看到自己年老或年轻时的模样,这在社交媒体上成为一种流行的娱乐方式。

③ 表情编辑。

FaceApp 还可以修改照片中的表情,例如让严肃的面孔微笑,为拍摄时未能完美捕捉的表情提供一种后期调整的可能。

(2) 隐私与争议

① 数据安全。

FaceApp 因其广泛的数据访问权和照片处理功能引发了一些隐私担忧,尽管该公司声称使用数据加密和存储保护措施来保护用户信息。

② 年龄限制。

为保护未成年人的隐私和权益,FaceApp 设置了使用年龄限制,要求用户必须年满 18 岁才能使用全部功能。

(3) 用户群体与应用场景

① 普通消费者。

对于想要在社交媒体上分享有趣和创意照片的普通用户来说,FaceApp 提供了一个简单且易于接近的平台。

② 专业设计师。

即使是专业的图像设计师也可以利用 FaceApp 的强大功能,为其工作带来额外的创意元素。

(4) 手机版 FaceApp 的使用

① 下载安装 FaceApp 变脸软件。

使用 FaceApp 变脸软件,首先需要下载并安装它。

② 上传照片。

安装完成后,可以从本地上传照片,也可以从社交媒体上传照片,或者从网上搜索照片。

③ 选择变脸模式。

照片上传完成后,可以在软件的主界面上看到变脸模式,包括美颜、美容、变年龄、变性别等,可以选择自己想要的模式。

④ 添加变脸效果。

点击你想要的变脸模式,可以看到变脸效果,可以按照你的喜好,选择你想要的变脸效果,并添加到照片中。

⑤ 编辑照片。

FaceApp 变脸软件还提供了照片编辑功能，可以调节照片的亮度、对比度、饱和度等，实现你想要的照片效果。

⑥ 保存照片。

最后，可以单击"保存"按钮，将照片保存到本地，也可以将照片分享到社交媒体，以及发送给你的朋友。

6. So-VITS-SVC

So-VITS-SVC 能够模仿特定角色的声音唱歌或者朗读文字，其应用场景广泛，从音乐合成到语音生成都表现出色。So-VITS-SVC 是由社区开发的开源项目，基于 PyTorch 框架，利用了先进的神经网络模型来训练并推理出逼真的人声或歌声。

目前，这个项目已经迭代到 4.1 版本，虽然原始项目组现已停止对它的维护，但有不少网友都从该项目中分离出了新项目，以便进行独立开发，对其内容进行更新。

在安装、部署好了相关程序后，想要通过 So-VITS-SVC 制作一首由"AI 歌手"翻唱的歌曲主要有以下三步。

① 通过如 UVR5 这样的音频软件实现伴奏与人声的分离，并将音频拆分成 5～15s 的小段。

② 利用处理好的干声文件通过 So-VITS-SVC 项目中的程序训练出具备目标音色的模型。

③ 利用该模型对希望转换音色的干声文件进行推理预测，得到"AI 翻唱"的歌曲。

由于要进行模型训练，所以对硬件有一定的要求。至少需要 6GB 以上显存的 NVIDIA 显卡，如 RTX3060。云端训练常用的显卡包括 V100（16GB、32GB）、A100（40GB、80GB）以及 RTX3090 等。

7. WaveNet

WaveNet 由 Google DeepMind 团队于 2016 年推出，其核心思想借鉴了 PixelCNN 在图像处理中的应用，即将先前的像素点或音频样本用于生成新的像素点或音频样本。利用这种技术，WaveNet 可以生成每秒高达数万级采样率的音频数据，并且在语音合成方面的表现优于传统参数式和拼接式系统。

WaveNet 的核心是条件概率模型，该模型基于先前生成的所有样本来预测当前音频样本的概率分布。这种自回归模型保证了每个音频样本都紧密依赖于之前生成的所有样本，从而确保了生成音频的连贯性和自然度。

（1）工作原理

WaveNet 使用了一系列的卷积层，特别是因果卷积（Causal Convolution）和扩大卷积（Dilated Convolution），这使得模型能够在不显著增加计算负担的情况下，拥有非常大的感受野。

WaveNet 通过将多个扩大卷积层堆叠起来，形成了一个深度网络，每层都有不同大小的感受野。这种结构使模型能够同时学习局部的音频特征和整体的上下文信息。每个卷积层的输出通过一个非线性激活函数（如 tanh 或 ReLU），并通过 Softmax 层进行归一化，最终生成下一个音频样本的概率分布。

（2）应用场景

① 语音合成。

WaveNet 在文本到语音（TTS）应用中取得了巨大成功。它不仅能够生成自然的语音，还能通过简单的条件输入（如文本的特征表示）来生成符合特定内容的语音。

② 音乐生成。

WaveNet 也能用于音乐生成，创造出听起来十分真实且具有高保真度的音乐片段，音质和语音表达能力出色，能够为各种应用提供高质量的语音合成功能。

（3）优点

① 高质量的语音合成。

WaveNet 利用深度神经网络生成自然流畅的语音，具有高保真度和优秀的音质。它能够捕捉到音频中微小的细节，包括语调、音调和发音变化。

② 长时序依赖性。

WaveNet 通过使用递归神经网络结构，可以处理长时序依赖性。这使得它能够生成连贯的语音，而不会出现断裂或不连贯的效果。

③ 灵活性。

WaveNet 可以根据需要合成不同的语音样式，通过训练数据，它可以模拟不同说话人的声音，并产生具有不同特点的语音输出。

④ 适应多种语言。

WaveNet 可以应用于多种语言的语音合成，因为它是基于声学特征进行生成，而不需要依赖特定语言的语法和语义规则。

（4）缺点

① 计算复杂度高。

WaveNet 需要大量的计算资源和时间来训练和生成语音，尤其是对于较长的音频片段。这使得它在某些应用中可能不太实用，特别是在计算资源有限或实时性要求较高的场景中。

② 数据需求量大。

WaveNet 的训练需要大量高质量音频数据以获得较好的生成效果。获取和准备这些数据可能是一个挑战，特别是对于某些语种或特定说话人而言。

③ 语音合成速度慢。

由于 WaveNet 模型的复杂性，生成语音的速度相对较慢。这可能在需要实时响应或大批量合成语音的应用中对性能造成限制。

（5）WaveNet 的使用

如果要在 Windows 上使用 WaveNet，首先需要安装 TensorFlow 和 Keras 库。

以下是一个简单的示例，以 Python 语言为例，展示了如何在 Windows 上使用 WaveNet 生成音频信号。

① 确保你已经安装了 TensorFlow 和 Keras 库。如果没有安装，则可以使用以下命令安装它们。

```
pip install tensorflow
pip install keras
```

② 在谷歌平台下载预训练的 WaveNet 模型。

③ 将下载的模型文件（例如 wavenet_model.h5）放在与你的 Python 脚本相同的目录下。

④ 创建一个名为 generate_myaudio.py 的 Python 脚本，并添加以下代码：

```python
import numpy as np
import tensorflow as tf
from tensorflow.keras.models import load_model
# 加载预训练的 WaveNet 模型
model = load_model('wavenet_model.h5')
# 定义一个函数来生成音频信号
```

```
def generate_audio(seed, length=1000):
    # 将种子转换为张量
    seed_tensor = np.array([seed])
    seed_tensor = np.expand_dims(seed_tensor, axis=0)
    seed_tensor = np.expand_dims(seed_tensor, axis=-1)
    # 使用模型生成音频信号
    generated_signal = model.predict(seed_tensor)
    # 将生成的信号转换为音频文件
    generated_signal = np.squeeze(generated_signal, axis=0)
    generated_signal = np.squeeze(generated_signal, axis=-1)
    generated_signal = np.clip(generated_signal, -1, 1)
    generated_signal = (generated_signal * 32767).astype(np.int16)
    return generated_signal
# 生成音频信号并保存为 WAV 文件
seed = 0
generated_signal = generate_audio(seed)
with open('generated_myaudio.wav', 'wb') as f:
    f.write(generated_signal.tobytes())
```

⑤ 运行 generate_audio.py 脚本，它将生成一个名为 generated_myaudio.wav 的音频文件。

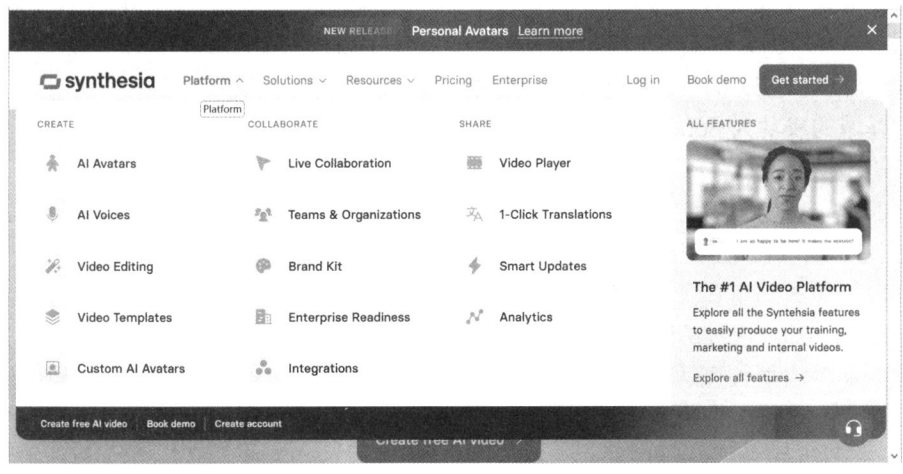

8. Synthesia

Synthesia 是由 Synthesia 公司开发的基于深度学习和强化学习的视频合成平台。它可以根据用户提供的文字或音频输入，以及用户选择或上传的人物形象，生成逼真、同步和定制化的视频。

Synthesia 官网界面如图 6.12 所示。

图 6.12 Synthesia 官网界面

（1）基本特点

Synthesia 具有以下基本特点。

① 使用简单。

用户只需要在 Synthesia 提供的模板中选择适合视频主题的模板和数字人形象（AI Avatar）、输入与每个画面对应的文案后，就可以一键生成一段由数字人作为 Speaker 的视频。视频生成后，用户还可以直接在平台上对视频进行深度编辑，例如像编写 PPT 一样修改画面中的文字和对应格式、插入产品展示图片或视频动画等、增加视觉效果等。同时，Synthesia 也支持团队协作。

② 模板丰富。

为了匹配不同用户需求，Synthesia 预设了超过 60 种模板，涵盖了培训、销售、学术、商业、客户、报告、创意内容等场景。同时，考虑到企业的品牌风格需求，Synthesia 也提供上传并使用专门 Logo、匹配品牌色系等个性化设置。

③ 数字人形象丰富。

Synthesia 目前可以提供 150 多种数字人形象（AI Avatar），这些 2D 数字人形象都是基于真人演员或 Synthesia 员工形象训练创建的，为了让视频内容更吸引人，用户还可以设定扬眉、点头等微表情和手势；这 150 多种数字人形象还可以和 120 多种语言进行匹配，语调自然、口型和语言形态吻合。Synthesia 还支持用户基于创建自己的数字人形象（AI Avatar）并采用自己的声音，只需要通过 Synthesia Camera 录制一段对应视频就可以实现。

（2）两个版本的产品

Synthesia 目前分为个人用户和企业用户这两个版本的产品。

① 个人用户。

对个人用户的收费为 22.5 美元/月，但每月只支持 10min 的视频制作。

② 企业用户。

针对企业用户，Synthesia 则根据公司需求设定不同的收费方案，费用主要随视频制作量增加而上升。Synthesia 企业用户的年费一般在 10 万～30 万美元之间，如果想自定义数字人形象，则需要额外支付 1000～1500 美元/年。在实际使用中，企业用户每个月约制作 30～60 个视频，其中新创作的视频和复用视频各占一半。

9. Sora

Sora 是由美国人工智能研究公司 OpenAI 发布的人工智能文生视频大模型，于 2024 年 2 月 15 日正式对外发布，其是在 OpenAI 的文本到图像生成模型 DALL-E 的基础上开发而成的。Sora 继承了 DALL-E3 的画质和遵循指令能力，能理解用户在提示中提出的要求。这项技术在大模型领域的成功为 Sora 的开发提供了坚实的基础。

（1）基本功能

Sora 的基本功能主要包括文本条件下的视频生成、静态图动画、视频扩展与填充缺失帧等。

① 文本条件下的视频生成。

Sora 可以生成具有多个角色、特定类型的动作和详细背景细节的场景。这得益于它使用的 Transformer 架构，这种深度学习模型擅长处理长距离依赖关系，对视频内容生成尤为重要。Sora 能够生成最长可达 60s 的视频，这种能力基于文本条件扩散模型，该模型通过逐步从噪声数据中去除噪声来生成数据，这种方法在生成高质量图像和视频方面特别有效。

② 静态图动画。

Sora 可以将静态图像转化为动态视频，使图像内容动起来，并关注细节部分，从而生成更加生动逼真的视频。这一功能在动画制作和广告设计等领域具有广泛应用前景。

③ 视频扩展与填充缺失帧。

Sora 可以在时间上向前或向后扩展视频，帮助用户快速完成视频内容的补充和完善。这项功能在视频编辑和电影特效等领域有显著的应用价值。Sora 能够获取现有视频并填充缺失的帧，确保视频的连贯性和完整性。

④ 连接视频。

Sora 可以在两个输入视频之间进行无缝过渡，即使在具有完全不同主题和场景构成的视频之间也能创建平滑的连接。这项功能在视频制作和后期处理中非常有用。

⑤ 多尺寸视频输入处理。

Sora 支持不同分辨率、宽高比的视频生成，并能够在各种设备上生成与其原始纵横比完美匹配的内容。这种灵活性得益于其创新性地使用了 Patches（视觉特征标记），这使得 Sora 在训练和推理时能够处理各种不同类型的视频和图像。

⑥ 真实世界物理状态模拟。

Sora 可以模拟一些简单的与世界互动的行为，如画家在画布上留下笔触，或者人物在吃食物时留下痕迹。尽管这些行为不是预设的规则，但模型通过学习大量数据后自然涌现出这些能力。Sora 能够生成包含动态相机运动的视频，这意味着视频中的人物和场景元素能够在三维空间中保持连贯的运动。当相机移动或旋转时，视频中的物体会相应地改变位置，就像在现实世界中一样。

（2）不足

Sora 在处理复杂物理运动和逻辑关系时存在以下具体局限性。

① 无法准确模拟复杂物理现象。

尽管 Sora 能够理解用户指令并生成视频，但其在模拟复杂场景中的物理特性方面仍存在困难。例如，它可能难以准确模拟玻璃杯倾倒、食物咬痕等复杂的物理运动，并且无法推演时间变化。

② 混淆因果关系和空间细节。

Sora 有时会创造出不符合现实世界物理关系认知的画面，特别是在处理复杂、烦琐的物理运动时，可能无法准确模拟因果关系或推演时间变化。此外，该模型还存在混淆部分画面中文字表达的可能性，如广告牌标语不合逻辑或不成文字。

③ 难以精确描述随时间变化的事件。

Sora 可能无法准确模拟复杂场景的物理原理，并且可能无法理解因果关系，混淆提示的空间细节，难以精确描述随着时间变化的事件。

④ 对牛顿定律等物理规律的掌握不足。

一些专家猜测，Sora 很难将物理世界中的牛顿定律、湍流方程和量子学定理等规律一条一条地在模型中显式罗列出来，这可能是由于神经网络模型的涌现之力所限。

⑤ 视频时长限制。

Sora 生成的视频时长有限制，最长只能生成 60s 的视频，对于更长的视频片段，Sora 会使用预训练模型进行处理。

6.1.5 国产 AIGC 大模型简介

近年来，随着 ChatGPT 和 GPT-4 的火爆全球，国内许多大厂和创业公司纷纷投入资源研发 AIGC 大模型，以期在这一浪潮中占据一席之地。国产 AIGC 大模型的发展虽然还不能与国际顶尖模型完全媲美，但已经取得了显著的进步。

1. 文心一言

文心一言网站主页如图 6.13 所示。

文心一言是由百度推出的全新一代知识增强大语言模型，是文心大模型家族的新成员，能够与人进行对话互动、回答问题、协助创作，并高效便捷地帮助人们获取信息、知识和灵感。

文心一言融合了数万亿数据和数千亿知识，经过预训练大模型的学习，实现了知识增强、检索增强和对话增强的技术优势。这使其在处理各种自然语言处理任务时，如文本生成、问答系统、语义理解等方面，展现出卓越的性能。

（1）文心一言的基本功能

文心一言作为百度推出的先进人工智能模型，具备了 OCR（Optical Character Recognition，光学字符识别）技术、机器翻译、情感分析、文本生成、语音识别和实体关系抽取等多项强大功能。这些功能在自然语言处理和机器学习等领域具有重要的应用价值，为用户的日常工作和生活提供了智能、高效和便捷的解决方案。随着技术的不断发展，文心一言的功能将更加丰富和完善，为人工智能领域带来更多创新和突破。

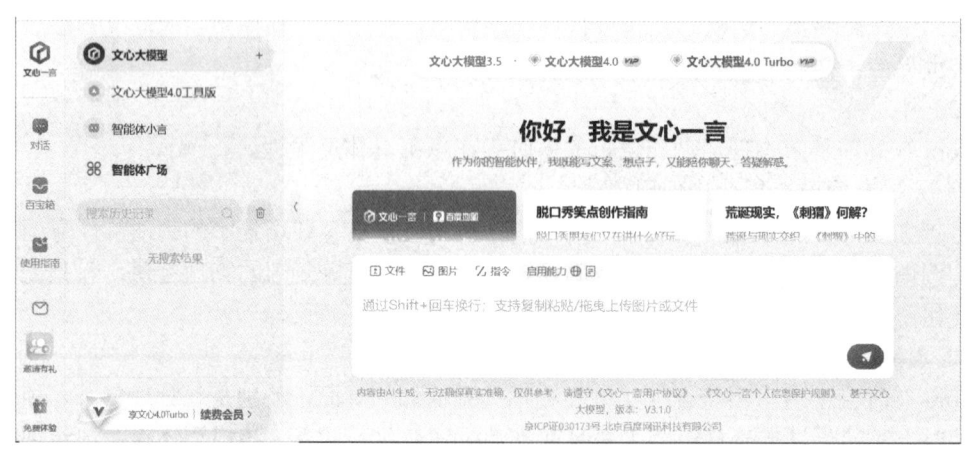

图 6.13　文心一言网站主页

① OCR 技术。

文心一言的 OCR 技术可以将图片中的文字转换成可编辑和可搜索的文本。这对于处理纸质文档、扫描件和照片等图像资料尤为有用，大大提升了文字处理的效率和准确性。

② 机器翻译。

文心一言的机器翻译功能支持将输入的文本实时翻译成多种语言。这一功能突破了语言障碍，使得跨语言的沟通变得简单流畅。

③ 情感分析。

文心一言能够通过深度学习算法，对输入的文本进行情感倾向性分析，判断其情感色彩是积极、消极的还是中性的。这项功能帮助用户更好地理解文本所传达的情绪和态度。

④ 文本生成。

文心一言可以根据用户提供的主题或关键词，自动生成符合要求的文本。这可以广泛应用于写作辅助、新闻报道、广告词创作等场景。

⑤ 语音识别。

文心一言的语音识别功能可以将输入的语音转换成文本，从而识别和处理语音内容。这项功能在处理语音数据和实现智能客服等方面具有广泛应用。

⑥ 实体关系抽取。

文心一言可以从大量的文本数据中自动抽取关键实体，并建立实体之间的关系模型。这项功能有助于用户理解实体之间的关联和影响，为决策提供有力支持。

（2）文心一言的指令词

在 AI 写作中，指令词是引导 AI 理解用户需求、控制文本生成方向和风格的关键词汇。文心一言的指令词结构分析如图 6.14 所示。

说明：

参考信息：包含文心一言完成任务时需要知道的必要背景和材料，如报告、知识、数据库、对话上下文等。

动作：需要文心一言帮你解决的事情，如撰写、生成、总结、回答等。

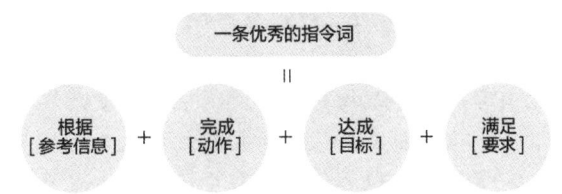

图6.14 文心一言的指令词结构分析

目标：需要文心一言生成的目标内容，如答案、方案、文本、图片、视频、图表等。

要求：需要文心一言遵循的任务细节要求，如按××格式输出、按××语言风格撰写等。

一条优秀的指令词应清晰明确且具有针对性，能够准确引导模型理解并回应你的问题。

例如，写一首诗。这个指令词就不是很好。

例如：请根据已发表的关于大语言模型可信性的相关文献，撰写一篇系统梳理大语言模型可行性相关研究现状以及未来挑战的综述论文，并且严格遵循《计算机学报》投稿格式。

这个指令词就比较规范，其构成分析如图6.15所示。

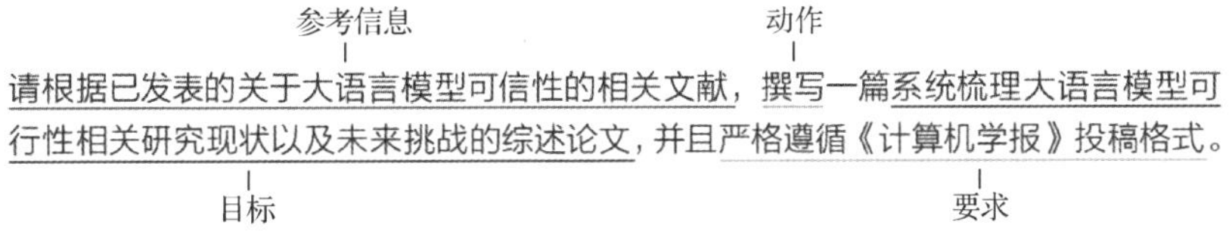

图6.15 文心一言的指令词结构分析

（3）使用举例

【例】自然风光图像理解。

图6.16展示了文心一言的自然风光图像理解功能。

图6.17为上传的自然风光原图，原图为烟雨中的麦积山。

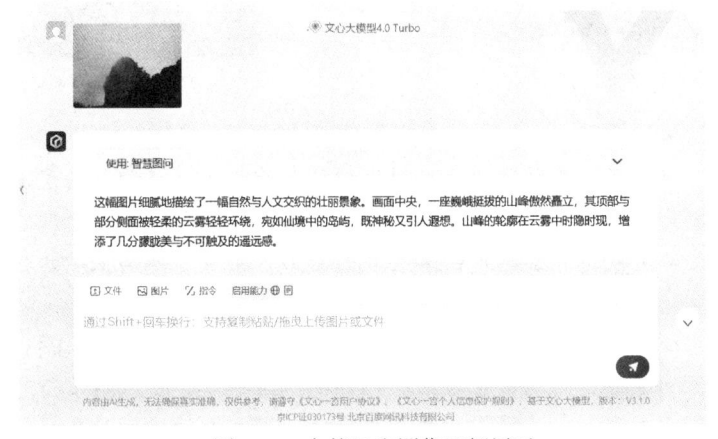

图6.16 自然风光图像理解展示 　　图6.17 上传的自然风光原图

下文为文心一言的图像理解结果：

这幅图片细腻地描绘了一幅自然与人文交织的壮丽景象。画面中央，一座巍峨挺拔的山峰傲然矗立，其顶部与部分侧面被轻柔的云雾轻轻环绕，宛如仙境中的岛屿，既神秘又引人遐想。山峰的轮廓在云雾中时隐时现，增添了几分朦胧美与不可触及的遥远感。

山峰的表面呈现出温暖的黄褐色调，这或许是岁月沉淀的痕迹，让人联想到其可能由坚固的沉积岩构成，历经风雨侵蚀而依然屹立不倒。山脚下，茂密的树木郁郁葱葱，为这幅画面注入了勃勃生机，它们与山峰的沉稳形成鲜明对比，共同构建了一个和谐共生的自然环境。

在画面的前景处，几座古朴的建筑物若隐若现，它们的屋顶在树木的掩映下显得格外宁静而庄重。这些建筑物很可能承载着某种深厚的宗教或文化意义，是人与自然和谐共处的见证。尽管它们的具体功能不得而知，但那份静谧与庄严却让人心生敬畏。

天空呈现出阴沉的色调，预示着即将来临的雨天，这不仅为整个画面增添了几分神秘与忧郁的氛围，也似乎在诉说着自然界的变幻莫测与生生不息。雨前的宁静与期待，让这幅画面更加引人入胜，引人深思。

综上所述，这幅图片通过细腻的笔触和巧妙的构图，成功地展现了一幅自然与人文和谐共生的美丽画卷。它让我们在欣赏美景的同时，也感受到了自然界的伟大与人类的智慧。

【例】人物图像理解。

图 6.18 展示了文心一言的人物图像理解功能。

图 6.19 为上传的原图，由该图可知，一个登山女孩在中途休息时收拾小木棍。

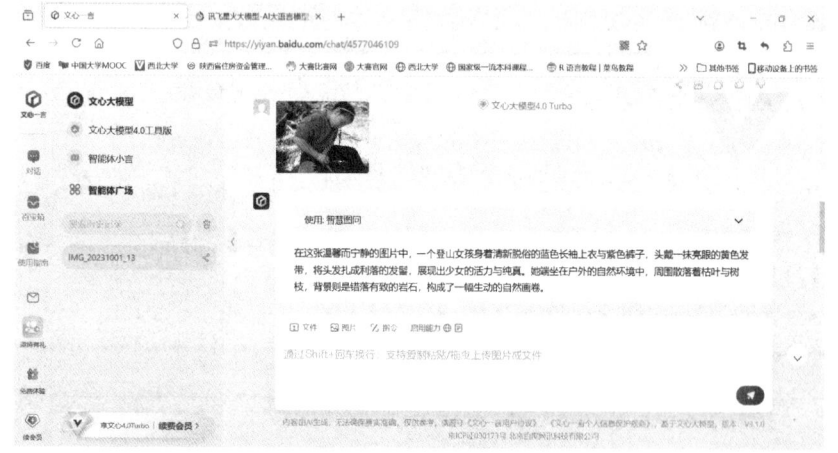

图 6.18　人物图像理解功能　　　　图 6.19　上传的原图

下文为文心一言的图像理解结果：

在这张温馨而宁静的图片中，一个登山女孩身着清新脱俗的蓝色长袖上衣与紫色裤子，头戴一抹亮眼的黄色发带，将头发扎成利落的发髻，展现出少女的活力与纯真。她端坐在户外的自然环境中，周围散落着枯叶与树枝，背景则是错落有致的岩石，构成了一幅生动的自然画卷。

女孩的眼神中透露出无比的专注与好奇，她手中紧握着一根翠绿的植物，仿佛正沉浸在对这株植物的细致观察或准备进行一场与自然的亲密对话。她的姿态与神情，让人不禁猜想她可能正在进行一场关于自然奥秘的探索，或是简单地享受与自然和谐共处的宁静时光。

如果这是一幅蕴含问题的图片，那么答案或许就藏在女孩那专注的眼神与手中的绿色植物之中。她可能正在观察植物上的细微结构，学习自然界的奥秘；也可能是在为接下来的户外活动做准备，比如采集标本或进行生态研究。无论何种活动，女孩都展现出了对自然的热爱与尊重，以及探索未知世界的勇气与好奇心。

综上所述，这幅图片不仅捕捉了一个美好的瞬间，更传递了人与自然和谐共生的深刻寓意。

【例】文本生成。

图 6.20 展示了文心一言的写诗功能。

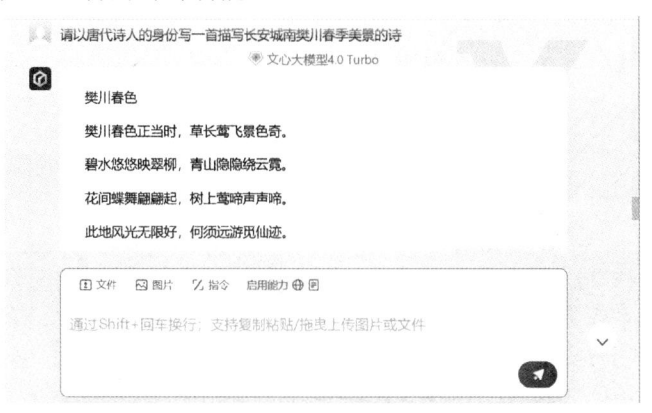

图 6.20　写诗功能

指令词为：请以唐代诗人的身份写一首描写长安城南樊川春季美景的诗。

生成内容如下：

樊川春色

樊川春色正当时，草长莺飞景色奇。
碧水悠悠映翠柳，青山隐隐绕云霓。
花间蝶舞翩翩起，树上莺啼声声啼。
此地风光无限好，何须远游觅仙迹。

【例】生成药方。

图 6.21 展示了药方生成功能。

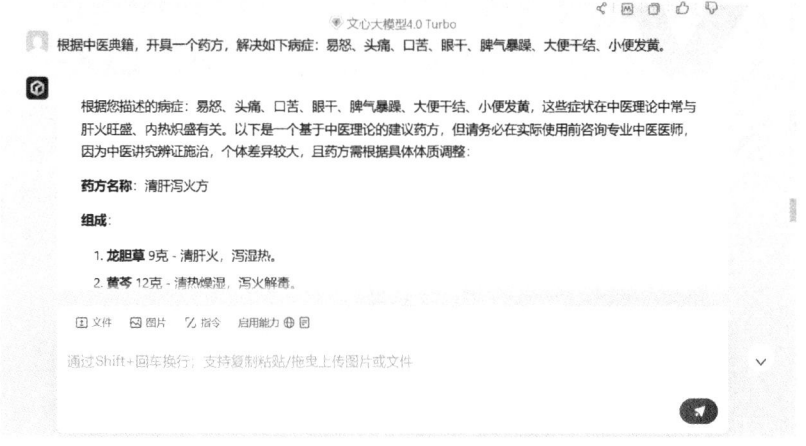

图 6.21　药方生成功能

指令词为：根据中医典籍，开具一个药方，解决如下病症：易怒、头痛、口苦、眼干、脾气暴躁、大便干结、小便发黄。

生成内容如下：

据您描述的病症：易怒、头痛、口苦、眼干、脾气暴躁、大便干结、小便发黄，这些症状在中医理论中常与肝火旺盛、内热炽盛有关。以下是一个基于中医理论的建议药方，但请务必在实际使用前咨询专业中医医师，因为中医讲究辨证施治，个体差异较大，且药方需根据具体体质调整：

药方名称：清肝泻火方

组成：
- 龙胆草 9 克-清肝火，泻湿热。
- 黄芩 12 克-清热燥湿，泻火解毒。
- 栀子 10 克-清热泻火，凉血解毒。
- 柴胡 10 克-疏肝解郁，升举阳气。
- 生地黄 15 克-清热凉血，养阴生津。
- 车前子 15 克（包煎）-利尿通淋，渗湿止泻，清肝明目。
- 当归 10 克-补血活血，润肠通便。
- 白芍 12 克-养血柔肝，缓急止痛。
- 甘草 6 克-调和诸药，清热解毒。

煎服方法：
- 将上述药物放入砂锅中，加入冷水浸泡 30 分钟。
- 用大火煮沸后转小火煎煮 30 分钟，取汁。
- 再次加水，同样方法煎煮第二次，取汁。
- 将两次煎煮的药汁混合，分早晚两次温服。

注意事项：
- 服药期间避免辛辣刺激性食物，保持心情舒畅，避免过度劳累。
- 孕妇、哺乳期妇女、儿童及老年人使用前需特别咨询医生。
- 服用后若症状无改善或出现新症状，应及时就医。
- 最后，强调任何医疗建议或治疗都应在专业医生的指导下进行。

【例】文本生成图像。

图 6.22 展示了文本生成图像功能。

图 6.22　文本生成图像功能

指令词为：根据唐诗"白日依山尽，黄河入海流。欲穷千里目，更上一层楼。"生成一幅山水画风格的图片。

图 6.23 为生成的 4 幅图像。

图 6.23　生成的 4 幅图像

系统提示：你的画作已生成，你可以告诉我更具体的需求，我会为你进一步生成。进一步需求如下：要有一座类似黄鹤楼的建筑，有两人在楼上举着酒杯远眺夕阳。系统根据新的要求，完善原有图像，修改后的 4 幅图像如图 6.24 所示。

图 6.24　修改后的 4 幅图像

【例】代码生成。

图 6.25 展示了代码生成功能。

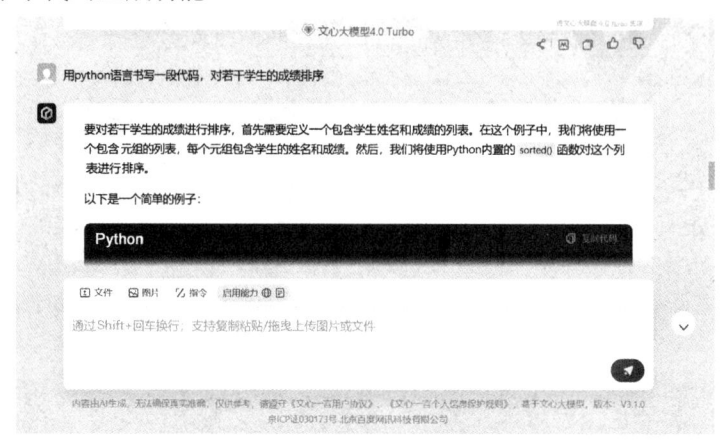

图 6.25 代码生成功能

指令词为：用 Python 语言书写一段代码，对若干学生的成绩排序。

生成内容如下：

要对若干学生的成绩进行排序，首先需要定义一个包含学生姓名和成绩的列表。在这个例子中，我们将使用一个包含元组的列表，每个元组包含学生的姓名和成绩。然后，我们将使用 Python 内置的 sorted() 函数对这个列表进行排序。

以下是一个简单的例子：

```python
# 定义一个包含学生姓名和成绩的列表
students_scores = [
    ("张三", 85),
    ("李四", 92),
    ("王五", 78),
    ("赵六", 90),
    ("孙七", 82)
]
# 使用 sorted()函数对学生成绩进行排序，key 参数指定按照元组的第二个元素（即成绩）排序
sorted_students = sorted(students_scores, key=lambda x: x[1], reverse=True)
# 打印排序后的学生列表
for student in sorted_students:
    print(student)
```

在这个例子中，sorted() 函数使用了一个 lambda 函数作为 key 参数，指定按照列表中每个元组的第二个元素（即学生的成绩）进行排序。reverse=True 参数表示我们希望成绩从高到低排序，如果省略这个参数或者设置为 False，成绩将从低到高排序。

【例】汉译英。

图 6.26 展示了汉译英功能。

指令词为：将唐诗"白日依山尽，黄河入海流。欲穷千里目，更上一层楼。"翻译为英文。

生成内容如下：

Here's a translation of the Tang poem into English:

"The white sun sets behind the mountains,

The Yellow River flows into the sea.

To see a thousand miles afar,

Climb up to a higher floor."

This translation attempts to capture the essence and imagery of the original poem, while also maintaining a poetic quality in English.

图 6.26　汉译英功能

【例】英译汉。

图 6.27 展示了英译汉功能。

图 6.27　英译汉功能

指令词为：

将英文"The white sun sets behind the mountains, The Yellow River flows into the sea. To see a thousand miles afar, Climb up to a higher floor." 翻译为唐诗。

生成内容如下：

以下是将这段英文翻译为唐诗风格的尝试：

白日隐山后，黄河入海流。

欲观千里远，更上一层楼。

这样的翻译尽量保持了原英文的意境和节奏，同时也符合唐诗的格律和韵味。

【例】旅游推荐。

图 6.28 展示了旅游推荐功能。

指令词：我是一名大学生，现住在成都，有一周时间，预算 1500 元，计划去西安旅游，要求给出详细景点线路推荐和住宿推荐。

图 6.28 旅游推荐展示

生成内容如下：

第一天：抵达西安，初探市区
- 上午：抵达西安后，先办理入住手续。推荐选择位于市中心或交通便利的酒店，如钟楼附近的经济型酒店，这样便于游览多个景点。
- 下午：参观钟楼和鼓楼，这两个景点相距不远，可以步行游览。钟楼的最佳观景位置在开元商场的鼓楼商场附近，晚上夜景尤其美丽。随后，步行至回民街，品尝西安特色美食如羊肉泡馍、肉夹馍、凉皮等。
- 住宿：选择钟楼周边的经济型酒店，价格适中且交通便利。

第二天：历史文化之旅
- 上午：提前预约参观陕西历史博物馆，了解陕西乃至中国的悠久历史。
- 下午：前往大雁塔，可以选择不登塔，直接在大悦城4楼观景台拍照留念。随后漫步至大唐不夜城，欣赏夜景和表演。
- 住宿：继续住在市中心，方便第二天的行程。

第三天：兵马俑与华清池
- 上午：早起乘坐地铁9号线前往秦始皇兵马俑博物馆，建议租讲解器或请导游讲解，深入了解这一世界奇迹。
- 下午：游览结束后，前往华清池，参观宫殿、温泉遗址，并观看《长恨歌》演出（需提前预约）。
- 住宿：可以选择返回市区住宿，或者考虑住在临潼区附近，体验温泉酒店。

第四天：古城墙与碑林
- 上午：从南门（永宁门）登上西安城墙，骑行或步行感受古城墙的雄伟。
- 下午：前往西安碑林博物馆，对书法感兴趣的话不容错过。
- 住宿：返回市中心住宿。

第五天：休闲与文化探索
- 上午：参观广仁寺，感受西安的宗教文化氛围。
- 下午：根据个人兴趣，可以选择去大唐芙蓉园欣赏户外香化工程和水幕电影，或者去小雁塔感受宁静的古刹氛围。
- 住宿：继续在市中心住宿。

第六天：购物与自由活动
- 全天：可以去赛格商场购物，这里有亚洲最长的观光电梯和各种陕西小吃。或者选择自由活动，去永兴坊再次品尝地道美食，或者去其他感兴趣的景点。
- 住宿：市中心酒店。

第七天：返程
- 根据返程时间，可以在酒店附近简单游览或休息，然后前往机场或火车站返程。

住宿推荐：
- 经济型酒店：如7天、如家、汉庭等连锁品牌，位于市中心或交通便利地段，价格适中。
- 青年旅社：对于预算有限的旅行者，青年旅社是一个不错的选择，可以结识来自各地的旅友。
- 民宿：在Airbnb或途家等平台上预订民宿，可以体验当地生活，价格相对灵活。

预算分配：
- 住宿：约400～600元（根据住宿标准和天数调整）。
- 交通：约200元（包括地铁、公交、打车费用）。
- 门票：约300元（陕西历史博物馆、兵马俑、华清池、大雁塔等主要景点门票）。
- 餐饮：约300～400元（品尝当地美食，每餐约30～50元）。
- 购物与娱乐：剩余部分可用于购物、观看演出等额外开销。

希望这份行程规划能够帮助你规划一次愉快的西安之旅！

2．通义千问

图6.29展示了通义效率的主要模块。

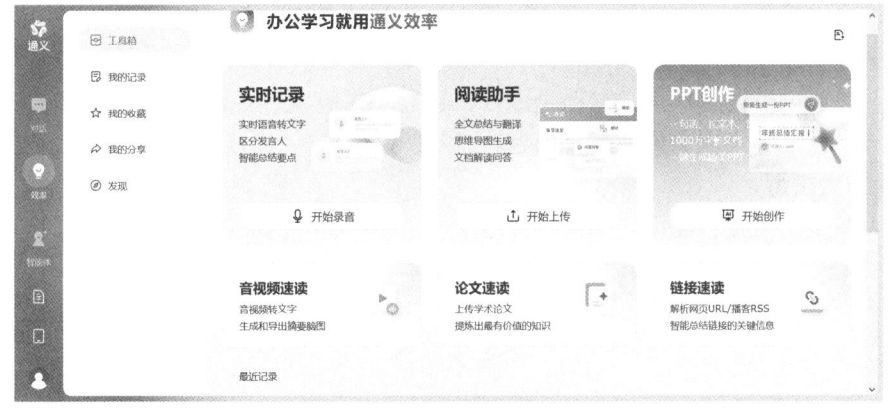

图6.29 通义效率的主要模块

通义千问是一款由阿里云研发的人工智能语言模型，具有强大的自然语言处理能力，在文档解析、对话模拟、PPT创作、深度搜索、信息检索、教育应用和编程辅助等方面展现了卓越的性能。

（1）文档解析

通义千问能够快速准确地提取文档中的关键信息，例如标题、段落主旨和重要数据。

通义千问具备深入理解文档上下文和语义关系的能力，不仅能孤立地提取文字，还能把握句子之间的逻辑联系。通义千问可以对文档进行分类和标记，方便用户后续查找和管理。面对多个相似或相关的文档时，通义千问能够找出它们之间的相同点和不同点，这在版本控制、方案对比等场景中非常有用。

通义千问可以将一种格式的文档转换为另一种格式，同时保持文档的结构和内容完整性。

通义千问支持多种语言的文档处理，无论是中文、英文还是其他常见语言，都能进行准确的解析和理解。

（2）对话模拟

通义千问可以实现基本的对话模拟功能，例如通过简单的问候和自我介绍来与用户互动。通义千问支持多轮对话，可以通过传入多条消息来实现持续的交流。通义千问允许模型使用预定义的工具来完成特定任务，如将两个整数相乘。通义千问的视觉语言模型支持图像理解，可以进行图像描述等多模态对话。

（3）PPT 创作

基于通义万相视觉大模型，通义千问 PPT 创作功能支持文生图、素材库匹配、自定义上传图片等功能，满足用户的多样化需求。用户只需输入一句话，明确所需 PPT 主题，通义千问就能自动生成结构合理的 PPT 大纲和内容。通义千问支持多种输入方式，包括上传文件、长文本输入，以及基于 Chat 中生成的结构化大纲生成 PPT。

（4）深度搜索

通义千问通过数字角标悬浮显示来源网页，并在回答后附带相关链接，支持一键跳转；支持更多内容源索引，使搜索结果更加深度、专业和结构化；提供追问问题推荐，帮助用户更深入地了解相关问题和内容。

（5）信息检索

通义千问根据用户的问题和需求，智能推荐相关内容和资源，提升检索效率和准确性。

（6）教育应用

通义千问可以辅助教师进行教学资料准备和学生问题解答，提高教学效率和质量；帮助学生进行学习资料查找、习题解答和知识点讲解，促进学生的学习效果。

（7）编程辅助

通义千问可以根据用户需求自动生成代码片段，提高编程效率；提供代码调试建议和修正方案，帮助开发者快速定位和解决问题。

3. 盘古大模型

盘古大模型的主要功能模块如图 6.30 所示。

图 6.30 盘古大模型的主要功能模块

华为云盘古大模型是一个自主的 AI 大模型，它将行业知识 know-how 与大模型能力相结合，重塑千行百业，成为各组织、企业、个人的专家助手。盘古大模型采用分层解耦的架构，包含 L0 基础大模型、L1 行业大模型及 L2 场景模型三层。这种架构使得模型能够快速适配并满足行业的多变需求，同时也支持行业客户二次训练专属模型，进一步提升模型的适用性和准确性。

（1）主要特色

① 全系列模型规格。

华为云盘古大模型提供了多种不同参数规格的模型，以满足不同业务场景的需求。这些模型规格包括：
- 十亿级参数的 Pangu E 系列：适用于支撑手机、PC 等端侧的智能应用，提供轻量级但高效的智能服务。
- 百亿级参数的 Pangu P 系列：满足低时延、低成本的推理需求，适用于对实时性要求较高的场景。
- 千亿级参数的 Pangu U 系列：成为企业通用大模型的坚实底座，能够处理更为复杂的任务。
- 万亿级参数的 Pangu S 系列：超级大模型，能够处理跨领域多任务，助力企业全场景应用 AI 技术。

② 多模态理解能力。

盘古大模型在多模态理解方面表现卓越，能够更精准地理解包括文本、图片、视频、雷达、红外、遥感等在内的多种模态信息。这一功能使得盘古大模型在跨媒体信息处理、智能监控、遥感数据分析等领域具有广泛应用前景。

③ 强大的内容生成能力。

盘古大模型在内容生成方面表现出色，能够生成符合物理世界规律的多模态内容。例如，在自动驾驶领域，盘古大模型可以生成符合交通规则的驾驶指令；在工业制造领域，可以生成符合生产工艺流程的操作指南。这种能力为创新提供了无限可能。

④ 复杂逻辑推理能力。

盘古大模型深度结合了思维链技术与策略搜索技术，极大提升了数学能力和复杂任务规划能力。这使得盘古大模型在处理逻辑推理任务时更加得心应手，能够成为行业助手的关键。例如，在医疗领域，可以辅助进行疾病诊断和治疗方案制定。

⑤ 行业定制化能力。

盘古大模型还具备强大的行业定制化能力。通过分层解耦设计（如"5+N+X"三层架构），盘古大模型可以快速适配并满足行业的多变需求。客户既可以为自己的大模型加载独立的数据集，也可以单独升级基础模型和能力集。这种高度定制化的能力使得盘古大模型在政务、金融、制造、医药研发、煤矿、铁路等多个行业领域发挥着巨大价值。

⑥ 广泛的应用场景。

华为云盘古大模型的应用场景非常广泛。
- 智能客服：通过自然语言处理技术实现自动回复、意图识别等功能。
- 机器翻译：将英文或其他语言翻译为中文，并进行语言流畅度和语法纠错等处理。
- 语音识别：实现语音转文字，并进行语音分析和语义理解。
- 自动驾驶：辅助驾驶决策和路径规划。
- 工业制造：生产流程优化和智能监控。
- 建筑设计：辅助建筑设计方案的生成和优化。

（2）主要功能

① NLP 大模型。
- 对话问答：能够进行自然、流畅的对话，回答各种问题。
- 文案生成：根据输入生成符合要求的文案内容。
- 代码生成：自动生成程序代码，提高开发效率。
- 插件调用：支持各种插件的调用，扩展模型功能。
- NL2SQL：将自然语言转化为 SQL 查询语句，方便数据处理。

- 搜索增强：提升搜索结果的准确性和相关性。

② CV 大模型。

- 目标检测：自动识别图像中的目标对象。
- 图像分类：对图像进行分类，识别图像中的主要内容。
- 语义分割：对图像进行像素级别的分类，实现精细的图像理解。
- 高效适配：能够快速适应不同场景下的图像处理需求。
- 高效标注：提供高效的图像标注工具，降低标注成本。

③ 多模态大模型。

- 文生图：根据文本描述生成对应的图像。
- 图生图：根据输入图像生成新的图像内容。
- 3D 生成：生成三维模型或场景。
- 图像编辑：对图像进行编辑和修改。
- 语义理解：更准确地理解图像和视频中的语义信息。

④ 预测大模型。

- 回归预测：对连续值进行预测。
- 分类预测：对离散值进行预测，如不同类别或标签。
- 异常检测：检测数据集中的异常数据点。
- 时序预测：利用过去数据预测未来趋势。

⑤ 科学计算大模型。

该大模型面向气象、医药、水务、机械、航天航空等领域构建科学计算能力；采用 AI 数据建模和 AI 方程求解的方法，从海量数据中提取数理规律。

4．商汤日日新大模型

商汤日日新大模型 SenseNova 是一款集成了自然语言处理、图片生成、自动化数据标注和自定义模型训练等多种功能的大型人工智能模型系统。SenseNova 依托于商汤科技的强大人工智能技术能力和多年的行业经验，不断推动人工智能在多领域的应用与发展。

（1）主要功能

商汤日日新大模型体系以其丰富的功能、广泛的应用场景和持续的技术创新，在人工智能领域展现出了强大的竞争力和广阔的发展前景。

① 自然语言处理。

商汤日日新体系中的自然语言处理模型，如"商量"（SenseChat），具备强大的自然语言理解和生成能力。该模型能够进行流畅的对话问答，理解用户输入的意图并给出准确的回答。同时，它还能生成高质量的文案、代码等文本内容，满足用户多样化的需求。

② 文生图能力。

"秒画"模型是商汤日日新体系中的文生图工具，它能够将用户输入的文本描述转化为生动的图像内容。这一功能在创意设计、广告营销等领域具有广泛的应用前景，用户可以通过简单的文本描述，快速生成符合需求的图像素材。

③ 数字人视频生成。

"如影"（SenseAvatar）平台是商汤日日新体系中的数字人视频生成工具。该平台能够生成高质量的数字人视频，包括人物的表情、动作、语音等，为影视制作、虚拟主播、在线教育等领域提供全新的体验。用户可以通过输入文本描述或上传图像素材，快速生成符合需求的数字人视频内容。

④ 多模态交互能力。

商汤日日新体系还具备强大的多模态交互能力。通过整合跨模态信息，如声音、文本、图像和视频等，商汤日日新大模型能够实现实时的流式多模态交互。这种交互模式特别适用于实时对话和语音识别等应用场景，用户通过多种方式与模型交互，可以获得更加自然、流畅的体验。

⑤ 持续迭代升级。

商汤日日新大模型体系自推出以来，不断迭代升级，功能更加完善，性能持续提升。例如，最新发布的"日日新 5.5"大模型体系，在综合性能上较之前版本平均提升了 30%，数学推理、英文能力和指令跟随等方面的能力明显增强。同时，"日日新 5.0"作为"日日新 5.5"的多模态模型，在交互体验上对标 GPT-4o，实现了所见即所得的实时多模态流式交互。

⑥ 行业应用与解决方案。

商汤日日新大模型体系已经广泛应用于金融、教育、医疗、制造等多个行业领域。针对不同行业的需求和特点，商汤科技提供了定制化的解决方案和服务。例如，在金融领域，商汤日日新大模型可以用于风险评估、欺诈检测等场景；在教育领域，则可以为教师和学生提供智能化的辅助教学和学习工具。

商汤日日新大模型的主要功能模块如图 6.31 所示

图 6.31　商汤日日新大模型的主要功能模块

（2）功能展示

【例】文生图功能展示。

图 6.32 展示了文生图功能。

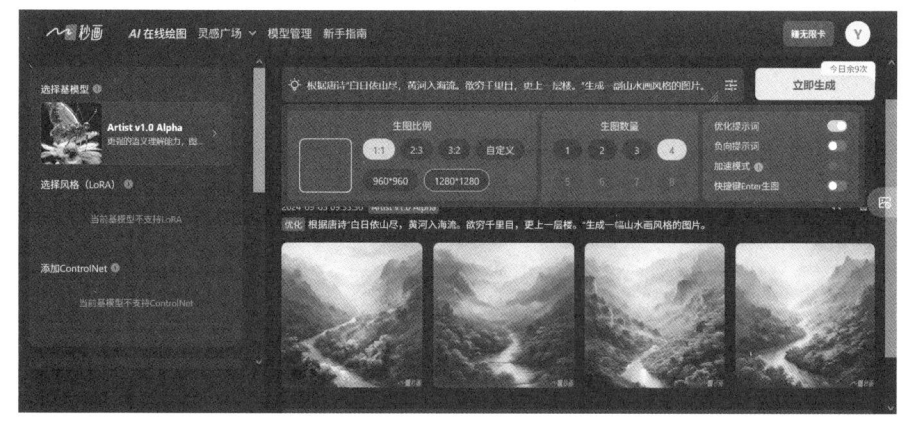

图 6.32　文生图功能展示

指令词：根据唐诗"白日依山尽，黄河入海流。欲穷千里目，更上一层楼。"生成一幅山水画风格的图片。

图 6.33 为生成的 4 幅图像。

图 6.33　生成的 4 幅图像

【例】智能助手功能展示。

图 6.34 展示了商汤日日新的智能助手功能。

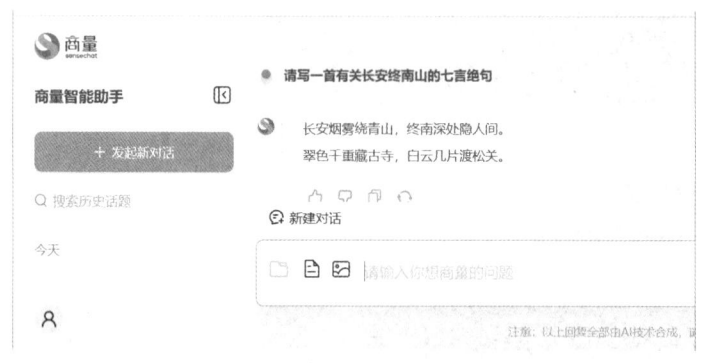

图 6.34　智能助手功能展示

指令词：请写一首有关长安终南山的七言绝句。
生成内容如下：

长安烟雾绕青山，终南深处隐人间。
翠色千重藏古寺，白云几片渡松关。

5. 讯飞星火

讯飞星火是一款集成了多种人工智能技术的大模型系统，拥有跨领域的知识和语言理解能力，能够基于自然对话方式理解与执行任务；在与人自然对话互动中，提供语言理解、知识问答、逻辑推理、数学题解答、代码理解与编写等多种能力，广泛应用于职场、生活与学习等多场景。

（1）基本功能

① 语音识别。
- 高准确率：讯飞星火具备高度准确的语音识别能力，能够快速响应并将用户的语音信息转换成文本。
- 多语种支持：支持多种语言的语音识别，适用于全球化的应用环境，满足不同用户的需求。
- 噪声抑制：其优秀的噪声抑制技术可以在各种环境下保证语音识别的准确率，即使在嘈杂的环境中也能准确地识别语音指令。

② 自然语言处理。
- 语义理解：能够深入理解用户的自然语言表达，准确把握语言背后的意图和情感。
- 多轮对话：支持多轮对话系统，能够与用户进行持续的交互，提升交流的效率和质量。
- 文本生成：可以根据特定的输入生成符合逻辑的文本内容，用于自动回复、文章生成等多种场景。

③ 机器翻译。
- 实时翻译：讯飞星火提供实时的机器翻译服务，支持多种语言之间的即时翻译，使跨语言沟通无障碍。
- 准确性与流畅性：翻译结果不仅准确，同时保证了文本的流畅性和自然度，易于阅读和理解。

④ 智能推荐。
- 个性化推荐：基于用户的历史数据和行为模式，讯飞星火能够提供个性化的内容和产品推荐，满足用户个性化需求。
- 动态学习：通过机器学习算法不断优化推荐模型，提高推荐的准确性和用户满意度。

⑤ 多模态交互。
- 图像识别：结合视觉识别技术，讯飞星火可以解析图像内容，实现图文混合的多模态交互体验。
- 视频处理：能够理解和处理视频内容，包括动作识别、情感分析等，提供更加丰富的交互可能。

（2）功能展示

【例】图像理解功能展示。

图6.35展示了图像理解功能。

图6.35 图像理解功能展示

指令词：根据该图片，写一段200字左右的散文。

原始图像如图6.36所示。

图 6.36　原始图像

生成内容如下：

在蓝天的映衬下，两朵白云仿佛是天空中的精灵，轻盈地飘浮着。它们的形状各异，一朵像棉花糖般蓬松，另一朵则像是被风吹散的羽毛。远处的山脉层层叠叠，宛如一幅水墨画，淡雅而宁静。山脚下，绿色的草地上点缀着白色的小花，它们在微风中轻轻摇曳，仿佛在诉说着春天的故事。

站在这片广袤的草原上，我感受到了大自然的壮丽与和谐。那两朵白云就像是天空的眼睛，时刻注视着这片大地，守护着这片宁静与美好。而我，只是这广阔天地中的一抹渺小存在，却也能在这片美景中找到内心的平静与力量。

【例】绘画大师功能展示。

指令词：在一个阳光明媚的秋日下午，一位文质彬彬的中国唐朝少年在现代图书馆的书架间翻阅图书。

图6.37展示了绘画大师功能。

图 6.37　绘画大师功能展示

6．天工 AI

天工 AI 是一款强大的对话式 AI 助手，它基于双千亿级大语言模型，能够通过自然语言与用户进行问答交互。天工 AI 的 AI 生成能力广泛应用于文案创作、知识问答、逻辑推理等多个领域，旨在满足用户多元化的需求。

（1）基本功能

① 对话式交互。
- 自然语言处理：通过自然语言处理技术，天工 AI 能够与用户进行流畅的问答交互。
- 高效沟通：它为用户提供了类似于人类对话的体验，使得人机交互更加自然和高效。

② 文案创作。
- 创意生成：用户可以使用天工 AI 快速生成创意文案、论文大纲、小说故事等文本内容，提升创作效率和创新性。
- 定制化服务：根据不同用户的需求，天工 AI 还能提供个性化的文案创作服务，适应多样化的应用场景。

③ 知识问答。
- 全面回答：系统能够回答各个领域的问题，提供准确的知识信息，帮助用户快速获取所需数据和知识。
- 智能检索：针对用户的各种问题，天工 AI 通过深度学习模型，筛选并呈现最相关的答案，确保信息的准确与可靠。

④ 逻辑推演。
- 分析解决问题：具备逻辑推理能力，天工 AI 可以帮助用户分析和解决工作中遇到的难题。
- 决策支持：在复杂决策场景下，天工 AI 提供基于数据和模型的逻辑推演，辅助用户做出更明智的决策。

⑤ 数理推算。
- 复杂计算：对于数学和物理问题，天工 AI 能够进行复杂的计算和推导，助力科研和教学。
- 公式优化：除基础的推算外，天工 AI 还能够优化公式和算法，提高解题效率和准确性。

⑥ 代码生成。
- 编程辅助：能辅助用户进行代码编写，提高编程效率，减少错误率。
- 学习辅导：对于编程新手，天工 AI 提供了编程学习的辅助功能，帮助他们快速掌握编程语言和技巧。

⑦ 多模态交互。
- AI 画画：天工 AI 提供基于 AI 的辅助艺术创作，可生成具有多种风格和元素的画作。
- AI 识图：解析图像内容，并提供详细的图文对话，拓展了与用户的交互维度。
- AI 速读：通过快速阅读并生成文档摘要，节省用户时间，提高阅读效率。
- 数据分析：分析数据并图表化展示结果，辅助用户进行数据驱动的决策，增强了决策的科学性。

（2）功能展示

【例】写作功能展示。

图 6.38 展示了写作功能。

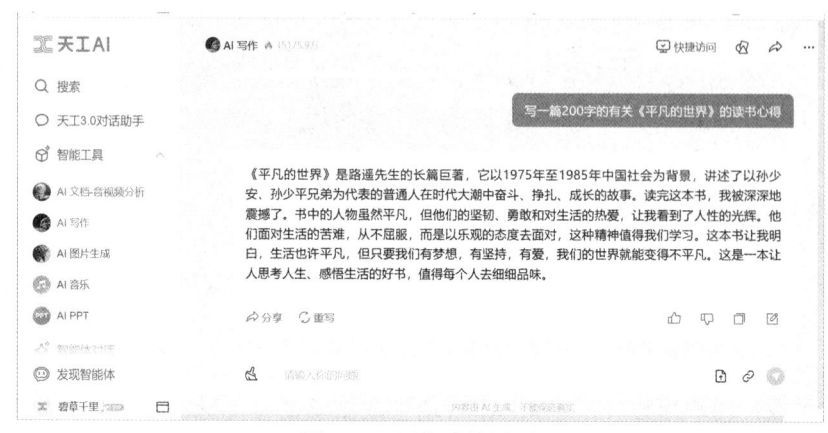

图 6.38 写作功能展示

指令词：写一篇 200 字的有关《平凡的世界》的读书心得。

生成内容如下：

《平凡的世界》是路遥先生的长篇巨著，它以 1975 年至 1985 年中国社会为背景，讲述了以孙少安、孙少平兄弟为代表的普通人在时代大潮中奋斗、挣扎、成长的故事。读完这本书，我被深深地震撼了。书中的人物虽然平凡，但他们的坚韧、勇敢和对生活的热爱，让我看到了人性的光辉。他们面对生活的苦难，从不屈服，而是以乐观的态度去面对，这种精神值得我们学习。这本书让我明白，生活也许平凡，但只要我们有梦想，有坚持，有爱，我们的世界就能变得不平凡。这是一本让人思考人生、感悟生活的好书，值得每个人去细细品味。

【例】文生图功能展示。

图 6.39 展示了文生图功能。

图 6.39 文生图功能展示

指令词：一个阳光明媚的午后，一位唐代女子在打马球。

7. 达观曹值大模型

达观曹植大模型作为垂直、专用、自主可控的国产版 ChatGPT 模型，不仅具备长文本处理、多语言支持、垂直化定制等核心功能，还融合了深度学习和人工智能数据挖掘技术，为各行各业提供了全方位的智能化解决方案。对于自动化写作、实时翻译，以及行业定制化应用，达观曹植大模型都能提供强大支撑。

（1）长文本处理

达观曹植大模型在长文本处理方面具有特殊优势，可以高效处理白皮书、技术报告等长篇文档；能够自动化撰写高质量、流畅的文案，涵盖多种类型和复杂结构的文本；对于包含多种版面元素如图片、表格等的复杂文档，能自动生成并排版，处理跨文档间关系及解析不同格式的文件。

（2）多语言支持

达观曹植大模型不仅在写作上表现卓越，也具备翻译功能，支持英文、法语、德语、日语、韩语等多种语言的文档撰写和翻译。在翻译时能做到版式一一还原，无须手动调整格式，实时翻译，广泛用于多语言文档处理。

（3）垂直化定制

达观曹植大模型强调与垂直行业的紧密结合，根据不同行业特性开发特定应用和训练专属数据库；通过海量行业数据进行预训练，确保模型具备基础语言处理能力和行业应用能力；支持个性化定制和本地服务器私有化部署，加强特定行业任务的执行能力。

（4）算力与模型结合

达观曹植大模型坚持算法模型与训练数据的自主可控，实现与国产 GPU 的联调对接；为客户提供"算力+模型"的全套国产化解决方案，推动行业智能化。

（5）多功能集成

达观曹植大模型具备智能纠错、文本润色、自动生成摘要等功能，可进一步提高自动化办公的效率；支持多模态内容生成，包括文档中的表格、图表等。

8．紫东太初

紫东太初是中科院自动化所开发的千亿级参数超大模型，能够实现视觉、文本、语音三个模态间的高效协同。紫东太初将文本+视觉+语音各个模态高效协同，实现超强性能，在图文跨模态理解与生成性能上领先目前业界的 SOTA 模型，能高效完成跨模态检测、视觉问答、语义描述等下游任务。

（1）多模态理解与生成能力

- 跨模态理解与生成：紫东太初具备跨模态理解和生成能力，能够处理图像、文本、语音等多种模态的数据，并实现这些模态之间的互相转换和生成。例如，它可以实现"以图生音"和"以音生图"，这在人工智能领域是一项突破性的进展。
- 全模态支持：从紫东太初 1.0 到 2.0，模型在原有图文音三模态的基础上，加入了视频、传感信号、3D 点云等更多模态，实现了全模态的支持。这使得模型能够处理更广泛、更复杂的数据类型，从而具备更强的认知和生成能力。

（2）音乐及信号理解与处理

- 音乐生成与识别：紫东太初可以根据给定的文本提示生成高保真的音乐，并支持即兴创作多种风格类型和多种乐器演奏的音乐。同时，它还能识别上传的音乐文件，并分享音乐的情感和演奏乐器等信息。
- 信号分析与交互：紫东太初支持雷达信号鉴别与知识交互，可以快速掌握信号的基本来源及参数等信息，为信号分析领域提供有力支持。

（3）视频理解与生成

- 视频识别与描述：紫东太初能基于用户上传的视频素材，准确理解并回答视频识别、视频描述类问题，同时支持上下文信息理解和多轮问答。
- 视频素材检索与创作：紫东太初拥有海量的高质视频素材库，具备视频素材检索能力，并支持结合多个图像、音频、视频文件进行综合理解与创作。

（4）图像理解与生
- 图像识别与问答：紫东太初能基于用户上传的图片素材，准确理解并回答图片识别类问题，包括识别图像主体、背景、动作、颜色等，同时支持上下文信息理解和多轮问答。
- 3D 场景理解与物体感知：紫东太初具备基于点云数据的 3D 场景理解和物体感知能力，可以描述从三维图中看到的信息。

（5）语言处理

紫东太初支持中文问答、逻辑推理、文本摘要、文本续写、文本创作、标题生成、语法分析、机器翻译等功能。它能准确理解用户输入的问题语境，并做出准确的知识性问答，覆盖生活常识、工作技能、医学知识、历史人文等多个知识领域。

6.2 自动驾驶

6.2.1 自动驾驶技术的发展与级别

自动驾驶技术的产生源于人类对自动化交通的长期追求，其发展经历了从概念提出到逐步实现的过程。自动驾驶技术也从早期的遥控实验发展到如今的高级自动化系统，取得了长足的进步。未来，随着传感器技术、机器学习、深度学习等领域的进一步突破，自动驾驶有望实现更广泛的应用，为交通运输带来更高效、安全和环保的前景。

1. 自动驾驶的产生与发展

自动驾驶的概念可以追溯到 1925 年。当时，Francis Houdina 展示了一辆无线电控制汽车，该汽车在没有人控制转向盘（方向盘）的情况下在曼哈顿街道上行驶。尽管这还算不上真正的自动驾驶，但这一事件开启了人类对自动驾驶技术的探索。随后几十年，尽管进展缓慢，但研究人员不断进行理论探索和技术尝试。

20 世纪 90 年代，随着计算机技术和人工智能的发展，自动驾驶技术迎来了重要的里程碑。卡内基梅隆大学的 Dean Pomerleau 利用神经网络技术实现了从原始图像中实时获取道路信息并控制方向。进一步的标志性事件发生在 1995 年，Pomerleau 和 Todd Jochem 乘坐无人驾驶汽车成功穿越美国，虽然他们仍需控制速度和刹车，但这次横跨东西海岸的旅行展示了无人驾驶的潜力。

进入 21 世纪，自动驾驶技术的发展显著加速。2009 年，Google 开始秘密启动无人驾驶汽车项目（即后来的 Waymo），该项目由 Sebastian Thrun 领导，他领导的团队在几年后宣布，Google 设计的无人驾驶汽车已在计算机控制下安全行驶了 30 万英里。

近年来，自动驾驶技术继续快速发展。目前，实际应用中的自动驾驶技术主要集中在 L2+ 和 L3 级别，而更高级别的技术仍在研发和测试阶段。在全球范围内，包括 Waymo、特斯拉、百度 Apollo、通用汽车、福特等在内的多家公司都在积极推进自动驾驶技术的研发和应用。

2. 自动驾驶技术级别

自动驾驶技术按照自动化程度分为五个等级，从 L1 到 L5，每个级别都有不同的技术要求和应用场景。以下是根据国际自动机工程师学会制定的自动驾驶分级标准，对各级别的技术要求进行说明。

（1）L1 级别

L1 级别即"部分驾驶辅助"级别，系统可以在特定功能上辅助驾驶员，例如自适应巡航控制或车道保持辅助。L1 级别的自动驾驶系统可以减轻驾驶员的驾驶负担，提高驾驶的安全性和舒适性，但并不能实现真正的自动驾驶。驾驶员需要全面监控车辆状态，并随时准备接管控制。

L1 级别的车辆可以提供两种功能之一。

① 速度控制。

车辆能够自动控制加速和减速，例如，自适应巡航控制。

② 方向控制。

车辆能够自动控制方向，例如，车道保持辅助。

但是，L1 级别的车辆不能同时提供速度控制和方向控制，也就是说，驾驶员需要至少控制其中一个。此外，驾驶员需要全程监控车辆的行驶情况，并随时准备接管驾驶任务。

（2）L2 级别

L2 级别即"部分自动驾驶"级别，位于 L1 级别"辅助驾驶"之上、L3 级别"条件自动驾驶"之下。

在 L2 级别下，车辆能够同时自动控制加速、减速和转向，也就是说，车辆可以同时进行速度控制和方向控制，这比 L1 级别的车辆更进一步。例如，车辆可以实现自适应巡航控制和车道保持辅助功能的结合，即在特定条件下（如高速公路上），车辆可以自动保持在车道内行驶，并与前车保持安全距离。

L2 级别的自动驾驶系统可以进一步减轻驾驶员的驾驶负担，提高驾驶的安全性和舒适性，但同样不能实现真正的自动驾驶。但是，L2 级别的自动驾驶系统仍然需要驾驶员全程参与驾驶，驾驶员需要随时监控车辆的行驶情况，并随时准备接管驾驶任务。驾驶员的注意力不能离开驾驶任务，也不能进行其他活动，如阅读、观看电影或使用手机等。

（3）L3 级别

L3 级别即"条件自动驾驶"级别，位于 L2 级别"部分自动驾驶"之上、L4 级别"高度自动驾驶"之下。

在 L3 级别的自动驾驶系统中，车辆可以在特定的条件下实现完全的自动驾驶，不需要驾驶员的介入。这些特定条件通常包括车辆的运行环境（如高速公路）、车辆的运行状态（如低速行驶）及车辆的运行功能（如自动泊车）等。

在特定条件下，驾驶员可以将驾驶任务完全交给车辆，自己可以进行其他活动，如阅读、观看电影或使用手机等，但必须随时准备在系统提示时接管驾驶任务。一旦车辆的自动驾驶系统无法处理当前的驾驶任务，或者车辆驶出了自动驾驶的适用范围，系统会提示驾驶员接管驾驶任务，驾驶员必须立即响应。

L3 级别的自动驾驶系统可以大大减轻驾驶员的驾驶负担，提高驾驶的安全性和舒适性，但在特定条件下才能实现完全的自动驾驶，驾驶员仍然是驾驶的主要责任人，必须时刻准备接管驾驶任务。

（4）L4 级别

L4 级别即"高度自动驾驶"级别，位于 L3 级别"条件自动驾驶"之上、L5 级别"完全自动驾驶"之下。

在 L4 级别的自动驾驶系统中，车辆可以在特定的地理区域或特定的环境条件下实现完全的自动驾驶，不需要驾驶员的介入。这意味着，在这些特定的条件下，车辆可以处理所有驾驶任务，包括应对复杂的交通情况，如识别并响应交通信号、避免碰撞、寻找停车位等。

与 L3 级别不同的是，即使在系统无法处理当前驾驶任务的情况下，L4 级别的车辆也不需要驾驶员立即接管驾驶任务，而是可以采取安全的停车措施，或者寻求远程操作员的帮助。

L4 级别的自动驾驶系统可以实现高度的自动化驾驶，大大提高了驾驶的安全性和舒适性。但是，L4 级别的自动驾驶系统仍然有其限制，即只能在特定的地理区域或特定的环境条件下运行。这些限制可能包括特定的城市区域、特定的天气条件、特定的交通条件等。

（5）L5 级别

L5 级别即"完全自动驾驶"级别。在 L5 级别的自动驾驶系统中，车辆可以在任何道路、任何环境条件下实现完全的自动驾驶，不需要驾驶员的介入。这意味着，无论是在城市街道、乡村道路、高速公路上，还是在白天、夜晚、雨天、雪天等各种天气条件下，车辆都能自主完成所有驾驶任务，包括应对复杂的交通情况，如识别并响应交通信号、避免碰撞、寻找停车位等。

在 L5 级别的自动驾驶系统中，车辆不需要配备转向盘、油门踏板、刹车踏板等传统驾驶控制装置，因为这些装置将由自动驾驶系统完全替代。驾驶员可以完全从驾驶任务中解脱出来，成为真正的乘客，可以自由地进行阅读、观看电影、使用手机等其他活动。

L5 级别的自动驾驶系统是自动驾驶技术的最终目标，可以实现完全的自动化驾驶，极大地提高了驾驶的安全性和舒适性，彻底改变人们的出行方式。然而，实现 L5 级别的自动驾驶系统需要克服许多技术、法律、伦理等方面的挑战，目前全球的自动驾驶技术仍处于向 L5 级别迈进的过程中。

6.2.2 自动驾驶的关键技术

自动驾驶技术是当前汽车行业发展的前沿领域，它的核心在于使汽车能够自主地感知道路环境、做出决策并执行驾驶操作，以实现安全、高效的行驶。总的来说，自动驾驶的关键技术涵盖了传感器技术、建模与规划算法、决策与控制算法、人工智能技术、车载无线通信技术、高精度定位技术及系统集成技术等多个方面。这些技术的融合和协调发展，推动了自动驾驶技术的进步，为实现全自动驾驶铺平了道路。

图 6.40 描述了自动驾驶的主流解决方案。

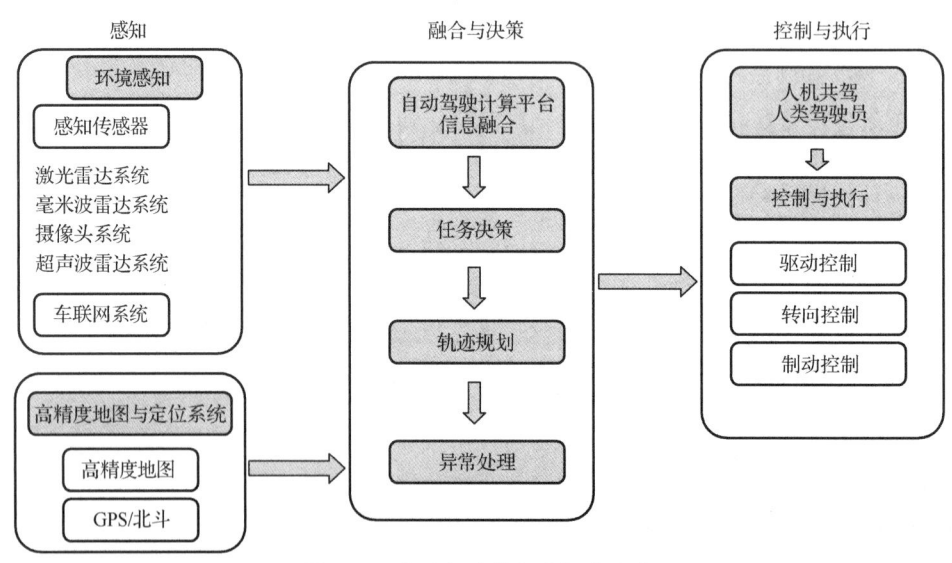

图 6.40 自动驾驶的主流解决方案

1. 传感器技术

自动驾驶汽车中的传感器技术是实现自动驾驶的关键。这些传感器可以捕捉车辆周围的环境信息，包括其他车辆、行人、道路标志、交通信号、障碍物、天气条件等，为自动驾驶系统提供决策依据。

以下是一些常见的传感器。

（1）摄像头

摄像头可以捕捉车辆周围的视觉信息，包括道路标志、交通信号、行人、其他车辆等。高级的摄像头系统还可以识别并追踪这些对象，为自动驾驶系统提供动态的视觉信息。

（2）激光雷达（LiDAR）

激光雷达通过发射激光束并接收反射回来的光束，可以精确测量车辆与周围物体的距离，生成车辆周围的三维点云图。这种技术可以提供高精度的距离和位置信息，对于识别和避免障碍物、构建环境地图等非常重要。

（3）雷达

雷达通过发射和接收无线电波，可以测量车辆与周围物体的距离和相对速度。这种技术可以提供远距离的目标检测和追踪能力，对于高速公路驾驶等场景非常重要。

（4）超声波传感器

超声波传感器通过发射和接收超声波，可以测量车辆与周围物体的距离，通常用于短距离的目标检测，如自动泊车系统。

（5）GPS（Global Positioning System，全球定位系统）和 INS（Inertial Navigation System，惯性导航系统）

GPS 可以提供车辆的全球位置信息，INS 可以提供车辆的速度、方向和加速度等信息。这两种技术结合可以提供车辆的精确位置和运动状态信息。

（6）红外传感器

红外传感器可以捕捉车辆周围的热源信息，对于夜间或低能见度条件下的目标检测非常重要。

2. 建模与规划算法

自动驾驶车辆需要根据传感器数据建立模型，并在此基础上进行路径规划和避障。建模与规划算法确保车辆能够自主导航，同时避免潜在的障碍物。在自动驾驶中，建模与规划算法是实现自主导航和决策的核心。这些算法主要分为两大类：环境建模和路径规划。

（1）环境建模

环境建模是自动驾驶系统理解周围环境的关键。它包括对车辆、行人、障碍物、道路标志、交通信号等的识别和追踪，以及构建和更新车辆周围的环境地图。这些信息通常由传感器收集，然后通过机器学习、计算机视觉和点云处理等算法进行处理和理解。例如，深度学习模型可以用于识别和分类传感器数据中的对象，而 SLAM（Simultaneous Localization and Mapping，即时定位与地图构建）算法可以用于构建和更新环境地图。

（2）路径规划

路径规划是自动驾驶系统决定如何在环境中导航的过程。它包括寻找从起点到终点的最优路径，以及决定如何避免障碍物和遵守交通规则。路径规划算法通常分为全局路径规划和局部路径规划。全局路径规划是指在大范围内寻找最优路径，通常使用图搜索算法，如 A*算法或 Dijkstra 算法。局部路径规划是指在小范围内决定如何避免障碍物和遵守交通规则，通常使用动态规划、优化控制或机器学习等算法。

3．决策与控制算法

决策与控制算法将路径规划和环境感知结果转化为具体的控制指令，如转向、加速、制动等。这些算法要求高精度、高可靠性，并满足实时性的要求。在自动驾驶中，决策与控制算法是核心组件，这些算法通常分为决策算法和控制算法两大部分。

（1）决策算法

决策算法负责解析传感器数据，理解驾驶环境，制定驾驶策略。这包括识别和预测其他车辆和行人的行为，评估驾驶风险，制定驾驶策略，如变道、超车、停车等。决策算法通常基于机器学习、深度学习、强化学习等技术，通过大量的驾驶数据训练模型，以模拟和预测复杂的驾驶情况。例如，强化学习算法可以训练模型学习如何在不同的驾驶情况下做出最优决策。

（2）控制算法

控制算法负责执行决策算法制定的驾驶策略，控制车辆的加速、减速、转向等。这包括纵向控制（控制车辆的速度）和横向控制（控制车辆的转向）。控制算法通常基于车辆动力学模型，使用 PID（Proportion Integration Differentiation，比例、积分、微分）控制、模型预测控制、自适应控制等技术，以实现精确和稳定的车辆控制。例如，PID 控制算法可以根据车辆的实时状态和目标状态，调整控制信号，以最小化误差。

（3）行为预测

在自动驾驶中，预测其他车辆和行人的行为对于做出合理的决策至关重要。行为预测算法通常基于历史轨迹数据，使用机器学习、深度学习等技术，预测其他车辆和行人的未来轨迹和行为。

（4）道路规则和伦理决策

自动驾驶系统需要理解和遵守交通规则，如红绿灯、停车标志等。此外，当遇到无法避免的危险情况时，自动驾驶系统需要做出伦理决策，如选择伤害最小的行动。

4．人工智能技术

人工智能技术在自动驾驶中发挥着重要作用，用于处理和解析大量的环境信息，做出驾驶决策，以及控制车辆。例如，深度学习用于图像识别，强化学习用于优化驾驶策略。

（1）机器学习和深度学习

机器学习和深度学习算法用于识别和分类传感器数据中的对象，如车辆、行人、障碍物、交通标志等。例如，卷积神经网络（CNN）可以用于图像识别，识别出摄像头捕捉的图像中的对象；循环神经网络（RNN）和长短时记忆网络（LSTM）可以用于处理时间序列数据，如雷达和激光雷达数据。

（2）强化学习

强化学习算法可以用于训练自动驾驶系统在各种驾驶场景下做出最优决策。通过与环境的交互，强化学习算法可以学习到在不同场景下如何采取行动以最大化奖励。例如，如何在交通拥堵中找到最优路径，或在遇到行人时如何做出最安全的决策。

（3）自然语言处理（NLP）

NLP 技术可以用于理解和处理驾驶员或乘客的语音指令，如导航目的地、调整空调温度等。此外，NLP 技术还可以用于理解和处理交通信息，如语音播报的交通警告或指导。

（4）模型预测控制（MPC）

MPC 是一种基于模型的控制策略，用于预测未来的系统行为，以优化当前的控制决策。在自动驾驶中，MPC 可以用于预测车辆的未来轨迹，以优化车辆的控制，例如，如何在弯道中保持最佳的行驶速度和路径。

（5）模拟和虚拟现实

模拟和虚拟现实技术可以用于在虚拟环境中测试和训练自动驾驶系统，以提高其性能和安全性。在虚拟环境中，可以模拟各种复杂的驾驶场景，如雨天、夜间、交通拥堵等，以测试自动驾驶系统的性能。

5. 车载无线通信技术

车载无线通信技术在自动驾驶中扮演着至关重要的角色，它允许车辆与其他车辆、基础设施（如交通信号灯、路标等）及云端进行通信，以获取实时的交通信息、道路状况、天气状况等，从而提高驾驶的安全性和效率。车载无线通信技术包括车对车（V2V）、车对基础设施（V2I）等通信方式，它使车辆能够接收和发送信息，如交通状况、道路条件等，对于增强自动驾驶车辆的环境感知能力至关重要。

车载无线通信技术通常使用 DSRC（Dedicated Short Range Communications，专用短程通信）或 C-V2X（Cellular Vehicle-to-Everything，基于蜂窝、网络的车载无线通信技术）等无线通信标准。DSRC 是一种专用的短程无线通信技术。C-V2X 是一种基于 4G 和 5G 移动通信技术的车辆无线通信技术，具有更远的通信距离和更高的数据传输速率。

（1）车辆到车辆（V2V）通信

V2V 通信允许车辆之间实时交换位置、速度、方向和驾驶意图等信息，使车辆能够预测其他车辆的动向，避免潜在的碰撞。例如，如果一辆车突然刹车，则它可以通过 V2V 通信向周围车辆发送警告，使它们有足够的时间做出反应。

（2）车辆到基础设施（V2I）通信

V2I 通信允许车辆与交通信号灯、路标、停车场等基础设施进行通信，以获取实时的交通信息和道路状况。例如，交通信号灯可以通过 V2I 通信向车辆发送信号灯状态和变化时间，使车辆能够优化行驶速度，减少停车等待时间。

（3）车辆到云端（V2C）通信

V2C 通信允许车辆与云端进行通信，以获取实时的交通信息、道路状况、天气状况等，以及更新车辆的软件和地图。此外，车辆还可以通过 V2C 通信向云端发送车辆状态和驾驶数据，以进行远程监控和数据分析。

（4）车辆到行人（V2P）通信

V2P 通信允许车辆与行人或骑自行车的人进行通信，以提高行人的安全性。例如，车辆可以通过 V2P 通信向行人发送警告（如果行人正在穿过道路而没有注意到车辆）。

6. 高精度定位技术

在自动驾驶中，高精度定位技术是实现精确导航和路径规划的关键。传统的 GPS 技术虽然可以提供全球位置信息，但其精度通常在数米至数十米之间，对于自动驾驶来说，这种精度是远远不够的。自动驾驶需要厘米级甚至毫米级的定位精度，以确保车辆能够准确地在车道上行驶，避免碰撞，以及在复杂的城市环境中进行精确的路径规划。

自动驾驶中的高精度定位技术需要结合多种传感器数据和算法，进行实时的位置估计和地图更新，以确保车辆能够在复杂的驾驶环境中进行精确的导航和路径规划。

（1）RTK（Real Time Kinematic，实时差分定位）GPS

RTK GPS 通过接收来自多个 GPS 卫星的信号，并与一个固定的基站进行比较，可以实时计算出车辆的精确位置，精度可以达到厘米级。

（2）SLAM（Simultaneous Localization and Mapping，即时定位与地图构建）

SLAM 技术可以同时构建车辆周围的环境地图，并确定车辆在地图中的位置。SLAM 通常使用激光雷达、摄像头、超声波传感器等传感器数据，结合车辆的动力学模型和控制输入，进行实时的位置估计和地图更新。

（3）IMU（Inertial Measurement Unit，惯性测量单元）

IMU 可以测量车辆的加速度、角速度和方向，结合车辆的动力学模型和控制输入，可以进行短时间内的高精度位置估计。

（4）高精度地图

高精度地图包含道路的精确形状、车道的宽度、道路标志的位置、交通规则等信息，结合车辆的传感器数据和动力学模型，可以进行精确的位置估计和路径规划。

（5）车载雷达和摄像头

车载雷达和摄像头可以捕捉车辆周围的环境信息，结合机器学习和计算机视觉技术，可以进行精确的位置估计和障碍物检测。

（6）5G 通信技术

5G 通信技术可以提供高带宽、低延迟的通信服务，结合云端的高精度定位服务，可以进行实时的位置更新和路径规划。

7．系统集成技术

自动驾驶系统是一个高度复杂且集成的系统，涉及感知、决策、控制、通信、定位等多个模块。系统集成技术在自动驾驶中扮演着至关重要的角色，系统集成技术将环境感知、决策规划、控制执行等子系统整合在一起，确保各个模块能够协同工作，形成稳定、可靠的自动驾驶系统。

（1）多传感器融合

自动驾驶系统通常配备了多种传感器，如摄像头、雷达、激光雷达、超声波传感器、惯性测量单元（IMU）、全球定位系统（GPS）等。多传感器融合技术可以将这些传感器的数据进行整合和处理，以提高环境感知的精度和可靠性。例如，摄像头可以提供图像信息，雷达可以提供距离信息，激光雷达可以提供三维点云信息，通过多传感器融合，可以构建出更精确和全面的环境模型。

（2）实时操作系统（RTOS）

RTOS 可以为自动驾驶系统提供实时的计算和通信服务，以确保系统能够在有限的时间内完成感知、决策、控制等任务。RTOS 通常具有低延迟、高可靠性和强实时性等特点，可以满足自动驾驶系统对计算和通信的实时性和可靠性要求。

（3）模块化设计

模块化设计可以将自动驾驶系统分解为多个独立的模块，每个模块负责一个特定的任务，如感知、决策、控制等。模块化设计可以提高系统的可扩展性和可维护性，同时也可以降低系统设计和开发的复杂度。

（4）软硬件协同设计

软硬件协同设计可以优化自动驾驶系统的计算和通信性能，以满足系统对计算和通信的实时性和可靠性要求。例如，可以通过硬件加速器（如 GPU、FPGA、ASIC 等）加速计算密集型任务，通过高速网络接口加速通信密集型任务。

（5）系统安全和故障处理

系统安全和故障处理技术可以确保自动驾驶系统在出现故障或异常情况时，进行安全的处理和恢复。例如，可以通过冗余设计、异常检测、故障隔离、安全控制等技术，提高系统的安全性和可靠性。

6.2.3 中国的自动驾驶技术

中国的自动驾驶技术的核心企业有百度、华为、蔚来汽车、小鹏汽车和理想汽车等，这些企业在自动驾驶技术的研发、应用和商业化方面都取得了显著进展。

1. 百度的自动驾驶技术

百度的自动驾驶技术主要体现在其 Apollo 自动驾驶开放平台上。Apollo 是百度于 2017 年推出的一个开放的、完整的、安全的软件平台，旨在帮助汽车行业和自动驾驶领域的合作伙伴结合车辆和硬件系统，快速搭建一套属于自己的完整的自动驾驶系统。

（1）Apollo 的架构

Apollo 的架构主要包括感知、决策与规划、定位与地图、操作系统、云端服务、高精度地图服务、安全服务等多个模块。

感知模块负责处理和解析来自摄像头、雷达、激光雷达等传感器的数据。

决策与规划模块负责基于环境感知结果，规划车辆的行驶路径和策略。

定位与地图模块负责确定车辆的位置和方向，以及构建和更新环境地图。

（2）Apollo 的技术

Apollo 融合深度学习、机器学习、计算机视觉、强化学习、多传感器融合、高精度定位、路径规划、车辆控制等多种技术，以实现车辆的自主驾驶。例如，Apollo 使用深度学习和计算机视觉技术处理和解析来自摄像头的图像数据；使用多传感器融合技术提高环境感知的精度和可靠性；使用强化学习技术训练车辆在各种驾驶场景下做出最优决策；使用高精度定位技术提高车辆的位置估计精度；使用路径规划技术规划车辆的行驶路径；使用车辆控制技术控制车辆的加速、减速、转向等。

（3）Apollo 的应用

Apollo 已经应用于多个场景，包括城市道路、高速公路、园区、停车场、矿山、港口等，涵盖了从低速到高速、从封闭到开放、从简单到复杂的各种驾驶场景。Apollo 的应用包括自动驾驶出租车、自动驾驶巴士、自动驾驶清扫车、自动驾驶物流车、自动驾驶矿车等。

2. 华为的自动驾驶技术

华为的自动驾驶技术是一个集成了计算、操作系统、感知、定位、通信、座舱等多方面能力的智能汽车解决方案，旨在帮助车企构建更安全、更智能、更舒适的自动驾驶汽车。

华为的自动驾驶技术主要包括以下几个方面。

（1）MDC（Mobile Data Center，移动数据中心）

这是华为的智能驾驶计算平台，是自动驾驶汽车的"大脑"。MDC 集成了华为的 Ascend 系列 AI 处理器和鲲鹏系列 CPU，能够提供高算力、高能效、高安全的计算能力，支持自动驾驶的各种计算需求，如感知、决策、规划和控制等。

（2）智能驾驶操作系统

华为的智能驾驶操作系统基于鸿蒙 OS，能够提供实时、安全、可靠的系统服务，支持自动驾驶的各种软件需求，如传感器数据处理、算法模型运行、车辆控制等。

（3）感知系统

华为的感知系统包括摄像头、毫米波雷达、激光雷达、超声波雷达等传感器，以及相应的数据处理和融合算法，能够提供 360°全方位的环境感知能力，支持自动驾驶的各种感知需求。

（4）高精度地图

华为的高精度地图能够提供厘米级的定位精度和实时的环境信息，支持自动驾驶的各种定位和规划需求。

（5）5G 通信技术

华为的 5G 通信技术能够提供高速、低延迟、大连接的通信能力，支持自动驾驶的各种通信需求，如车辆与车辆、车辆与基础设施、车辆与云端的通信。

（6）智能座舱

华为的智能座舱包括智能驾驶舱、智能座舱电子设备、智能座舱软件等，能够提供丰富的驾驶和乘坐体验，如语音识别、手势识别、面部识别、情感识别等。

3．比亚迪的自动驾驶技术

比亚迪，作为中国乃至全球知名的新能源汽车制造商，近年来在自动驾驶技术领域也取得了显著的进展。比亚迪的自动驾驶技术主要体现在以下几个方面。

（1）DiPilot 智能驾驶辅助系统

DiPilot 是比亚迪的智能驾驶辅助系统，包含了全速域自适应巡航、车道保持辅助、交通标志识别、主动刹车、自动泊车、360°全景影像等功能。DiPilot 通过车辆上搭载的摄像头、雷达、超声波传感器等设备，实时监测车辆周围的环境，为驾驶员提供辅助驾驶功能，提高驾驶的安全性和舒适性。

（2）智能网联技术

比亚迪的车辆都配备了智能网联系统，可以实现车辆与车辆、车辆与基础设施、车辆与云端的通信，以获取实时的交通信息、道路状况、天气状况等，从而提高驾驶的安全性和效率。

（3）自动驾驶技术

比亚迪在自动驾驶技术研发上投入了大量的资源，包括算法研发、硬件开发、测试验证等，涵盖了机器学习、计算机视觉、传感器融合、车辆控制等多个领域。

4．蔚来的自动驾驶技术

蔚来的自动驾驶技术主要体现在 NIO Pilot 系统上，该系统是一个集成了高级驾驶辅助、自动驾驶测试、自动驾驶研发、自动驾驶计算平台、自动驾驶软件升级等多个方面的系统，旨在提供更安全、更智能、更便捷的驾驶体验。

（1）NIO Pilot 系统

NIO Pilot 系统通过车辆上的摄像头、雷达、超声波传感器等多种传感器，实时监测车辆周围环境，提供驾驶辅助和安全预警。NIO Pilot 系统包括了自动紧急制动、车道保持辅助、全速域自适应巡航、自动泊车、交通标志识别、盲点监测、后方交叉交通预警等多种驾驶辅助功能。

（2）Navigation on Pilot（NOP，领航辅助）

NOP 功能基于高精度地图和车辆定位技术，能够提供更精确的驾驶辅助，能够实现自动变道、自动驶入/驶出高速公路匝道、自动超车、自动跟车等，使车辆能够在高速公路上实现半自动驾驶。

（3）蔚来超算平台

蔚来超算平台是蔚来自研的自动驾驶计算平台，集成了强大的计算硬件和软件，能够提供高精度、高实时性、高安全性的自动驾驶计算能力。

5．小鹏的自动驾驶技术

小鹏的自动驾驶技术主要体现在 XPILOT 智能辅助驾驶系统上,它是一个集成了智能辅助驾驶、自动驾驶研发、自动驾驶测试、自动驾驶软件升级等多方面的系统,旨在提供更安全、更智能、更便捷的驾驶体验。

（1）XPILOT 系统

XPILOT 系统通过车辆上的摄像头、雷达、超声波传感器、激光雷达等多种传感器,实时监测车辆周围环境,提供驾驶辅助和安全预警信息。

XPILOT 是小鹏汽车自主研发的智能辅助驾驶系统,包括自动紧急制动、自适应巡航、车道保持辅助、自动泊车、自动变道、高速自动导航驾驶等多种驾驶辅助功能。

（2）XPILOT 3.0

这是小鹏汽车的高级智能辅助驾驶系统,能够实现高速自动导航驾驶（Navigation Guided Pilot,NGP）功能,使车辆能够在高速公路上实现半自动驾驶,包括自动驶入/驶出高速公路、自动超车、自动变道等。NGP 功能基于高精度地图和车辆定位技术,能够提供更精确的驾驶辅助信息。

6．理想汽车的自动驾驶技术

理想汽车的自动驾驶技术主要体现在其自主研发的高级驾驶辅助系统 Li Auto Pilot 上。

（1）高级驾驶辅助系统 Li Auto Pilot

Li Auto Pilot 是理想汽车的高级驾驶辅助系统,它提供自适应巡航、车道保持、自动紧急制动、自动泊车、盲点监测、交通标志识别等多种功能。这些功能通过车辆上的摄像头、雷达、超声波传感器等多种传感器,实时监测车辆周围环境,提供驾驶辅助和安全预警信息。

（2）高速公路导航驾驶（Navigate on Autopilot,NOA,领航辅助驾驶）

这是 Li Auto Pilot 系统的一项高级功能,能够实现自动驶入/驶出高速公路、自动变道、自动超车等,使车辆在高速公路上实现半自动驾驶。NOA 功能基于高精度地图和车辆定位技术,能够提供更精确的驾驶辅助信息。

6.2.4　自动驾驶中的伦理问题

自动驾驶技术作为一项具有颠覆性的创新,不仅在技术层面带来挑战,还引发了一系列的计算机伦理问题。这些问题主要集中在自动驾驶汽车如何做出道德决策、个人隐私和数据保护、责任认定及对社会的影响等方面。以下是关于自动驾驶中的计算机伦理的相关介绍。

1．道德决策的困境

（1）电车难题与自动驾驶

在"电车难题"中,自动驾驶汽车面临选择是避让行人还是保护乘客的决策困境。这一经典伦理学问题在自动驾驶领域表现为算法设定问题,即当碰撞不可避免时,是牺牲自己还是他人?若需牺牲他人,是牺牲尽可能少的人还是基于其他标准进行抉择?

（2）实际事故与道德决策

现实中发生的自动驾驶事故,如 2018 年 Uber 自动驾驶测试车撞死行人事件,进一步强调了研究和应用中需要解决的道德决策难题。这类事件表明,自动驾驶汽车在实际道路环境中所面对的伦理挑战远比理论研究更为复杂和紧迫。

2．个人隐私和数据保护

（1）个人隐私问题

自动驾驶汽车通过大量传感器和数据来感知周围环境,这涉及个人隐私的问题。如何保护这些数据不被滥用,同时确保车辆安全运行,是需要解决的伦理问题之一。

（2）数据安全问题

随着越来越多的数据被用于训练和优化自动驾驶算法,数据安全和防范黑客攻击也成为一个重要议题。这不仅关系到个人隐私保护,还关系到公共安全。

3. 责任认定的困境

（1）责任归属问题

当自动驾驶汽车发生事故时,责任认定成为一个复杂问题。理论上可能涉及制造商、软件开发商、车主、道路管理者。明确责任归属需要完善的法律法规支持。

（2）法律与道德准则

制定和实施关于自动驾驶的法律和道德准则,是目前解决责任认定问题的主要途径。《国家新一代人工智能标准体系建设指南》中专门设立了"H 安全/伦理"类。

4. 对社会的影响

（1）就业影响

自动驾驶技术的普及可能会对司机及相关行业的就业产生负面影响。如何进行社会补偿和帮助从业者转型,是需要政府和社会共同关注和解决的问题。

（2）社会公平性

自动驾驶带来的交通便利性和安全性提升可能主要惠及部分人群,而其负面后果（如就业影响）则由另一部分人群承担。如何确保技术进步造福全社会,是一个重大的伦理问题。

6.3 人形机器人

人形机器人的发展是人工智能和机器人技术相结合的产物,代表着科技发展的前沿。近年来,随着计算能力和算法的进步,人形机器人在运动控制、感知交互和智能化决策等方面取得了显著进展。这些机器人不仅在外观上模仿人类,更在功能和智能上不断向人类的操作和行为模式靠近,以期在更多场景中替代或辅助人类工作。

在应用层面,人形机器人已被广泛应用于制造业、医疗护理、灾难响应、教育培训等领域。例如,在制造业中,人形机器人可执行复杂组装任务;在医疗领域,它们可以提供辅助病人评估或康复训练服务;在紧急救援中,人形机器人能执行人类无法或难以承担的任务。此外,随着技术的进一步发展和成本的降低,人形机器人在未来有望进一步普及至家庭和个人用户,成为日常生活的辅助伙伴。

然而,人形机器人的发展也面临诸多挑战。首先是技术上的挑战,包括如何使机器人更加灵活地适应复杂多变的环境,提高其自主决策和学习能力。其次是成本问题,高性能的人形机器人研发和制造成本昂贵,如何降低成本以实现商业化普及是一个重要课题。最后是伦理和法律问题,随着人形机器人越来越多地融入人类社会,如何制定相应的伦理规范和法律框架以保障人类权益,防止滥用,也是必须面对的问题。

6.3.1 人形机器人的核心组件

人形机器人的核心组件是其能够实现复杂任务和模仿人类行为的关键。

1. 动力总成系统

人形机器人的动力总成系统是其运动和执行任务的关键部分,是一个集成了驱动器、传动系统、控制系统、电源系统、热管理系统等多个部分的复杂系统。它的设计和优化对于实现机器人的运动性能、工作性能、能源效率、热性能等多个方面都有重要的影响。

（1）驱动器

驱动器是人形机器人的动力来源，常见的驱动器包括电动机、液压驱动器、气动驱动器等。电动机因其体积小、质量轻、控制精度高、响应速度快等特点，在人形机器人中应用最为广泛。液压驱动器和气动驱动器则在大功率、大扭矩的应用场景（如重载搬运、高强度作业等）中使用。

（2）传动系统

传动系统是将驱动器产生的动力传递到机器人的各个关节和肢体的部分，常见的传动方式包括齿轮传动、链传动、皮带传动、丝杠传动、连杆传动等。在人形机器人中，为了实现高精度的运动控制，通常会采用高精度的齿轮传动或丝杠传动。

（3）控制系统

控制系统是人形机器人动力总成系统的大脑，它通过接收传感器的反馈信号，控制驱动器的输出，以实现机器人的运动。控制系统包括电机驱动器、运动控制器、传感器、执行器等部分，通过复杂的算法和控制策略，实现机器人的运动控制。

（4）电源系统

人形机器人的电源系统包括电池、电源管理单元、充电系统等，为机器人提供持续的能源。在人形机器人中，电源系统的设计需要考虑能量密度、充电速度、电池寿命、安全性能等多个方面，以满足机器人长时间、高强度的工作需求。

（5）热管理系统

人形机器人的热管理系统包括散热器、风扇、冷却液循环系统等，用于控制机器人的工作温度，以防止过热。在人形机器人中，热管理系统的设计需要考虑散热效率、噪声、质量、空间等多个方面，以保证机器人的稳定运行。

2. 智能感应系统

智能感应系统是人形机器人实现智能化、自主化、交互化的关键部分，其设计和优化对于提高机器人的感知能力、理解能力、决策能力、执行能力等多个方面都有重要的影响。智能感应系统收集的数据都会被送入机器人的中央处理系统，通过机器学习和人工智能算法进行处理和分析，从而让机器人理解其环境，做出决策，执行任务。

（1）视觉传感器

人形机器人通常配备摄像头，可以捕捉环境图像，通过图像处理和机器视觉技术，识别物体、人物、环境特征等。高级的人形机器人甚至会配备深度摄像头，以实现三维空间感知。

（2）听觉传感器

人形机器人通过麦克风捕捉声音，通过语音识别技术，理解人类语言，实现人机交互。

（3）触觉传感器

人形机器人在手指、手掌、足底等部位配备触觉传感器，可以感知物体的硬度、形状、温度等，以实现对物体的精确操作。

（4）力觉传感器

在关节处配备力觉传感器，可以感知外部力的作用，实现对力的感知和反馈，以实现对力的精确控制。

（5）位置传感器

位置传感器包括陀螺仪、加速度计、磁力计等，可以感知人形机器人的姿态、速度、加速度、方向等，实现对人形机器人的精确位置控制。

（6）环境传感器

环境传感器包括温度传感器、湿度传感器、气压传感器、光照传感器等，可以感知环境的温度、湿度、气压、光照等，实现对环境的感知和适应。

（7）生物信号传感器

一些高级的人形机器人还配备了生物信号传感器，可以感知人类的心率、呼吸、脑电波等生物信号，实现对人类生理状态的感知和理解。

（8）激光雷达（LiDAR）

激光雷达用于构建环境的三维地图，提供精确的障碍物检测和避障能力。

3. 结构件与其他功能件

人形机器人的结构件和其他功能件主要包括以下几个部分。

（1）外壳结构

这是人形机器人的外部结构，包括头部、躯干、四肢等部分，通常由轻质高强度材料（如铝合金、碳纤维复合材料）制成，以提供足够的结构强度和稳定性，同时也需要考虑到质量和能耗。

（2）骨架结构

这是人形机器人的内部支撑结构，通常由金属或复合材料制成，用于支撑外壳结构和内部组件，以确保人形机器人在各种运动状态下的稳定性和安全性。

（3）控制系统

这是人形机器人的大脑，包括中央处理器（CPU）、存储单元、电源管理单元、运动控制器、通信模块等，用于处理传感器数据，控制驱动装置，实现机器人的决策和行动。

（4）人机交互系统

这是人形机器人的交互系统，包括触摸屏、语音识别模块、面部表情模块、手势识别模块等，用于实现人与机器人的交互。

（5）保护与维护系统

这是人形机器人的安全和维护系统，包括防护罩、散热系统、清洁系统、诊断系统、维修系统等，用于保护人形机器人和方便人形机器人的维护。

6.3.2 人形机器人的软件算法

1. 强化学习与人工智能大模型

在人形机器人中，强化学习和人工智能大模型是实现人形机器人自主决策和学习的关键技术。它们使得人形机器人能够进行自主的学习、决策和适应，实现更高级的功能，如环境感知、任务规划、人机交互等。

（1）强化学习

强化学习让人形机器人在与环境的交互中学习如何做出决策，以最大化某种奖励信号。在人形机器人中，强化学习可以用来训练人形机器人如何在复杂的环境中进行导航，如何进行精细的运动控制，如何进行任务规划和决策等。例如，人形机器人可以通过试错学习如何抓住物体、如何行走、如何避免障碍等。强化学习的挑战在于需要大量的训练数据和计算资源，以及如何设计有效的奖励函数和策略更新算法。

（2）人工智能大模型

在人形机器人中，人工智能大模型可以用来处理和理解复杂的传感器数据，如图像、声音、触觉等，进行环境感知和理解；也可以用来进行高级的决策和规划，如理解人类的指令，预测未来的状态，进行长期的规划等。例如，人形机器人可以使用深度学习模型来识别和理解人类的面部表情，理解人类的言语和行为，预测人类的意图和需求等。

（3）强化学习与人工智能大模型的结合

在人形机器人中，强化学习和人工智能大模型可以结合起来，形成更强大的自主学习和决策系统。例如，人工智能大模型可以用来处理复杂的传感器数据，提取出有用的特征，然后强化学习可以用来学习如何根据这些特征做出决策，以最大化某种奖励信号。这样，人形机器人就可以在复杂的环境中进行自主的学习和决策，实现更高级的功能。

2．运动控制算法

人形机器人的运动控制算法是其执行各种动作和任务的核心。它需要处理复杂的非线性运动、不确定性、外部扰动、系统参数变化等问题，实现预设的运动轨迹，以完成各种任务。运动控制算法主要包括以下几种。

（1）PID 控制

PID（Proportional Integral Derivative，比例积分微分）控制是工业控制中常用的反馈控制算法。在人形机器人中，PID 控制可用于控制关节的旋转角度、速度和力矩，使人形机器人能够稳定地执行预设的运动轨迹。

（2）模型预测控制（Model Predictive Control，MPC）

MPC 是一种基于模型的控制策略，它利用系统的动态模型预测未来的行为，然后优化控制序列以满足特定的目标。在人形机器人中，MPC 可以用于预测和控制人形机器人的动态运动，如行走、跳跃等。

（3）逆动力学控制

逆动力学控制是基于人形机器人动力学模型的控制方法，它通过计算关节力矩来实现预设的运动轨迹。在人形机器人中，逆动力学控制可以用于实现复杂的运动，如跑步、跳跃、抓取等。

（4）前馈控制

前馈控制是一种基于系统模型的控制策略，它通过预测外部扰动和系统动态，提前调整控制输入，以实现预设的运动轨迹。在人形机器人中，前馈控制可以用于处理外部扰动，如地面不平、风力等。

（5）自适应控制

自适应控制是一种能够自动调整控制参数的控制策略，它通过学习系统特性和外部环境的变化，调整控制策略，以实现预设的运动轨迹。在人形机器人中，自适应控制可以用于处理系统参数的不确定性和外部环境的变化。

（6）模糊控制

模糊控制是一种基于模糊逻辑的控制策略，它通过模糊规则和模糊逻辑，处理系统的不确定性，实现预设的运动轨迹。在人形机器人中，模糊控制可以用于处理复杂的非线性运动，如平衡、抓取等。

（7）神经网络控制

神经网络控制是一种基于神经网络的控制策略，它通过学习系统特性和外部环境，调整控制策略，以实现预设的运动轨迹。在人形机器人中，神经网络控制可以用于处理复杂的非线性运动和不确定性，如学习新的运动技能、适应新的环境等。

（8）深度强化学习控制

深度强化学习控制是一种结合深度学习和强化学习的控制策略，它通过深度神经网络处理复杂的输入，通过强化学习学习最优的控制策略，以实现预设的运动轨迹。在人形机器人中，深度强化学习控制可以用于学习复杂的运动技能，如走路、跑步、跳跃、抓取等。

3. 智能感知与定位技术

人形机器人中的智能感知与定位技术需要处理复杂的环境信息、物理交互、位置变化等问题，理解环境的特性、变化、需求等，从而更好地适应环境，进行自主导航和交互。

（1）视觉感知技术

该技术通过摄像头捕捉图像，然后利用计算机视觉技术，如物体识别、场景理解、运动分析等，理解环境中的物体、场景、运动等信息。例如，深度学习技术可以用于识别和定位环境中的物体，SLAM 技术可以用于构建和更新环境的三维地图。

（2）听觉感知技术

该技术通过麦克风捕捉声音，然后利用音频信号处理和语音识别技术，理解环境中的声音、语言等信息。例如，语音识别技术可以用于理解人类的指令，声源定位技术可以用于定位声音的来源。

（3）触觉感知技术

该技术通过触觉传感器感知物体的硬度、形状、温度等信息。例如，人形机器人可以通过触觉感知理解它抓取的物体的特性，从而更好地控制抓取的力度和方式。

（4）力觉感知技术

该技术通过力觉传感器感知物体的力和力矩，理解与环境的物理交互。例如，人形机器人可以通过力觉感知理解它与环境的接触情况，从而更好地控制它的运动和力量。

（5）位置感知技术

该技术通过 GPS、IMU（Inertial Measurement Unit，惯性测量单元）、激光雷达、超声波传感器等，理解人形机器人自身的位置和姿态。例如，人形机器人可以通过 GPS 和 IMU 理解它在地球上的位置和姿态，通过激光雷达和超声波传感器理解它在环境中的位置和障碍物。

（6）智能定位技术

该技术结合视觉感知、听觉感知、触觉感知、力觉感知、位置感知等信息，利用人工智能技术，如机器学习、深度学习、强化学习等，进行智能定位。例如，人形机器人可以通过结合视觉感知和位置感知，理解它在环境中的位置和方向，通过结合触觉感知和力觉感知，理解它与环境的物理交互。

（7）环境理解技术

该技术结合智能感知和智能定位，利用人工智能技术，如机器学习、深度学习、强化学习等，理解环境的特性、变化、需求等。例如，人形机器人可以通过环境理解理解它所处的环境的特性，如它是在室内还是室外，是在白天还是在夜晚，是安静还是嘈杂，从而更好地适应环境，进行自主导航和交互。

6.3.3 我国的人形机器人研究

我国的人形机器人核心企业包括小米集团、优必选、达闼、傅利叶智能和追觅科技等。这些企业在人形机器人领域具有重要地位，各自在技术研发和市场应用方面都有显著进展。

1. 小米的人形机器人 CyberOne

小米的人形机器人 CyberOne，也被称为"铁蛋"，是小米在 2021 年发布的一款高度集成、具有强大运动能力、感知能力、AI 能力、人机交互能力的人形机器人，代表了小米在人形机器人领域的一次重大突破。小米的人形机器人如图 6.41 所示。

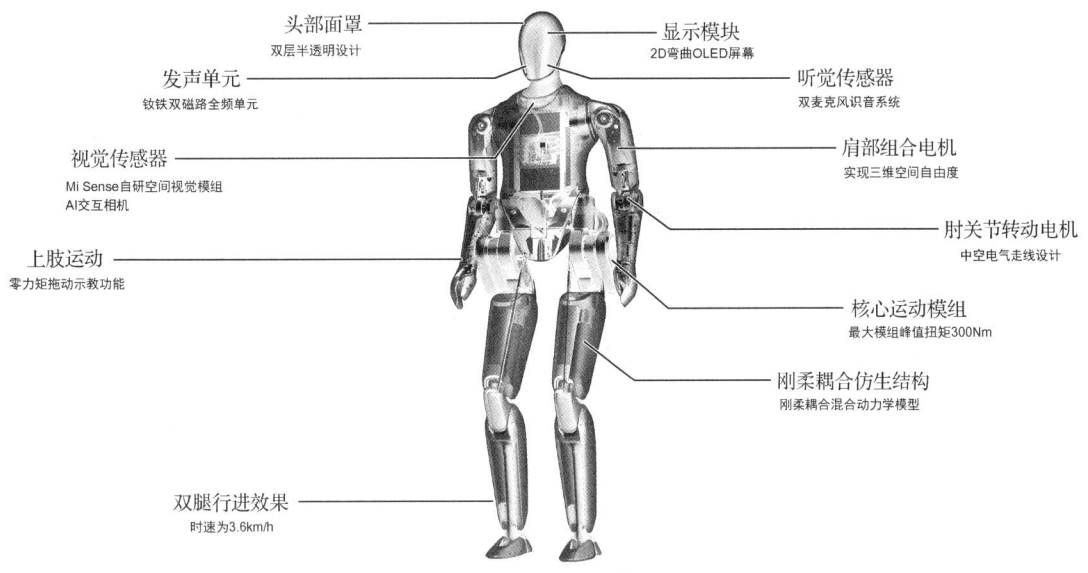

图 6.41 小米的人形机器人

CyberOne 的发布标志着小米正式进军人形机器人领域，也是小米在 AI、机械、电子、软件等多个领域的技术积累的一次集中展示。

（1）高度与重量

CyberOne 的高度为 1.77m，体重为 52kg，具有类似成年人的体型。

（2）运动能力

CyberOne 拥有 3 个自由度的手指，可以做出各种精细的手部动作。它的关节电机扭矩峰值可达 300Nm，可以实现高精度的运动控制。它还具备快速行走的能力，行走速度可达 3.6km/h。

（3）感知能力

CyberOne 拥有 3D 深度视觉，可以实现对环境的深度感知。它还拥有听觉和触觉感知，可以理解环境中的声音和触觉信息。

（4）AI 能力

CyberOne 拥有强大的计算能力，可以处理复杂的 AI 任务。它还具有自我学习和自我优化的能力，可以不断改进自己的行为和决策。

（5）人机交互

CyberOne 可以理解人类的指令，与人类进行自然的对话，甚至可以做出各种表情和动作，以增强人机交互的自然性和趣味性。

（6）定位与导航

CyberOne 可以理解自己在环境中的位置和方向，可以进行自主的导航和避障。

2．优必选的人形机器人 Walker X

优必选科技的人形机器人 Walker X 是优必选在人形机器人领域的重要产品，具有强大运动能力、感知能力、AI 能力和人机交互能力。图 6.42 展示了优必选的人形机器人的 4 代迭代。

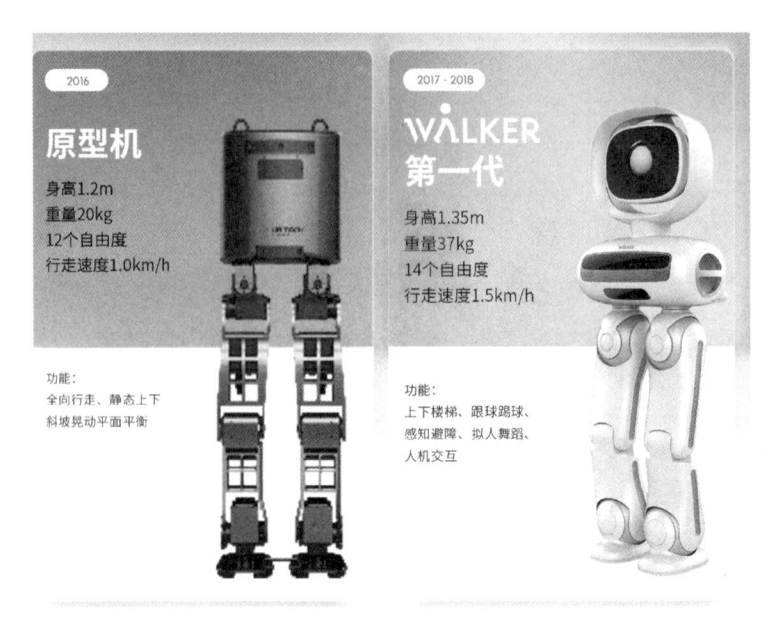

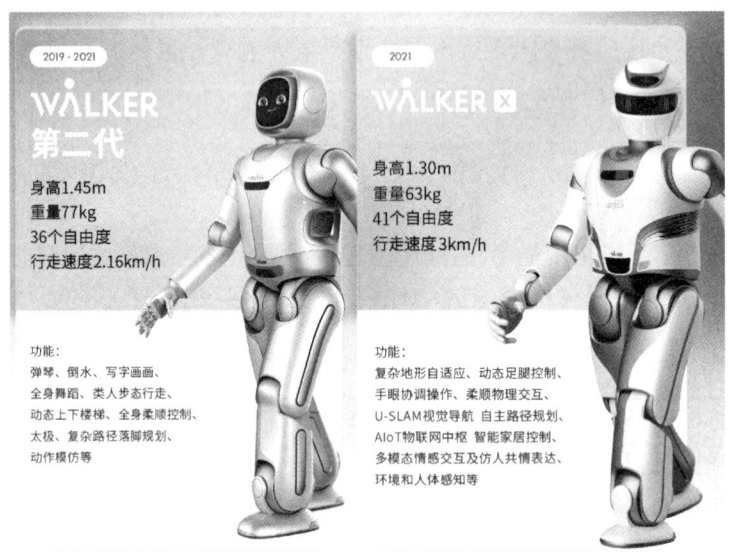

图 6.42 优必选的人形机器人的 4 代迭代

（1）高度与重量

Walker X 身高为 1.30m，体重为 63kg，具有类似儿童的体型，使其在家庭环境中更易被接受。

（2）运动能力

Walker X 拥有 41 个自由度，可以实现包括行走、跑步、跳跃、上楼梯、下楼梯、蹲下、站立、挥手等超过 100 种复杂的人类动作。其关节扭矩可以达到 2.5Nm，可以进行精细的操作，如开门、拿取物品等。

（3）感知能力

Walker X 配有深度摄像头、超声波传感器、红外传感器、触摸传感器等，可以实现对环境的深度感知，如障碍物检测、人体检测、手势识别等。

（4）AI 能力

Walker X 可以通过深度学习进行自我学习和自我优化，可以理解复杂的指令，进行自主决策和行为。

（5）人机交互

Walker X 可以通过语音、触摸、手势等方式与人类进行交互，可以理解人类的指令，与人类进行对话，甚至可以做出各种表情和动作，以增强人机交互的自然性和趣味性。

（6）定位与导航

Walker X 可以理解自己在环境中的位置和方向，可以进行自主的导航和避障，可以在复杂的环境中进行自主的行走和操作。

（7）应用领域

Walker X 可以应用于家庭、教育、娱乐、服务等多个领域，如可作为家庭机器人、教育机器人、娱乐机器人、服务机器人等。

3．达闼的人形机器人

达闼（Hanson Robotics）是一家专注于云端智能机器人技术的创新公司，其人形机器人 Han 系列（Sophia、Little Sophia 等）在全球范围内引起了广泛关注。

图 6.43 展示了达闼的 Cloud Ginger 观察、模仿、学习人类动作。

图 6.43 达闼的 Cloud Ginger 观察、模仿、学习人类动作

（1）达闼在人形机器人领域的一些关键技术和产品

① 云端智能机器人平台 HARIX。

HARIX 是达闼自主研发的云端智能机器人平台，它将机器人的智能计算和数据处理能力从机器人本地迁移到云端，使机器人可以利用云端的计算资源完成复杂的人工智能任务，如视觉识别、语音识别、自然语言处理等。

② 人形机器人 Sophia。

Sophia 具有逼真的面部表情和语音交互能力，可以进行自然的对话和表情表达。Sophia 的人工智能系统基于 HARIX 平台，使其可以进行自我学习和自我优化。

③ 教育机器人 Little Sophia。

Little Sophia 是达闼针对教育市场推出的一款小型人形机器人，它具有丰富的教育内容和互动功能，可以进行语言教学、编程教学、STEM 教育等。

（2）达闼的人形机器人的基本功能

达闼的人形机器人，如 Sophia 和 Little Sophia，具有多种先进的功能。

① 智能对话。

达闼的人形机器人能够进行智能对话，理解并响应人类的语音指令，进行自然语言交流，甚至能够进行复杂的对话和辩论。这得益于其先进的语音识别和自然语言处理技术。

② 面部表情。

人形机器人 Sophia 拥有逼真的面部表情，可以模仿人类的微笑、眨眼、皱眉等表情，使人形机器人的人机交互更加自然和生动。

③ 视觉识别。

人形机器人具有先进的视觉识别能力，能够识别环境中的物体和人，进行人脸识别和物体识别，理解环境中的场景和变化。

④ 自主导航。

人形机器人能够进行自主导航，利用其先进的感知和定位技术，理解自己在环境中的位置和方向，进行自主的行走和避障。

⑤ 教育功能。

人形机器人 Little Sophia 具有丰富的教育功能，能够进行语言教学、编程教学、STEM（Science，Technology，Engineering，Mathematics，科学、技术、工程、数学）教育等，使教育过程更加有趣和有效。

⑥ 云端智能。

人形机器人的智能计算和数据处理能力主要在云端，通过云端的计算资源完成复杂的人工智能任务，如视觉识别、语音识别、自然语言处理等，使其具有强大的学习和决策能力。

⑦ 情感交互。

人形机器人能够理解人类的情感，通过其面部表情、语音语调、身体语言等方式，进行情感的表达和反馈，使人机交互更加人性化。

⑧ 艺术创作。

人形机器人 Sophia 可以进行艺术创作，如绘画、音乐、诗歌等。

4. 傅利叶的人形机器人 GR-1

傅利叶的人形机器人 GR-1 是一款由傅利叶研发的通用型人形机器人，它在设计上融合了仿生学、机械工程、人工智能和机器人技术。GR-1 可以应用于科研、教育、娱乐、服务、医疗、应急救援等多个领域，如科学实验、教育演示、娱乐表演、服务机器人、医疗辅助、应急救援等。

图 6.44 展示了 GR-1 观察、模仿、学习人类动作。

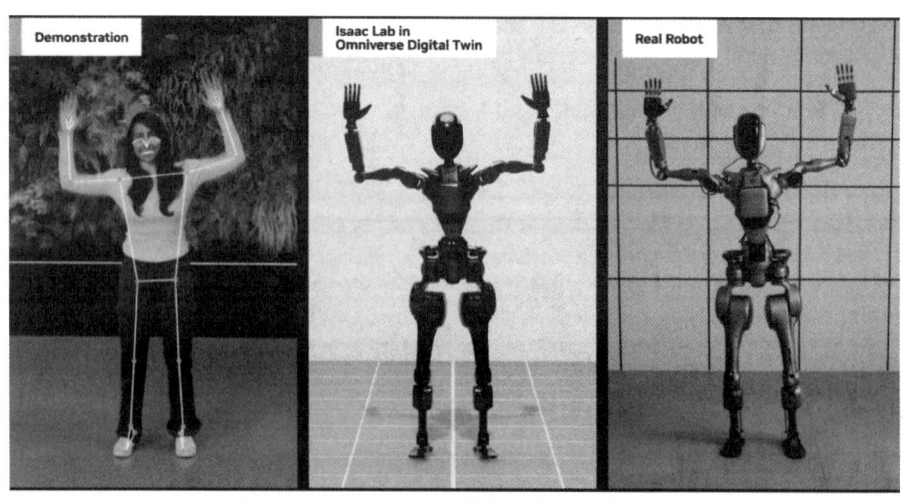

图 6.44 GR-1 观察、模仿、学习人类动作

以下是 GR-1 的一些关键特性。
（1）高度灵活性
GR-1 具有 36 个自由度，可以实现复杂的肢体动作，包括行走、跳跃、上楼梯、下楼梯等。这种高度的灵活性使得 GR-1 能够适应各种不同的环境和任务。
（2）强大的运动控制
GR-1 可以实现高精度的力矩控制和位置控制，使其能够执行精确的运动任务。
（3）自主导航与感知
GR-1 配备激光雷达、摄像头、超声波传感器等多种传感器，使其具有强大的环境感知能力，它能够自主导航，避开障碍物，实现目标定位。
（4）人机交互
GR-1 具有语音识别和自然语言处理能力，能够理解人类的指令，进行对话交流。同时，它还具有面部表情和身体语言的表达能力，能够进行更自然、更人性化的交互。
（5）智能决策
GR-1 能够进行自我学习和自我优化，根据环境和任务进行智能决策和行为调整。

6.3.4 人形机器人使用中的伦理问题

人形机器人的计算机伦理不仅关乎技术本身，更涉及隐私保护、责任归属、社会影响和人类价值观等多个方面。在推动技术进步的同时，必须充分考虑这些伦理挑战，并采取相应的措施来确保技术的健康发展。

1．隐私保护
（1）数据收集与处理
人形机器人在执行任务时需要收集和处理大量个人信息，如家庭成员的面孔、生活习惯等，这直接关系到个人隐私的保护。
（2）端侧与云侧处理
为了降低数据泄露风险，可以区分本地处理和云侧处理场景，仅在必要时才向云端提供数据。

2．责任归属
（1）事故责任认定
当人形机器人造成人身伤害或财产损失时，如何界定制造商、软件开发商、用户等各方的责任，是一个复杂的法律问题。
（2）法律规范制定
需要制定和完善相关法律法规，明确各方在人形机器人应用中的权利和义务，确保技术应用的安全和合规性。

3．社会影响
（1）就业和经济影响
人形机器人的广泛应用可能会对特定行业的就业市场产生冲击，需要政府和社会共同应对和解决再就业和培训问题。
（2）公共安全考量
确保人形机器人在公共场所的应用不会对人类造成伤害，同时防止其被用于非法或不道德的活动。

4．人类价值观

（1）伦理原则制定

行业在开始阶段就应为人形机器人制定规则，包括互动限度、权利空间等，以确保其在应用中符合人类的伦理标准。

（2）以人为本的科技发展

人工智能技术发展应增进人类福祉，保持人类对人工智能干预和介入的权利，避免机器成为人的主宰。

习题 6

一、填空题

1．AIGC 是（　　）的简称，能自动生成各种类型的内容，例如文章、视频、图片、音乐、代码等。

2．AIGC 的发展可分为三阶段：（　　）、沉淀累积阶段、快速发展阶段。

3．达闼（Hanson Robotics）是一家专注于（　　）技术的创新公司，其人形机器人 Han 系列（Sophia、Little Sophia 等）在全球范围内引起了广泛关注。

4．Sophia 具有逼真的（　　）和语音交互能力，可以进行自然的对话和表情表达。

5．Little Sophia 是达闼针对（　　）推出的一款小型人形机器人，它具有丰富的教育内容和互动功能。

6．GR-1 具有（　　）自由度，可以实现复杂的肢体动作，包括行走、跳跃、上楼梯、下楼梯等。

7．紫东太初是中科院自动化所开发的（千亿级参数）超大模型，能够实现视觉、文本、语音三个模态间的高效协同。

二、选择题

1．AIGC 代表（　　）。
　　A．人工智能生成代码　　　　　　B．人工智能生成内容
　　C．人工智能生成图像　　　　　　D．人工智能生成视频

2．下列（　　）模型不用于生成式 AI。
　　A．GAN　　　　B．自回归模型　　C．扩散模型　　D．SVM

3．以下（　　）技术不属于 AIGC 技术基础的一部分。
　　A．深度学习算法　B．大数据　　　C．云计算　　　D．区块链

4．以下（　　）模型可以生成连续视频。
　　A．DALL-E　　　B．DVD-GAN　　C．StyleGAN　　D．GPT-3

5．AIGC 的商业模式不包括（　　）。
　　A．平台模式　　B．产品模式　　C．内容模式　　D．创新模式

6．AIGC 技术面临的主要挑战之一是（　　）。
　　A．数据依赖性　　　　　　　　　B．计算资源过多
　　C．用户需求单一　　　　　　　　D．技术过于成熟

7．在 AIGC 的商业模式中，（　　）模式是通过提供 AIGC 技术所需的数据和算力资源来盈利的。
　　A．平台模式　　B．产品模式　　C．内容模式　　D．模型训练费用

8．下列（　　）不属于 AIGC 的特性。

A．自动化　　　B．高效　　　C．创意　　　D．安全

9. 以下（　　）技术不能作为 AIGC 技术的基础。

A．量子计算　　B．流生成模型　C．扩散模型　　D．对抗网络

10. 以下（　　）模型是由 OpenAI 推出的。

A．DALL-E　　B．DVD-GAN　　C．StyleGAN　　D．小冰

11. AIGC 在（　　）方面可以为用户带来体验提升。

A．提高效率　　　　　　　B．提升质量

C．个性化内容生成　　　　D．所有选项都是

12. AIGC 的（　　）模式强调与垂直行业的紧密结合。

A．平台模式　　B．垂直化定制　C．内容模式　　D．产品模式

13. AIGC 技术的（　　）挑战涉及人工智能与原创作者之间的知识产权归属问题。

A．技术瓶颈　　B．数据质量　　C．版权保护　　D．伦理道德

14. AIGC 技术可以生成的内容类型不包括（　　）。

A．文章　　　　B．药物　　　　C．图片　　　　D．视频

三、简答题

1. 解释什么是 AIGC，并列举其特点。
2. 描述 AIGC 技术发展的三个阶段。
3. 举例说明 AIGC 技术在哪些领域展现了应用潜力。
4. 简述 AIGC 技术面临的主要挑战。
5. 描述紫东太初模型的几个关键特性。
6. 如何理解 AIGC 技术的"自动化"特点？

四、操作题

1. 使用 AIGC 工具生成一段新闻报道。
2. 利用 AIGC 技术生成一幅画。
3. 利用 AIGC 技术创作一首诗歌。
4. 利用 AIGC 技术生成一段视频。
5. 利用 AIGC 技术生成一份报告。
6. 利用 AIGC 技术生成一篇博客文章。
7. 利用 AIGC 技术生成一段音乐。

附录 A 人工智能编程语言

人工智能编程语言广泛应用于人工智能和机器学习领域，支持开发智能软件、算法和模型。人工智能编程语言通常具有丰富的库和框架，可以简化复杂的数学运算和数据处理任务，使开发者能够更高效地构建和训练人工智能模型。常用的编程语言有 Python、R、C++、MATLAB、Java。下面主要介绍 Python 语言和 R 语言的基本使用。

限于篇幅，读者可扫描以下二维码进行学习。